ECONOMÍA ROSQUILLA

KATE RAWORTH

ECONOMÍA ROSQUILLA

7 MANERAS DE PENSAR
LA ECONOMÍA DEL SIGLO XXI

Portátiles
PAIDÓS

Título original: *Doughnut Economics*, de Kate Raworth
Publicado originalmente en inglés por Random House Business Books, un sello editorial de
Penguin Random House.

1.ª edición, enero de 2018
1.ª edición en esta presentación, marzo de 2026

© Kate Raworth, 2017
© de la traducción, Francisco José Ramos Mena, 2026
© de todas las ediciones en castellano,
Editorial Planeta, S. A., 2026
Paidós es un sello editorial de Editorial Planeta, S. A.
Avda. Diagonal, 662-664
08034 Barcelona, España
www.paidos.com
www.planetadelibros.com

ISBN: 978-84-493-4504-3
Fotocomposición: Realización Planeta
Depósito legal: B. 24.506-2026

Impreso en España – *Printed in Spai*

La herramienta más potente en economía no es el dinero, ni siquiera el álgebra. Es un lápiz. Porque con un lápiz puedes redibujar el mundo.

SUMARIO

¿QUIÉN QUIERE SER ECONOMISTA?

En octubre de 2008, Yuan Yang llegó a la Universidad de Oxford para estudiar economía. Nacida en China y criada en Yorkshire, tenía la mentalidad de una ciudadana global: apasionada por los temas de actualidad, preocupada por el futuro y decidida a dejar huella en el mundo. Y creía que hacerse economista era el mejor modo de prepararse para dejar esa huella. Podría decirse que estaba ansiosa por convertirse exactamente en la clase de economista que necesita el siglo XXI.

Pero Yuan no tardó en sentirse frustrada. Encontró la teoría económica, y las matemáticas empleadas para demostrarla, absurdamente estrechas de miras en sus presupuestos. Y dado que empezó sus estudios justo cuando el sistema financiero global se precipitaba en caída libre, no pudo por menos que advertir ese hecho por más que el plan de estudios de su universidad no lo hiciera. «El crac fue una llamada de atención —explicaba—. Por una parte nos enseñaban economía como si el sistema financiero no fuera una parte importante de ella. Por otra, era evidente que los mercados estaban causando estragos; así que nos preguntamos: "¿Por qué existe esta desconexión?".» Yuan comprendió que se trataba de una desconexión que iba mucho más allá del sector financiero, y que podía advertirse en el abismo existente entre las preocupaciones de la teoría económica ortodoxa y las crecientes crisis del mundo real, como la desigualdad global y el cambio climático.

Cuando les formuló esa pregunta a sus profesores, estos le aseguraron que lo comprendería en el siguiente nivel de sus estudios. De modo que se matriculó en el siguiente nivel —un máster en la prestigiosa London School of Economics— y esperó a que se produjera la revelación. Lejos de ello, las teorías abstractas se intensificaron, las ecuaciones se multiplicaron, y Yuan se sintió aún más descontenta. Pero, con los exámenes en el horizonte, se enfrentaba a un dilema. «En un determinado momento —me explicaba— comprendí que simplemente tenía que limitarme a dominar ese material en lugar de tratar de cuestionarlo todo. Y me parece triste tener que vivir algo así cuando estás estudiando.»

Frente a ese mismo dilema, muchos estudiantes habrían optado bien por alejarse de la economía, bien por tragarse íntegramente sus teorías y construirse una lucrativa carrera profesional basada en su titulación. Pero no Yuan. Ella, en cambio, se puso a buscar estudiantes rebeldes de mentalidad similar a la suya en universidades de todo el mundo, y no tardó en descubrir que, desde que se iniciara el nuevo milenio, un creciente número de ellos habían empezado a cuestionar públicamente el estrecho marco teórico que se les enseñaba. En 2000, varios estudiantes de economía de París habían enviado una carta abierta a sus profesores en la que rechazaban la enseñanza dogmática de la teoría ortodoxa. «¡Queremos huir de los mundos imaginarios! —escribían—. Digamos a los profesores: "¡Despertad antes de que sea demasiado tarde!"»[1] Una década más tarde, un grupo de estudiantes de Harvard organizaron un plante masivo en una clase del profesor Gregory Mankiw —autor de los manuales de economía más utilizados en todo el mundo— como protesta por la estrecha y sesgada perspectiva ideológica que consideraban que impregnaba su asignatura. Según dijeron, se sentían «profundamente preocupados por la posibilidad de que ese sesgo influya en los alumnos, en la universidad y en el conjunto de nuestra sociedad».[2]

Cuando estalló la crisis financiera, esta dio un nuevo ímpetu a la disensión estudiantil en todo el mundo. Y también alentó a Yuan y a sus rebeldes compañeros a poner en marcha una red global que pronto uniría a más de ochenta grupos de estudiantes de más de treinta países —de India a Estados Unidos pasando por Alemania y Perú— en su exigencia de que la economía se pusiera al nivel de la generación actual, el siglo en el que vivimos y los retos que tenemos por delante. «No es solo la economía mundial la que está en crisis», declaraban en 2014 en una carta abierta:

> También está en crisis la enseñanza de la economía, y esta crisis tiene consecuencias que van más allá de los muros de la universidad. Lo que se enseña configura la mente de la próxima generación de responsables políticos y, en consecuencia, configura asimismo las sociedades en las que vivimos [...]. Estamos disconformes con la drástica restricción del currículo que se ha producido a lo largo de los dos últimos decenios [...]. Ello limita nuestra capacidad para afrontar los retos multidimensionales del siglo XX: desde la estabilidad financiera hasta la seguridad alimentaria y el cambio climático.[3]

Los más radicales de entre los miembros de esta protesta estudiantil han dirigido sus críticas contraculturales a una serie de congresos intelectuales de renombre. En enero de 2015, cuando se inició la reunión anual de la Asociación Económica Estadounidense en el hotel Sheraton de Boston, los estudiantes del movimiento Kick It Over pegaron carteles acusadores en los pasillos, ascensores y lavabos del hotel, proyectaron gigantescos mensajes subversivos en la fachada exterior del centro de congresos, y dejaron perplejos a los incrédulos asistentes al congreso invadiendo sus sosegadas mesas redondas y acaparando los turnos de preguntas.[4] «La revolución de la economía ha empezado —declaraba el manifiesto estudiantil—. Os echaremos del poder en un campus tras otro, viejos carcamales. Luego, en los meses y años siguientes, nos pondremos a trabajar para reprogramar la máquina del Juicio Final.»[5]

Estamos ante una situación extraordinaria. Ninguna otra disciplina académica ha logrado provocar una revuelta mundial entre sus propios alumnos, las mismas personas que han decidido dedicar varios años de su vida a estudiar sus teorías. Esta rebelión ha dejado una cosa clara: que, en efecto, la revolución de la economía ha empezado ya. Y su éxito depen-

En enero de 2015, un grupo de estudiantes de economía rebeldes se apropiaron de la calle donde se encuentra el hotel Sheraton de Boston para dar la bienvenida a la celebración del congreso anual de la Asociación Económica Estadounidense con su crítica contracultural.

derá no solo de que se logre desacreditar las viejas ideas, sino —lo que es más importante— de que se aporten otras nuevas. Como dijo en cierta ocasión el ingenioso inventor del siglo xx Buckminster Fuller: «Nunca se cambian las cosas luchando contra la realidad existente. Si quieres cambiar algo, construye un modelo nuevo que haga obsoleto el modelo actual».

Este libro asume su reto, presentando siete maneras distintas —y mentalmente transformadoras— con las que todos podemos aprender a pensar como economistas del siglo xxi. Relegando las viejas ideas que nos han atrapado y reemplazándolas por otras más novedosas capaces de inspirarnos, propone una nueva historia económica que se narra en imágenes tanto como en palabras.

El reto del siglo XXI

El término *economía* fue acuñado en la antigua Grecia por el filósofo Jenofonte. Combinando las palabras griegas *oikos*, «casa», y *nomos*, «reglas o normas», inventó el arte de la administración de la casa o economía doméstica, algo que hoy resulta de lo más pertinente. En este siglo necesitamos administradores que sean lo bastante perspicaces para dirigir nuestra casa planetaria, y que estén dispuestos a prestar atención a las necesidades de todos sus habitantes.

En los últimos sesenta años se han hecho extraordinarios progresos en lo relativo al bienestar humano. Un niño nacido en el planeta Tierra en 1950 podía esperar vivir una media de solo cuarenta y ocho años; hoy la esperanza de vida de ese niño es de setentaiún años.[6] Solo desde 1990, el número de personas que viven en condiciones de pobreza extrema —con menos de 1,90 dólares diarios— se ha reducido en más de la mitad. Más de dos mil millones de personas han conseguido acceder por primera vez al agua potable y a instalaciones de saneamiento como los retretes. Y todo ello mientras la población humana crecía casi un 40 %.[7]

Esa es la parte buena. El resto de la historia, obviamente, hasta ahora no ha salido tan bien. Muchos millones de personas siguen llevando una vida de privaciones extremas. En términos globales, una persona de cada nueve no dispone de suficiente alimento.[8] En 2015 murieron seis millones de niños menores de cinco años, más de la mitad debido a enfermedades fáciles de tratar como la diarrea y la malaria.[9] Dos mil millones de personas viven con menos de tres dólares diarios, y más de setenta millones de jóvenes, sean hombres o mujeres, no encuentran trabajo.[10] Este tipo de privaciones se han visto exacerbadas por crecientes inseguridades y desigualdades. La crisis financiera de 2008 generó ondas de choque que se extendieron por toda la economía global, privando a muchos millones de personas de sus puestos de trabajo, sus hogares, sus ahorros y su seguridad. Paralelamente, el mundo se ha hecho extraordinariamente desigual: en 2015, el 1 % más rico de la población mundial poseía más riqueza que todo el 99 % restante.[11]

A estas circunstancias humanas tan extremas debe añadirse la creciente degradación de nuestro hogar planetario. La actividad humana está provocando una tensión sin precedentes en los sistemas que sustentan la vida en la Tierra. La temperatura media global ya ha aumentado 0,8 °C, y estamos en camino de generar un incremento de casi 4 °C en 2100, lo que plantea una amenaza de inundaciones, sequías, tormentas y aumento del nivel del mar de una escala e intensidad que la humanidad no ha presenciado nunca antes.[12] Hoy en día, cerca del 40 % de las tierras agrícolas de todo el mundo están seriamente degradadas, y en 2025 dos de cada tres habitantes del planeta vivirán en regiones con problemas de falta de agua.[13] Al mismo tiempo, más del 80 % de los caladeros del planeta están agotados o sobreexplotados, y cada minuto se vierte al océano el equivalente a un camión de basura cargado de residuos plásticos: de seguir a este ritmo, en 2050 habrá más plástico que peces en el mar.[14]

Estos hechos resultan ya de por sí abrumadores, pero las proyecciones de crecimiento demográfico agravan el reto que tenemos por delante. Hoy la población mundial es de 7.300 millones de personas, y se espera que en 2050 se aproxime a los 10.000 millones, para estabilizarse en torno a los 11.000 millones en 2100.[15] Asimismo, se espera que de aquí a 2050 la producción económica mundial —si hemos de creer las proyecciones basadas en que todo siga igual— crezca un 3 % cada año, lo que significa que el tamaño de la economía mundial se duplicará en 2037 y casi se triplicará en 2050.[16] La clase media global —quienes gastan entre 10 y 100 dólares al día— aumentará con rapidez, pasando de los 2.000 millones de personas actuales a 5.000 millones en 2030, lo que generará un fuerte incremento de la demanda de materiales de construcción y productos de consumo.[17] Estas son las tendencias que configuran las perspectivas de la humanidad a comienzos del siglo XXI. Siendo así, ¿qué clase de pensamiento necesitamos para el viaje que nos aguarda?

LA AUTORIDAD DE LA ECONOMÍA

Independientemente de cómo abordemos estos retos interrelacionados entre sí, una cosa está clara: la teoría económica desempeñará un papel decisivo. La economía constituye la lengua materna de las políticas públicas, el lenguaje de la vida pública y la mentalidad que configura la sociedad. «En estas primeras décadas del siglo xxi, la historia dominante es la económica: las creencias, los valores y los supuestos económicos están configurando nuestra forma de pensar, sentir y actuar», escribe F. S. Michaels en su libro *Monoculture: How One Story is Changing Everything*.[18]

Quizá sea esa la razón por la que los economistas tienen cierta aureola de autoridad. Ocupan asientos de primera fila como expertos en el ámbito de la política internacional —desde el Banco Mundial hasta la Organización Mundial del Comercio—, y rara vez son ajenos a la atención del poder. En Estados Unidos, por ejemplo, el Consejo de Asesores Económicos del presidente es, con mucho, el más influyente, prominente y duradero de todos los consejos de asesores de la Casa Blanca, mientras que sus consejos hermanos de calidad medioambiental y de ciencia y tecnología apenas son conocidos fuera de los círculos oficiales de Washington. En 1968, el prestigio de los Premios Nobel, que hasta entonces se habían concedido a los mayores avances científicos en física, química y medicina, se amplió a una nueva disciplina, aunque no sin cierta polémica: el Banco Central sueco hizo presión y puso dinero para que cada año se concediera también un Premio en «Ciencias Económicas» en memoria de Alfred Nobel, y desde entonces los premiados se han convertido en celebridades académicas.

No todos los economistas se han sentido cómodos con esta aparente autoridad. Allá por la década de 1930, John Maynard Keynes —el inglés cuyas ideas transformarían la economía de posguerra— mostraba ya su preocupación por el papel que desempeñaba su profesión. «Las ideas de los economistas y los filósofos políticos, tanto cuando son acertadas como cuando son erróneas, tienen más poder de lo que normalmente se cree. De hecho, el mundo apenas está gobernado por otra cosa —escribió en una frase que se haría famosa—. Los hombres prácticos, que se creen exentos por completo de cualquier influencia intelectual, son generalmente esclavos de algún economista difunto.»[19] El economista austriaco Friedrich von Hayek, conocido fundamentalmente por ser el padre del neoliberalismo en la década de 1940, discrepaba vehementemente con Keynes sobre casi todas las cuestiones económicas, tanto de teoría como de políticas públicas, pero, en cambio, coincidía con él en este aspecto. En 1974, cuando Hayek fue galardonado con el Nobel de Economía, en su discurso de aceptación hizo la observación de que, de haberle consultado, él se habría opuesto a la creación de dicho premio. ¿Por qué? Pues porque —declaró a la multitud allí reunida— «el Premio Nobel confiere a un individuo una autoridad que en economía no debería poseer ningún hombre»; en especial —añadió— porque «la influencia del economista que más importa es la que ejerce sobre los profanos: los políticos, los periodistas, los funcionarios y la opinión pública en general».[20]

Pese a tales recelos por parte de los dos economistas más influyentes del siglo xx, el predominio de la visión del mundo del economista no ha hecho sino extenderse, incluso en el lenguaje de la vida pública. En hospitales y clínicas de todo el planeta, los pacientes y los doctores han pasado a redefinirse respectivamente como clientes y proveedores de servicios. En campos y bosques de todos los continentes, los economistas calculan el valor monetario del «capital natural» y los «servicios de los ecosistemas», que abarcan desde el valor económico de los humedales del mundo (que según se dice es de 3.400 millones de dólares anuales) hasta el valor global de los servicios de polinización de los insectos (equivalente a 160.000 millones de dólares anuales).[21] Paralelamente, la importancia del sector financiero se ve reforzada por la información de los medios, donde los titulares diarios de la radio y la prensa escrita anuncian los últimos resultados trimestrales de las empresas, mientras que las cotizaciones bursátiles desfilan en los informativos de televisión imitando un teletipo.

Dado el predominio de la economía en la vida pública, no resulta en absoluto sorprendente que tantos alumnos universitarios, si se les da la oportunidad, opten por estudiar algo de ella como parte de su formación. Solo en Estados Unidos, alrededor de cinco millones de universitarios se gradúan cada año habiendo realizado al menos un curso de economía en su carrera. Actualmente existe un curso introductorio estándar originario de Estados Unidos —y conocido generalmente como «Econ 101»— que se enseña en todo el mundo, y cuyos alumnos, desde China hasta Chile, aprenden con traducciones de los mismos manuales que se utilizan en las universidades de Chicago y de Cambridge. Para todos estos estudiantes, «Econ 101» se ha convertido en parte esencial de una formación más amplia, independientemente de que luego se conviertan en empresarios o en médicos, en reporteros o en activistas políticos. Incluso para quie-

nes nunca han estudiado esta materia, el lenguaje y la mentalidad de
«Econ 101» impregna de tal modo el debate público que llega a configurar el modo en que todos concebimos la economía: qué es, cómo funciona y para qué sirve.

Y ahí está el problema. El viaje de la humanidad a través del siglo XXI será liderado por los responsables políticos, los empresarios, los profesores, los periodistas, los líderes comunitarios, los activistas y los votantes que hoy se están formando. Pero a estos ciudadanos de 2050 se les está inculcando una mentalidad económica que tiene sus raíces en los libros de texto de 1950, que a su vez tienen sus raíces en las teorías de 1850. Dada la naturaleza rápidamente cambiante del siglo XXI, esto va a resultar un desastre. Es cierto que el siglo XX dio lugar a un pensamiento económico innovador, cuya expresión más influyente fue la batalla de ideas entre Keynes y Hayek. Pero aunque estos dos pensadores icónicos mantenían puntos de vista opuestos, ambos habían heredado supuestos erróneos y puntos ciegos comunes que subyacían a sus diferencias de manera implícita. En cambio, el contexto del siglo XXI exige que hagamos explícitos dichos supuestos y visibilicemos esos puntos ciegos de modo que podamos, una vez más, repensar la economía.

ALEJARSE DE LA ECONOMÍA... PARA VOLVER A ELLA

Cuando era una adolescente, allá por la década de 1980, trataba de concebir mi propia interpretación del mundo viendo los informativos de la tarde. Las imágenes que desfilaban cada día por el televisor de nuestra sala de estar me llevaban muy lejos de mi vida de colegiala en Londres, y eran imágenes que se te quedaban grabadas: la inolvidable y silenciosa mirada de aquellos niños de vientre hinchado nacidos en el hambre de Etiopía; las pilas de cuerpos amontonados como fósforos por la catástrofe del gas de Bhopal; un agujero de color púrpura abierto en la capa de ozono; una enorme mancha de aceite fluyendo del *Exxon Valdez* en las prístinas aguas de Alaska... Al final de aquella década simplemente tenía claro que quería trabajar para alguna organización como Oxfam o Greenpeace, haciendo campaña para erradicar la pobreza o para poner fin a la destrucción del medio ambiente, y pensaba que la mejor forma de prepararme para ello era estudiar economía y poner a trabajar las herramientas de esta disciplina en pro de tales causas.

De modo que me dirigí a la Universidad de Oxford con el fin de adquirir las aptitudes que yo creía que me prepararían para aquella labor. Pero la teoría económica que allí se me ofreció me causó frustración, puesto que partía de una serie de supuestos poco prácticos acerca de cómo funcionaba el mundo, al tiempo que tocaba solo de pasada las cuestiones que a mí me preocupaban más. Tuve la fortuna de contar con profesores estimulantes y de mentalidad abierta, pero también estos se veían constreñidos por el programa que a ellos les obligaban a impartir, y a nosotros a aprender. De manera que, tras cuatro años de estudios, me encontré cada vez más lejos de la economía teórica, demasiado incómoda con ella para considerarme una «economista», y acabé sumergiéndome, en cambio, en los retos económicos del mundo real.

Pasé tres años trabajando con emprendedoras de las aldeas de Zanzíbar, admirando a aquellas mujeres descalzas que regentaban microempresas mientras educaban a sus hijos sin disponer de agua corriente, electricidad o una escuela al alcance de la vista. Luego salté al mundo absolutamente distinto de la isla de Manhattan, donde me pasé cuatro años trabajando en el equipo de las Naciones Unidas encargado de elaborar una de las publicaciones anuales insignia de la organización, su *Informe sobre Desarrollo Humano*, al tiempo que presenciaba cómo los más descarados juegos de poder bloquean los avances en las negociaciones internacionales. Lo dejé para satisfacer una ambición largo tiempo anhelada y así pasé a Oxfam, donde durante más de una década pude ser testigo de la precaria existencia de las mujeres —desde Bangladés hasta Birmingham— empleadas en el último y duro eslabón de las cadenas de producción globales. Hicimos presión para cambiar las normativas amañadas y el doble rasero que gobiernan las reglas del comercio internacional. Y pude explorar las implicaciones del cambio climático para los derechos humanos, cuando conocí a agricultores del mundo entero, desde India hasta Zambia, cuyos campos se habían convertido en eriales porque en su región había dejado de llover. Luego fui madre —de gemelos, por si fuera poco—, y pasé un año de baja por maternidad, inmersa en la economía doméstica de cambiar pañales y criar a dos hijos. Cuando volví al trabajo, entendía como nunca antes las presiones a las que se ven sometidos los padres que tienen que hacer malabarismos para compaginar el trabajo y la familia.

A lo largo de este proceso, poco a poco fui comprendiendo lo evidente: que simplemente no podía alejarme de la economía, porque esta configura el mundo en el que habitamos y, desde luego, su mentalidad me había configurado a mí, incluso por la vía del rechazo. De modo que decidí volver a ella y darle la vuelta. ¿Y si basamos la economía, no en sus arraigadas teorías sino en los objetivos de la humanidad a largo plazo, y luego buscamos el pensamiento económico que nos permita alcanzarlos? Intenté dibujar un esquema de aquellos objetivos y, por ridículo que suene, me salió una rosquilla; ya saben, un dulce con un agujero en medio. El diagrama íntegro se explica en el próximo capítulo, pero básicamente se trata de un par de anillos concéntricos. Por debajo del anillo interior —el fundamento social— se ubican las privaciones humanas cruciales como el hambre y el analfabetismo; más allá del exterior —el techo ecológico— se sitúan los elementos críticos de la degradación planetaria como el cambio climático y la pérdida de biodiversidad. Entre estos dos anillos se halla la rosquilla propiamente dicha: el espacio en el que podemos satisfacer las necesidades de todos en el marco de los medios de nuestro planeta.

Una rosquilla horneada y azucarada parece una metáfora muy poco adecuada para reflejar las aspiraciones de la humanidad, pero su imagen tenía algo que resultaba atractivo, tanto para mí como para otras personas, de manera que prevaleció en mi visión. Y además planteaba una cuestión profundamente fascinante:

> Si el objetivo de la humanidad del siglo xxi es meterse dentro de la rosquilla, ¿qué mentalidad económica nos dará la mejor oportunidad de lograrlo?

Con la rosquilla en la mano, dejé a un lado mis viejos manuales y me lancé a la búsqueda de las mejores ideas emergentes que fuera capaz de encontrar, explorando el nuevo pensamiento económico tanto con estudiantes universitarios de mente abierta como con líderes empresariales progresistas, académicos innovadores y profesionales de vanguardia. Este libro reúne las ideas clave que he descubierto a lo largo de este proceso; ideas relativas a formas de pensar que desearía que se hubieran cruzado en mi camino al principio de mi propia formación económica, y que creo que hoy deberían formar parte del instrumental de todo economista. Se inspira en diversas escuelas de pensamiento económico, como la economía de la complejidad, la ecológica, la feminista, la institucional y la conductual. Todas ellas son ricas en ideas, pero sigue existiendo el riesgo de que estas escuelas de pensamiento se mantengan separadas en silos, refugiándose cada una en sus propias revistas, congresos, blogs, libros de texto y puestos docentes, y acaben cultivando su propio nicho crítico con el pensamiento del último siglo. El verdadero avance reside, pues, en combinar lo que cada una de ellas tiene que ofrecer y descubrir qué ocurre cuando todas interactúan al unísono, que es justamente lo que se propone hacer este libro.

Hoy la humanidad afronta retos formidables, y, si hemos terminado así, ha sido en no poca medida gracias a los puntos ciegos y las metáforas erróneas de un pensamiento económico obsoleto. Pero para quienes estén dispuestos a rebelarse, a mirar de soslayo, a cuestionar y repensar las cosas, estos son tiempos apasionantes. «Los estudiantes tienen que aprender a desechar viejas ideas, a reemplazarlas en la manera y tiempo debidos, [...] a aprender, desaprender y reaprender», escribía el pensador futurista Alvin Toffler.[22] Esto no podría ser más cierto en el caso de quienes buscan el conocimiento económico: hoy es un gran momento para desaprender y reaprender los fundamentos de la economía.

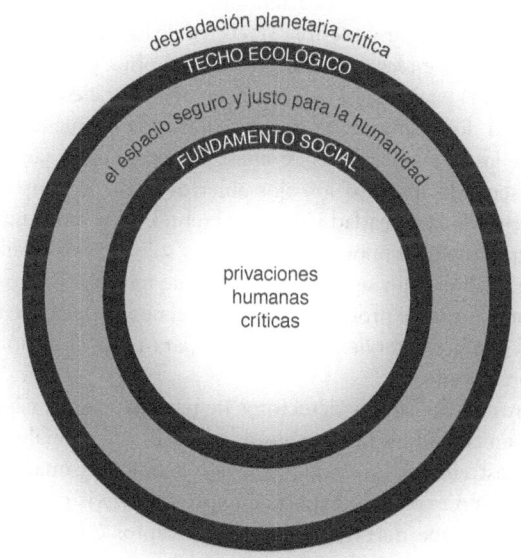

La esencia de la rosquilla: un fundamento social de bienestar que no debería faltarle a nadie y un techo ecológico de presión planetaria que no deberíamos superar. Entre estos dos límites se halla un espacio seguro y justo para todos.

EL PODER DE LAS IMÁGENES

Todo el mundo lo dice: necesitamos una nueva historia económica, un relato de nuestro futuro económico común que sea apropiado para el siglo XXI. Estoy de acuerdo. Pero hay algo que no debemos olvidar: los relatos más potentes de la historia han sido siempre los que se han narrado con imágenes. Si queremos reescribir la economía, hemos de rehacer también sus imágenes, porque tendremos muy pocas posibilidades de contar una nueva historia si nos apegamos a las viejas ilustraciones. Y si lo de elaborar nuevas imágenes le parece frívolo al lector —como un mero juego de niños—, créame si le digo que no lo es. O mejor dicho, permítame que se lo demuestre.

De las pinturas rupestres de la Prehistoria al plano del metro de Londres, las imágenes, los diagramas y los gráficos configuran desde hace largo tiempo el núcleo de la narración humana. La razón de ello es muy simple: nuestro cerebro está configurado primordialmente para las imágenes visuales. «La vista viene antes que las palabras. El niño mira y reconoce antes de hablar», escribía el teórico de los medios de comunicación John Berger en las primeras líneas de su obra, ya clásica, *Modos de ver*, publicada en 1972.[23] Posteriormente, la neurociencia ha confirmado el papel dominante de la visualización en la cognición humana. La mitad de las fibras nerviosas de nuestro cerebro están vinculadas a la visión, y cuando tenemos los ojos abiertos la visión ocupa las dos terceras partes de la actividad eléctrica cerebral. El cerebro tarda solo 150 milisegundos en reconocer una imagen, y solo otros 100 milisegundos más en atribuirle un significado.[24] Aunque tenemos puntos ciegos en ambos ojos —que se producen allí donde el nervio óptico se une a la retina—, el cerebro interviene hábilmente para crear la ilusión de un todo ininterrumpido.[25]

Como resultado, somos detectores de patrones natos, capaces de ver rostros en las nubes, fantasmas en las sombras y animales mitológicos en las estrellas. Y aprendemos mejor cuando hay imágenes a las que mirar. Como explica la experta en aprendizaje visual Lynell Burmark, «a menos que nuestras palabras, conceptos e ideas vayan enganchados a una imagen, entrarán por un oído, atravesarán el cerebro y saldrán por el otro. Las palabras son procesadas por nuestra memoria a corto plazo, donde solo podemos retener unos siete bits de información [...]. Las imágenes, en cambio, pasan directamente en la memoria a largo plazo, donde quedan grabadas de manera indeleble».[26]

Con muchos menos trazos de pluma, y sin todo el peso del lenguaje técnico, las imágenes poseen la característica de la inmediatez, y, cuando texto e imagen envían mensajes contradictorios, es el mensaje visual el que predomina con mayor frecuencia.[27] De modo que el antiguo dicho resulta ser cierto: una imagen realmente vale más que mil palabras.

No resulta sorprendente, pues, que las imágenes hayan desempeñado un papel tan crucial en la manera en que los humanos hemos aprendido a dar sentido al mundo. En el siglo vi a. C., en Persia, se grabó en arcilla —con ayuda de un palo afilado— el mapa del mundo más antiguo conocido, el denominado *Imago mundi* babilónico, donde se representaba la Tierra como un disco plano en el que Babilonia aparecía situada firmemente en el centro. En la antigua Grecia, Euclides, el padre de la geometría, se convirtió en todo un maestro en el análisis de los círculos, triángulos, curvas y rectángulos situados en un espacio bidimensional, creando así una convención esquemática que más tarde utilizaría Isaac Newton para presentar sus innovadoras leyes del movimiento, y que todavía se emplea en las clases de matemáticas de todo el mundo. Pocas personas han oído hablar del arquitecto romano Marco Vitruvio Polión, pero la representación visual que hizo Leonardo da Vinci de su teoría de la proporción se reconoce al instante en cualquier lugar del mundo en la imagen del denominado «hombre de Vitruvio», un hombre de pie, desnudo y con los brazos abiertos, enmarcado a la vez en un círculo y un cuadrado. En 1837, cuando Charles Darwin dibujó por primera vez en su cuaderno de campo un pequeño diagrama irregular de un árbol que se ramificaba —con la palabra «pienso» anotada sobre él—, estaba plasmando el quid de una idea que daría lugar a su libro *El origen de las especies*.[28]

Resulta evidente que, a lo largo de las diversas épocas y culturas, las personas han sabido captar desde tiempos inmemoriales el poder de las imágenes y su capacidad de derribar creencias profundamente arraigadas. Las imágenes se aferran a la imaginación y reconfiguran nuestra visión del mundo sin necesidad de palabras. No tiene nada de asombroso que Nicolás Copérnico, que dedicó su vida a estudiar el movimiento de los planetas, esperara a hallarse en su lecho de muerte para atreverse a hacer pública esta imagen:

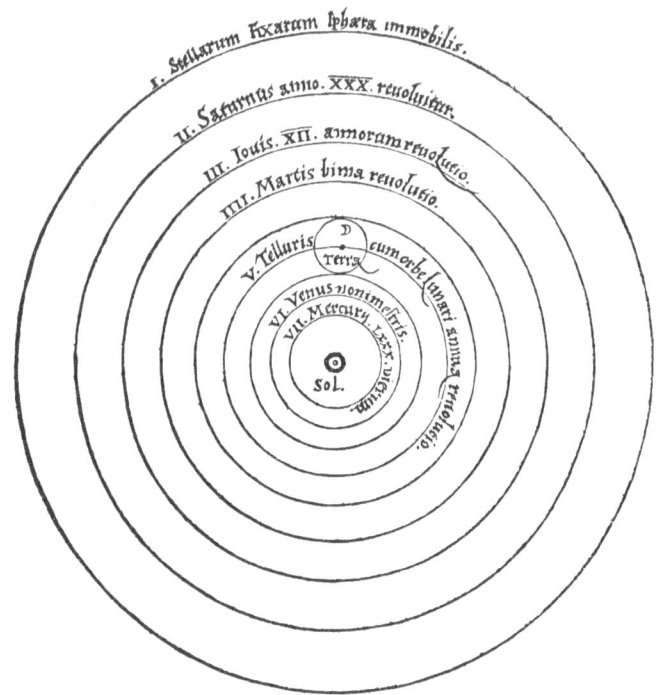

Representación del universo de Copérnico (1543), donde se muestra la Tierra girando alrededor del Sol.

Al representar el Sol —y no la Tierra— en el centro de nuestro sistema solar, el dibujo de Copérnico desencadenó una revolución ideológica que desbarataría la doctrina de la Iglesia, amenazaría con derribar el poder papal y transformaría la interpretación de la humanidad, tanto del cosmos como de nuestro lugar en él. Resulta increíble que unos cuantos círculos concéntricos puedan causar tantos estragos.

Piense, pues, en los círculos, parábolas, líneas y curvas que configuran los principales diagramas utilizados en economía; esas imágenes aparentemente inocuas que representan qué es la economía, cómo funciona y para qué sirve. Nunca subestime el poder de esas imágenes: lo que dibujamos determina lo que podemos y no podemos ver, lo que observamos y lo que ignoramos, y, de ese modo, configura todo lo que viene después. Las imágenes que dibujamos para describir la economía invocan las verdades intemporales de las matemáticas de Euclides y la física de Newton en su simplicidad geométrica. Pero al hacerlo se cuelan subrepticiamente en el fondo de nuestra mente, susurrando en silencio los supuestos más profundos de la teoría económica, que no necesitan expresarse en palabras porque han quedado grabados en nuestra imaginación. Dichas imágenes presentan un panorama muy parcial de la economía, puesto que obvian los puntos ciegos más característicos de la teoría económica, nos incitan a buscar leyes en sus propias líneas de pensamiento y nos envían a perseguir falsos objetivos. Y lo que es más, esas imágenes permanecen, como grafitis mentales, hasta mucho después de que las palabras se hayan desvanecido: se convierten en el polizón de nuestro bagaje intelectual, alojadas en nuestra corteza visual sin que ni siquiera nos demos cuenta de que están allí. Y asimismo, exactamente igual que los grafitis, resultan muy difíciles de borrar. De modo que, si una imagen vale más que mil palabras, entonces —al menos en economía— deberíamos prestar bastante más atención a las imágenes que enseñamos, dibujamos y aprendemos.

Alguien podría refutar esta sugerencia argumentando que la teoría económica no se enseña por medio de imágenes, sino de ecuaciones, de páginas y más páginas de ellas. Al fin y al cabo, las facultades de economía de las universidades intentan reclutar a matemáticos, no a artistas, para que se incorporen a sus filas. Pero lo cierto es que la economía se ha enseñado siempre con ayuda de diagramas tanto como con ecuaciones, y esos diagramas han desempeñado un papel especialmente importante gracias a algunos personajes inconformistas y unos cuantos giros sorprendentes producidos en el poco conocido pero siempre fascinante pasado de esta disciplina.

Las imágenes en economía: una historia oculta

Muchos de los padres fundadores de la economía emplearon imágenes para expresar sus ideas fundamentales. Cuando en 1758 el economista francés François Quesnay publicó su *Tableau économique*, con sus zigzagueantes líneas como representación del flujo del dinero al circular entre los terratenientes, los trabajadores y los comerciantes, estaba dibujando de hecho el primer modelo económico cuantificado. En la década de 1780, el economista político británico William Playfair empezó a inventar nuevas formas de presentar los datos, utilizando para ello lo que actualmente cualquier estudiante conoce como gráficos, diagramas de barras y diagramas de sectores. Gracias a estos instrumentos visualizó de forma potente los problemas políticos de su época, como el brusco aumento del precio del trigo para los jornaleros o el desequilibrio de la balanza comercial de Inglaterra con el resto del mundo. Un siglo más tarde, el economista británico William Stanley Jevons dibujó un gráfico que describía lo que él denominaba la «ley de la demanda», representando a lo largo de una curva los cambios progresivos producidos en el precio y la cantidad de un bien para mostrar que, cuando baja el precio de este, la gente quiere comprar más cantidad de dicho bien. A fin de conseguir que su teoría pareciera tan científica como la física misma, la representó intencionadamente de manera muy similar a como hiciera Newton con las leyes del movimiento. Y esa curva de la demanda todavía aparece en el primer diagrama con el que se tropieza hoy en día el estudiante novato.

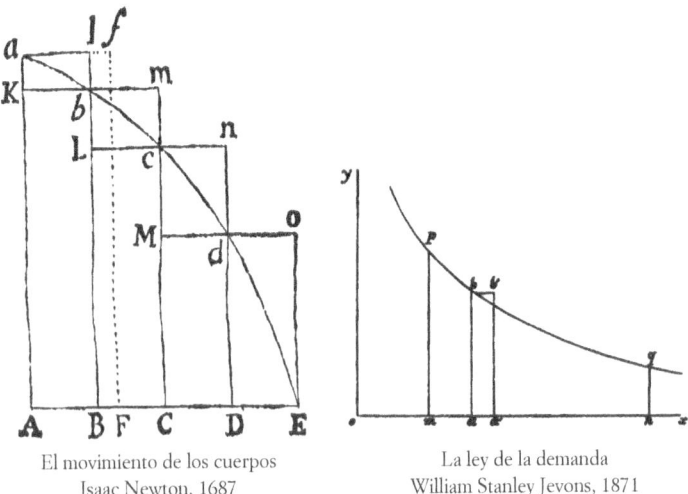

El movimiento de los cuerpos
Isaac Newton, 1687

La ley de la demanda
William Stanley Jevons, 1871

Con la ambición de hacer que la economía pareciera tan científica como la física, Jevons representó gráficamente sus teorías al estilo de los diagramas de las leyes del movimiento de Newton.

La economía de la primera mitad del siglo xx estuvo dominada por el libro de Alfred Marshall *Principios de economía*, publicado en 1890, el texto principal que entoneces se utilizaba para enseñar a la mayoría de los estudiantes. En el prefacio, Marshall reflexionaba sobre las relativas ventajas de utilizar ecuaciones en lugar de diagramas para aclarar el texto. Las ecuaciones matemáticas —creía— resultaban más útiles a la hora de «ayudar a una persona a poner por escrito de forma rápida, breve y precisa algunas de sus ideas para su propio uso [...]. Pero cuando hay que utilizar un gran número de símbolos, se hacen muy laboriosas para cualquiera que no sea el propio autor». En esos casos, él consideraba que los diagramas tenían mucho más valor. «El argumento del texto nunca depende de ellos, y por eso pueden omitirse —añadía—; pero la experiencia parece mostrar que permiten una comprensión más sólida de muchos principios importantes que pueden captarse sin su ayuda, y que hay muchos problemas de teoría pura que nadie que haya aprendido a utilizar diagramas manejará de buen grado de ninguna otra forma.»[29]

Fue Paul Samuelson, no obstante, quien en la segunda mitad del siglo xx situó de manera decisiva las imágenes en el corazón del pensa-

Paul Samuelson: el hombre que dibujó la economía.

miento económico. Samuelson, considerado el padre de la economía moderna, pasó los siete decenios que duró su carrera profesional en el Instituto de Tecnología de Massachusetts (MIT), y a su muerte, en 2009, fue homenajeado como «uno de los gigantes sobre cuyos hombros se alzan todos los economistas contemporáneos».[30] Era un enamorado de las ecuaciones y los diagramas, e influyó profundamente en el uso de ambos tanto en la teoría económica como en la enseñanza. Pero, de manera crucial, creía que cada uno de estos dos elementos resultaba adecuado para un tipo de público distinto: resumiendo, las ecuaciones eran para los especialistas y las imágenes para las masas.

La primera gran obra de Samuelson fue el libro de su tesis doctoral, *Foundations of Economic Analysis*. Publicado en 1947, iba dirigido a los teóricos puros, y era una obra rigurosamente matemática, ya que, como hemos dicho, Samuelson creía que las ecuaciones debían ser la lengua materna de los economistas profesionales, que había de servir para eludir el pensamiento confuso y reemplazarlo por la precisión científica. En cambio, escribió su segundo libro para un público completamente distinto, y fue gracias a un giro del destino.

Al final de la Segunda Guerra Mundial, la matriculación en las universidades estadounidenses se disparó cuando cientos de miles de soldados volvieron a casa en busca de la educación que se habían perdido y de unos puestos de trabajo que ahora necesitaban con desesperación. Muchos de ellos optaron por estudiar ingeniería —esencial para los trabajos de construcción de la posguerra—, y en ese contexto se les exigió que aprendieran algo de economía. Por entonces, Samuelson era un profesor del MIT de treinta años que se presentaba a sí mismo como «un mocoso emprendedor en el campo de la teoría esotérica». Pero el jefe de su departamento, Ralph Freeman, tenía un problema entre manos: ochocientos estudiantes de ingeniería del MIT habían empezado a cursar una asignatura de economía obligatoria de un año de duración, y las cosas no estaban yendo bien. Samuelson recordaría más tarde la conversación que tuvo con Freeman el día en que este irrumpió en su despacho y cerró la puerta tras de sí.

—Odian la asignatura —le confesó Freeman—. Lo hemos probado todo. Pero siguen odiándola... Paul, ¿dedicaría usted media jornada durante un semestre o dos a impartir esta materia? Escriba un texto que les guste a los estudiantes. Si les agrada, la suya será una buena economía. Excluya lo que quiera. Sea tan breve como desee. Sea lo que fuere lo que se le ocurra, constituirá una inmensa mejora en comparación con lo que tenemos ahora.[31]

Según Samuelson, aquella era una oferta que no podía rechazar, y el texto que escribió durante los tres años siguientes —titulado simplemente *Economía* y publicado en 1948— se convertiría en un manual clásico que le daría celebridad durante toda su vida. De manera fascinante, la estrategia que eligió al escribirlo seguía directamente los pasos de la Iglesia católica medieval. Antes de la aparición de la imprenta, la Iglesia había utilizado dos métodos completamente distintos para difundir su doctrina. A unas pocas personas cultas —monjes, sacerdotes y eruditos— se les requería que leyeran la Biblia en latín, copiando sus versículos línea por línea. En cambio, a las masas analfabetas se les enseñaban las historias de la Biblia por medio de imágenes, pintadas como frescos en los muros de las iglesias e iluminadas en vidrieras. Esta última resultó ser una estrategia de comunicación de masas sumamente acertada. Samuelson se mostró igual de inteligente: dejando las ecuaciones para los especialistas, se decantó totalmente por los diagramas y gráficos para crear su propio curso de economía «todo incluido» destinado a las masas. Y dado que su público principal era una cohorte de ingenieros, adoptó un estilo visual que habría de resultarles familiar, basado en la tradición de la ingeniería mecánica y la mecánica de fluidos. En la página siguiente, por ejemplo, hay una imagen de la primera edición de su manual, en la que se muestra cómo la renta circula a través de la economía, con las nuevas inversiones «rellenando» el circuito. El dibujo, que fue evolucionando hasta convertirse en su más famoso diagrama —conocido como «flujo circular»—, se basaba claramente en la metáfora del agua fluyendo a través de las tuberías de plomo.[32]

Aquel manual lleno de imágenes fue un éxito, y lo que funcionó para los ingenieros resultó funcionar igualmente con el resto de los estudiantes. *Economía* no tardó en ser adoptado por los profesores de universidad de todo Estados Unidos, e incluso de otros países. En el territorio estadounidense se convirtió en el libro de texto más vendido —de todas las disciplinas— durante casi treinta años. Traducido a más de cuarenta lenguas, se vendieron cuatro millones de ejemplares en todo el mundo durante un período de sesenta años, proporcionando a varias generaciones de estudiantes todo lo que necesitaban saber sobre «Econ 101».[33] En cada nueva edición se añadían más imágenes: cuando se publicó la undécima, en 1980, los setenta diagramas de la primera se habían multiplicado hasta alcanzar casi la cifra de doscientos cincuenta. Samuelson entendía y saboreaba esa influencia porque él veía la mente del estudiante universitario de primer año como una pizarra en blanco. «No me importa quién

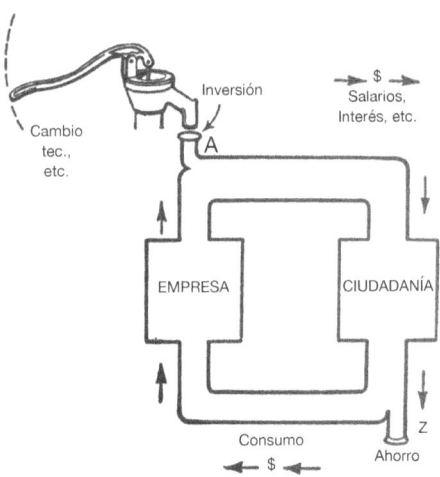

Diagrama de flujo circular de Samuelson (1948), donde se representa la renta flu-
yendo a través de la economía como si fuera agua que fluye a través de tuberías de
plomo.

escribe las leyes de una nación, o redacta sus tratados más avanzados, mientras yo pueda escribir sus manuales de economía —declararía en años posteriores—. La influencia inicial es la privilegiada, ya que incide en la tabla rasa del principiante en su estado más impresionable.»[34]

UN LARGO ESFUERZO POR ESCAPAR

Paul Samuelson no fue el único en apreciar la extraordinaria influencia que ejercen quienes determinan cómo empezamos. Su maestro y mentor, Joseph Schumpeter, también comprendió que puede resultar muy difícil deshacerse de las ideas que se nos transmiten, pero él estaba decidido a hacerlo, a dejar paso a sus propias ideas. Como escribió en su *Historia del análisis económico*, publicada en 1954:

> En la práctica todos iniciamos nuestra propia investigación a partir del trabajo de nuestros predecesores, es decir, que casi nunca partimos de cero. Pero supongamos que sí partiéramos de cero: ¿qué pasos tendríamos

que dar? Obviamente, para poder plantear cualquier problema, primero tendríamos que visualizar un conjunto claramente definido de fenómenos coherentes como un objeto merecedor de nuestro esfuerzo analítico. En otras palabras, al esfuerzo analítico le precede necesariamente un acto cognitivo preanalítico que proporciona la materia prima para dicho esfuerzo. En este libro denominaremos a ese acto cognitivo preanalítico «la visión».

Él era consciente, sin embargo, de que crear una nueva visión preanalítica nunca podía ser un proceso imparcial, y en este sentido añadía:

> La primera tarea es verbalizar la visión o conceptualizarla [...] en un esquema o imagen más o menos ordenado [...]. Debería quedar perfectamente claro que hay una puerta bastante ancha para que la ideología entre en este proceso. De hecho, esta última entra ya en la misma planta baja, en el propio acto cognitivo preanalítico del que hemos estado hablando. El trabajo analítico comienza con el material proporcionado por nuestra visión de las cosas, y dicha visión es ideológica casi por definición.[35]

Otros pensadores han utilizado palabras distintas para formular un argumento similar. El concepto de visión preanalítica de Schumpeter se inspiraba en las ideas del sociólogo Karl Mannheim, cuya observación —a finales de la década de 1920— de que «todo punto de vista es específico de una situación social» le llevó a popularizar la noción de que cada uno de nosotros tiene una «cosmovisión» que actúa como una lente a través de la cual interpretamos el mundo. A finales de la década de 1960, Thomas Kuhn puso patas arriba la investigación científica al señalar que «los científicos trabajan a partir de modelos adquiridos a través de la educación [...], a menudo sin saber siquiera o sin necesitar saber qué características han otorgado a dichos modelos el estatus de paradigmas comunitarios».[36] En la década de 1970, el sociólogo Erving Goffmann introdujo el concepto de «encuadre» —en el sentido de que cada uno de nosotros ve el mundo encuadrado en un marco mental— para mostrar que la forma en que damos sentido a nuestro revoltijo de experiencias delinea lo que luego podemos ver.[37]

Visión preanalítica, cosmovisión, paradigma, marco: todos son conceptos emparentados. Lo que importa, más que cuál de ellos decidamos utilizar, es ser conscientes de que de entrada siempre partimos de alguno, porque de ese modo tendremos la capacidad de cuestionarlo y cambiarlo. En ciencias económicas, esto constituye una invitación abierta a repensar los modelos mentales que empleamos para describir y entender la economía. Pero eso no resulta nada fácil, tal como descubrió Keynes. Llegar a desarrollar su innovadora teoría en la década de 1930 supuso, según reconoció él mismo, «un esfuerzo por escapar de las formas de pensamiento y expresión habituales [...]. La dificultad no radica en las nuevas ideas, sino en las viejas, que, para aquellos de nosotros que nos hemos educado en ellas, como nos ocurre a la mayoría, se ramifican hasta llegar a todos los rincones de nuestra mente».[38]

La posibilidad de deshacerse de los viejos modelos mentales resulta tentadora, pero la búsqueda de otros nuevos requiere tener en cuenta ciertas advertencias. En primer lugar, hay que recordar siempre que «el mapa no es el territorio», como señalaba el filósofo Alfred Korzybski: todo modelo no puede ser más que un modelo, una necesaria simplificación del mundo, que nunca debería confundirse con la cosa real. En segundo término, no hay ninguna visión preanalítica correcta, ningún paradigma verdadero o marco perfecto que está ahí fuera aguardando a ser descubierto. En las hábiles palabras del estadístico George Box: «Todos los modelos son erróneos, pero algunos resultan útiles».[39] Repensar la economía no va de encontrar la economía correcta (porque no existe), sino de elegir o crear la que mejor sirva a nuestros fines; que refleje el contexto que afrontamos, los valores que sostenemos y los objetivos que albergamos. Dado que el contexto, los valores y los objetivos de la humanidad se hallan en continua evolución, también debería hacerlo nuestra forma de concebir la economía.

Puede que no haya ningún marco perfecto aguardando a ser descubierto, pero, como sostiene el lingüista cognitivo George Lakoff, resulta absolutamente esencial tener un marco alternativo convincente si alguna vez pretendemos desacreditar el viejo. Irónicamente, limitarse a rechazar el marco dominante solo servirá para reforzarlo. Y, sin una alternativa que ofrecer, hay pocas posibilidades de entrar en la batalla de las ideas, y mucho menos de ganarla.

Lakoff lleva años llamando la atención sobre el poder del encuadre verbal en la configuración del debate político y económico. A modo de ejemplo, el autor menciona el concepto de «alivio tributario», ampliamente utilizado por los conservadores estadounidenses: en solo dos palabras enmarca los impuestos como una aflicción, una carga de la que nos aliviará un heroico salvador. ¿Cómo deben responder los progresistas? Desde luego, no argumentando «contra el alivio tributario», porque repetir esa expresión no hace sino reforzar el marco verbal (¿quién podría oponerse a un «alivio»?). Sin embargo —prosigue Lakoff—, con demasiada frecuencia los progresistas tratan de exponer sus propios puntos de vista sobre los impuestos echando mano de largas explicaciones, precisamente porque no se ha desarrollado un marco verbal igual de conciso.[40] Necesitan desesperadamente una expresión alternativa que en dos palabras sintetice su visión y contrarreste la otra. De hecho, en los últimos tiempos el marco verbal de la «justicia tributaria» —que en seguida invoca los conceptos de comunidad, equidad y responsabilidad— ha ido adquiriendo fuerza en el ámbito internacional a medida que saltaban a los titulares mediáticos diversos escándalos globales relacionados con paraísos fiscales y evasión fiscal por parte de grandes empresas. No cabe duda de que el hecho de disponer de una vía potente para enmarcar el tema ha ayudado a canalizar la indignación pública y a movilizar una exigencia generalizada de cambio.[41]

Al igual que el trabajo de Lakoff ha revelado el poder del encuadre *verbal* en el debate político y económico, el presente volumen aspira a revelar el poder del encuadre *visual* y a utilizarlo para transformar el pensamiento económico del siglo XXI. Pude comprobar en persona la potencia que puede llegar a tener el encuadre visual en 2011, cuando dibujé por primera vez la rosquilla y me quedé sorprendida ante la respuesta internacional que suscitó. En el ámbito del desarrollo sostenible, esta no tardó en convertirse en una imagen icónica que empezaron a utilizar activistas, gobiernos, corporaciones y académicos por igual para cambiar los términos del debate. En 2015, varias personas conocedoras de las interioridades del proceso de negociación en el seno de las Naciones Unidas de los denominados Objetivos de Desarrollo Sostenible —los diecisiete objetivos acordados a escala global para medir el progreso humano— me contaron que, en las diversas reuniones que se habían mantenido hasta altas horas de la madrugada para elaborar el texto final, la imagen de la rosquilla había estado allí, sobre la mesa, como un recordatorio de los objetivos generales a los que aspiraban. Asimismo, muchas personas me dijeron que la rosquilla visibilizaba el modo en que ellas habían concebido siempre el desarrollo sostenible, solo que hasta entonces nunca lo habían visto dibujado. Lo que más me impresionó fue el impacto que tuvo la imagen a la hora de potenciar nuevas formas de pensamiento: contribuyó a revitalizar viejos debates y a suscitar otros nuevos, al tiempo que ofrecía una visión positiva de un futuro económico por el que merecía la pena luchar.

Poco a poco fui tomando conciencia de que los marcos visuales son tan importantes como los verbales. Eso me llevó a revisar las imágenes que habían dominado mi propia formación económica, y por primera vez vi con qué fuerza resumían y reforzaban la mentalidad que se me había enseñado. En el corazón del pensamiento económico ortodoxo residen un puñado de diagramas que, de manera tan silenciosa como potente, han enmarcado el modo en que se nos enseña a entender el mundo económico; y todos ellos resultan obsoletos, estrechos de miras o directamente erróneos. Puede que se oculten a la vista, pero enmarcan profundamente nuestra forma de concebir la economía en el aula, en el gobierno, en la sala de juntas, en los medios de comunicación y en la calle. Si pretendemos escribir una nueva historia económica, tenemos que dibujar nuevas imágenes que dejen a las viejas yacer en las páginas de los libros de texto del siglo pasado.

¿Y si el lector no ha estudiado nunca economía, si jamás ha puesto los ojos en sus imágenes más potentes? Al principiante en la materia le diré que no se engañe creyendo que es inmune a su influencia: nadie lo es. Esos diagramas configuran de una manera tan eficaz el modo en que los economistas, los políticos y los periodistas hablan de economía que todos terminamos invocándolos con nuestras palabras aunque jamás hayamos llegado a verlos con nuestros propios ojos. Pero al mismo tiempo, como novato en las lides económicas, puede considerarse afortunado por el hecho de que Paul Samuelson no haya podido ejercer la influencia inicial de la que hablaba en la tabla rasa de su mente. Después de todo, el hecho de que nunca haya asistido a una clase de economía puede resultar una clara ventaja: tiene menos bagaje del que desprenderse, menos grafitis que borrar. Hay ocasiones en que ser profano en una materia puede constituir un activo intelectual; y esta es una de ellas.

SIETE MANERAS DE PENSAR COMO UN ECONOMISTA DEL SIGLO XXI

Independientemente de que el lector se considere un veterano o un novato en materia económica, ha llegado el momento de descubrir los grafitis económicos que persisten en las mentes de todos nosotros, y, si no le gusta lo que encuentra, de borrarlos; o, mejor aún, de taparlos pintando encima nuevas imágenes que sirvan mucho mejor a nuestras necesidades y a nuestra época. El resto del presente volumen está dedicado a proponer siete maneras de pensar como un economista del siglo XXI, revelando para cada una de ellas la imagen falsa que ha ocupado nuestras mentes, cómo ha llegado a ser tan potente y la perjudicial influencia que ha ejercido. Pero el tiempo de la mera crítica ha quedado atrás y, en consecuencia, el libro se centra en crear nuevas imágenes que capten los principios esenciales que deben guiarnos ahora. Los diagramas que aparecen en este libro aspiran a condensar ese salto del viejo al nuevo pensamiento económico. En conjunto, configuran un nuevo panorama general para el economista del siglo XXI. Veamos, pues, en una visita relámpago, cuáles son las ideas e imágenes que constituyen el núcleo de la economía rosquilla.

Primero, cambiar de objetivo. Durante más de setenta años la economía ha tenido una especie de fijación por el PIB, o producción nacional, como su principal indicador de progreso. Esa fijación se ha utilizado para justificar desigualdades extremas de renta y riqueza, junto con una destrucción sin parangón del medio natural. Para el siglo XXI se necesita un objetivo mucho más ambicioso: que se respeten los derechos humanos de todas las personas dentro de los medios de nuestro planeta engendrador de vida. Y ese objetivo se condensa en el concepto de la rosquilla. Hoy el reto es crear economías —desde el nivel local hasta el global— que ayuden a llevar a toda la humanidad al espacio seguro y justo de la rosquilla. En lugar de perseguir un PIB cada vez mayor, es hora de descubrir cómo prosperar de forma equilibrada.

Segundo, ver el panorama general. La ciencia económica ortodoxa representa todo el conjunto de la economía con una sola imagen, extremadamente limitada: el diagrama de «flujo circular». Además, se han utilizado sus limitaciones para reforzar el discurso neoliberal sobre la eficiencia del mercado, la incompetencia del Estado, el carácter meramente doméstico de las familias y la denominada «tragedia de los comunes». Es hora de redibujar la economía, incardinándola en la sociedad y en la naturaleza, y basándola en la energía solar. Esta nueva representación invita a formular nuevos discursos: sobre el poder del mercado, la colaboración del Estado, el papel fundamental de las familias y la creatividad de los comunes.

Tercero, cultivar la naturaleza humana. El núcleo de la economía del siglo XX es el retrato del hombre económico racional: nos ha presentado como seres egoístas, aislados, calculadores, de gustos fijos y dominantes sobre la naturaleza; y ese retrato ha configurado aquello en lo que nos hemos convertido. Pero la naturaleza humana es mucho más rica que eso,

Siete maneras de pensar: *De la economía del siglo XX*

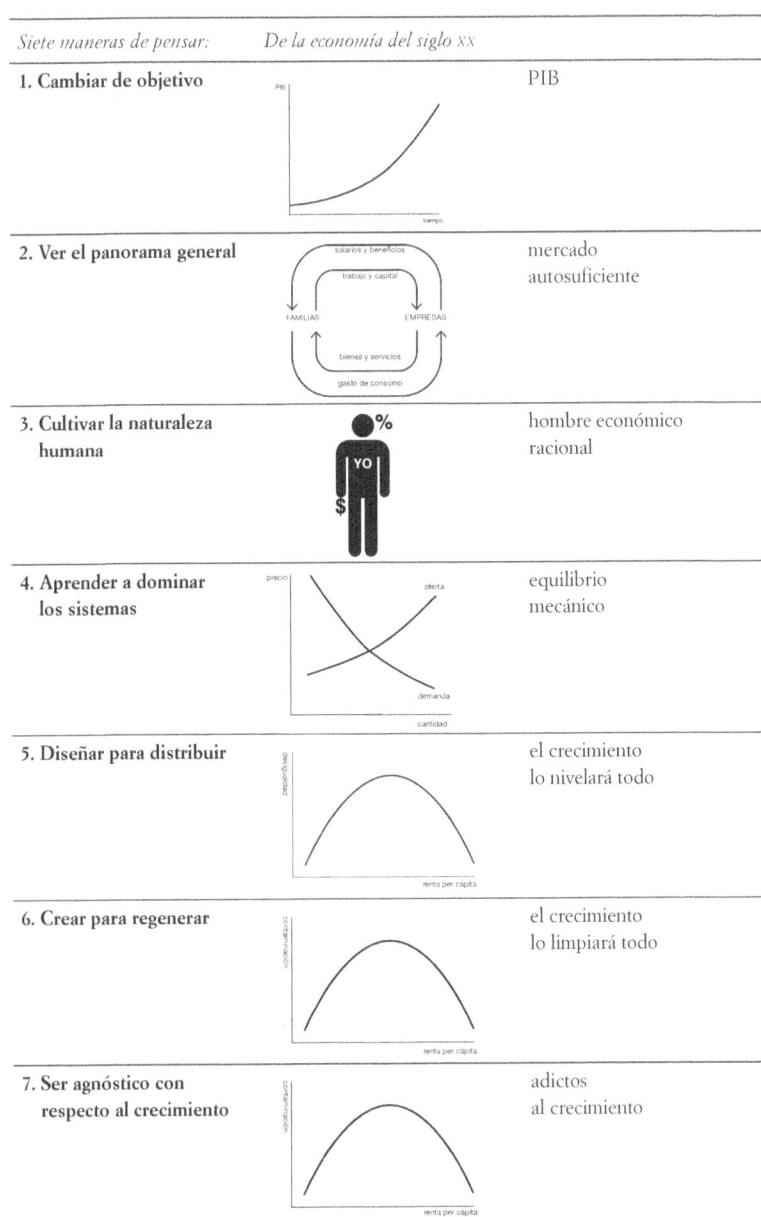

1. Cambiar de objetivo

PIB

2. Ver el panorama general

mercado
autosuficiente

3. Cultivar la naturaleza humana

hombre económico
racional

4. Aprender a dominar los sistemas

equilibrio
mecánico

5. Diseñar para distribuir

el crecimiento
lo nivelará todo

6. Crear para regenerar

el crecimiento
lo limpiará todo

7. Ser agnóstico con respecto al crecimiento

adictos
al crecimiento

la rosquilla

economía incardinada

humanos sociales adaptables

complejidad dinámica

distribución por diseño

regeneración por diseño

agnósticos con respecto
al crecimiento

tal como revelan los primeros bocetos de nuestro nuevo autorretrato: somos seres sociales, interdependientes, próximos, de valores fluidos, y dependemos del medio natural. Es más: de hecho resulta posible cultivar la naturaleza humana de formas tales que nos den muchas más posibilidades de entrar en el espacio seguro y justo de la rosquilla.

Cuarto, aprender a dominar los sistemas. El icónico entrecruzamiento de las curvas de oferta y demanda del mercado es la imagen que aparece en el primer diagrama con el que se tropieza todo estudiante de economía, pero este hunde sus raíces en una serie de metáforas decimonónicas sobre el equilibrio mecánico que aquí están fuera de lugar. Un punto de partida mucho más inteligente para entender el dinamismo de la economía es pensar en términos de sistemas, condensados en un simple par de bucles de realimentación. Situar esta dinámica en el núcleo de la economía genera muchas ideas nuevas sobre una amplia serie de cuestiones, desde los altibajos de los mercados financieros hasta el carácter autorreforzante de la desigualdad económica, pasando por los puntos de inflexión del cambio climático. Es hora de dejar de buscar las escurridizas palancas de control de la economía y empezar a tratar a esta última como un sistema complejo en perpetua evolución.

Quinto, diseñar para distribuir. En el siglo xx, una sencilla curva —la curva de Kuznets— nos susurraba un potente mensaje sobre la desigualdad: esta tiene que empeorar antes de que pueda mejorar, y el crecimiento (a la larga) lo nivelará todo. Pero resulta que la desigualdad no es una necesidad económica: es un fallo de diseño. Los economistas del siglo xxi serán conscientes de que existen muchas formas de diseñar economías que sean mucho más distributivas del valor que generan, una idea que se representa mejor como una red de flujos. Eso implica ir más allá de la simple redistribución de la renta para explorar nuevas formas de redistribuir la riqueza, en especial la riqueza que radica en el control de la tierra, la empresa, la tecnología, el conocimiento y el poder de crear dinero.

Sexto, crear para regenerar. Durante largo tiempo, la teoría económica ha retratado un medio ambiente «limpio» como un artículo de lujo, asequible solo para los ricos. Esta visión se veía reforzada por la curva medioambiental de Kuznets, que, una vez más, susurraba que la contaminación tiene que empeorar antes de que pueda mejorar, y que el crecimiento (a la larga) lo limpiará todo. Pero esa ley no existe: la degradación ecológica es simplemente el resultado de un diseño industrial degenerativo. Este siglo necesita, en cambio, un pensamiento económico que desencadene un diseño regenerativo a fin de crear una economía circular —no lineal— y restituir a los humanos como plenos partícipes en los procesos cíclicos de la vida en la Tierra.

Séptimo, ser agnóstico con respecto al crecimiento. Hay un diagrama en la teoría económica que resulta tan peligroso que de hecho nunca se dibuja: la trayectoria del crecimiento del PIB a largo plazo. La economía ortodoxa ve el crecimiento económico infinito como algo indispensable, pero nada en la naturaleza crece indefinidamente, y el intento de oponerse a esa tendencia está planteando serias cuestiones en países con renta elevada pero crecimiento bajo. Puede que sea relativamente fácil dejar de tener el crecimiento del PIB como un objetivo económico, pero va a resultar mucho más difícil superar nuestra adicción a él. Hoy tenemos economías que necesitan crecer, independientemente de que nos hagan prosperar o no; y lo que necesitamos, precisamente, son economías que nos hagan prosperar, independientemente de que crezcamos o no. Este radical cambio de perspectiva nos invita a volvernos agnósticos con respecto al crecimiento, y a explorar cómo unas economías que en la actualidad son financiera, política y socialmente adictas al crecimiento podrían aprender a vivir igualmente con o sin él.

Estas siete maneras de pensar como un economista del siglo xxi no proponen recetas concretas en materia de políticas públicas ni arreglos institucionales. No prometen respuestas inmediatas acerca de lo que hay que hacer a continuación, ni tampoco constituyen toda la respuesta. Pero estoy convencida de que son fundamentales para llegar a la forma radicalmente distinta de concebir la economía que este siglo exige. Sus principios y pautas equiparán a los nuevos pensadores económicos —y al economista que todos llevamos dentro— para empezar a crear una economía que permita prosperar a todos sus habitantes. Dada la velocidad, escala e incertidumbre del cambio que hemos de afrontar en los próximos años, sería temerario pretender prescribir ya de entrada todas las políticas e instituciones que serán adecuadas para el futuro: la próxima generación de pensadores y «hacedores» estará mejor situada para experimentar y descubrir qué funciona en un contexto en constante cambio. Lo que sí podemos hacer hoy —y debemos hacerlo bien— es reunir lo

mejor de las ideas emergentes, y, de este modo, crear una nueva mentalidad económica que nunca se consolide, sino que, por el contrario, evolucione de manera permanente.

La tarea de los pensadores económicos en los próximos decenios será
aunar estas siete maneras de pensar en la práctica, y añadirles muchas
otras más. Apenas acabamos de zarpar en nuestra aventura de repensar la
economía. Le invitamos a subir a bordo.

1

CAMBIAR DE OBJETIVO
Del PIB a la rosquilla

Una vez al año, los líderes de los países más poderosos del mundo se reúnen para hablar de la economía global. En 2014, por ejemplo, lo hicieron en Brisbane, Australia, donde trataron del comercio global, las infraestructuras, el empleo y la reforma financiera, acariciaron koalas ante las cámaras, y luego se unieron en torno a una ambición primordial. «Los líderes del G-20 se comprometen a que sus economías crezcan un 2,1 %», anunciaron a bombo y platillo los titulares de todo el mundo, añadiendo que se trataba de un objetivo más ambicioso que el 2,0 % que se habían fijado inicialmente.[1]

¿Cómo se llegó a esto? El compromiso del G-20 se anunció solo unos días después de que el Grupo Intergubernamental de Expertos sobre el Cambio Climático advirtiera de que el planeta se exponía a sufrir daños «graves, generalizados e irreversibles» debido a las crecientes emisiones de gases de efecto invernadero. Pero el anfitrión australiano de la cumbre, el entonces primer ministro Tony Abbott, estaba decidido a impedir que la agenda de la reunión se viera «copada» por el cambio climático o por otros temas que pudieran distraer de la que para él era la principal prioridad: el crecimiento económico, también conocido como crecimiento del PIB.[2] Medido como el valor de mercado de los bienes y servicios producidos dentro de las fronteras de un territorio nacional en el plazo de un año, el PIB (o producto interior bruto) se utiliza desde hace largo tiempo como el principal indicador de la salud económica de un país. Pero en el contexto de la crisis social y ecológica actual, ¿cómo es posible que este único y restrictivo indicador siga acaparando tanta atención a escala internacional?

Para cualquier ornitólogo, la respuesta sería evidente: el PIB es un cuco en el nido económico. Y para entender por qué, hay que saber un par de cosas sobre los cucos, puesto que se trata de unos pájaros muy taimados. En lugar de criar a su propia descendencia, estas aves ponen subrepticiamente los huevos en los nidos de otros pájaros cuando estos no los vigilan. Los incautos padres adoptivos incuban diligentemente el huevo del intruso junto con los suyos propios. Pero el polluelo del cuco rompe muy pronto el cascarón, expulsa del nido al resto de los huevos y crías, y luego emite rápidas llamadas emulando un nido lleno de hambrienta descendencia. Esta táctica invasora funciona: los padres adoptivos se afanan en alimentar a su abultado inquilino mientras este se va haciendo absurdamente grande hasta llegar a sobresalir del diminuto nido que ha ocupado. Esta es una potente advertencia para otros pájaros: si dejas tu nido desatendido, puede resultar muy bien que alguien lo secuestre.

También es una advertencia para la economía: si pierdes de vista tus objetivos, puede resultar muy bien que otra cosa se cuele en su lugar. Y eso es exactamente lo que ha ocurrido. En el siglo XX, la economía perdió el deseo de formular sus objetivos; y en ausencia de estos, el nido económico fue secuestrado por el objetivo-cuco del crecimiento del PIB. Pero ya es hora de que ese cuco abandone el nido para que la economía pueda reconectar con el propósito al que debería servir. Expulsemos, pues, al cuco, y reemplacémoslo por un objetivo claro para la economía del siglo XXI; uno que garantice prosperidad para todos dentro de los medios de nuestro planeta. En otras palabras, entremos en la rosquilla, la zona óptima para la humanidad.

CÓMO LA ECONOMÍA PERDIÓ DE VISTA SU OBJETIVO

En la antigua Grecia, cuando Jenofonte acuñó el término *economía*, describió la práctica de la administración del hogar como un arte. Siguiendo su criterio, Aristóteles diferenció la *economía* de la *crematística*, el arte de adquirir riqueza; una distinción que hoy parece haberse perdido casi por completo. Puede que la idea de definir la economía, y aun la crematística, como un arte satisficiera a Jenofonte, Aristóteles y sus coetáneos, pero dos mil años después, cuando Isaac Newton descubrió las leyes del movimiento, el atractivo del estatus científico se hizo mucho mayor. Quizá fuera por eso por lo que en 1767 —solo cuarenta años después de la muerte de Newton—, cuando el abogado escocés James Steuart planteó por primera vez el concepto de «economía política», ya no definió esta como un arte, sino como «la ciencia de la política interior en las naciones libres». Pero el hecho de definirla como ciencia no le impidió explicar con detalle su propósito:

El objeto principal de esta ciencia es garantizar un cierto fondo de subsistencia para todos los habitantes, evitar cualquier circunstancia que pueda hacerlo precario; proporcionar todo lo necesario para satisfacer las necesidades de la sociedad; y dar empleo a sus habitantes (suponiendo que sean hombres libres) de manera que se creen de forma natural relaciones recíprocas y dependencias entre ellos, a fin de hacer que sus diversos intereses les lleven a satisfacer mutuamente sus necesidades recíprocas.[3]

Una vida segura y trabajo para todos en una comunidad de prosperidad mutua: no está mal para un primer intento de definir el objetivo de la economía política (pese a la indiferencia implícita hacia las mujeres y los esclavos propia de la época). Una década más tarde, Adam Smith probó suerte con su propia definición, aunque siguió el criterio de Steuart al considerar la economía política una ciencia orientada a un propósito concreto. Esta tenía —escribió— «dos objetos distintos: proporcionar una renta o subsistencia abundante a la gente, o, más correctamente, permitirle obtener dicha renta o subsistencia por sí misma; y en segundo lugar, proporcionar al Estado o la comunidad una renta suficiente para los servicios públicos».[4] Esta definición no solo desafía la poco merecida fama moderna de Smith como partidario del libre mercado, sino que además se centra firmemente en el resultado a la hora de articular un objetivo para el pensamiento económico. Sin embargo, el suyo sería un enfoque que no duraría.

Setenta años después de Smith, la definición de economía política de John Stuart Mill dio lugar a un cambio de enfoque al redefinirla como «una ciencia que estudia las leyes de aquellos fenómenos de la sociedad que surgen de las operaciones combinadas de la humanidad para la producción de riqueza».[5] Con ello, Mill iniciaba una tendencia que otros llevarían aún más lejos: alejar la atención de la enumeración de los objetivos de la economía para centrarse en descubrir sus leyes aparentes. La definición de Mill pasó a utilizarse de forma generalizada, aunque en absoluto exclusiva. De hecho, durante casi un siglo la naciente ciencia de la economía se definió de manera bastante imprecisa, lo que en la década de 1930 llevó a uno de los primeros economistas de la Escuela de Chicago, Jacob Viner, a bromear diciendo simplemente que «la economía es lo que hacen los economistas».[6]

No a todo el mundo le pareció una respuesta satisfactoria. En 1932, Lionel Robbins, de la London School of Economics, intervino en el debate con la intención de clarificar el tema, claramente irritado por el hecho de que «todos hablamos de lo mismo, pero todavía no nos hemos puesto de acuerdo acerca de qué estamos hablando». Él afirmaba que tenía una respuesta definitiva. «La economía —declaró— es la ciencia que estudia el comportamiento humano como una relación entre fines y medios escasos que tienen usos alternativos.»[7] Pese a lo enrevesado de la argumentación, aquella definición parecía zanjar el debate, e hizo fortuna: aún hoy, muchos manuales consolidados comienzan con algo muy similar. Sin embargo, aunque enmarca la economía como una ciencia del comportamiento humano, dedica poco tiempo a indagar sobre esos fines, por no hablar de la naturaleza de los medios escasos involucrados. En un manual contemporáneo muy utilizado, los *Principios de economía* de Gregory Mankiw, la definición se ha hecho aún más concisa: «La economía es el estudio de cómo la sociedad gestiona sus escasos recursos», declara, borrando completamente del mapa la cuestión de los fines u objetivos.[8]

Resulta más que ligeramente irónico que la economía del siglo xx decidiera definirse a sí misma como una ciencia del comportamiento humano y luego adoptara una teoría del comportamiento —condensada en el hombre económico racional— que durante decenios eclipsó cualquier estudio real de los humanos, tal como veremos en el capítulo 3. Sin embargo —lo que resulta más crucial—, durante ese proceso el debate en torno a los objetivos de la economía simplemente desapareció de la vista. Algunos economistas influyentes, liderados por Milton Friedman y la Escuela de Chicago, afirmaron que aquel era un importante avance, una demostración de que la economía se había convertido en una zona libre de valores, deshaciéndose de cualquier pretensión normativa de cómo deberían ser las cosas y emergiendo, en cambio, como una ciencia «positiva» centrada en describir simplemente cómo son. Ello, no obstante, creó un vacío de objetivos y valores, dejando así un nido desprotegido en el corazón del proyecto económico. Y, como saben todos los cucos, ese nido debe llenarse.

EL CUCO EN EL NIDO

Ese enfoque positivo de la economía fue la teoría canónica que me recibió cuando llegué a la universidad a finales de la década de 1980. Como muchos economistas novatos, estaba tan ocupada con la teoría de la oferta y la demanda, tan decidida a llegar a entender las numerosas definiciones del dinero, que no fui capaz de detectar los valores ocultos que habían ocupado el nido económico.

Por más que afirme estar libre de valores, la teoría económica convencional no puede evitar el hecho de que el valor está incardinado en su propio núcleo: se halla envuelto en el concepto de *utilidad*, que se define como la satisfacción o la felicidad que obtiene una persona consumiendo un determinado conjunto de bienes.[9] ¿Y cuál es el mejor modo de medir la utilidad? Dejemos de lado por un momento la pega de que hay miles de millones de personas que carecen del dinero necesario para expresar sus carencias y necesidades en el mercado, y que muchas de las cosas que más valoramos no están en venta. La teoría económica se apresura —de hecho, se precipita— a afirmar que el precio que la gente está dispuesta a pagar por un producto o servicio constituye un indicativo del mercado lo suficientemente bueno como para calcular la utilidad que recibe. Añádase a ello el supuesto aparentemente razonable de que los consumidores siempre prefieren más a menos, y bastará dar un pequeño paso para concluir que el continuo crecimiento de la renta (y, por ende, de la producción) constituye también un indicativo aceptable de un bienestar humano cada vez mayor. Y con eso, el cuco ha roto el cascarón.

Como las madres pájaro engañadas, los estudiantes-economistas alimentamos fielmente el objetivo del crecimiento del PIB, dedicándonos a estudiar con detenimiento las últimas y contradictorias teorías acerca de qué es lo que hace crecer la producción económica: ¿era la adopción de nuevas tecnologías por parte de un país, su creciente dotación de maquinaria y de fábricas, o incluso su acervo de capital humano? Ciertamente, todas ellas eran cuestiones fascinantes, pero ni una sola vez nos paramos a preguntarnos en serio si el crecimiento del PIB era siempre necesario, si era siempre deseable o si, de hecho, era siempre posible. Solo cuando opté por estudiar lo que en aquel entonces era un oscuro tema —la economía de los países en vías de desarrollo— surgió la cuestión de los objetivos. La primera pregunta de examen cuya respuesta exigía cierta extensión me abordó frontalmente: «¿Cuál es el mejor modo de evaluar el éxito en el desarrollo?». Me sentí a la vez fascinada y perpleja. Tras dos años de formación económica oía hablar de objetivos por primera vez. Y lo que era aún peor: ni siquiera me había dado cuenta de que hasta entonces no se habían mencionado para nada.

Veinticinco años después, me pregunté si la enseñanza de la economía había avanzado y se reconocía la necesidad de empezar con un debate acerca de para qué sirve todo eso. De modo que, a comienzos de 2015, la curiosidad me llevó a sentarme en la clase inaugural de macroeconomía —el estudio de la economía en su conjunto— dirigida a la última hornada de estudiantes de economía de la Universidad de Oxford, muchos de los cuales planeaban sin duda llegar a figurar entre los principales líderes y responsables políticos que habrían de configurar el mundo en 2050. Como movimiento de apertura, el catedrático presentó en la pantalla lo que denominó «las grandes preguntas de la macroeconomía». ¿Cuáles eran las cuatro primeras?

1. ¿Qué causa que la producción económica crezca y fluctúe?
2. ¿Qué causa el desempleo?
3. ¿Qué causa la inflación?
4. ¿Cómo se determinan los tipos de interés?

La lista se fue haciendo más larga, pero las preguntas nunca apuntaban más alto, a alentar a los estudiantes a considerar cuál era el propósito de la economía. ¿Cómo era posible que el cuco del crecimiento del PIB se hubiera apoderado del nido económico con tanto éxito? El origen de la respuesta se remonta a mediados de la década de 1930 —el momento en que los economistas optaban por una definición de su disciplina carente de objetivos—, cuando el Congreso de Estados Unidos encargó al economista Simon Kuznets que ideara un indicador de la renta nacional del país. El cálculo que este realizó pasaría a conocerse como «producto nacional bruto» y se basaba en la renta generada a escala mundial por los residentes estadounidenses. Por primera vez, y gracias a Kuznets, se hizo posible asignar un valor monetario a la producción anual de un país —en este caso Estados Unidos— y, por ende, a su renta, y compararlas con las del año anterior. Aquel indicador resultó ser extremadamente útil, y además tuvo una favorable acogida. Durante la Gran Depresión, permitió al presidente Roosevelt hacer un seguimiento de la evolución de la economía estadounidense y, con ello, evaluar el impacto y la eficacia de las políticas del New Deal. Al cabo de unos años, cuando el país se disponía a entrar en la Segunda Guerra Mundial, los datos subyacentes a las cuentas del PNB se revelaron inestimables a la hora de convertir la competitiva economía industrial de Estados Unidos en una economía militar planificada mientras al mismo tiempo se mantenía el suficiente consumo interior para seguir generando más producción.[10]

No tardaron en proponerse otras razones para perseguir un PNB cada vez mayor, y en otros países se crearon cuentas nacionales similares, de manera que a finales de la década de 1950 el crecimiento de la producción se había convertido en el objetivo primordial de las políticas públicas de los países industriales. Con el ojo puesto en el auge de la Unión Soviética, Estados Unidos aspiraba al crecimiento para lograr la seguridad nacional mediante el poder militar, y los dos bandos se vieron atrapados en una encarnizada batalla ideológica para demostrar cuál de las dos ideologías económicas en liza —el «libre mercado» frente a la planificación centralizada— podía en última instancia producir más. Por otra parte, según afirmaba Arthur Okun, presidente del Consejo de Asesores Económicos de Lyndon B. Johnson, el crecimiento también parecía capaz de acabar con el paro. Su análisis concluía que un crecimiento anual del 2 % de la producción nacional estadounidense se correspondía con un descenso del 1 % del paro; una correlación que parecía tan prometedora que llegaría a conocerse como la «ley de Okun». Pronto empezó a presentarse el crecimiento como una panacea para numerosas dolencias sociales, económicas y políticas: como cura para la deuda pública y los desequilibrios comerciales, la clave de la seguridad nacional, un medio para desactivar la lucha de clases y una vía para afrontar la pobreza sin tener que abordar la cuestión, políticamente delicada, de la redistribución.

En 1960, el senador John Kennedy se presentó a las elecciones presidenciales con la promesa de mantener una tasa de crecimiento del 5 %. Cuando las ganó, la primera pregunta que le formuló a su principal asesor económico fue: «¿Cree que podemos cumplir esa promesa de crecer un 5 %?».[11] Aquel mismo año, Estados Unidos se unió a otros destacados países industriales para crear la Organización para la Cooperación y el Desarrollo Económicos (OCDE), cuya principal prioridad era lograr «el mayor crecimiento económico sostenible», donde *sostenible* hacía referencia, no al medio ambiente, sino al propio crecimiento de la producción. Y esa ambición pronto se vio respaldada por las clasificaciones internacionales del PNB donde se mostraba qué países iban en cabeza en materia de crecimiento.[12] En las últimas décadas del siglo xx, el foco de interés se desplazó del PNB al PIB, o producto interior bruto, un indicador que hoy nos resulta más familiar y que mide la renta generada dentro de las fronteras de un país. Pero se mantuvo la insistencia en el crecimiento de la producción. De hecho, esta se hizo aún más intensa, en la medida en que los gobiernos, las empresas y los mercados financieros pasaron igualmente a esperar, exigir y depender cada vez más del constante crecimiento del PIB; una adicción que ha durado hasta hoy, tal como exploraremos en el capítulo 7.

Quizá no debería sorprendernos en absoluto que el cuco del PIB haya llenado tan hábilmente el nido económico. ¿Por qué? Pues porque la idea de una producción siempre creciente encaja a la perfección con la metáfora ampliamente utilizada del progreso como un movimiento hacia delante y hacia arriba. Si el lector ha observado alguna vez a un niño cuando aprende a andar, sabrá lo emocionante que resulta esa aventura. Desde los primeros torpes gateos —que al principio suelen ser hacia atrás, para luego comenzar a avanzar satisfactoriamente—, poco a poco va empezando a incorporarse, hasta lograr dar los primeros pasos triunfales. El dominio de ese movimiento —hacia delante y hacia arriba— forma parte del desarrollo individual del niño, pero también repite la historia de progreso que nosotros mismos nos contamos como especie: los desgarbados andares a cuatro patas de nuestros ancestros dieron paso al *Homo erectus* —por fin erguido—, que a su vez dio lugar al *Homo sapiens*, al que siempre se representa en plena zancada.

Como ilustran vívidamente George Lakoff y Mark Johnson en su obra de 1980, ya clásica, *Metáforas de la vida cotidiana*, hay una serie de metáforas orientativas como «arriba es bueno» o «adelante es bueno» que están profundamente arraigadas en la cultura occidental, y que han configurado nuestra forma de pensar y de hablar.[13] Así, por ejemplo, decimos que alguien «se ha venido abajo», o que «ha logrado salir adelante». No tiene, pues, nada de asombroso que hayamos aceptado tan de buen grado que el éxito económico debe residir en una renta nacional siempre creciente, ya que ello encaja con la profunda creencia —como señala Paul Samuelson en su manual— de que «si bien el hecho de que haya más bienes materiales no es importante en sí mismo, no obstante una sociedad es más feliz cuando avanza».[14]

¿Qué aspecto tendría esta visión del éxito económico si se dibujara en forma de gráfico? Curiosamente, los economistas raras veces dibujan su objetivo «adoptivo» del crecimiento económico (en el capítulo 7 volveremos a ello para ver por qué). Pero, si lo hicieran, la imagen sería una línea siempre creciente que representaría el PIB: una curva de crecimiento exponencial proyectándose hacia delante y hacia arriba a través de la página, en una perfecta resonancia de nuestra metáfora favorita del progreso humano y personal.

El propio Kuznets, sin embargo, no habría elegido esa imagen como representación del progreso económico, ya que desde un primer momento fue muy consciente de los límites de sus ingeniosos cálculos. Subrayando el hecho de que la renta nacional reflejaba únicamente el valor de mercado de los bienes y servicios producidos en una economía, señalaba que, por ello mismo, excluía el enorme valor de los bienes y servicios producidos por y para las familias, así como por la sociedad en el curso de la vida cotidiana. Además, reconocía que no proporcionaba indicación alguna con respecto a cómo se distribuían realmente la renta y el consumo entre las familias. Y dado que la renta nacional es lo que se denomina una «medida de flujo» (que en este caso registra solo la cantidad de renta generada cada año), Kuznets consideraba que debía complementarse con una «medida de existencias», es decir, un medida que reflejara la riqueza a partir de la cual se generaba dicha renta, así como su distribución. De hecho, cuando el PNB alcanzó su cota máxima de popularidad a comienzos de la década de 1960, Kuznets se convirtió en uno de sus críticos más acérrimos, tras haber advertido desde un primer momento que «casi nunca puede inferirse el bienestar de una nación a partir de una medida de la renta nacional».[15]

Por más que el propio creador de este criterio de medición formulara esa advertencia, tanto los economistas como los políticos la apartaron discretamente a un lado: el atractivo de un único indicador anual para medir el progreso económico era ya demasiado fuerte. Y así, durante más de medio siglo, el crecimiento del PIB pasó de ser una opción en materia de políticas públicas a convertirse en una necesidad política, y en un objetivo *de facto* de dichas políticas. Averiguar si un mayor crecimiento era algo que resultaba siempre deseable, necesario o efectivamente posible, pasó a ser irrelevante, o políticamente suicida.

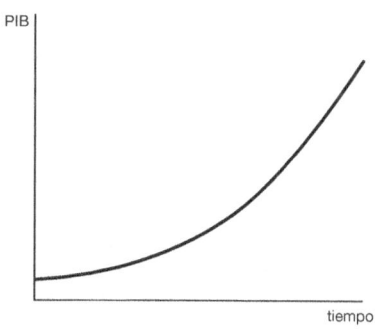

Crecimiento del PIB: hacia delante y hacia arriba.

Pero había alguien que estaba dispuesto a asumir ese suicidio político, una pensadora visionaria especializada en sistemas llamada Donella Meadows —una de las autoras del informe *Los límites del crecimiento*, publicado en 1972—, que no se andaba con remilgos: «El crecimiento es uno de los objetivos más estúpidos jamás inventados por una cultura —declaraba a finales de la década de 1990—; hemos de decir basta». Ante la constante apelación a un crecimiento cada vez mayor —argumentaba—, deberíamos preguntarnos siempre: «¿crecimiento de qué, y por qué, y para quién, y quién paga el coste, y cuánto tiempo puede durar, y cuál es el coste para el planeta, y cuánto es suficiente?».[16] Durante decenios, los economistas ortodoxos desecharon sus opiniones tachándolas de imprudentemente radicales, pero en realidad estas se hacían eco de las de Kuznets, el sagrado creador del propio indicador de la renta nacional. «Hay que tener presentes las distinciones —aconsejaba allá por la década de 1960— entre la cantidad y la calidad del crecimiento, entre sus costes y rendimientos, y entre el corto y el largo plazo [...]. Los objetivos deberían ser explícitos: las metas de "más" crecimiento deberían especificar más crecimiento de qué y para qué.»[17]

EXPULSAR AL CUCO

Desconcertados por el crac financiero de 2008, alarmados ante la resonancia global del movimiento Occupy Wall Street a partir de 2011, y sometidos a una creciente presión para hacer algo con respecto al cambio climático, no resulta en absoluto sorprendente que los políticos actuales hayan empezado a buscar las palabras adecuadas para expresar visiones más inspiradoras del progreso económico y social. Pero siempre parecen revertir en la misma respuesta: el crecimiento, el sustantivo ubicuo, adornado con un magnífico conjunto de adjetivos de lo más pretencioso. Una vez superada la crisis financiera (pero todavía inmersos de lleno en las crisis de la pobreza, el cambio climático y las crecientes desigualdades), las visiones ofrecidas por los líderes políticos empezaron a hacerme sentir como si hubiera entrado en una charcutería de Manhattan para comprar un simple bocadillo y me encontrara con una interminable oferta de rellenos para ponerle dentro. «¿Qué clase de crecimiento le gustaría hoy?» Angela Merkel sugería un «crecimiento sostenido». David Cameron proponía un «crecimiento equilibrado». Barack Obama abogaba por un «crecimiento duradero a largo plazo». El presidente de la Comisión Europea, José Manuel Durão Barroso, apoyaba un «crecimiento inteligente, sostenible, inclusivo y resiliente». El Banco Mundial prometía un «crecimiento ecológico inclusivo». ¿Tienen más sabores para elegir? Por supuesto. Quizá prefiera un crecimiento equitativo, bueno, más verde, bajo en carbono, responsable o fuerte. Usted elige; siempre y cuando —claro está— elija el crecimiento.

¿Deberíamos reír o llorar? Primero llorar, por la falta de visión en un momento tan crítico de la historia humana. Pero luego reír. Porque, cuando los políticos se sienten obligados a apuntalar el crecimiento del PIB con tantos adjetivos calificativos para dotarlo de legitimidad, es evidente que ha llegado el momento de echar del nido a este objetivo-cuco de una buena patada. Resulta manifiesto que queremos algo más que crecimiento, pero nuestros políticos son incapaces de encontrar las palabras adecuadas, y los economistas hace tiempo que han desistido de proporcionárselas. De modo que es hora de llorar y de reír, pero, sobre todo, es hora de volver a hablar de lo que importa.

Como hemos visto, los padres fundadores de la economía política no tuvieron ningún reparo en hablar de lo que ellos consideraban importante ni en expresar sus opiniones sobre el propósito de la economía. Pero cuando la economía política se escindió en filosofía política y ciencia económica, a finales del siglo XIX, se creó lo que el filósofo Michael Sandel ha calificado de «vacuidad moral» en el propio núcleo de la formulación de las políticas públicas. Hoy, economistas y políticos debaten con confiada facilidad en aras de la eficiencia económica, la productividad y el crecimiento —como si se tratara de valores obvios—, vacilando, en cambio, a la hora de mencionar la justicia, la equidad y los derechos. Hablar de valores y objetivos es un arte perdido que espera ser revitalizado. Con la torpeza propia de los adolescentes que aprenden a hablar sobre sus sentimientos por primera vez, los economistas y políticos, como el resto de nosotros, estamos buscando las palabras (y, por supuesto, las imágenes) apropiadas para expresar un propósito económico de mayor envergadura que el crecimiento. ¿Cómo podemos aprender a hablar de nuevo de valores y objetivos, y situar estos en el núcleo de una mentalidad económica adecuada para el siglo XXI?

Un punto de partida prometedor consiste en observar el largo linaje de pensadores olvidados que se propusieron restituir el papel de la humanidad como centro del pensamiento económico. Allá por 1819, el economista suizo Jean Sismondi trató de definir un nuevo enfoque de la economía política con el bienestar humano, en lugar de la acumulación de riqueza, como objetivo. El pensador social inglés John Ruskin siguió sus pasos en la década de 1860, clamando contra el pensamiento económico de su época, y declarando que «no hay más riqueza que la vida [...]. Ese es el país más rico, que alimenta al mayor número de seres humanos nobles y felices».[18] Cuando Mohandas Gandhi descubrió el libro de Ruskin, a comienzos de la década de 1900, se propuso llevar a la práctica sus ideas en una granja colectiva de la India con el fin de crear una economía que exaltara el ser moral. A finales del siglo xx, E. F. Schumacher —conocido sobre todo por argumentar que «lo pequeño es hermoso»— trató de introducir la ética y la escala humana en el corazón del pensamiento económico. Y el economista chileno Manfred Max-Neef propuso que el desarrollo se centrara en la satisfacción de un conjunto de necesidades humanas fundamentales —como el sustento, la participación, la creatividad y el sentimiento de pertenencia— de manera que se adaptaran al contexto y la cultura de cada sociedad.[19] Durante siglos, este tipo de pensadores —que no han dejado que los árboles les impidieran ver el bosque— han ofrecido visiones alternativas del propósito de la economía, pero sus ideas se han mantenido apartadas de los ojos y oídos de los estudiantes de economía, relegadas a una sensiblera escuela económica calificada de «economía humanista» (con lo cual se elude la cuestión de qué ha sido entonces del resto de ella).

Pero finalmente su proyecto humanista ha sido objeto de mucha mayor atención y credibilidad. Se podría decir que empezó a consolidarse con el trabajo del economista y filósofo Amartya Sen, un trabajo que le valdría el Premio Nobel. Sen sostiene que el desarrollo debería centrarse ante todo en «fomentar la riqueza de la vida humana, antes que la riqueza de la economía en la que viven los seres humanos».[20] En lugar de dar prioridad a indicadores como el PIB, el objetivo debería ser incrementar las posibilidades existenciales de las personas —como las de estar sanos, investirse de poder y ser creativos— para que puedan decidir ser y hacer en la vida aquello que valoran.[21] Y ser conscientes de que esas posibilidades dependen de que las personas tengan acceso a los elementos básicos de la vida —adaptados al contexto de cada sociedad—, que van desde un alimento nutritivo hasta la atención sanitaria y la educación, pasando por la seguridad personal y la participación política.

En 2008, el presidente francés Nicolas Sarkozy invitó a veinticinco pensadores económicos internacionales, liderados por Sen y su colega, también premio Nobel, Joseph Stiglitz, a evaluar los indicadores de progreso económico y social que actualmente guían la formulación de las políticas públicas. Tras inspeccionar el estado de los indicadores en uso, llegaron a una contundente conclusión: «Los que intentan guiar la economía y nuestras sociedades —escribieron— son como pilotos intentando fijar un rumbo sin una brújula fiable».[22] Ninguno de nosotros querría ser pasajero de ese avión sin rumbo. Necesitamos urgentemente algo que nos permita ayudar a los responsables políticos, los activistas, los líderes empresariales y los ciudadanos a fijar un rumbo prudente para navegar por el siglo XXI. Así pues, he aquí una brújula adecuada para el viaje que nos aguarda.

UNA BRÚJULA PARA EL SIGLO XXI

En primer lugar, para comenzar a orientarnos, dejemos de lado el crecimiento del PIB y empecemos de nuevo planteando una cuestión fundamental: ¿qué permite prosperar a los seres humanos? Un mundo en el que cada persona pueda vivir una existencia caracterizada por tres elementos: dignidad, oportunidad y comunidad; y donde todos podamos hacerlo conforme a los medios de nuestro planeta engendrador de vida. En otras palabras, necesitamos entrar en la rosquilla. Este es el concepto visual que dibujé inicialmente en 2011 mientras trabajaba en Oxfam, y que se inspira en una ciencia de vanguardia, la denominada «ciencia del sistema Tierra». En los últimos cinco años, a través de diversas conversaciones con científicos, activistas, académicos y responsables políticos, he ido renovándolo y actualizándolo para que refleje los últimos avances tanto en objetivos de desarrollo global como en conocimientos científicos. Permítame que le presente, pues, la única rosquilla que podría resultar realmente beneficiosa para nosotros.

¿Qué es exactamente la rosquilla? En pocas palabras, es una brújula radicalmente nueva para guiar a la humanidad en este siglo. Y apunta a un futuro que puede satisfacer las necesidades de cada persona al tiempo que salvaguarda el medio natural del que todos dependemos. Por debajo del fundamento social de la rosquilla se sitúan las deficiencias de bienestar humano que afrontan quienes carecen de elementos esenciales de la vida como el alimento, la educación y la vivienda; más allá del techo ecológico se hallan los excesos de presión sobre los sistemas que sustentan la vida en la Tierra, como el cambio climático, la acidificación de los océanos y la contaminación química. Pero entre estos dos límites se extiende una zona óptima —con una inconfundible forma de rosquilla— que resulta

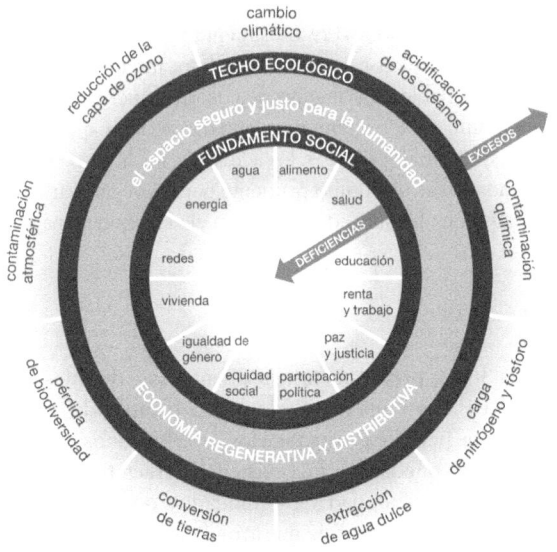

La rosquilla: una brújula del siglo XXI. *Entre su fundamento social de bienestar humano y su techo ecológico de presión planetaria se halla el espacio seguro y justo para la humanidad.*

ser un espacio a la vez ecológicamente seguro y socialmente justo para la humanidad. La tarea propia del siglo XXI no tiene precedentes: llevar a toda la humanidad a ese espacio justo y seguro.

El anillo interior de la rosquilla —su fundamento social— representa los elementos básicos de la vida que no deberían faltarle a nadie. Estos doce elementos básicos incluyen: alimento suficiente; agua limpia y un saneamiento adecuado; acceso a la energía y a unas instalaciones culinarias limpias; acceso a la educación y a la atención sanitaria; una vivienda digna; una renta mínima y un trabajo digno; y acceso a redes de información y a redes de apoyo social. Además, es necesario que todo ello se logre en un marco de igualdad de género, equidad social, participación política, y paz y justicia. Desde 1948, las normas y leyes internacionales de derechos humanos han tratado de establecer el derecho de toda persona a la inmensa mayoría de esos elementos básicos, independientemente de cuánto dinero o poder tenga. Proponer una fecha concreta en la que todos ellos estén al alcance de todas las personas vivas puede parecer una meta extraordinariamente ambiciosa, pero de hecho actualmente ya hay una fecha oficial. Todos estos elementos básicos se incluyen en los denominados «Objetivos de Desarrollo Sostenible» de las Naciones Unidas —acordados por 193 países miembros en 2015—, y se pretende alcanzar la inmensa mayoría de ellos en 2030.[23]

Desde mediados del siglo xx, el desarrollo económico global ya ha ayudado a muchos millones de personas en todo el mundo a escapar de las privaciones. Estas se han convertido en las primeras generaciones de sus familias que han podido llevar una existencia larga con salud y educación a su alcance, con comida suficiente, con agua potable limpia, con electricidad en sus hogares y dinero en el bolsillo; y, para muchos, esta transformación ha venido acompañada de una mayor igualdad entre mujeres y hombres, así como de una mayor participación política. Pero el desarrollo económico global también ha generado un incremento espectacular del uso que hace la humanidad de los recursos de la Tierra, impulsado en un primer momento por los actuales estilos de vida —basados precisamente en el uso intensivo de los recursos— de los países de renta elevada, e intensificado más tarde por el rápido crecimiento de la clase media global. Es esta una época económica que ha pasado a conocerse como la «Gran Aceleración», gracias a su extraordinario incremento de la actividad humana. Entre 1950 y 2010, la población mundial casi se triplicó, mientras que el PIB global real se multiplicó por siete. El uso de agua dulce a escala mundial aumentó en más del triple, el uso de la energía se cuadruplicó, y el uso de fertilizantes se multiplicó por más de diez.

Los efectos de esta drástica intensificación de la actividad humana resultan claramente visibles en toda una serie de indicadores que controlan los sistemas vivientes de la Tierra. Desde 1950 se ha producido una intensificación paralela de los impactos ecológicos, que van desde la acumulación de gases de efecto invernadero en la atmósfera hasta la acidificación de los océanos, pasando por la pérdida de biodiversidad.[24] «Es difícil exagerar la escala y la velocidad del cambio —sostiene Will Steffen, el científico que dirigió el estudio que documenta estas tendencias—. En el tiempo que dura una vida, la humanidad se ha convertido en una fuerza geológica de escala planetaria [...]. Este es un fenómeno nuevo, e indica que la humanidad tiene una nueva responsabilidad a escala global con el planeta.»[25]

Es obvio que esta Gran Aceleración de la actividad humana ejerce una gran presión sobre nuestro planeta. Pero ¿exactamente cuánta presión puede absorber este, antes de que los propios sistemas vitales que nos sustentan empiecen a desmoronarse? Para responder a esta pregunta, tenemos que remontarnos a los últimos cien mil años de vida en la Tierra. Durante casi todo ese tiempo —mientras los primeros humanos salían de África y se abrían paso a través de los demás continentes—, la temperatura media de la Tierra experimentó varias fluctuaciones. Pero solo durante los últimos doce mil años, aproximadamente, se ha mantenido más cálida, y también mucho más estable. Este período más reciente de la historia de la Tierra se conoce como el Holoceno. Y es este un término que merece la pena recordar, ya que nos ha dado el mejor hogar que hemos tenido nunca.

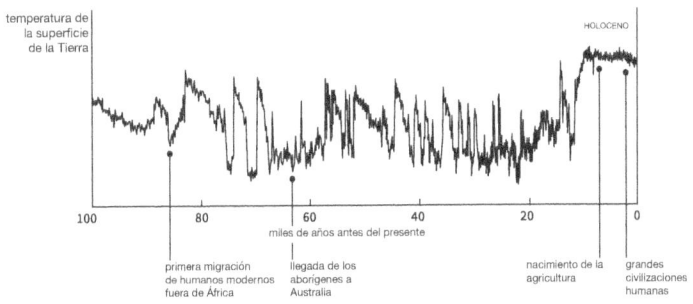

El «hogar, dulce hogar» del Holoceno. El gráfico muestra el cambio de la temperatura de la Tierra durante los últimos cien mil años basándose en datos de muestras de hielo de Groenlandia. Los últimos doce mil años han sido inusualmente estables.[26]

La agricultura se inventó en varios continentes a la vez precisamente durante el Holoceno, y los científicos creen que no fue casualidad. La reciente estabilidad del clima del planeta hizo posible que los descendientes de los antiguos cazadores-recolectores se establecieran y vivieran al ritmo de las estaciones: previendo las épocas de lluvias, seleccionando y plantando semillas, y recogiendo las cosechas.[27] Tampoco es casualidad que todas las grandes civilizaciones humanas —desde el valle del Indo, el antiguo Egipto y la dinastía Shang en China hasta los mayas, los griegos o los romanos— hayan surgido y florecido en esta época geológica. Es la única fase conocida de la historia de nuestro planeta que ha permitido vivir y prosperar a miles de millones de seres humanos.

Y lo que resulta más extraordinario aún: los científicos sugieren que, si no se ven perturbadas, las benévolas condiciones del Holoceno probablemente se mantendrán durante otros cincuenta mil años debido a la órbita inusualmente circular que actualmente traza la Tierra alrededor del Sol, un fenómeno tan raro que ocurrió por última vez hace cuatrocientos mil años.[28] Sin duda, esto es algo sobre lo que merece la pena detenerse a reflexionar. Henos aquí, en el único planeta habitable conocido, nacidos en su era más hospitalaria, que, gracias a la extraña forma en que casualmente estamos girando en torno al Sol, va a continuar haciéndolo durante mucho tiempo. Tendríamos que estar locos para sacarnos a la fuerza de esa zona óptima que es el Holoceno; pero es obvio que es exactamente eso lo que hemos hecho. Nuestra creciente presión sobre el planeta nos ha convertido a nosotros, a la humanidad, en el único gran factor impulsor del cambio planetario. Gracias a la envergadura de nuestro impacto, ya hemos dejado atrás el Holoceno para entrar en un territorio inexplorado, conocido como el Antropoceno: la primera era geológica configurada por la actividad humana.[29] ¿Qué se necesitará ahora, en el Antropoceno, para mantener las benévolas condiciones que conocimos en nuestro hogar del Holoceno: su clima estable, su abundancia de agua dulce, su floreciente biodiversidad y sus océanos salubres?

En 2009, un grupo internacional de científicos especializados en la denominada «ciencia del sistema Tierra», liderados por Johan Rockström y Will Steffen, se plantearon esa misma pregunta e identificaron nueve procesos cruciales —como el sistema climático y el ciclo del agua dulce— que en conjunto regulan la capacidad de la Tierra de mantener unas condiciones como las del Holoceno (en el apéndice los describimos con mayor detalle). Para cada uno de esos nueve procesos, se preguntaron cuánta presión podía absorber antes de que se pusiera en riesgo la estabilidad que ha permitido a la humanidad prosperar durante miles de años, precipitando al planeta a un estado desconocido en el que es probable que se produzcan transformaciones nuevas e inesperadas. La pega, obviamente, es que no es posible señalar con exactitud dónde reside el peligro, y, dado que muchas de las mencionadas transformaciones podrían ser irreversibles, haríamos bien en no descubrirlas por las malas. De modo que los científicos propusieron un conjunto de nueve límites, como una especie de barreras de seguridad, donde creen que comienza cada zona de peligro; el equivalente a poner letreros de advertencia más arriba de la traicionera pero oculta cascada de un río.

¿Y qué nos dicen esos letreros? Que, para evitar el peligroso cambio climático, por ejemplo, hay que mantener la concentración de dióxido de carbono en la atmósfera por debajo de 350 partes por millón. En lo relativo a limitar la conversión de tierras, hay que asegurarse de que al menos el 75 % de las tierras que actualmente están cubiertas de bosques sigan estándolo. Y con respecto al uso de fertilizantes químicos, nos advierten de que solo pueden añadirse a los suelos de la Tierra un máximo de sesenta y dos millones de toneladas de nitrógeno y seis millones de toneladas de fósforo cada año. Hay, desde luego, muchas incertezas detrás de esas cifras máximas —incluyendo cuestiones relativas a las implicaciones regionales de tales límites globales—, y además esta ciencia se halla en constante desarrollo. Pero, en esencia, los nueve límites planetarios configuran la mejor imagen que hemos visto hasta ahora de lo que será preciso hacer para mantener las condiciones del «hogar, dulce hogar» del Holoceno, pero en la era dominada por los humanos del Antropoceno. Y son esos nueve límites planetarios los que definen el techo ecológico de la rosquilla: las fronteras mas allá de las cuales no deberíamos seguir ejerciendo presión sobre el planeta si pretendemos salvaguardar la estabilidad de nuestro hogar.[30]

Juntos, el fundamento social de los derechos humanos y el techo ecológico de los límites planetarios, configuran las fronteras interior y exterior de la rosquilla. Y, desde luego, ambas se hallan estrechamente interconectadas. Si el lector arde en deseos de coger un lápiz y empezar a dibujar flechas encima de la rosquilla para explorar cómo cada uno de esos límites podría afectar a los demás, es que ha captado la idea; y entonces la rosquilla pronto empezará a parecer más bien un plato de espaguetis.

Veamos, por ejemplo, qué ocurre cuando se deforestan las laderas de las montañas. Este tipo de conversión de tierras es probable que acelere la pérdida de biodiversidad, debilitando además el ciclo del agua dulce y exacerbando el cambio climático; y esos impactos, a su vez, ejercerán una presión aún mayor sobre los bosques restantes. Además, la pérdida de bosques y de reservas de agua seguras puede dejar a las comunidades locales en una situación más vulnerable a los brotes de enfermedades y reducir la propia producción de alimentos, lo que a su vez puede traducirse en que los niños abandonen la escuela. Y cuando los niños dejan la escuela, la pobreza en todas sus formas puede tener un efecto dominó durante generaciones.

Obviamente, también puede haber efectos dominó de naturaleza positiva. La reforestación de las laderas de las montañas tiende a enriquecer la biodiversidad, a incrementar la fertilidad del suelo y la retención del agua, y a impulsar la captación de dióxido de carbono. Y las ventajas para las comunidades locales pueden ser también numerosas: mayor diversidad de alimento y de fibra de origen forestal que recolectar; mayor seguridad en el abastecimiento de agua; mejor nutrición y salud, y mayor estabilidad de los medios de subsistencia. En aras de la simplicidad, puede resultar tentador tratar de diseñar políticas que aborden cada uno de estos límites planetarios y sociales de manera aislada; pero eso sencillamente no funciona: su interrelación exige que cada uno de ellos se entienda como parte de un complejo sistema socioecológico y, en consecuencia, que se aborde en el marco de un todo general.[31]

Al centrarse en las numerosas interrelaciones que existen en la rosquilla, se hace evidente que la prosperidad humana depende de la prosperidad planetaria. Cultivar alimentos suficientes y nutritivos para todos requiere suelos sanos y ricos en nutrientes, abundante agua dulce, cultivos basados en la biodiversidad y un clima estable. Garantizar un agua limpia y salubre para la población es algo que depende estrictamente del ciclo hidrológico —desde el nivel local hasta el global—, de que este genere abundantes lluvias y recargue constantemente los ríos y acuíferos de la Tierra. Poder respirar aire puro implica poner fin a las emisiones de partículas tóxicas responsables de la contaminación que obstruye los pulmones. Nos gusta sentir el calor del sol en la espalda, pero eso solo es posible si nos protegemos de su radiación ultravioleta mediante la capa de ozono, y si los gases de efecto invernadero de la atmósfera no convierten el calor del sol en un catastrófico calentamiento global.

Si situarnos en el espacio seguro y justo que se extiende entre los límites interior y exterior de la rosquilla es nuestro reto para el siglo XXI, la pregunta obvia es: ¿cómo lo hacemos? Gracias a los avances realizados tanto en materia de derechos humanos como en las ciencias de la Tierra, el panorama que hoy se nos presenta resulta más claro que nunca. Pese a haber logrado un progreso sin precedentes en bienestar humano durante los últimos setenta años, estamos mucho más allá de los límites de la rosquilla en ambos sentidos.

Muchos millones de personas viven todavía por debajo de cada una de las dimensiones que constituyen el fundamento social. Hoy en día, una de cada nueve personas no tiene suficiente para comer. Una de cada cuatro vive con menos de tres dólares diarios, y uno de cada ocho jóvenes no encuentra trabajo. Una de cada tres personas todavía no tiene acceso a un retrete, y una de cada once no dispone de ninguna fuente de agua potable salubre. Uno de cada seis niños de entre doce y quince

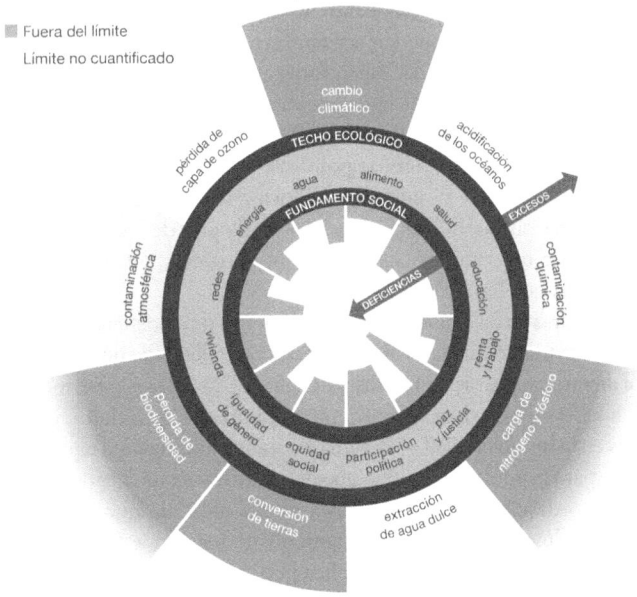

Transgresión de los dos límites de la rosquilla. Las cuñas oscuras por debajo del fundamento social representan la proporción de personas que en todo el mundo carecen de los elementos esenciales de la vida. Las cuñas oscuras que irradian fuera del techo ecológico representan los excesos que van más allá de los límites planetarios (véanse los datos completos en el apéndice).

años no van a la escuela, la inmensa mayoría niñas. Casi el 40 % de la población mundial reside en países donde la renta se distribuye de manera extremadamente desigual, y más de la mitad vive en países donde existe una grave falta de participación política. Resulta insólito que esta clase de privaciones relacionadas con las necesidades básicas de la vida todavía sigan limitando el potencial de la existencia de tantas personas en el siglo XXI.

Al mismo tiempo, la humanidad ha estado sometiendo a los sistemas que sustentan la vida en el planeta a una tensión sin precedentes. De hecho, hemos transgredido al menos cuatro límites planetarios: los del cambio climático, la conversión de tierras, la carga de nitrógeno y fósforo, y la pérdida de biodiversidad. Hoy la concentración de dióxido de carbono en la atmósfera supera con mucho el límite de 350 partes por millón (ppm):

está por encima de las 400 ppm, y sigue subiendo, arrastrándonos a un clima más caluroso, seco y hostil, acompañado de una subida del nivel del mar que amenaza el futuro de islas y ciudades costeras de todo el planeta. La cantidad de fertilizantes sintéticos con nitrógeno y fósforo que se añaden a los suelos de la Tierra supera en más del doble los niveles de seguridad. Sus escorrentías tóxicas han provocado ya el colapso de la vida acuática en numerosos lagos y ríos, así como en los océanos: por ejemplo, en la zona muerta de casi 15.000 km^2 detectada en el golfo de México. Solo el 62 % de las tierras que podrían estar cubiertas de bosques siguen estándolo, pero además su extensión no deja de menguar, reduciendo de manera significativa la capacidad de la Tierra para actuar como un sumidero de carbono. También la envergadura de la pérdida de biodiversidad es seria: la extinción de especies se está produciendo al menos diez veces más rápido que el límite considerado seguro. No resulta sorprendente, pues, que desde 1970 en todo el mundo el número de mamíferos, aves, reptiles, anfibios y peces se haya reducido a la mitad.[32] Aunque la escala global de la contaminación química todavía no se ha cuantificado, preocupa extremadamente a muchos científicos. Y la presión humana ejercida sobre otros procesos clave del sistema Tierra —por ejemplo, debido a la extracción de agua dulce y la acidificación de los océanos— sigue aumentando y aproximándose a zonas de peligro de escala planetaria, generando con ello crisis tanto a escala local como regional.

Esta cruda imagen de la humanidad y de nuestro hogar planetario a comienzos del siglo xxi cuestiona profundamente la trayectoria de desarrollo económico global que hemos seguido hasta la fecha. Miles de millones de personas siguen estando muy lejos de llegar a cubrir sus necesidades más básicas, mientras que, por otra parte, ya hemos entrado en zonas de peligro ecológico global que plantean un tremendo riesgo de socavar la benévola estabilidad de la Tierra. En tal contexto, ¿en qué términos podemos concebir el progreso?

Del crecimiento infinito a la prosperidad en equilibrio

Puede que «hacia delante y hacia arriba» nos resulte una metáfora de lo más habitual para definir el progreso, pero, en el contexto de la economía que conocemos, nos ha llevado a un terreno peligroso. «La humanidad puede influir en el funcionamiento de sus propios sistemas de soporte vital —afirma la oceanógrafa Katherine Richardson—. Hay puntos de inflexión que estamos forzando. ¿Y cómo cambia eso nuestra definición de progreso?»[33]

Durante más de sesenta años, el pensamiento económico nos ha dicho que el crecimiento del PIB era un indicativo bastante bueno del progreso, y que este adoptaba la forma de una línea siempre creciente. Pero este siglo requiere una forma y una dirección de progreso completamente distintas. En este punto de la historia humana, el movimiento que mejor describe el progreso que necesitamos consiste en lo que llamamos *entrar en un equilibrio dinámico*, lo cual nos permite movernos dentro del espacio seguro y justo de la rosquilla, eliminando a la vez tanto sus deficiencias como sus excesos. Ello exige un cambio profundo en nuestras metáforas, trocando el «adelante y arriba es bueno» por «el equilibrio es bueno», y al mismo tiempo cambia la propia imagen del progreso económico, por cuanto se pasa del crecimiento infinito del PIB a la prosperidad en equilibrio de la rosquilla misma.

Puede que la imagen de la rosquilla, y la ciencia que subyace a ella, sean nuevas; pero la idea de equilibrio dinámico que invocan se hace eco de varios decenios de pensamiento en torno al desarrollo sostenible. En la década de 1960 se popularizó la idea de la Tierra como nave espacial —una cápsula autónoma—, lo que llevó al economista Robert Heilbroner a señalar que «como en todas las naves espaciales, para mantener la vida es preciso imponer un meticuloso equilibrio entre la capacidad del vehículo para sustentar la vida y las demandas de los habitantes de la nave».[34] En la década de 1970, la economista Barbara Ward —una pionera del desarrollo sostenible— hizo un llamamiento en favor de una acción global para abordar tanto los «límites internos» de las necesidades y derechos humanos como los «límites externos» de la tensión medioambiental que la Tierra puede soportar: en la práctica, pues, estaba dibujando la rosquilla con palabras en lugar de hacerlo con un lápiz.[35] Más tarde, en la década de 1990, las campañas de la organización Amigos de la Tierra defendían el concepto de «espacio medioambiental», argumentando que todas las personas tienen derecho a una proporción equitativa de agua, alimento, aire, tierra y otros recursos dentro de la capacidad de carga de la Tierra.[36]

En algunas culturas, la idea de la prosperidad en equilibrio se remonta mucho más atrás. «*Pan metron ariston*», decían los antiguos griegos: «Es mejor todo en su justa medida». En la cultura maorí, el concepto de «bienestar» combina el bienestar espiritual, ecológico, familiar y económico, entretejiendo todos ellos como dimensiones interdependientes. En las culturas andinas, el «buen vivir» representa una cosmovisión que valora «una vida plena en comunidad con los demás y con la naturaleza».[37] En los últimos años, Bolivia ha incorporado el buen vivir a su Constitución como un principio ético que guía la actuación del Estado, y en 2008 la Constitución de Ecuador se convirtió en la primera del mundo en reconocer que la naturaleza, o *Pachamama*, «tiene derecho a existir, persistir, mantenerse y regenerar sus ciclos vitales».[38] Tales concepciones del bienestar, a la vez holísticas y equilibradas, se reflejan también en los símbolos tradicionales de muchas culturas antiguas. Desde el yin y el yang del taoísmo hasta el takarangi maorí, pasando por el nudo infinito del budismo y la doble espiral celta, cada uno de estos diseños invoca una continua danza dinámica entre fuerzas complementarias.

Pero las culturas occidentales que pretenden expulsar al objetivo-cuco del crecimiento del PIB no pueden limitarse simplemente a sustituirlo por una cosmovisión andina o maorí, sino que deben encontrar nuevas palabras e imágenes que expresen una visión equivalente. ¿Cuáles podrían ser esas palabras? Una primera sugerencia: *prosperidad humana en un floreciente entramado de vida*. Sí, ya sé que es una expresión un poco larga; y por otra parte resulta revelador que no dispongamos de formas más concisas de expresar algo tan fundamental para nuestro bienestar. ¿Y la nueva imagen? En este caso descubrí que también aquí la rosquilla podía desempeñar un papel.

A finales de 2011, en el período inmediatamente anterior a la celebración de una importante conferencia de las Naciones Unidas en torno al desarrollo sostenible, me dirigí a la sede de la ONU en Nueva York para dar a conocer la rosquilla a los representantes de una amplia gama de países con el fin de calibrar su reacción. En primer lugar me reuní con representantes de Argentina, ya que en aquel momento este país presidía el denominado «Grupo de los 77», el mayor bloque negociador de los países en vías de desarrollo en el seno de las Naciones Unidas.

Antiguos símbolos de equilibrio dinámico: el yin-yang taoísta, el takarangi maorí, el nudo infinito budista y la doble espiral celta.

Cuando le expuse la idea de la rosquilla a la negociadora argentina, esta dio unos firmes golpecitos con el dedo sobre la imagen mientras me decía: «Yo siempre había imaginado así el desarrollo sostenible. ¡Si pudiera usted conseguir que los europeos lo vieran igual...!». De modo que al día siguiente, llena de curiosidad, fui a presentar la rosquilla en una sala llena de representantes europeos. Una vez que hube proyectado la imagen en la pantalla y explicado la idea básica, habló el representante británico: «Es interesante. Habíamos oído a los latinoamericanos hablar de la "Pachamama" y nos había parecido algo un poco vago —dijo, levantando las manos en el aire para ilustrar la idea—, pero ahora veo que esta es una forma con base científica de decir algo que en realidad no resulta muy distinto». A veces las imágenes pueden tender puentes allí donde no llegan las palabras.

Considerando simplemente lo lejos del equilibrio en que nos encontramos actualmente —traspasamos los dos límites de la rosquilla—, la tarea de alcanzar el equilibrio resulta abrumadora. «Somos la primera generación que sabe que está socavando la capacidad del sistema Tierra de sustentar el desarrollo humano —afirma Johan Rockström—. Esta es una percepción nueva y profunda, y potencialmente resulta de lo más aterradora [...]. Pero es también un enorme privilegio porque significa que somos la primera generación consciente de que necesita pilotar hoy una transformación hacia un futuro globalmente sostenible.»[39]

Imagine, pues, que nuestra generación marcara un punto de inflexión y empezara a encarrilar a la humanidad hacia ese futuro. ¿Y si cada uno de nosotros cotejara mentalmente su propia vida con la rosquilla, preguntándose de qué manera la forma en que compra, come, viaja, se gana la vida, gestiona sus cuentas bancarias, vota y realiza sus actividades de voluntariado influye en su impacto personal en los límites sociales y planetarios? ¿Y si cada empresa diseñara sus estrategias en una mesa presidida por la rosquilla, preguntándose: «¿Es la nuestra una marca acorde con la rosquilla, cuyo principal cometido contribuye a llevar a la humanidad a ese espacio seguro y justo?»? Imagine que los ministros de Economía y Hacienda del G-20 —que representan a las economías más poderosas del mundo— se reunieran en torno a una mesa de negociaciones con la forma de la rosquilla para hablar de cómo diseñar un sistema financiero global que sirviera para llevar a la humanidad a esa zona óptima. Sin duda serían unas conversaciones que cambiarían el mundo.

En algunos países, empresas y comunidades, tales conversaciones están ya en marcha. Desde el Reino Unido hasta Sudáfrica, Oxfam ha publicado informes nacionales, tomando la rosquilla como punto de referencia, que revelan la distancia que separa a cada país del objetivo de vivir en un espacio seguro y justo definido a escala nacional.[40] En la provincia china de Yunnan, un grupo de científicos ha realizado un análisis, también basado en la rosquilla, de los impactos sociales y ecológicos de la industria y la agricultura en las inmediaciones del lago Erhai, la principal fuente de agua de la región.[41] Empresas tales como Patagonia —un fabricante estadounidense de ropa deportiva— o los supermercados Sainsbury's del Reino Unido han utilizado la rosquilla para tratar de reformular sus estrategias corporativas. Y en la ciudad sudafricana de Kokstad —la población de más rápido crecimiento de la provincia de KwaZulu-Natal—, el ayuntamiento ha unido sus fuerzas con expertos en planificación urbana y grupos comunitarios a fin de utilizar la rosquilla para diseñar un futuro sostenible y equitativo para la ciudad.[42]

Este tipo de iniciativas son experimentos ambiciosos que aspiran a reorientar el desarrollo económico; pero ¿es posible que la escala planetaria de la rosquilla resulte demasiado ambiciosa para que la economía pueda manejarla? En absoluto: es la escala que corresponde al momento actual. En la antigua Grecia, cuando Jenofonte planteó por primera vez la pregunta económica de «¿cuál es el mejor modo de que una familia gestione sus recursos?», pensaba literalmente en un solo hogar. Más tarde, hacia el final de su vida, pasó a centrar su atención en el siguiente nivel, la economía de la ciudad-estado, y propuso un conjunto de políticas comerciales, fiscales y de inversión pública para su ciudad natal, Atenas. Demos ahora un salto de casi dos mil años y situémonos en Escocia, donde Adam Smith volvió a elevar de manera decisiva el centro de atención de la economía a su siguiente nivel, esta vez el Estado-nación, preguntándose por qué las economías de algunas naciones prosperaban mientras otras se estancaban. La lente económica del Estado-nación utilizada por Smith ha acaparado la atención en materia de políticas públicas durante más de doscientos cincuenta años, y se ha afianzado gracias a las ya mencionadas comparaciones estadísticas anuales del PIB de los distintos países. Pero, enfrentados ahora a una economía globalmente conectada, ha llegado el momento de que la actual generación de pensadores dé el inevitable paso siguiente. La nuestra es la era del hogar planetario, y el arte de la administración del hogar es más necesario que nunca en nuestra casa común.

La rosquilla nos proporciona una brújula para el siglo XXI; pero ¿qué es lo que determina si realmente podemos instalarnos o no en su espacio seguro y justo? Hay cinco factores que sin duda desempeñan un importante papel: la población, la distribución, las aspiraciones, la tecnología y la gobernanza.

La población importa, y de una manera obvia: cuantos más seamos, más recursos harán falta para satisfacer las necesidades y los derechos de todos, y de ahí que sea esencial estabilizar el tamaño de la población humana. Pero en ese sentido hay buenas noticias: aunque la población global sigue creciendo, desde 1971 su tasa de crecimiento ha experimentado un brusco descenso. Es más, por primera vez en la historia humana, ese descenso no se ha debido al hambre, las enfermedades o la guerra, sino al éxito.[43] Varios decenios de inversión pública en la salud de los niños y lactantes, en la educación de las niñas, en servicios de salud reproductiva para las madres y en la empoderación de la mujer finalmente han permitido que las mujeres gestionen por sí mismas el tamaño de sus propias familias. Si lo miramos a través de la lente de la rosquilla, el mensaje está claro: la forma más eficaz de estabilizar el tamaño de la población humana es garantizar que toda persona pueda vivir una existencia sin privaciones, por encima del fundamento social.

Si la población importa, la distribución no importa menos, puesto que los dos extremos de la desigualdad empujan a la humanidad más allá de los dos límites de la rosquilla. Debido a la envergadura de la desigualdad global de renta, la responsabilidad de las emisiones de gases de efecto invernadero a escala mundial se halla fuertemente sesgada: el 10 % de los mayores emisores —piénsese en ellos como los «carbonistas» globales que viven en todos los continentes— generan alrededor del 45 % de las emisiones globales, mientras que el 50 % que menos gases emiten son responsables únicamente del 13 % de dichas emisiones.[44] También el consumo de alimentos está fuertemente sesgado. Alrededor de un 13 % de la población del planeta está desnutrida. ¿Y qué cantidad de alimento haría falta para cubrir sus necesidades calóricas? Solo el 3 % de las reservas mundiales de alimentos. Para situar esta cifra en su contexto, digamos que entre el 30 y el 50 % del alimento existente en el mundo se pierde inmediatamente después de la cosecha, se desperdicia en las cadenas globales de suministro o se vierte de los platos de los comedores a los cubos de basura de las cocinas.[45] Así pues, se podría poner fin al hambre en el mundo con solo el 10 % del alimento que nadie se come. A partir de estos ejemplos resulta evidente que entrar en la rosquilla requiere una distribución mucho más equitativa del uso que hace la humanidad de los recursos.

Un tercer factor son las aspiraciones: lo que la gente considera necesario para llevar una buena vida. Y uno de los factores que más influyen en nuestras aspiraciones es cómo y dónde vivimos. En 2009 la humanidad se hizo urbana: a partir de esa fecha más de la mitad de nosotros pasamos a vivir en ciudades —grandes y pequeñas— por primera vez en la historia, y se calcula que en 2050 el 70 % de nosotros seremos urbanitas. Vivir en ciudades tiende a amplificar la influencia tanto de las multitudes que nos rodean como de los carteles publicitarios cuyas imágenes nos prometen que vivir una vida mejor es solo cuestión de comprar tal o cual cosa, alimentando nuestro deseo de coches más rápidos y de ordenadores portátiles más delgados, de vacaciones exóticas y de artilugios de última generación. Como expresó acertadamente el economista Tim Jackson, nos dejamos «persuadir para gastar un dinero que no tenemos en cosas que no necesitamos a fin de causar una impresión evanescente en personas que no nos importan».[46] Dado el rápido crecimiento de la clase media a escala mundial, los estilos de vida a los que aspira la gente tendrán una serie de implicaciones obvias en nuestra presión colectiva sobre los límites planetarios.

Puede que la urbanización fomente el consumismo, pero también ofrece una oportunidad para satisfacer muchas de las necesidades de la gente —como las de vivienda, transporte, agua, saneamiento, alimento y energía— de formas mucho más eficaces. Alrededor del 60 % de la superficie que en 2030 será previsiblemente urbana, según cálculos especializados, todavía está por construir, de manera que las tecnologías utilizadas para crear esa infraestructura tendrán implicaciones sociales y ecológicas de gran alcance.[47] ¿Habrá nuevos sistemas de transporte capaces de reemplazar las colas de tráfico de vehículos privados por un transporte público rápido y asequible? ¿Habrá modernos sistemas energéticos urbanos capaces de reemplazar la energía basada en combustibles fósiles por redes de energía solar instaladas en los tejados? ¿Podrán diseñarse edificios capaces de calentarse y enfriarse en gran medida por sí mismos? ¿Podrá producirse el alimento necesario para la ciudad de formas que contribuyan a almacenar más carbono en el suelo y al mismo tiempo proporcionen buenos puestos de trabajo? Todo ello dependerá en gran medida de las opciones tecnológicas que escojamos.

En este contexto, la gobernanza desempeña también un papel crucial, tanto en los niveles local y urbano como en el nacional, supranacional y global. Diseñar una gobernanza adecuada a los retos que encaramos plantea una serie de cuestiones políticas importantes que confrontan los intereses y expectativas más arraigados de los diversos países, comunidades y empresas. El nivel global, por ejemplo, requiere estructuras de gobernanza capaces de reducir la presión de la humanidad sobre los límites planetarios de formas que resulten equitativas en cuanto a la distribución de sus impactos regionales y nacionales. Al mismo tiempo, se deben tener en cuenta interacciones complejas como los inextricables vínculos que existen entre los sectores alimentario, hídrico y energético. Y se ha de poder responder con mucha mayor eficacia a los acontecimientos inesperados, como las crisis globales de los precios alimentarios, al tiempo que se guía por el buen camino a las tecnologías emergentes. Hay muchas cosas que dependen de que el siglo XXI logre crear unas formas de gobernanza mucho más eficaces, a todos los niveles, de las que hemos visto hasta ahora.

Estos cinco factores —población, distribución, aspiraciones, tecnología y gobernanza— configurarán de manera significativa las perspectivas de la humanidad de situarse en el espacio seguro y justo de la rosquilla, y de ahí que constituyan el núcleo de los actuales debates en materia de políticas públicas. Pero por sí solos no pueden suscitar una transformación de la envergadura requerida a menos que también transformemos el pensamiento económico que estamos aplicando. Estamos tardando mucho en llevar a cabo esa transformación; algunos dirían que demasiado. Pero los actuales estudiantes de economía podrían ser muy bien la última generación con posibilidades de lograr nuestro objetivo para el siglo XXI. Cuando menos, merecen dotarse de una mentalidad económica que les proporcione las mayores probabilidades posibles de éxito. Y también todos nosotros.

El objetivo-cuco del crecimiento del PIB surgió en una era de depresión económica, guerra mundial y rivalidad en el marco de la Guerra Fría, pero luego ha estado dominando el pensamiento económico durante más de setenta años. Sin duda, dentro de unas pocas décadas miraremos atrás y nos resultará extraño que hubiera una época en la que intentamos controlar y administrar nuestro complejo hogar planetario con un indicador tan voluble, parcial y superficial como el PIB. Las crisis de nuestra propia época exigen un objetivo muy distinto, y todavía nos hallamos al principio del proceso de repensar y redefinir exactamente qué objetivo debería ser ese.

Si el objetivo es lograr la *prosperidad humana en un floreciente entramado de vida* —y esto tiene todo el aspecto de una rosquilla—, ¿cuál es la mejor forma de concebir (y representar) la economía en relación con el todo? Como pronto descubriremos, el modo en que los economistas han representado tradicionalmente la economía —determinando qué se incluye y qué se excluye en la historia económica— ha tenido profundas consecuencias para todo lo demás.

2

VER EL PANORAMA GENERAL
Del mercado autosuficiente a la economía incardinada

Durante cuatrocientos años, las obras de William Shakespeare han cautivado a los aficionados al teatro de todo el mundo, gracias a sus inolvidables personajes, sus apasionantes argumentos y la belleza de sus textos. Para mantener activo el ingenio de sus actores, Shakespeare daba a estudiar a cada miembro de la compañía solo sus propias líneas y entradas, dejándoles intencionadamente a oscuras sobre el desarrollo de la trama.[1] Sin embargo, poco después de su muerte los editores de sus obras, en un exceso de celo, añadieron las listas de personajes completas, y en obras como *La tempestad* incluso presentaron a muchos de ellos junto con sus rasgos más destacados:[2]

> PRÓSPERO, el legítimo duque de Milán.
> ANTONIO, su hermano, usurpador del ducado de Milán.
> GONZALO, viejo y honrado consejero.
> CALIBÁN, esclavo salvaje y deforme.
> ESTÉFANO, mayordomo borracho.
> MIRANDA, hija de Próspero.
> ARIEL, espíritu de los aires.

Basta describir a un personaje como un «usurpador del ducado» para que los actores sospechen que ha habido antiguos entuertos que aguardan a ser enderezados. Califíquese a otro de «viejo y honrado consejero», y sabrán que se puede confiar en su palabra. Preséntese a un tercero como «mayordomo borracho», y esperarán de él una serie de bufonadas. Con una lista de personajes así, la obra está preñada de argumento, y la historia que aguarda al lector casi cae por su propio peso.

Pero ¿qué tiene esto que ver con la economía? Todo. «El mundo entero es un escenario —escribió Shakespeare en una célebre frase—, y todos los hombres y mujeres, simples actores.» Tenía razón: los actuales actores económicos interpretan su papel en el escenario internacional, y de ese modo representan el drama económico de nuestra época. Pero

¿quién ha montado ese escenario?, ¿quién ha definido los rasgos reveladores de los principales personajes?, y ¿cómo podemos reescribir hoy la
historia?

Este capítulo revela el elenco de personajes, el guion y los dramaturgos que hay detrás de la historia económica que llegó a dominar el siglo xx, la misma que nos ha llevado al borde del colapso. Pero también
prepara el escenario adecuado para una obra económica propia del siglo xxi, una cuyos personajes y guion puedan ayudarnos a recuperarnos
y a alcanzar un equilibrio próspero.

Puede que la economía sea teatro, pero los principales papeles de la
obra nunca se presentan explícitamente en las primeras páginas de los
manuales. Lejos de ello, los personajes clave se nombran de manera táci-
ta mediante el diagrama más icónico de la macroeconomía, el diagrama
de flujo circular. Dibujado por primera vez por Paul Samuelson, en un
principio se ideó simplemente para ilustrar cómo fluye la renta a través
de la economía. Pero no tardó en pasar a definir la propia economía en sí
misma, determinando qué actores económicos ocupaban el centro del
escenario y cuáles se veían desplazados a los laterales. Fuera intencionadamente o no, Samuelson elaboró el elenco del siglo xx. Sin embargo,
fueron sus rivales neoliberales Friedrich Hayek y Milton Friedman quienes —como hicieran los editores de Shakespeare— imbuyeron a cada
personaje de una serie de rasgos tan reveladores que el resto del relato
casi se escribía solo. En la resultante historia liberal acerca de quiénes son
los actores de la economía y cuál es la mejor forma de dejarles trabajar, el
argumento estaba sesgado ya desde el principio.

Todos nosotros estamos bastante informados sobre ese reparto de
personajes, pues a todos nos han dicho que el mercado es eficiente, que
con el comercio todo el mundo gana y que los comunes constituyen una
tragedia. Con tal elenco, el triunfo del mercado parece casi inevitable en
el desarrollo de la trama. No obstante, también nos dijeron que las finanzas eran infalibles, aunque esa parte de la historia se desmoronó de una
forma tan notoria durante el crac financiero de 2008 que hasta los propios guionistas tuvieron que admitir que sonaba a falsa. Ha resultado
cada vez más evidente que el argumento económico neoliberal —hacién-
dose eco de manera memorable de la propia *Tempestad*— nos ha arroja-
do en medio de una tormenta perfecta de desigualdad extrema, cambio
climático y crisis financiera.

Pero estas crisis globales nos han dado una rara posibilidad de reescribir todo el guion y representar una nueva obra económica. El punto de

partida es la revisión del elenco de personajes que aparecen en el flujo circular. Es hora de darle un buen meneo a la macroeconomía —armados tan solo con un lápiz— redibujando su imagen más preciada.

Montar el escenario

Cuando Samuelson publicó su ya clásica *Economía* en 1948, una de sus muchas aportaciones novedosas fue el diagrama de flujo circular, que resultó ser un éxito a la hora de enseñar economía a las masas. No tiene nada de asombroso que desde entonces haya engendrado un millón de imitaciones, con una u otra variante suya en casi todos los manuales de economía.

Dado que es el primer modelo macroeconómico con el que se tropieza todo estudiante de economía, este diagrama tiene el privilegio de poder ejercer la «influencia inicial» en la tabla rasa del principiante, como Samuelson expresara con regodeo. Siendo así, ¿qué mensaje transmite este modelo acerca de qué actores cuentan y a cuáles hay que ignorar en lo que se refiere al análisis económico? El centro del escenario lo ocupa la relación mercantil entre familias y empresas. Las familias proporcionan su trabajo y su capital a cambio de salarios y beneficios, y luego gastan esos ingresos comprando bienes y servicios a las empresas. Es esta interdependencia entre producción y consumo la que crea el flujo circular de la renta. Y ese flujo sería ininterrumpido de no ser por otros tres bucles externos —en los que intervienen la banca comercial, el Estado y el comercio internacional— que desvían parte de la renta para otros usos. El modelo muestra cómo los bancos extraen renta en forma de ahorros y luego la devuelven en forma de inversión; el Estado la extrae en forma de impuestos, pero luego la inyecta de nuevo como gasto público; y, por último, hay que pagar a los comerciantes extranjeros las importaciones del país, pero a la vez cobrarles las exportaciones. Estas tres desviaciones generan fugas e inyecciones en el flujo circular del mercado, pero, tomado en su conjunto, se trata de un sistema cerrado y completo, no muy distinto de un conjunto circular de tuberías de plomo por las que corre el agua una y otra vez, tal como el propio Samuelson lo representó inicialmente.

De hecho, justo al año siguiente de la publicación del manual de Samuelson, esa similitud inspiró a un ingenioso ingeniero reconvertido en economista, Bill Phillips, a construir esa máquina hidráulica de ver-

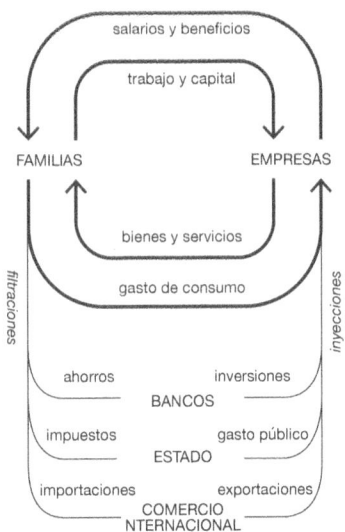

El diagrama de flujo circular, que durante setenta años constituyó la representación definitoria de la macroeconomía.

dad. Su artilugio, conocido como MONIAC (acrónimo de Monetary National Income Analogue Computer, o «computador analógico de la renta monetaria nacional»), estaba formado por una serie de tanques transparentes unidos por tubos por los que fluía agua teñida de color rosa. Diseñado para encarnar el diagrama de flujo circular, los tanques y tubos del MONIAC representaban el flujo de la renta a través de la economía del Reino Unido. Fue el primer modelo computerizado de una economía diseñado hasta entonces, y resultaba absolutamente brillante, hasta el punto de que le valió a Phillips un puesto docente en la London School of Economics;[3] pero como modelo económico resultaba también completamente deficiente, como se hará manifiesto más adelante.

Puede que los ingenieros se pasaran de la raya con sus tubos de plomo, pero el diagrama de flujo circular tiene su mérito, puesto que hay buenas razones por las que se convirtió en un clásico. Para los principiantes, el diagrama representaba el primer intento de describir la economía en su conjunto, y además ayudaba a establecer el ámbito de los modelos macroeconómicos. Samuelson pretendía que el diagrama ilustrara la concepción keynesiana de cómo las economías pueden entrar en una espiral

Bill Phillips y el MONIAC.

de recesión: si el gasto de las familias empieza a disminuir (pongamos por caso, debido al temor a que vengan épocas de vacas flacas), las empresas necesitarán menos trabajadores; al despedir a parte de su plantilla, estas reducirán el salario neto del país, haciendo que la demanda disminuya aún más. El resultado será una recesión anunciada, la cual —sostenía Keynes— habría sido mejor evitar incrementando el gasto público hasta que las cosas empezaran a moverse de nuevo y se recuperara la confianza. Es más, el diagrama también proporciona la base de diferentes formas de medir la renta nacional en un marco contable que todavía se utiliza en todo el mundo. Se trata, claramente, de una imagen práctica, que visibiliza muchas ideas macroeconómicas clave.

El problema, no obstante, reside en lo que no visibiliza. En palabras del pensador especializado en sistemas John Sterman: «Los supuestos más importantes de un modelo no residen en las ecuaciones, sino en lo que no está en ellas; no se hallan en la documentación, sino en lo que no se menciona; no figuran en las variables que aparecen en la pantalla del ordenador, sino en los espacios en blanco que las rodean».[4] Sin duda, el diagrama de flujo circular tiene que ir acompañado de esta advertencia. Pensemos, por ejemplo, que no hace mención alguna de la energía ni de

los materiales de los que depende la actividad económica, ni de la sociedad en la que dichas actividades tienen lugar: simplemente no aparecen
en su elenco de personajes. ¿Los omitió Samuelson de manera intencionada? No es probable: al fin y al cabo, él solo pretendía ilustrar el flujo de
la renta; de modo que, literalmente, no salen en la foto. Pero con ello
quedó definido el escenario.

Escribir el guion

En 1947, un año antes de que Samuelson publicara su icónico diagrama del flujo circular, un pequeño grupo de aspirantes a guionistas económicos de inspiración liberal —integrado por Friedrich Hayek, Milton
Friedman, Ludwig von Mises y Frank Knight— se reunió en la villa turís-
tica suiza de Mont Pelerin para empezar a bosquejar lo que esperaban
que un día se convirtiera en la historia económica dominante. Inspirándose en los textos favorables al mercado de liberales clásicos como Adam
Smith y David Ricardo, crearon lo que denominaron una agenda «neoliberal». Su objetivo, dijeron, era presionar con fuerza para hacer retroceder la amenaza del totalitarismo estatal, que se extendía con rapidez gracias a la creciente influencia de la Unión Soviética. Pero ese propósito se
fue transformando gradualmente en un fuerte impulso en favor del fundamentalismo de mercado, y, con él, se transformó asimismo el propio
significado del término *neoliberal*. Es más, cuando apareció el diagrama
de Paul Samuelson —describiendo qué actores ocupaban el centro de la
economía y cuáles se veían desplazados a los laterales—, este vino a proporcionar el escenario perfecto para su obra.

La redacción del guion se inició a finales de la década de 1940 con la
creación de la Sociedad Mont Pelerin, que todavía existe en la actualidad.[5] Pero Friedman, Hayek y el resto de los esperanzados dramaturgos
sabían que tendrían que esperar unos decenios antes de que pudiera re-
presentarse su obra. Así pues, adoptaron una perspectiva a largo plazo:
con el respaldo de empresas y milmillonarios, fundaron cátedras y becas
universitarias, y crearon una red internacional de grupos de expertos
partidarios del «libre mercado», como el Instituto Empresarial Estadounidense y el Instituto Cato en Washington, o el Instituto de Asuntos
Económicos en Londres.[6]

El gran momento llegó por fin en 1980, cuando Margaret Thatcher y
Ronald Reagan aunaron sus fuerzas para llevar el guion neoliberal a la

escena internacional. Recién elegidos ambos, se rodearon de expertos de Mont Pelerin: el equipo electoral de Reagan incluía a más de veinte miembros de la Sociedad, mientras que el primer ministro de Economía y Hacienda que tuvo Thatcher, Geoffrey Howe, también pertenecía a ella. Como si fuera el más duradero de los espectáculos de Broadway, el espectáculo neoliberal ha estado representándose desde entonces, enmarcando firmemente el debate económico de los últimos treinta años.[7] Pero es hora ya de que presentemos al elenco de personajes que protagonizan esta historia, cada uno de ellos acompañado de una nota biográfica y un breve resumen de su carácter que —al más puro estilo shakespeariano— defina la trama ya desde el principio.

ECONOMÍA: LA HISTORIA NEOLIBERAL DEL SIGLO XX
(en la que llegamos al borde del colapso)

Montaje de Paul Samuelson
Guion de la Sociedad Mont Pelerin

Reparto, por orden de aparición:

EL MERCADO, *que es eficiente, así que dadle rienda suelta.* Como escribió Adam Smith en una célebre frase: «No es la benevolencia del carnicero, el cervecero o el panadero la que nos procura la cena, sino la consideración de su propio interés».[8] Cuando se da libertad a la mano invisible del mercado para que obre la magia de su eficiencia distributiva, este utiliza el propio interés de todas las familias y de todas las empresas para proporcionar todos los bienes y empleos que se necesitan.

LA EMPRESA, *que es innovadora, así que dejad que lleve la voz cantante.* Tal como resumía la influyente filosofía de Milton Friedman en la década de 1970, «el negocio de la empresa es hacer negocios».* Las empresas aúnan trabajo y capital para producir bienes y servicios novedosos y maximizar sus beneficios. No hay ninguna necesidad de prestar atención a lo que ocurre dentro de sus granjas y fábricas, con tal de que respeten la legalidad de las reglas del juego.

---

* En inglés, «*The business of business is business*», un juego de palabras intraducible basado en el uso de tres acepciones distintas del término *business*. (*N. del t.*)

Las finanzas, que son infalibles, así que confiad en su funcionamiento. Los bancos cogen los ahorros de la gente y los convierten diligentemente en inversiones rentables. Además, según la influyente «hipótesis del mercado eficiente» formulada por Eugene Fama en 1970, el precio de los activos financieros siempre refleja fielmente toda la información relevante.[9] En consecuencia, los mercados financieros están permanentemente reajustándose, pero siempre «tienen razón»; y no debería perturbarse su fluido funcionamiento mediante regulaciones.

El comercio internacional, con el que todos ganan, así que abrid las fronteras. La teoría de la ventaja comparativa, formulada en el siglo xix por David Ricardo, demuestra que los diversos países deberían centrarse en aquello que se les da relativamente bien hacer, y luego comerciar con ello: si lo hacen así, ambas partes saldrán ganando, por muy desiguales que sean.[10] En consecuencia, hay que desmantelar las barreras comerciales, puesto que estas no hacen sino distorsionar el funcionamiento eficiente del mercado internacional.

El Estado, que es incompetente, así que no dejéis que se entrometa. Cuando el Estado intenta intervenir en el mercado, normalmente no hace sino empeorar las cosas, distorsionando los incentivos y apostando por «elefantes blancos» antes que por ganadores. Si trata de facilitar el ciclo económico, al clásico estilo keynesiano, inevitablemente lo hará en el momento inoportuno, y el mercado se anticipará a sus efectos.[11] Aparte de defender las fronteras nacionales y la propiedad privada de sus ciudadanos, sencillamente es mucho mejor que el Estado deje las cosas en manos del mercado.

Otros personajes no necesarios en escena:

La familia, que es de ámbito estrictamente doméstico, así que dejádsela a las mujeres. La familia proporciona trabajo y capital al mercado, pero no hay necesidad de levantar el tejado y ver qué ocurre entre las cuatro paredes del hogar: las esposas e hijas cuidan generosamente de los asuntos domésticos, y pertenecen al ámbito del hogar, al igual que esta cuestión.

Los comunes, que son una tragedia, así que privatizadlos. En la década de 1960, Garrett Hardin describió la denominada «tragedia de los comunes» (o de los «recursos comunes»), según la cual los recursos compartidos —como los pastizales o los caladeros— tienden a ser sobreexplotados por los usuarios individuales hasta quedar completamente agotados para todo ciudadano.[12] En consecuencia, gestionar dichos recursos de manera sostenible requiere la regulación del Estado o, mejor todavía, su privatización.

La sociedad, que es inexistente, así que ignoradla. «No existe la sociedad ni nada por el estilo —declaró Margaret Thatcher en una célebre frase en la década de 1980—. Hay hombres y mujeres individuales, y hay familias.»[13] Y está, por supuesto, el mercado que los une, como trabajadores y como consumidores.

La Tierra, que es inagotable, así que tomad lo que queráis de ella. Los recursos de la Tierra no escasearán —sostenía el economista liberal Julian Simon en la década de 1980— si se permite a los mercados hacer su trabajo. Una escasez —pongamos por caso— de cobre, o de petróleo, hará subir su precio, incentivando a la gente a utilizarlo con más moderación, a buscar nuevas fuentes y a descubrir sustitutos.[14]

El poder, que no viene al caso, así que no lo mencionéis. Los únicos poderes económicos que deben preocuparnos —argumentaba Friedman— son el poder monopolista otorgado por el Estado cuando se entromete en el mercado y el poder distorsionador de los sindicatos. El mejor modo de combatirlos son (como cabría esperar) los mercados libres y el libre cambio.[15]

Se trataba, sin lugar a dudas, de un reparto brillante; casi inapelable. El mercado —prometía el guion neoliberal— es el camino a la libertad, y ¿quién querría ir en contra de eso? Pero depositar una fe ciega en los mercados —ignorando a la vez el medio natural, la sociedad y el poder incontrolado de los bancos— nos ha llevado al borde del colapso ecológico, social y financiero. Ha llegado el momento de que el espectáculo neoliberal abandone la escena: hoy está naciendo una historia muy distinta.

UN NUEVO SIGLO, UN NUEVO ESPECTÁCULO

Para narrar esa nueva historia, empecemos con una nueva imagen del conjunto de la economía. Samuelson dibujó su icónico diagrama a finales

de la década de 1940 —después de la Gran Depresión y de la Segunda
Guerra Mundial—, de modo que resulta comprensible que se centrara en
la cuestión de cómo conseguir que la renta volviera a fluir a través de la
economía. No tiene nada de asombroso, pues, que su diagrama definiera
la economía únicamente en términos de sus flujos monetarios. Con ello,
sin embargo, venía a ofrecer al pensamiento económico un escenario extremadamente reducido, junto con un elenco de personajes bastante res-
tringido. De modo que empecemos de nuevo, planteando una cuestión
económica más acorde con nuestra propia época: ¿de qué dependemos
para satisfacer nuestras necesidades? Aquí presentamos una respuesta
visual a esta cuestión, resumida en un diagrama al que he llamado «la
economía incardinada» y que condensa en una sola imagen una serie de
ideas importantes procedentes de distintas escuelas de pensamiento económico.[16]

    ¿Qué muestra esta imagen? Primero la Tierra —el medio natural—,
alimentada por la energía del Sol. Dentro de la Tierra está la sociedad
humana y, dentro de ella, la actividad económica, donde la familia, el
mercado, los comunes y el Estado constituyen todos ellos importantes
ámbitos de satisfacción de las carencias y necesidades humanas, y cuyo

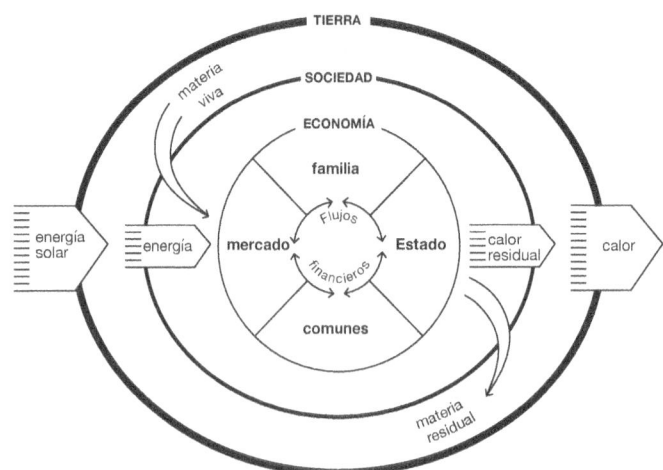

*La economía incardinada, que anida la economía en el seno de la sociedad y del
medio natural, al tiempo que reconoce las diversas formas en que esta puede satisfacer las necesidades y carencias de la gente.*

funcionamiento se ve posibilitado por los flujos financieros. Si este diagrama implica la creación de un nuevo escenario, he aquí el elenco de personajes que requiere.

ECONOMÍA: LA HISTORIA DEL SIGLO XXI
(en la que creamos un equilibrio próspero)

Montaje y guion: una obra en curso
de repensadores económicos de todas partes

Reparto, por orden de aparición:

LA TIERRA, *que es engendradora de vida, así que respetad sus límites.*
LA SOCIEDAD, *que es fundamental, así que alimentad sus conexiones.*
LA ECONOMÍA, *que es diversa, así que favoreced todos sus sistemas.*
LA FAMILIA, *que es básica, así que valorad su contribución.*
EL MERCADO, *que es poderoso, así que enmarcadlo con prudencia.*
LOS COMUNES, *que son creativos, así que liberad su potencial.*
EL ESTADO, *que es esencial, así que hacedlo responsable.*
LAS FINANZAS, *que funcionan, así que haced que sirvan a la sociedad.*
LA EMPRESA, *que es innovadora, así que dadle un objetivo.*
EL COMERCIO INTERNACIONAL, *que es un arma de doble filo, así que hacedlo equitativo.*
EL PODER, *que es omnipresente, así que controlad sus abusos.*

Lo que sigue es una biografía de cada uno de estos personajes, bastante más larga que la de los del siglo XX porque estos nuevos papeles no nos resultan ni de lejos tan familiares. Ha llegado el momento de volver a presentar a los actores económicos del siglo XXI.

LA TIERRA, *que es engendradora de vida, así que respetad sus límites*

Lejos de flotar sobre un fondo blanco, la economía existe en el seno de la biosfera, la delicada zona natural integrada por la superficie terrestre, las masas de agua y la atmósfera del planeta. Y constantemente extrae energía y materia de los materiales y los sistemas vivos de la Tierra, al tiempo que expulsa calor y materia residuales que revierten en ella. Todo lo que se produce —desde los ladrillos hasta las piezas de Lego, desde los sitios web hasta los edificios, desde el *paté de foie* hasta los muebles de jardín, desde la crema de leche hasta las ventanas de doble cristal— depende de este flujo transversal de energía y materia, en el que participan tanto la biomasa y los combustibles fósiles como los metales y los minerales. Todo esto no es nada nuevo. Pero si la economía se halla tan claramente incardinada en la biosfera, ¿cómo es que la ciencia económica la ha ignorado de una manera tan descarada?

La importancia de la Tierra en la economía resultó evidente para los primeros economistas. En el siglo XVIII, François Quesnay y sus colegas los fisiócratas tomaron ese nombre precisamente de su creencia de que las tierras agrícolas eran la clave para entender el valor económico. Es cierto que aquellos primeros economistas basaron su pensamiento ecológico de forma demasiado estricta en las tierras agrícolas, pero al menos hacían mención del medio natural. A partir de ahí, no obstante, las cosas empezaron a torcerse, y hay muchas teorías acerca de por qué sucedió esto.

Adam Smith, el padre del pensamiento económico clásico, se basó en el trabajo de los fisiócratas, considerando que el potencial de riqueza de una nación dependía en última instancia de su clima y su suelo. Pero también pensaba que el secreto de la productividad residía en la división del trabajo, así que centró su atención en ese tema. De manera similar, David Ricardo creía que «los poderes originales e indestructibles del suelo» hacían de las escasas tierras agrícolas una determinante clave del valor económico.[17] Pero cuando empezaron a cultivarse nuevas tierras en las colonias británicas decidió que la escasez de la tierra había dejado de representar una amenaza, y entonces, como Smith, pasó a centrar su atención en el trabajo. John Stuart Mill también supo ver claramente la importancia de los materiales y la energía de la Tierra en toda producción económica, pero él quería diferenciar la ciencia social de la ciencia natural, de manera que (en una decisión bastante poco útil) propuso que el campo de la economía política se centrara en las «leyes de la mente» y no en las «leyes de la materia».[18] En la década de 1870, el pensador radical estadounidense Henry George señaló el hecho de que la tierra ganaba valor para sus propietarios aunque estos no hicieran nada por mejorarla, y, en consecuencia, abogó en favor de un impuesto sobre el valor de la tierra, lo que llevó a sus influyentes adversarios (todos ellos terratenientes) a minimizar la importancia de la tierra en la teoría económica a partir de entonces.[19]

¿Y cuál fue el resultado de todo esto? Pues que, a pesar de que los economistas clásicos, liderados por Smith y Ricardo, habían presentado el trabajo, la tierra y el capital como tres factores de producción claramente diferenciados, a finales del siglo xx la economía ortodoxa había reducido su centro de interés a solo dos: el trabajo y el capital; y si alguna vez se hacía mención a la tierra, esta se consideraba tan solo otra forma de capital, intercambiable con todas las demás.[20] Debido a ello, la economía ortodoxa se enseña todavía hoy prestando escasa atención al planeta viviente que nos sustenta y a la ardiente estrella de cuya energía dependemos.[21] Ello relega las tensiones ecológicas como el cambio climático, la deforestación y la degradación del suelo a la periferia del pensamiento económico; cuando menos hasta que dichas tensiones se hagan tan severas que sus impactos económicos perjudiciales reclamen atención.

Así pues, recuperemos el sentido desde un primer momento y reconozcamos que, lejos de ser un bucle circular cerrado, la economía es un *sistema abierto* con constantes flujos de entrada y salida de materia y energía. La economía depende de la Tierra como *fuente*: de la extracción de recursos finitos como el petróleo, la arcilla, el cobalto y el cobre, y de otros renovables como la madera, los cultivos, el pescado y el agua dulce. De manera similar, la economía depende de la Tierra como *sumidero* para sus desechos, como en las emisiones de gases de efecto invernadero, las escorrentías de fertilizantes y el vertido de plásticos. No obstante, la Tierra es en sí misma un sistema cerrado, porque la cantidad de materia que sale o que llega al planeta es ínfima: puede que la energía del sol fluya a través de él, pero los materiales solo pueden circular en su interior.[22]

Redibujar la economía como un subsistema abierto perteneciente al sistema cerrado Tierra es el principal cambio conceptual introducido por los economistas ecológicos en la década de 1970, como por ejemplo Herman Daly. Y representa un cambio de paradigma que ha ido adquiriendo cada vez mayor importancia dada la creciente escala de la economía. En 1776, cuando Adam Smith publicó *La riqueza de las naciones*, había menos de mil millones de personas en el mundo, y, en términos monetarios, el tamaño de la economía global era trescientas veces inferior al actual. En 1948, cuando Paul Samuelson publicó *Economía*, la población del planeta todavía no llegaba a los tres mil millones de personas, mientras que la economía global era todavía diez veces inferior a la actual. En el siglo xxi hemos dejado atrás la denominada era del «mundo vacío», cuando el flujo de energía y materia que atravesaba la economía global todavía era pequeño en relación con la capacidad de las fuentes y sumideros de la naturaleza. Hoy vivimos —en palabras de Daly— en un «mundo lleno», con una economía que excede la capacidad de regeneración y de absor ción de la Tierra, sobreexplotando fuentes como el pescado y los bosques, y sobrellenando sumideros como la atmósfera y los océanos.[23]

Añádase a ello un segundo cambio de perspectiva: el flujo de recursos fundamentales de la economía no es un carrusel de dinero, sino más bien una vía de dirección única de energía; y nada puede moverse, crecer o funcionar sin utilizar esa energía. Es aquí donde el MONIAC de Bill Phillips revela su defecto fundamental. Aunque constituía una brillante demostración del flujo circular de la renta en la economía, pasaba completamente por alto su flujo transversal de energía. Para poner en marcha su computador hidráulico, Phillips tenía que accionar un interruptor situado en la parte de atrás, que activaba su bomba eléctrica. Como cualquier economía real, necesitaba una fuente de energía externa que la hiciera funcionar, pero ni Phillips ni sus contemporáneos fueron capaces de ver que la fuente de energía de la máquina constituía la parte crucial de lo que hacía funcionar el modelo. Esta lección del MONIAC se aplica a toda la macroeconomía: el papel de la energía merece ocupar un lugar mucho más prominente en cualesquiera teorías económicas que aspiren a explicar qué es lo que impulsa la actividad económica.

La inmensa mayoría de la energía que hoy alimenta la economía global procede del sol. Parte de esa energía de origen solar, como la luz y el viento, nos llega cada día en tiempo real. Otra parte ha sido almacenada en época reciente, como la energía ligada a los cultivos, el ganado y los árboles. Y otra parte se almacenó hace mucho tiempo, en especial los combustibles fósiles: el petróleo, el carbón y el gas. Saber cuáles de esas fuentes de energía solar utiliza la economía constituye un asunto de gran importancia; veamos por qué. Gracias al equilibrio entre la energía solar que penetra en la atmósfera terrestre en tiempo real y el calor que escapa de nuevo al espacio, la Tierra mantuvo una temperatura media constante y benévola en el Holoceno. Sin embargo, durante los últimos doscientos años, y especialmente desde 1950, el uso que ha hecho la humanidad de la energía ancestral de los combustibles fósiles ha liberado a la atmósfera dióxido de carbono y otros gases de efecto invernadero a un ritmo absolutamente sin precedentes, con consecuencias potencialmente peligrosas. La mayoría de estos gases están presentes en la atmósfera de forma natural, y, junto con el vapor de agua, actúan como un manto protector alrededor de la Tierra, manteniendo su superficie mucho más caliente de lo que estaría en caso contrario. Sin embargo, la liberación de dióxido de carbono espesa ese manto y, en consecuencia, aumenta aún más la temperatura de la Tierra, lo que se traduce en un calentamiento global de origen humano.[24]

Esta perspectiva más amplia del flujo transversal de la energía y los materiales nos invita a imaginar la economía como un superorganismo —piense en una gigantesca babosa— que exige una ingesta constante de materia y energía procedente de las fuentes de la Tierra y vierte un chorro constante de materia y calor residuales en sus sumideros. En un planeta como el nuestro, con unos ecosistemas intrincadamente estructurados y un clima que se halla en un delicado equilibrio, esto plantea una pregunta que hoy resulta evidente: ¿qué medida puede llegar a alcanzar el flujo transversal de materia y energía de la economía global en relación con la biosfera antes de que trastorne los propios sistemas planetarios de soporte vital de los que depende nuestro bienestar? Los nueve límites planetarios de los que ya hemos hablado proporcionan una primera y convincente respuesta a esta pregunta, y en el capítulo 6 exploraremos exactamente cómo puede rediseñarse el uso que hace la economía de la materia y la energía de modo que trabaje en favor, y no en contra, de los ciclos de vida que esos límites aspiran a proteger.

La SOCIEDAD, *que es fundamental, así que alimentad sus conexiones*

Cuando Thatcher declaró que no existía la sociedad ni nada por el estilo, fue una sorpresa para muchos; sobre todo para la sociedad. Teóricos políticos como Robert Putnam utilizan la expresión «capital social» para describir la riqueza que se crea en el seno de los grupos sociales en términos de confianza y reciprocidad como resultado de sus redes de interrelaciones.[25] Ya sea a través de equipos deportivos locales o de festivales internacionales, grupos religiosos o clubes sociales, construimos normas, reglas y relaciones que nos permiten cooperar entre nosotros y depender unos de otros. Estas interconexiones crean cohesión social y contribuyen a satisfacer necesidades humanas fundamentales como las de participación, ocio, protección y pertenencia. «La interconectividad comunitaria no va de contar cálidas y vagas historias de triunfo cívico —escribe Putnam—. De formas cuantificables y bien documentadas [...] el capital social nos hace más inteligentes, más sanos, más seguros, más ricos y más capaces de gobernar una democracia justa y estable.»[26]

Es obvio que la vitalidad de una economía depende de la confianza, las normas y el sentimiento de reciprocidad alimentados en el seno de la sociedad, del mismo modo que todo deporte depende de que sus jugadores se atengan a una serie de reglas comunes. Pero, a su vez, la vitalidad de una sociedad se ve configurada por la estructura de su economía: las interrelaciones que construye o debilita; el civismo que fomenta o erosiona; y la distribución de riqueza que genera, como veremos en el capítulo 5.

Una sociedad próspera, además, tiene más probabilidades de generar un fuerte compromiso político, en forma de reuniones comunitarias, organizaciones de base, votaciones en comicios y participación en movimientos sociales y políticos que exigen responsabilidades a los representantes políticos. «Se producen cambios significativos cuando los movimientos sociales alcanzan un punto crítico de poder capaz de forzar a los políticos cautelosos a abandonar su tendencia a dejar las cosas como están», escribe el historiador estadounidense Howard Zinn, haciendo referencia al movimiento antiesclavista del siglo XIX y al movimiento pro derechos civiles del XX, ambos surgidos en su propio país.[27] La gobernanza democrática de la sociedad y la economía se basa en el derecho y la capacidad de los ciudadanos de participar en el debate público; de ahí la importancia de la «participación política» en el fundamento social de la rosquilla.

La economía, que es diversa, así que favoreced todos sus sistemas

Incardinada en esta rica red de la sociedad se halla la propia economía, la esfera en la que la gente produce, distribuye y consume productos y servicios que satisfacen sus carencias y necesidades. Hay un rasgo básico de la economía que no suele señalarse en «Econ 101»: que normalmente está integrada por cuatro ámbitos de abastecimiento —la familia, el mercado, los comunes y el Estado—, tal como se representa en el diagrama de la economía incardinada. Los cuatro son medios de producción y distribución, pero funcionan de maneras muy distintas. Las familias producen bienes «básicos» para sus propios miembros; el mercado produce bienes privados para quienes quieran y puedan pagarlos; los comunes producen bienes cocreados para las comunidades involucradas, y el Estado produce bienes públicos para toda la población. Yo no querría vivir en una sociedad cuya economía careciera de alguno de estos cuatro ámbitos de abastecimiento, puesto que cada uno de ellos posee cualidades peculiares y una gran parte de su valor se deriva de sus interacciones. En otras palabras, funcionan mejor cuando trabajan juntos.

Es más, mientras que el diagrama de flujo circular identificaba a las personas principalmente como trabajadores, consumidores y propietarios de capital, el diagrama de la economía incardinada nos invita a reconocer muchas otras identidades sociales y económicas de nuestra propia esfera. En la familia podemos ser padres, cuidadores y vecinos. En lo que respecta al Estado, todos somos miembros de la ciudadanía, utilizamos los servicios públicos y a cambio pagamos impuestos. Con respecto a los comunes, somos creadores colaborativos y administradores de riqueza compartida. En la sociedad podemos ser ciudadanos, votantes, activistas y voluntarios. Cada día oscilamos sin el menor problema entre estos diferentes papeles y relaciones: de cliente a creador, del mercado al lugar de encuentro, de la negociación al voluntariado. Consideremos, pues, por separado cada uno de estos ámbitos.

La familia, que es básica, así que valorad su contribución

El diagrama de flujo circular describía la mano de obra como algo que aparece de la nada como por arte de magia, siempre descansada y lista para trabajar cada día en la puerta de la oficina o de la fábrica. Pero ¿quién cocinaba, limpiaba y recogía para hacer eso posible? Cuando Adam Smith, en su alabanza del poder del mercado, señalaba que «no es la benevolencia del carnicero, el cervecero o el panadero la que nos procura la cena, sino la consideración de su propio interés», se olvidaba de mencionar la benevolencia de su madre, Margaret Douglas, que había criado sola a su hijo desde que nació. Smith nunca se casó, de modo que no llegó a tener una esposa con la que poder contar (ni hijos a los que criar). A la edad de cuarenta y tres años, cuando empezó a escribir su gran obra, *La riqueza de las naciones*, se trasladó de nuevo a casa de su querida y anciana madre, que podía procurarle su cena cada día. Pero el papel de ella nunca se mencionó en su teoría económica, y en adelante seguiría siendo invisible durante siglos.[28]

Como resultado de ello, la teoría económica ortodoxa está obsesionada con la productividad del trabajo asalariado, mientras que ignora por completo el trabajo no remunerado que lo hace posible, tal como la economía feminista ha dejado claro durante décadas.[29] Este trabajo ha recibido muchos nombres distintos: trabajo asistencial no remunerado, trabajo reproductivo, economía del amor, segunda economía... Sin embargo, como señala la economista Neva Goodwin, lejos de ser secundaria, en realidad es la «economía básica» y ocupa el primer lugar en la vida cotidiana, sustentando los elementos esenciales de la vida familiar y social con los recursos humanos universales del tiempo, el conocimiento, la habilidad, el cuidado, la empatía, la enseñanza y la reciprocidad.[30] Y si hasta ahora el lector nunca había pensado en ello, es hora ya de que conozca a su ama de casa interior (porque todos llevamos una). Esta habita en transacciones cotidianas tales como hacer el desayuno, fregar los platos, limpiar la casa, comprar la comida, enseñar a los niños a andar y a compartir, lavar la ropa, cuidar de los padres ancianos, vaciar los cubos de la basura, recoger a los niños en la escuela, ayudar a los vecinos, hacer la cena, barrer el suelo y prestar atención. En suma, realiza todas aquellas tareas —algunas con los brazos abiertos; otras apretando los dientes— que sustentan el bienestar personal y familiar, y sostienen la vida social.

Todos participamos de esta economía básica, pero algunas personas (como la madre de Adam Smith) dedican mucho más tiempo a ella que otras. Puede que el tiempo sea un recurso humano universal, pero varía enormemente en función de la manera en que cada uno de nosotros lo experimentamos y utilizamos, de la medida en que lo controlamos y el valor que le atribuimos.[31] En el África subsahariana y el sur de Asia, el tiempo que se dedica a la economía básica resulta especialmente visible, puesto que, cuando el Estado no cumple su función y el mercado queda fuera del alcance, los miembros de la familia tienen que encargarse directamente de procurar la satisfacción de muchas de sus necesidades. Millones de mujeres y niñas dedican diariamente varias horas a caminar a lo largo de kilómetros cargadas con el equivalente a su propio peso en agua, comida o leña sobre la cabeza, a menudo con un bebé atado a la espalda; y todo ello sin salario alguno. Pero esta división entre trabajo remunerado y no remunerado basada en el género es frecuente en cualquier sociedad, aunque a veces también resulta menos visible. Y dado que el trabajo en la economía básica no está remunerado, por lo común se infravalora y es objeto de explotación, generando unas desigualdades que se mantienen durante toda la vida en cuanto a estatus social, oportunidades laborales, renta y poder entre mujeres y hombres.

Al ignorar en gran medida la economía básica, la ciencia económica ortodoxa también ha pasado por alto hasta qué punto la economía remunerada depende de ella. Sin todo ese trabajo consistente en cocinar, limpiar, cuidar o barrer, no habría trabajadores —ni actuales ni futuros— sanos, bien alimentados y listos para ocupar su puesto cada mañana. Como le gustaba preguntar al pensador futurista Alvin Toffler en las elegantes reuniones de directivos de empresa: «¿Cuán productiva sería su mano de obra si nadie le hubiera enseñado a hacer sus necesidades en el retrete?».[32] Tampoco hay que tomarse a la ligera la envergadura de la contribución de la economía básica. En un estudio realizado en 2002 en la rica población suiza de Basilea, el valor estimado del trabajo asistencial no remunerado realizado en el seno de las familias superaba el coste total de los salarios pagados a todo el personal de todos los hospitales, guarderías y escuelas de la ciudad, desde los directores hasta los conserjes.[33] De manera similar, una encuesta realizada en 2014 entre quince mil madres en Estados Unidos calculaba que, si se pagara a las mujeres el precio hora estándar por cada uno de los papeles que desempeñaban —que iban desde ama de casa hasta maestra de guardería, pasando por otros como conductora o limpiadora—, las madres que se quedaban en casa ganarían alrededor de ciento vente mil dólares al año. Pero incluso las madres que salían a trabajar fuera cada día ganarían setenta mil dólares adicionales al año además de su salario real si se contaba todo el trabajo asistencial no remunerado que también hacían en casa.[34]

¿Por qué es importante que esta economía básica resulte visible en la ciencia económica? Pues porque la provisión de atención asistencial en el seno de la familia es esencial para el bienestar humano, y la productividad en la economía remunerada depende directamente de ello. Es importante porque, cuando —en nombre de la austeridad y del ahorro en el sector público— los gobiernos recortan el presupuesto para guarderías, servicios comunitarios, permisos por paternidad y clubes juveniles, la necesidad de proporcionar atención asistencial no desaparece: simplemente pasa a quedar arrinconada en el hogar. La presión que ello ejerce fundamentalmente en el tiempo de las mujeres puede obligarles a estas a dejar el trabajo, incrementando así la tensión social y la vulnerabilidad. Esto socava tanto el bienestar como la empoderaciación de la mujer, con múltiples repercusiones tanto para la sociedad como para la economía. En suma, incluir la economía doméstica en el nuevo diagrama de la macroeconomía es el primer paso para reconocer su carácter fundamental, y para reducir y redistribuir el trabajo no remunerado de las mujeres.[35]

El mercado, *que es poderoso, así que enmarcadlo con prudencia*

La gran idea de Adam Smith fue mostrar que el mercado puede movilizar información difusa sobre las carencias de la gente y el coste de satisfacerlas, coordinando así a miles de millones de compradores y vendedores a través de un sistema global de precios; y todo ello sin necesidad de un gran plan centralizado. Esta eficiencia distribuida del mercado resulta de hecho extraordinaria, y normalmente intentar controlar una economía sin su concurso se traduce en escasez de productos y largas colas. Precisamente a raíz de reconocer ese poder los guionistas neoliberales situaron al mercado en el centro del escenario en su obra económica. Pero el poder del mercado tiene también su lado negativo: solo valora lo que tiene precio, y solo se lo confiere a quienes pueden pagarlo. Como el fuego, resulta extremadamente eficiente en lo que hace, pero peligroso si se descontrola. Cuando el mercado está libre de ataduras, degrada el medio natural sometiendo a una tensión excesiva las fuentes y sumideros de la Tierra. También es incapaz de proporcionar bienes públicos esenciales —desde la educación y las vacunas hasta las carreteras y líneas férreas— de los que depende profundamente su propio éxito. Al mismo tiempo, y como veremos en el capítulo 4, su dinámica intrínseca tiende a incrementar las desigualdades sociales y a generar inestabilidad económica. De ahí que el poder del mercado deba enmarcarse con prudencia en un contexto de regulaciones públicas, y en la economía en su conjunto, para definir y delimitar su terreno.

Y también es esa la razón por la que cada vez que oigo a alguien alabar el «libre mercado», le pido que me lleve allí, porque jamás lo he visto en funcionamiento en ninguno de los países que he visitado. Desde hace largo tiempo, los economistas institucionales —desde Thorstein Veblen hasta Karl Polanyi— han señalado el hecho de que los mercados (y, por ende, sus precios) se ven configurados en gran medida por el contexto de las leyes, las instituciones, las regulaciones, las políticas públicas y la cultura de una sociedad. Como escribe Ha-Joon Chang: «Un mercado solo parece libre porque aceptamos sus restricciones subyacentes de una forma tan incondicional que no logramos verlas».[36] Desde los pasaportes hasta las medicinas, pasando por los AK-47, hay muchas cosas que no pueden comprarse o venderse legalmente sin un permiso oficial. Los sindicatos, las políticas de inmigración y las leyes de salario mínimo son todos ellos elementos que afectan al nivel salarial vigente en un país. Los requisitos de información de las empresas, la cultura de la primacía de los accionistas y los rescates financieros por el Estado influyen todos ellos en el nivel de los beneficios empresariales. Olvídese del libre mercado: piense en un mercado enmarcado. Y, por extraño que pueda parecer, esto significa que no existe eso que llamamos desregulación, sino únicamente una *re-regulación* que enmarca el mercado en un conjunto distinto de reglas políticas, legales y culturales, limitándose simplemente a alterar quién asume los riesgos y los costes, y quién se lleva los beneficios del cambio.[37]

Los comunes, *que son creativos, así que liberad su potencial*

Los denominados «comunes» (también «recursos comunes» o «bienes comunales») son recursos de la naturaleza o la sociedad susceptibles de ser compartidos que las personas deciden utilizar y controlar mediante la autogestión en lugar de depender de que lo haga el Estado o el mercado. Piense, por ejemplo, en cómo una comunidad rural podría gestionar su único pozo de agua dulce y su bosque cercano, o en cómo un montón de usuarios de Internet de todo el mundo colaboran en la gestión de la Wikipedia. Tradicionalmente, los comunes naturales han surgido en comunidades que aspiran a administrar los recursos que constituyen el «acervo común» de la Tierra, como los pastizales, los caladeros, las cuencas de los ríos y los bosques. Los comunes culturales sirven para mantener vivos la lengua, el patrimonio y los rituales, los mitos y la música, el conocimiento tradicional y las prácticas de una comunidad. Y, por último, los comunes digitales —rápidamente crecientes— se administran *online* de forma colaborativa, cocreando software de código abierto, redes sociales, información y conocimiento.

La descripción que hiciera Garrett Hardin de los comunes como una «tragedia» —y que tan bien encajaba en el guion neoliberal— provenía de su creencia de que, si se daba libre acceso a todo el mundo, los pastizales, bosques y caladeros serían inevitablemente objeto de sobreexplotación y acabarían por agotarse. Es muy probable que no le faltara razón en ese aspecto, pero el «libre acceso» está lejos de ser el modo como actualmente se utilizan los comunes mejor gestionados. En la década de 1970, Elinor Ostrom, una politóloga entonces poco conocida, empezó a buscar ejemplos reales de recursos comunes naturales bien gestionados a fin de averiguar qué era lo que hacía que funcionaran; lo que descubrió le valdría el Premio Nobel. Lejos de ser objeto de «libre acceso», los bienes comunales que estudió estaban gestionados por comunidades claramente definidas con reglas colectivamente acordadas y sanciones punitivas para quienes las quebrantaban.[38] De ese modo, constató que, lejos de ser una tragedia, los comunes pueden representar un auténtico triunfo, superando tanto al Estado como al mercado a la hora de administrar de forma sostenible y explotar de manera equitativa los recursos de la Tierra, tal como ilustramos en los capítulos 5 y 6.

El «triunfo de los comunes» resulta evidente sin duda en los bienes comunes digitales, que se están convirtiendo con rapidez en uno de los ámbitos más dinámicos de la economía global. Según el analista económico Jeremy Rifkin, esta transformación se ha visto posibilitada por la actual convergencia de redes de comunicaciones digitales, energías renovables e impresión 3D, que ha dado lugar a lo que él denomina los «comunes colaborativos». Lo que hace que la convergencia de estas tecnologías resulte tan potentemente perturbadora es su potencial en términos de propiedad distribuida, colaboración en red y mínimos costes de funcionamiento. Una vez instalados los paneles solares, las redes informáticas y las impresoras 3D, el coste de producir un julio de energía adicional, una descarga extra o un elemento adicional impreso en 3D es casi nulo, lo que ha llevado a Rifkin a hablar de la «revolución del coste marginal cero».[39]

El resultado de todo ello es que una creciente gama de productos y servicios pueden producirse en abundancia sin apenas costes, liberando el potencial de ámbitos tales como el diseño de código abierto, la enseñanza gratuita *online* y la fabricación o producción distribuida. En algunos sectores clave, los comunes colaborativos del siglo XXI han empezado a complementar al mercado, a competir con este o incluso a desplazarlo. Es más, el valor generado lo disfrutan directamente quienes participan como cocreadores en dichos comunes, y es posible que dicho valor no pueda monetizarse, lo cual plantea interesantes implicaciones para el futuro del crecimiento del PIB, tal como veremos en el capítulo 7.

Pese a su potencial creativo —y a veces gracias a él—, durante siglos tanto el Estado como el mercado se han apropiado de recursos comunes, mediante, por ejemplo, el cercado de tierras comunales, la división de la empresa en trabajadores y propietarios, y el auge de la rivalidad entre el mercado y el Estado. Todo ello con la ayuda de la teoría económica, que pretendía mostrar que los comunes estaban condenados al fracaso. Pero, gracias a Ostrom, las bien documentadas evidencias de éxito en la gestión de diversos recursos comunes han generado un creciente interés en su resurgimiento; de ahí que deban aparecer claramente representados en el diagrama de la economía incardinada.

El Estado, que es esencial, así que hacedlo responsable

Como autor prominente del guion neoliberal, Milton Friedman estaba decidido a limitar el papel económico del Estado a la defensa de la nación, la vigilancia de sus calles y el celo en el cumplimiento de sus leyes. Su objetivo legítimo —creía— era simplemente garantizar la propiedad privada y los contratos legales, que él consideraba requisitos previos para el buen funcionamiento de los mercados.[40] En la práctica, aspiraba a relegar al Estado a un papel sin voz en la obra económica: mencionado en la trama, visto fugazmente en el escenario, pero sin que apenas se le permitiera actuar. Su rival, Paul Samuelson, discrepaba rotundamente de aquella visión: «El papel creativo del gobierno en la vida económica es inmenso e ineludible en un mundo interdependiente y superpoblado», escribió en posteriores ediciones de su manual; pero la postura de Friedman siguió prevaleciendo entre quienes estaban ansiosos por «hacer retroceder» al Estado.[41]

Con vistas a la historia económica del siglo XXI, hay que repensar el papel del Estado. Digámoslo de este modo: en la película basada en la obra de teatro, el Estado debería poder optar plenamente a llevarse el Óscar al mejor actor de reparto, actuando como el socio económico que apoya por igual a la familia, a los comunes y al mercado. Primero, proporcionando bienes públicos —que van desde la educación pública y la atención sanitaria hasta las carreteras y el alumbrado público— destinados a todo el mundo, y no solo a quienes pueden pagarlos, lo cual permitirá prosperar a la sociedad y su economía. En segundo término, apoyando el papel asistencial básico de la familia, como, por ejemplo, mediante la promoción de políticas de permisos de maternidad y paternidad que mejoren la vida de ambos progenitores, inversiones en las primeras etapas educativas y el respaldo a la atención asistencial de las personas mayores. En tercer lugar, liberando el dinamismo de los comunes, con leyes e instituciones que incrementen su potencial colaborativo y los protejan de la usurpación. En cuarto término, sacando pleno partido al poder del mercado enmarcándolo en instituciones y regulaciones que promuevan el bien común, con medidas que vayan desde la prohibición de los agentes contaminantes tóxicos y del abuso de información privilegiada hasta la protección de la biodiversidad y los derechos de los trabajadores.

Como todo buen actor secundario, el Estado también puede llegar a ocupar el centro del escenario, asumiendo riesgos empresariales allí donde el mercado y los comunes no puedan o no quieran llegar. A veces se esgrime como prueba del dinamismo del mercado el extraordinario éxito de empresas tecnológicas como Apple. Pero Mariana Mazzucato, experta en la economía de innovación liderada por el Estado, señala que la investigación básica que subyace a todas y cada una de las innovaciones que hacen «inteligente» a un teléfono inteligente —el GPS, los microchips, las pantallas táctiles y la propia Internet— fueron financiadas por el gobierno estadounidense. Es el Estado, no el mercado, el que resulta ser el socio innovador y capaz de asumir riesgos, no «desplazando», sino «dinamizando» a la empresa privada; y esta tendencia también es válida en otros sectores de la alta tecnología, como los productos farmacéuticos y la biotecnología.[42] En palabras de Ha-Joon Chang: «Si seguimos dejándonos cegar por la ideología del libre mercado que nos dice que solo pueden triunfar aquellos por los que apuesta el sector privado, terminaremos ignorando un enorme abanico de posibilidades de desarrollo económico mediante el liderazgo del sector público o iniciativas conjuntas de carácter público-privado».[43] Ese liderazgo del Estado es algo necesario hoy en todo el mundo para catalizar la inversión pública, privada, de los comunes y las familias en un futuro de energías renovables.

El Estado como socio económico potenciador y posibilitador: suena bien; ¿quizá demasiado bien para ser verdad? Eso depende de manera crucial —argumentan el economista Daron Acemoglu y el politólogo James Robinson— de si en cada país las instituciones económicas y políticas del Estado son inclusivas o extractivas. Explicado de manera sucinta, las instituciones inclusivas son todas las que dan voz a numerosas personas en los procesos de adopción de decisiones, a diferencia de las extractivas, que privilegian la voz de unos pocos, a quienes permiten explotar y gobernar a otras personas.[44] La amenaza del Estado autoritario es muy real, pero también lo es el peligro del fundamentalismo de mercado. Para evitar tanto la tiranía del Estado como la del mercado, la clave está en las políticas democráticas, reforzando con ello el papel fundamental que desempeña la sociedad a la hora de generar el compromiso cívico necesario para la participación y la responsabilidad en la vida pública y política.

Las finanzas, que funcionan, así que haced que sirvan a la sociedad

Tres mitos muy arraigados configuran la historia tradicional de las finanzas: que los bancos comerciales funcionan convirtiendo los ahorros de la gente en inversiones; que las transacciones financieras suavizan las fluctuaciones de la economía; y que, en consecuencia, el sector financiero proporciona un valioso servicio a la economía productiva. La crisis financiera de 2008 desmoronó esos tres mitos de manera bastante notoria. Lejos de limitarse simplemente a prestar esos ahorros, los bancos crean dinero mágicamente en forma de crédito; lejos de fomentar la estabilidad, los mercados financieros generan fluctuaciones de manera intrínseca; y lejos de proporcionar un valioso servicio a la economía productiva, las finanzas han pasado a tener la sartén por el mango y a manejarla a su antojo.

En primer lugar, y contrariamente a lo que sostiene la historia de los manuales y el diagrama de flujo circular, los bancos no se limitan meramente a prestar el dinero que han depositado sus ahorradores. Crean dinero de la nada cada vez que hacen un préstamo, registrándolo en sus libros a la vez como pasivo (dado que el prestatario retira el dinero del préstamo) y como crédito (dado que el préstamo se devolverá con intereses al cabo del tiempo). Esta creación de crédito no tiene nada de nuevo —empezó hace ya varios miles de años—, y de hecho puede desempeñar un papel valioso, pero su escala ha aumentado enormemente desde la década de 1980. Esa expansión la desencadenó la desregulación financiera (léase *re*-regulación) —incluyendo el Big Bang de 1986 en el Reino Unido y la derogación en 1999 de la Ley Glass-Steagall en Estados Unidos— que puso fin al requisito de que los bancos mantuvieran los ahorros y préstamos de sus clientes separados de sus propias inversiones especulativas.

En segundo término, los mercados financieros no tienden a promover la estabilidad económica por mucho que se afirme que lo hacen. Gracias a la desregulación financiera —decía en 2004 el presidente de la Reserva Federal estadounidense, Alan Greenspan—, «no solo las diversas instituciones financieras se han hecho menos vulnerables a las perturbaciones derivadas de factores de riesgo subyacentes, sino que también el sistema financiero en su conjunto se ha hecho más resistente».[45] Cuatro años después, el crac financiero refutaba esa afirmación de manera bastante decisiva. Al mismo tiempo, la hipótesis del mercado eficiente de Eugene Fama —que los mercados financieros son intrínsecamente eficientes— perdía credibilidad y se veía contrarrestada por la hipótesis de la inestabilidad financiera de Hyman Minsky —que los mercados financieros son intrínsecamente volátiles—, tal como veremos en el capítulo 4.

Por último, lejos de apoyar a la economía productiva, las finanzas han pasado a dominarla. En muchos países, una pequeña élite financiera

—radicada en un puñado de bancos y empresas financieras— controla el bien público de la creación de dinero, obteniendo pingües beneficios de ello, y desestabilizando de paso con demasiada frecuencia a una gran parte de la economía en su conjunto. Es hora de dar la vuelta a ese escenario para ponerlo del derecho y rediseñar las finanzas de modo que estas fluyan al servicio de la economía y de la sociedad. Tal rediseño invita a repensar asimismo cómo podría crearse dinero —no solo por parte del mercado, sino también del Estado y los comunes—, y en los capítulos 5, 6 y 7 se exploran algunas posibilidades en ese sentido.

La empresa, *que es innovadora, así que dadle un objetivo*

Operando en el ámbito del mercado, la empresa puede ser extraordinariamente eficaz a la hora de combinar personas, tecnología, energía, materiales y finanzas para crear algo nuevo. El discurso neoliberal afirmaba que es el mecanismo del mercado el que hace eficientes a las empresas, y con ello ignoraba lo que ocurre dentro de estas, tal como hacía con la familia. Pero resulta esencial levantar también aquí la tapa y echar un vistazo al interior de la caja negra de la producción.

Siempre hay un juego de poder entre los trabajadores asalariados de una empresa y sus propietarios accionistas debido a las inmensas desigualdades existentes entre ellos, tal como pudieron atestiguar Friedrich Engels y Karl Marx en las sórdidas fábricas de la Inglaterra victoriana. Pero esas condiciones todavía pueden encontrarse en fábricas y granjas de todo el mundo, donde, en nombre del beneficio, los gerentes se saltan la ley de manera habitual, por ejemplo, manteniendo encerrados a los trabajadores, prohibiéndoles parar su tarea para ir al lavabo o despidiendo a las mujeres cuando se quedan embarazadas. Pero incluso cuando las empresas actúan dentro de la ley, en muchos países pueden contratar a los trabajadores en condiciones precarias, pagándoles un salario mínimo reconocido legalmente que les obliga a vivir por debajo del umbral de la pobreza.[46]

Garantizar el derecho de los trabajadores a organizarse y a negociar colectivamente es una forma de compensar estos profundos desequilibrios de poder; otra es cambiar la estructura de propiedad de la propia empresa, poniendo fin a la secular división entre trabajadores y propietarios, tal como veremos en el capítulo 5. Es más, hoy la estrecha visión de Friedman del «negocio de la empresa» ha perdido credibilidad: para hacer frente a los retos del siglo xxi, las empresas necesitan objetivos mucho más estimulantes que el mero hecho de maximizar su valor para los accionistas; y, como ilustra el capítulo 6, un creciente número de empresas están encontrando el modo de plantearse esos nuevos objetivos.

*El comercio internacional, que es un arma de doble filo,
así que hacedlo equitativo*

El diagrama de la economía incardinada podría utilizarse para representar la economía de un solo país, pero retrata igualmente la economía global, y de ahí que incluya también el comercio internacional. La globalización se ha traducido en una rápida expansión de los flujos transfronterizos en los últimos veinte años, gracias al uso de contenedores y a Internet, que han reducido respectivamente los costes del transporte y las comunicaciones internacionales, y, desde 1995, gracias asimismo a la agenda de liberalización comercial de la Organización Mundial del Comercio.

La influyente teoría de Ricardo que concebía el comercio como una actividad en la que todos ganan (lo que se conoce en inglés como *win-win*) se basaba en productos tales como el vino y el paño, y presuponía que los factores de producción —la tierra, el trabajo y el capital— eran inamovibles más allá de las fronteras nacionales. Hoy todo se mueve menos la tierra, y los flujos transfronterizos incluyen el comercio de productos y servicios (desde la fruta fresca hasta el asesoramiento legal); la inversión directa extranjera (en empresas y propiedades); los flujos financieros (desde créditos bancarios hasta acciones corporativas), y la migración de personas en busca de un medio de ganarse la vida.

Todos esos flujos transfronterizos tienen el potencial de proporcionar beneficios, pero también implican riesgos. Cuando resulta más barato importar alimentos de primera necesidad como el arroz o el trigo que cultivarlos, el comercio internacional puede reducir considerablemente los precios de esos productos para los consumidores. Pero al mismo tiempo puede socavar la producción nacional de alimentos y dejar a un país en una situación extremadamente vulnerable a las subidas de precios a escala internacional, tal como pusieron de manifiesto los «motines del pan» producidos en varios países, desde Egipto hasta Burkina Faso, cuando los precios del trigo, el maíz y el arroz se triplicaron durante la crisis de los precios alimentarios de 2007-2008. Asimismo, cuando emigran trabajadores cualificados —como en el caso de los médicos y enfermeras del África subsahariana que trabajan en Europa—, traen consigo valiosas aptitudes y por otra parte envían unas remesas que resultan muy necesarias para sus familias, pero eso también puede generar una escasez de capacitación en servicios básicos de su propio país. Cuando las empresas fabrican en el extranjero, ello suele traducirse en productos más baratos para los consumidores y además crea nuevos empleos en el país de fabricación. Pero también puede desencadenar la pérdida de puestos de trabajo en el territorio nacional que aniquilen comunidades enteras, tal como ocurrió en Estados Unidos en lo que hoy se conoce como «Cinturón de Óxido», el antiguo corazón industrial de la nación. De manera similar, los flujos de entrada financieros pueden potenciar el joven mercado de valores de una economía emergente, pero cuando las finanzas internacionales salen aún más deprisa de lo que entraron, pueden inducir una situación próxima al desmoronamiento de la moneda, como descubrieron por propia experiencia Tailandia, Indonesia y Corea del Sur durante la crisis financiera asiática de finales de la década de 1990. Los flujos transfronterizos son siempre un arma de doble filo, y, por lo tanto, requieren una buena gestión.

Ricardo estaba en lo cierto al pensar que naciones muy distintas pueden comerciar en beneficio mutuo, pero la ventaja comparativa no es solo algo que a uno le cae del cielo: también se puede crear. Ahora bien, como dice Ha-Joon Chang, hoy los países de renta elevada están «dando una patada a la escalera» por la que antaño subieron, recomendando que los países de renta media y baja abran sus fronteras para seguir una estrategia comercial que antes ellos mismos habían evitado. Pese a su actual retórica sobre el «libre comercio», a la hora de las negociaciones comerciales casi todos los países que hoy en día tienen una renta elevada —incluidos el Reino Unido y Estados Unidos— tomaron justo el camino contrario para asegurar su propio éxito industrial, optando por la protección arancelaria, las subvenciones industriales y las empresas de titularidad pública cuando ello les resultaba ventajoso a escala nacional. Y actualmente todavía mantienen un estrecho control sobre activos comerciales clave como la propiedad intelectual.[47]

Del mismo modo que no existe eso que llamamos «libre mercado», resulta que tampoco existe el llamado libre comercio o libre cambio: todos los flujos transfronterizos se producen sobre el telón de fondo de la historia nacional, las instituciones vigentes y las relaciones de poder internacionales. Como puso de manifiesto la crisis de los precios alimentarios de 2007-2008, a la que siguió de manera inmediata la crisis financiera de 2008-2010, se requiere una cooperación eficaz entre los distintos gobiernos para que los beneficios de los flujos transfronterizos puedan distribuirse de forma generalizada.

EL PODER, *que es omnipresente, así que controlad sus abusos*

Busque la palabra *poder* en el índice alfabético de un moderno manual de economía, y —en el caso de que llegue a mencionarse— probablemente remitirá a alguna acepción secundaria del término. El poder, sin embargo, está presente en infinidad de sitios ligados a la economía y la propia sociedad: en las decisiones domésticas cotidianas acerca de quién se ocupa de los niños; en las negociaciones salariales que enfrentan a jefes y trabajadores; en las conversaciones sobre el comercio internacional y el cambio climático; y en el dominio de la humanidad sobre otras especies del planeta. Allí donde haya gente presente habrá también relaciones de poder: imagínelas discurriendo por todas partes en el diagrama de la economía incardinada, en cada uno de sus dominios y también en las intersecciones entre ellos.

De todas esas relaciones de poder, cuando se trata del funcionamiento de la economía hay una en particular que requiere atención: el poder de los ricos para reformular las reglas de la economía en su favor. El diagrama de flujo circular de Samuelson contribuyó sin querer a minimizar esa cuestión al representar a las familias como un grupo homogéneo, donde cada una ofrecía su trabajo y su capital a cambio de salarios y una parte de los beneficios, que, a su vez, proporcionaba un grupo de empresas homogéneas. Pero, como dejó bien claro el movimiento Occupy Wall Street con su cartel (y su meme) acerca del 1 % y el 99 %, esa imagen idealizada no hace justicia en absoluto a la realidad que hoy todos conocemos. En los últimos decenios, en muchos países se ha disparado la desigualdad entre las familias pero también entre las empresas. Y la concentración extrema de renta y riqueza —en manos tanto de milmillonarios como de consejos de administración— se convierte rápidamente en poder para decidir cómo y quién controla la economía.

En política, el dinero manda; cuando no le queda más remedio lo hace en público, pero ante todo prefiere hacerlo en privado, con apretones de manos ocultos, reuniones a puerta cerrada y comisiones ilegales. Esas relaciones obedecen a una poderosa «regla de oro», sostiene el polítólogo Thomas Ferguson basándose en su prolongado análisis de la financiación política en Estados Unidos. La empresa invierte de hecho en candidatos políticos y espera un rendimiento de esa inversión en forma de políticas públicas favorables. «Para descubrir quién manda, sigue el oro», aconseja Ferguson: rastrea el respaldo financiero de cualquier gran campaña política y verás qué factores impulsan sus políticas públicas.[48]

En Estados Unidos, la financiación electoral privada y corporativa se ha multiplicado por más de veinte desde 1976, y durante la carrera presidencial entre Obama y Romney, en 2012, llegó a los 2.500 millones de dólares.[49] Desde 2005, solo la industria de los combustibles fósiles ha gastado 1.700 millones de dólares en contribuciones a campañas de presión y electorales en Estados Unidos, lo que explica el arraigado apoyo político del que goza el sector. En Europa, la Asociación Transatlántica para el Comercio y la Inversión (ATCI) entre Estados Unidos y la Unión Europea —una propuesta de tratado comercial que, entre otras cosas, promete vistas judiciales privadas para las empresas estadounidenses y europeas que demanden a otros gobiernos— se redactó bajo una fuerte influencia de las grandes empresas. En 2012-2013, cuando ya se habían iniciado las negociaciones del tratado, más del 90 % de las reuniones celebradas por la Unión Europea —520 de un total de 560— fueron con representantes de grupos de presión corporativos.[50] Estos ejemplos simplemente vienen a sumarse a las razones por las que, en la historia del siglo XXI, la economía debe diseñarse para ser mucho más distributiva, no solo en lo que respecta a la renta, sino también de la riqueza, como veremos en el capítulo 5, a fin de contrarrestar el poder de la élite con el empoderamiento de los ciudadanos.

SE LEVANTA EL TELÓN DE LA HISTORIA DEL SIGLO XXI

Ahora tome cierta distancia y eche un vistazo a todo el escenario y al nuevo elenco de personajes que se han presentado en este capítulo: ¿qué diferencia supone todo ello? El mero hecho de dejar a un lado el diagrama de flujo circular y dibujar la economía incardinada en su lugar transforma el punto de partida del análisis económico. Pone fin al mito del mercado independiente y autosuficiente, reemplazándolo por la familia, el mercado, los comunes y el Estado como fuentes de abastecimiento; todo ello como algo incardinado y dependiente de la sociedad, que a su vez está incardinada en el medio natural. Esto desplaza nuestro centro de atención, que pasa del mero seguimiento del flujo de la renta a la comprensión de las numerosas fuentes de riqueza —naturales, sociales, humanas, físicas y financieras— de las que depende nuestro bienestar.

Esta nueva visión plantea a su vez nuevas cuestiones. En lugar de centrarnos de manera inmediata en hacer que los mercados funcionen de un modo más eficiente, podemos empezar considerando lo siguiente: ¿en qué situación cada uno de los cuatro ámbitos de abastecimiento —la familia, los comunes, el mercado y el Estado— resulta más adecuado para satisfacer las diversas carencias y necesidades de la humanidad? ¿Qué cambios en la tecnología, la cultura y las normas sociales podrían alterar esto? ¿Cómo podrían estos ámbitos funcionar con mayor eficacia de manera conjunta; por ejemplo, el mercado con los comunes, los comunes con el Estado, o el Estado con la familia? De manera similar, en lugar de centrarnos por defecto en la forma de incrementar la actividad económica, preguntémonos cómo el contenido y la estructura de dicha actividad podrían estar configurando la sociedad, la política y el poder; y cuán grande puede llegar a hacerse la economía considerando la capacidad ecológica de la Tierra.

Hacia el final de *La tempestad* de Shakespeare —cuando se han deshecho todos los entuertos—, la hija de Próspero, Miranda, que se ha pasado la vida recluida en la isla junto a su padre, ve por primera vez a los nobles intrigantes de Milán a los que la tormenta había hecho naufragar. «¡Qué prodigio! —exclama—. ¡Cuántas hermosas criaturas hay aquí! ¡Qué bella es la humanidad! ¡Ah, magnífico mundo nuevo el que tiene tal gente!» Los economistas del siglo XXI podrían compartir su asombro, pero sin su ingenuidad política. Tras haber vivido setenta años recluidos dentro de los confines de la isla del diagrama de flujo circular de Samuelson y el estrecho guion neoliberal de la Sociedad Mont Pelerin, hoy podemos comenzar a escribir una nueva historia simplemente cogiendo un lápiz y empezando por dibujar la economía incardinada. Y dado que esta perspectiva basada en saber ver el panorama general sitúa la economía en su contexto, resulta mucho más fácil identificar algunas de las grandes cuestiones que debe afrontar el economista del siglo XXI. Aquí únicamente falta una cosa, y es el protagonista de la obra: la humanidad.

3

CULTIVAR LA NATURALEZA HUMANA
Del hombre económico racional a los humanos sociales adaptables

Piense en el retrato más famoso jamás pintado. Sin duda no es otro que *La Gioconda*, el enigmático cuadro de Leonardo da Vinci reproducido en postales e imanes de nevera de todo el mundo. Leonardo era un maestro del óleo, pero también fue un pionero en los bocetos a pluma. Mientras observaba a la gente en las calles de Milán, inventó el arte de la caricatura, esos retratos «tendenciosos» que exageran intencionadamente los rasgos más característicos de una persona —ya sea una nariz bulbosa o una barbilla prominente— para producir una imagen que, cómica o grotesca, guarda un parecido inequívoco con su modelo.

Puede que *La Gioconda* encabece la lista de retratos famosos, pero está lejos de ser el más influyente. Ese honor le corresponde a un personaje igualmente enigmático, aunque completamente distinto, que se asemeja más a una de las caricaturas de Leonardo. Se trata, obviamente, del «hombre económico racional», la egocéntrica representación de la humanidad que constituye el núcleo de la teoría económica, y que se conoce también como *Homo economicus* (nótese cómo el toque latino le presta cierto aire de credibilidad científica). Su imagen ha sido dibujada y redibujada durante más de dos siglos por sucesivas generaciones de economistas, y con el tiempo se ha vuelto tan exagerada y adornada que lo que empezó siendo un retrato pasó a convertirse en una caricatura, para terminar como un personaje de historieta.[1] Pese a su absurdidad, la influencia del hombre económico racional va sin embargo mucho más lejos de los imanes de nevera. Es el protagonista de todos los manuales de la economía ortodoxa; influye en la adopción de decisiones en materia de políticas públicas en todo el mundo; configura el modo en que hablamos de nosotros mismos, y nos dice silenciosamente cómo comportarnos. De ahí precisamente que sea tan importante.

Puede que el *Homo economicus* sea la unidad más pequeña de análisis de la teoría económica —el equivalente al átomo en la física newtoniana—, pero, exactamente igual que un átomo, su composición tiene profundas consecuencias. Es muy probable que en 2010 seamos más de diez mil millones de personas. Si nos encaminamos hacia ese futuro sin dejar de concebirnos, comportarnos y justificarnos como *Homo economicus* —solitarios, calculadores, competitivos e insaciables—, tendremos pocas posibilidades de dar cumplimiento a los derechos humanos de todos conforme a los medios de nuestro planeta. De modo que es hora ya de volver a conocernos a nosotros mismos eliminando esa representación caricaturesca de la galería económica y pintando, en su lugar, un nuevo retrato de la humanidad. Este resultará ser el retrato más importante encargado en el siglo xxi, de suma importancia para los economistas, pero también para todos nosotros. Sus bosquejos preparatorios ya están en marcha, y, como ocurría en el taller de Leonardo, muchos artistas están colaborando en su composición, desde psicólogos, científicos conductuales y neurólogos hasta sociólogos, politólogos y, desde luego, economistas.

Este capítulo sigue los pasos de la evolución del retrato del hombre económico racional que ha llegado a definir nuestro yo económico, y revela el profundo impacto que ha tenido en nosotros. Pero también mira hacia delante y examina nuestro nuevo retrato emergente, explorando cinco grandes cambios en el modo de describir quiénes somos. Cada uno de esos cambios ilustra un aspecto crucial de la naturaleza humana que, una vez comprendamos mejor, podremos cultivar de formas que nos ayuden a entrar en el espacio seguro y justo para la humanidad.

LA HISTORIA DE NUESTRO AUTORRETRATO

El hombre económico racional constituye el núcleo de la teoría económica ortodoxa, pero la historia de su origen se ha borrado de los manuales de texto. Su retrato se pinta con palabras y ecuaciones, no con imágenes. Si hubiera que dibujarlo, no obstante, tendría un aspecto parecido a este: un individuo solo, con dinero en la mano, de mente calculadora y el ego en el corazón.

Pero ¿de dónde vino este personaje tristemente célebre? Su primer retrato íntimo fue realizado por Adam Smith en sus dos grandes obras: la *Teoría de los sentimientos morales*, publicada en 1759, y su célebre libro de 1776 conocido de forma abreviada como *La riqueza de las naciones*. Hoy se recuerda sobre todo a Smith por haber señalado la propensión humana a «la permuta, el trueque y el intercambio» y el papel del propio interés a la hora de hacer funcionar los mercados.[2] Pero, por más que

El hombre económico racional: el personaje humano que constituye el núcleo de la teoría económica ortodoxa.

creyera que el propio interés era, «de entre todas las virtudes, la que resulta más provechosa al individuo», Smith también pensaba que estaba lejos de constituir el más admirable de nuestros rasgos, desplazado de ese primer puesto por «la humanidad, la justicia, la generosidad y el civismo [...], las cualidades más útiles para otros». ¿Consideraba entonces que a la humanidad la movía únicamente el propio interés? En absoluto. «Por muy egoísta que pueda llegar a suponerse al hombre —escribió—, es evidente que hay algunos principios en su naturaleza que le llevan a interesarse por la suerte de los demás, y que hacen que su felicidad resulte necesaria para él, aunque no saque nada de ello excepto el placer de verlo.»³ Además, Smith creía que el propio interés de un individuo y su preocupación por los demás se combinaban con sus diversos talentos, motivaciones y preferencias para producir un complejo carácter moral cuyo comportamiento no podía predecirse fácilmente.

Al carecer, pues, de un personaje simplificado y predecible en el que basarse, la economía política parecía destinada a no dejar de ser nunca un mero arte, en lugar de una ciencia. Esa frustración llevó a John Stuart Mill a recortar aquella representación del hombre y a convertirse —siguiendo los pasos de Leonardo— en el primer caricaturista económico. La economía política «no trata de la integridad de la naturaleza del hombre [...] ni de la integridad de la conducta del hombre en la sociedad

—argumentaba en 1844—. Únicamente se interesa en él como un ser que desea poseer riqueza». A ese deseo de riqueza, Mill añadió otros dos rasgos igualmente exagerados: una profunda aversión al trabajo y la afición a los lujos. Admitía que el retrato resultante constituía «una definición arbitraria del hombre», basada en «premisas que podrían carecer por completo de fundamento», haciendo que las conclusiones de la economía política fueran «verdaderas solo [...] *en abstracto*»; pero justificaba su caricatura confiando en que ningún «economista político fuera nunca tan absurdo para suponer que la humanidad está constituida realmente de esa forma», si bien añadía que «ese es el modo como la ciencia debe proceder necesariamente».[4]

No todo el mundo estaba de acuerdo: en la década de 1880, el economista político Charles Stanton Devas acuñó una expresión hoy tristemente célebre cuando se mofó de Mill por «disfrazar a un ridículo *homo oeconomicus*» y fijarse únicamente en el «animal cazador de dólares».[5] Pero al presentar a un personaje simplificado y predecible, la caricatura de Mill amplió el alcance de la teoría económica y su aparente método científico, de modo que persistió.

El economista que se mostró más ansioso por dar alas a la iniciativa caricaturesca de Mill fue William Stanley Jevons. Inspirado por el éxito de Newton al reducir el mundo físico a átomos y luego desarrollar sus leyes del movimiento a partir de un solo átomo, trató de elaborar un modelo de economía nacional basado en las mismas pautas, reduciendo la actividad económica a lo que él denominó el «individuo singular medio, la unidad a partir de la cual se constituye la población».[6] Para lograrlo, tuvo que hacer la caricatura aún más exagerada de modo que el comportamiento humano pudiera describirse matemáticamente, lo que para Jevons constituía el criterio último de credibilidad científica. Señaló el hecho de que el filósofo Jeremy Bentham había explicado con detalle el concepto de utilidad —un «cálculo hedonista» basado en una ambiciosa clasificación de catorce tipos de placer humano y doce tipos de dolor— a fin de proporcionar una base cuantificable que permitiera elaborar un código moral y jurídico universal. Aprovechando el potencial matemático de ese concepto, Jevons desarrolló la idea del «hombre calculador», cuya fijación por maximizar su utilidad le llevaba a sopesar constantemente la satisfacción de consumo que podía obtener de todas las combinaciones posibles de sus opciones.[7]

Con esta jugada, Jevons situó la utilidad en el núcleo de la teoría económica —un lugar que ha seguido ocupando hasta hoy—, y a partir de ahí dedujo la denominada «ley de los rendimientos decrecientes»: cuanta más cantidad se consume de una misma cosa —sean plátanos o champú—, menos se desea seguir consumiéndola. Pero, por más que cada uno de sus deseos siga individualmente esa ley de saciedad, este hombre económico en general no conocía la saciedad. Alfred Marshall lo expresó de forma muy vívida en su influyente obra de 1890 *Principios de economía*. «Las carencias y los deseos humanos son innumerables y de naturaleza muy diversa —escribió—. El hombre incivilizado, de hecho, no tiene muchos más que el animal bruto; pero cada paso en su progreso ascendente incrementa la variedad de sus necesidades [...]; desea un mayor abanico de cosas, y cosas que satisfagan nuevas carencias que han surgido en él.»[8] Así, a finales del siglo XIX la caricatura representaba claramente a un hombre solitario, que calculaba constantemente su utilidad, e insaciable en sus carencias.

Era una descripción convincentemente simple que abrió el camino a nuevas clases de razonamiento económico. Aun así, no era suficiente: puede que el modelo de hombre económico del siglo XIX estuviera permanentemente calculando, pero no era omnisciente, y su intrínseca incertidumbre (que le obligaba a actuar en función de su opinión antes que de su conocimiento) impedía la elaboración de un modelo matemático completo. De ahí que, en la década de 1920, el economista de la Escuela de Chicago Frank Knight decidiera dotar al hombre económico de dos rasgos divinos —el conocimiento perfecto y la capacidad de previsión perfecta— que le permitían comparar todos los bienes y precios a lo largo del tiempo. Aquello supuso una ruptura decisiva con el viejo retrato: ya no se trataba simplemente de exagerar rasgos humanos reconocibles; ahora Knight había adornado a su *Homo economicus* con poderes sobrehumanos, y al hacerlo había convertido la caricatura en un personaje de historieta. Él era consciente de ello: admitía que su descripción de la humanidad estaba cargada de un «formidable surtido» de abstracciones artificiales, lo que se traducía en una criatura que «trata a los otros seres humanos como si fueran tragaperras».[9] Pero la ciencia económica —razonaba— necesitaba precisamente a ese hombre idealizado para habitar su idealizado mundo económico, a fin de poder liberar todo el potencial de los modelos matemáticos; de ese modo, Knight se convirtió en el primer historietista económico del mundo.

En la década de 1960, Milton Friedman reforzó las justificaciones de Knight, defendiendo al personaje de historieta con el argumento de que, considerando que en la vida real la gente se comportaba «como si» realmente hiciera los cálculos egoístas y omniscientes atribuidos al hombre económico racional, aquellos supuestos simplificados —y el personaje de historieta que describían— eran legítimos.[10] De manera crucial, aproximadamente en la misma época muchos economistas prominentes empezaron a ver aquel personaje de historieta como un ejemplo, un modelo de cómo *debería* comportarse el hombre real. El hombre económico racional pasó a definir la propia racionalidad —explica la historiadora económica Mary Morgan—, y se convirtió en «un modelo normativo de comportamiento para los actores económicos reales».[11]

La vida imita al arte

A lo largo de dos siglos —desde la década de 1770 hasta la de 1970, en la medida en que la descripción del hombre económico pasaba de ser un retrato sutil a una tosca historieta—, lo que empezó siendo un modelo *del* hombre terminó convirtiéndose en un modelo *para* el hombre. Esto reviste una gran importancia —argumenta el economista Robert Frank— porque «nuestras creencias sobre la naturaleza humana ayudan a configurar la propia naturaleza humana». Las investigaciones realizadas por Frank y otros han revelado, en primer lugar, que la disciplina de la ciencia económica tiende a atraer a personas egoístas. Una investigación experimental realizada en Alemania, por ejemplo, reveló que los estudiantes de economía tenían más probabilidades que otros de ser corruptibles —es decir, que estaban más dispuestos a dar una respuesta sesgada— si eso les reportaba una compensación personal.[12] De manera similar, una investigación realizada en Estados Unidos reveló que los estudiantes que elegían la economía como su especialidad principal mostraban un mayor grado de aprobación frente a los comportamientos interesados tanto de los demás como suyos propios, mientras que los profesores de economía donaban bastante menos dinero a organizaciones benéficas que sus colegas peor pagados de muchas otras disciplinas.[13]

Sin embargo, aparte de atraer a personas egoístas, estudiar al *Homo economicus* también puede alterarnos a nosotros mismos, reconfigurando nuestra forma de pensar acerca de quiénes somos y cómo deberíamos comportarnos. En Israel, los estudiantes de economía de tercer año consideraban los valores altruistas —como la amabilidad, la honestidad y la lealtad— mucho menos importantes en la vida que sus compañeros de primer año. Después de hacer un curso sobre la teoría de juegos en economía (un estudio sobre estrategia que presupone el egoísmo individual en sus modelos), los universitarios estadounidenses no solo se comportaban de un modo más egoísta, sino que esperaban que el resto de las personas también lo hicieran.[14] «Los perniciosos efectos de la teoría del propio interés han sido de lo más preocupantes —concluye Frank—. Al alentarnos a esperar lo peor de los demás, hace aflorar lo peor de nosotros mismos: temiendo quedar como unos tontos, a menudo nos mostramos reacios a seguir nuestros más nobles instintos.»[15]

Esto constituye una clara advertencia a todos los estudiantes de economía. Pero la influencia del hombre económico racional en el comportamiento humano va mucho más allá del aula. Un llamativo ejemplo de ello se puso de manifiesto en la Bolsa de Opciones de Chicago (CBOE, por sus siglas en inglés), que, tras abrir sus puertas en 1973, se convirtió en uno de los mercados de derivados financieros más importantes del mundo. El mismo año en que esta bolsa inició sus transacciones, dos influyentes economistas, Fischer Black y Myron Scholes, presentaron el que pasaría a conocerse como «modelo Black-Scholes», que utilizaba datos bursátiles de disposición pública para calcular la cotización esperada de las opciones negociadas en el mercado. Al principio, las predicciones de la fórmula experimentaban importantes desviaciones —de entre el 30 % y el 40 %— con respecto a las cotizaciones reales de la CBOE. Pero en cuestión de unos pocos años —y sin alterar el modelo—, las cotizaciones que predecía pasaron a diferir tan solo en un 2 % como media de las cotizaciones reales. El modelo Black-Scholes no tardó en considerarse «la teoría más acertada no solo de las finanzas, sino de toda la economía», lo que valdría a sus creadores el Premio Nobel.

Sin embargo, dos sociólogos económicos, Donald MacKenzie y Yuval Millo, decidieron profundizar un poco más en el asunto, entrevistando a algunos de los propios operadores de derivados financieros. ¿Y qué descubrieron? Pues que la creciente precisión de la teoría a lo largo del tiempo se debía al hecho de que los operadores habían empezado a comportarse *como si* dicha teoría fuera cierta, y, en consecuencia, utilizaban las cotizaciones que predecía el modelo como referencia para hacer sus propias apuestas. «La economía financiera —concluyeron los investigadores— ayudó a crear en la realidad el tipo de mercados que postulaba en términos teóricos.»[16] Y como los propios mercados financieros tendrían ocasión de aprender más tarde, cuando esas teorías resultan ser deficientes las consecuencias pueden ser nefastas.

Si el hombre económico racional puede reconfigurar nuestro com-

Bolsa de Opciones de Chicago, donde los mercados llegaron a imitar la teoría del mercado.

portamiento en los mercados financieros, es muy probable que también lo haga en otras facetas de la vida, especialmente cuando sus prioridades impregnan nuestro lenguaje. Un experimento realizado en Estados Unidos reveló que, después de que se pidiera a unos directivos de empresa que resolvieran una serie de sencillos acertijos en los que intervenían términos como *beneficios*, *costes* y *crecimiento*, tendían a responder a las necesidades de sus colegas con menos empatía, e incluso les preocupaba la posibilidad de que el manifestar interés por los demás en el trabajo pareciera poco profesional.[17] Otra encuesta experimental reveló que los universitarios a los que se invitaba a tomar parte en un «estudio sobre las reacciones de los consumidores» se identificaban de una forma más marcada con las nociones de riqueza, estatus y éxito que aquellos de sus compañeros de estudios a los que se decía, en cambio, que participaban en un «estudio sobre las reacciones de los ciudadanos».[18] Basta, pues, cambiar una palabra para alterar, de manera tan sutil como profunda, actitudes y comportamientos. Durante todo el siglo xx, el uso generalizado del término *consumidor* aumentó constantemente en los países industriales, tanto en la vida pública como en la formulación de las políticas públicas y en los medios de comunicación, hasta dejar muy atrás el término *ciudadano*. En el caso concreto de los libros y periódicos en lengua inglesa, el fenómeno se produjo concretamente a mediados de la década de 1970.[19] ¿Por qué es importante esta consideración? Pues porque —según explica el analista mediático y cultural Justin Lewis—, «a diferencia del ciudadano, el medio de expresión del consumidor es limitado: mientras que los ciudadanos pueden abordar cualquier aspecto de la vida cultural, social y económica [...], los consumidores solo hallan su expresión en el mercado».[20]

El retrato del siglo XXI

El retrato que pintamos de nuestra persona configura claramente aquello en los que nos convertimos. De ahí que resulte esencial para la ciencia económica hacer un nuevo retrato de la humanidad. Comprendiendo mejor nuestra propia complejidad, podremos cultivar la naturaleza humana y darnos a nosotros mismos una posibilidad mucho mayor de crear economías que nos permitan prosperar dentro del espacio seguro y justo de la rosquilla. Los bocetos preliminares de este autorretrato actualizado ya han empezado a realizarse y de hecho revelan cinco grandes cambios en el mejor modo de representar nuestro yo económico. Primero: lejos de actuar estrictamente en nuestro propio interés, somos seres sociales y propensos a la reciprocidad. Segundo: en lugar de preferencias fijas, tenemos valores fluidos. Tercero: en lugar de seres aislados, somos interdependientes. Cuarto: en vez de cálculos, solemos hacer aproximaciones. Y quinto: lejos de dominar la naturaleza, estamos profundamente incardinados en la red de la vida.

Estos cinco cambios revelados en el nuevo retrato emergente resultan fascinantes, pero hay una pega: la elección del modelo del artista. Durante los últimos cuarenta años, diversos experimentos de psicología conductual han revelado muchas cosas acerca de cómo actúan realmente las personas; pero ¿qué personas? Por una mera cuestión de comodidad, la inmensa mayoría de los estudios experimentales, que han sido realizados por investigadores académicos de Norteamérica, Europa, Israel y Australia, han utilizado a alumnos de sus propias universidades como sujetos de estudio. Por consiguiente, entre 2003 y 2007, el 96 % de las personas estudiadas en esos experimentos conductuales procedían de países que albergaban únicamente al 12 % de la población mundial. Eso no sería un problema si el comportamiento de dichos sujetos fuera representativo de todos los habitantes del planeta; pero resulta que no lo es. Los pocos casos de investigaciones realizadas en otros países y culturas revelan que en realidad esos universitarios tan cómodos de estudiar se comportan de manera bastante distinta a la mayoría de la gente. Ello podría deberse muy bien al hecho de que —a diferencia de la inmensa mayoría de la humanidad— estos viven en lo que se conoce en inglés como «sociedades WEIRD», por las siglas en dicho idioma de occidentales, cultas, industrializadas, ricas y democráticas.[21]

¿Qué implica ese sesgo en las muestras de estudio a la hora de dar sentido al retrato emergente? Entender el abanico de diferencias conductuales entre las diversas culturas y sociedades —y las razones que subyacen a ellas— constituye claramente un tema que requiere mayor investigación, pero por ahora disponemos de dos datos conocidos. En primer lugar, que aunque el comportamiento humano pueda variar en las diversas sociedades, hay algo importante que une a toda la humanidad: que ninguno de nosotros se parece a ese limitado y viejo modelo del hombre económico racional. Y en segundo término, que en tanto no se haya dibujado una imagen de la humanidad más diversa y rica en matices, el retrato emergente representado en los cinco cambios que vamos a examinar a continuación coincide sobre todo con los habitantes de las mencionadas sociedades WEIRD.

DE EGOÍSTAS A SOCIALMENTE PROPENSOS A LA RECIPROCIDAD

Adam Smith supo ver que el propio interés constituye un rasgo humano eficaz para hacer funcionar los mercados, si bien era muy consciente de que estaba lejos de ser el único rasgo necesario para hacer que la sociedad, y el conjunto de la economía, funcionen también de la mejor manera. Pese a ello, el hecho de que en *La riqueza de las naciones* se centrara tan intensamente en el papel del propio interés en los mercados vino a eclipsar el resto de sus ricas observaciones sobre la moral y la motivación, y aquel fue el único rasgo que extrajeron sus sucesores para dotar al hombre económico de su ADN. Durante los dos siglos siguientes, la teoría económica pasó a basarse en el presupuesto fundamental de que el propio interés competitivo no solo representa el estado natural del hombre, sino también su estrategia óptima para el éxito económico.

Sin embargo, basta tomar cierta distancia y echar un vistazo a cómo se comporta realmente la gente para que ese presupuesto empiece a parecer endeble. Además de mirar por nosotros mismos, también miramos por los demás. Ayudamos a los extraños cuando van cargados de equipaje, nos sujetamos la puerta, compartimos comida y bebida, donamos dinero a organizaciones benéficas y hasta damos sangre —incluso órganos— a personas que ni siquiera llegaremos a conocer. Los bebés de solo catorce meses ayudan a otros alargándoles objetos que no alcanzan, y los niños de apenas tres años comparten sus alegrías con otros. Desde luego, tanto a los niños como a los adultos les cuesta compartir —sin duda también tenemos la capacidad de arrebatar y acumular—, pero el hecho llamativo es que compartimos en cualquier ámbito de la vida.[22] Resulta que el *Homo sapiens* es la especie más cooperativa del planeta, superando a las hormigas, a las hienas e incluso a las ratas topo desnudas cuando se trata de convivir con quienes no pertenecen a nuestra parentela más cercana.

En suma, pues, junto con nuestra propensión a comerciar, también nos sentimos inclinados a dar, compartir y corresponder. Ello puede deberse al hecho de que la cooperación aumenta las probabilidades de supervivencia de nuestro propio grupo. En los términos más sencillos, lo que hacemos es enviarnos un claro mensaje unos a otros: si quieres apañártelas, aprende a llevarte bien con los demás. Y hemos aprendido a llevarnos bien de formas muy particulares. Según los economistas Sam Bowles y Herb Gintis, los habitantes de las sociedades WEIRD solemos practicar lo que se conoce como «reciprocidad fuerte»: somos cooperadores condicionales (tendemos a cooperar solo en la medida en que los demás también lo hagan), pero a la vez somos castigadores altruistas (dispuestos a castigar a los desertores y aprovechados aunque ello nos suponga un coste personal). Y es la combinación de estos dos rasgos la que conduce al éxito de la cooperación a gran escala en la sociedad.[23] Así, no tiene nada de asombroso que los sistemas de puntuación y clasificación sean tan populares en un mercado por lo demás anónimo como es el mercado *online*. Desde eBay hasta Etsy, estos convierten el historial de cada participante en su propia reputación como vendedor o comprador, revelando a los demás en quién se puede confiar y permitiendo así que los cooperadores condicionales se encuentren mutuamente y prosperen incluso en presencia de aprovechados.[24]

Nuestra predisposición a cooperar y a castigar a los desertores se ha hecho patente de manera notoria en el denominado «juego del ultimátum», que se ha practicado en muchas sociedades aparte de las occidentales, cultas, industriales, ricas y democráticas. Se ofrece a dos jugadores —un «proponente» (*proposer*) y un «respondedor» (*responder*), que ignoran mutuamente su identidad— una suma de dinero para repartir, normalmente el equivalente al sueldo de dos días. El proponente sugiere cómo dividirlo y, si el respondedor acepta esa división, cada uno de ellos recibe su parte; pero si el respondedor rechaza la propuesta, ambos se van con las manos vacías. Y solo pueden jugar una vez. Si, como presupone la teoría ortodoxa, las personas fueran puramente egoístas, entonces los respondedores aceptarían cualquier cantidad que se les ofreciera: rechazarla sería rechazar dinero sin coste alguno. Pero ¿qué es lo que ocurre en la práctica? Pues que normalmente los respondedores rechazan aquellas propuestas que les parecen injustas, aunque ello signifique quedarse sin nada de dinero.[25] Los humanos estamos dispuestos a castigar a otros por su egoísmo, aunque eso implique un coste para nosotros.

Los resultados más interesantes, sin embargo, surgen cuando se contrastan las diferentes formas en que las diversas sociedades practican el juego. Así, entre los universitarios norteamericanos —el arquetipo de comunidad WEIRD—, los proponentes tienden a ofrecer al otro jugador una porción del 45 %, mientras que las ofertas por debajo del 20 % tienden a rechazarse. Por el contrario, entre los machiguenga que viven en la Amazonia peruana, los proponentes tienden a ofrecer mucho menos —únicamente en torno al 25 %—, mientras que los respondedores casi siempre aceptan su parte, por pequeña que sea. En cambio, entre los habitantes de la aldea de Lamalera, en Indonesia, los proponentes suelen renunciar a casi el 60 % del dinero, y los rechazos son raros.

¿Qué explica estas amplias variaciones en las normas culturales relacionadas con la reciprocidad? En gran medida, la diversidad de las sociedades y economías en las que vivimos. Los norteamericanos viven en una economía sumamente interdependiente basada en el mercado, cuyo funcionamiento requiere una cultura de reciprocidad. En cambio, los machiguenga, que son cazadores-recolectores, viven en pequeños grupos familiares y satisfacen la mayoría de sus necesidades dentro de sus propios hogares, sin que apenas haya intercambio entre ellos; como resultado, su dependencia de la reciprocidad comunitaria es relativamente baja. En el caso de los habitantes de Lamalera, por su parte, su sustento depende de la pesca comunitaria de la ballena: se hacen a la mar en grandes canoas que transportan a una docena de hombres o más, que luego deben compartir la captura diaria; aquí la existencia de unas normas estrictas de reparto resulta esencial para su éxito colectivo, y se reflejan en lo elevado de sus ofertas en el juego.

En las diversas culturas, las normas sociales relacionadas con la reciprocidad varían claramente en función de la estructura de la economía, en especial de la importancia relativa de la familia, el mercado, los comunes o el Estado a la hora de satisfacer las necesidades de la sociedad.[26] El concepto de reciprocidad de la gente parece evolucionar conjuntamente con la estructura de su economía: un hallazgo fascinante, con importantes implicaciones para quienes aspiran a reequilibrar los papeles de la familia, el mercado, los comunes y el Estado en una determinada sociedad.

DE PREFERENCIAS FIJAS A VALORES FLUIDOS

Curiosamente, la teoría económica empieza por los mayores de dieciocho años; así, el primero con el que nos tropezamos es el hombre económico racional, no el niño económico racional. Pero ¿por qué? Pues porque la teoría se basa en el supuesto de que las personas tienen gustos preestablecidos, constituidos independientemente de la economía. Pocas personas tratarían de negar que la publicidad corporativa utiliza a los niños, sacando el máximo partido de su actual capacidad de dar la lata mientras al mismo tiempo siembran los gustos y deseos que guiarán su poder adquisitivo en el futuro. En cambio, probablemente se puede retratar a los adultos como consumidores soberanos, considerando que en su caso las empresas aspiran meramente a proporcionarles los productos y servicios que coinciden con sus preferencias existentes. Desde esta perspectiva, cualquier modificación de los hábitos de compra de la gente ha de deberse en gran medida a la recepción por su parte de nueva información sobre los productos, a un cambio en los precios relativos o a una variación en sus ingresos.

Esta historia, obviamente, está lejos de resultar creíble. Los adultos, como los niños, no son en absoluto inmunes al mensaje del operador mercantil, como supo ver en la década de 1920 Edward Bernays, sobrino de Sigmund Freud. «Estamos gobernados en gran parte por hombres de los que nunca hemos oído hablar, que moldean nuestras mentes, conforman nuestros gustos y sugieren nuestras ideas —escribía en su libro *Propaganda*—. Son ellos quienes tiran de los hilos que controlan la mente pública.»[27] Bernays, que inventó la industria de las «relaciones públicas», no tardó en dominar el arte de tirar de los hilos en Estados Unidos, convenciendo a las mujeres (en nombre de la American Tobacco Corporation) de que los cigarrillos eran sus «antorchas de libertad», al tiempo que persuadía a toda la nación (esta vez en nombre del departamento de carne de cerdo de la Beech-Nut Packing Company) de que los huevos con tocino eran el «copioso» desayuno típicamente americano.[28] Inspirado por las ideas de su tío sobre el funcionamiento de la mente humana,

Bernays sabía que el secreto para influir en las preferencias de la gente no residía en anunciar los atributos de un producto (¡más grande, más rápido, más brillante!), sino en asociar dicho producto a valores profundamente arraigados, como la libertad y el poder.

Desde entonces, aquellos profundos valores que Bernays supo aprovechar tan hábilmente han sido objeto de una sistemática investigación, con resultados no menos profundos. Desde la década de 1980, el psicólogo social Shalom Schwartz y sus colegas han estado entrevistando a personas de todas las edades y extracciones sociales en más de ochenta países, merced a lo cual han identificado diez conjuntos de valores personales básicos que se reconocen en todas las culturas: autonomía, estimulación, hedonismo, éxito, poder, seguridad, conformidad, tradición, benevolencia y universalismo. En relación con el objetivo de cultivar la naturaleza humana, destacan tres cosas en sus conclusiones.

En primer lugar, los diez valores básicos están presentes en toda la humanidad, y cada uno de nosotros está motivado por todo el conjunto, aunque en grados ampliamente distintos que varían de una cultura a otra y de una persona a otra. Así, por ejemplo, puede que el poder y el hedonismo predominen en algunas personas, mientras que en otras prevalecen la benevolencia y la tradición. En segundo término, cada uno de estos valores puede «engranarse» en nosotros si es activado: cuando se nos recuerda la seguridad, por ejemplo, es probable que asumamos menos riesgos; cuando evocamos el poder y el éxito, es menos probable que nos preocupemos por las necesidades de los demás. En tercer lugar —y de manera más interesante—, la fuerza relativa de estos distintos valores cambia en nosotros no solo a lo largo de nuestra vida, sino, de hecho, muchas veces al día en la medida en que cambiamos de papel social y de contexto, ya sea al pasar del lugar de trabajo al espacio social, de la mesa de la cocina a la mesa de reuniones, o de los comunes al mercado y luego al hogar. Y —como los músculos— cuanto más a menudo se «engrana» un determinado valor, más fuerte se hace.

Schwartz encontró también que los diez valores básicos pueden agruparse en torno a dos ejes clave, tal como se ilustra en su «circumplejo». El primer eje yuxtapone la *apertura al cambio* (que tiene que ver con la independencia y la novedad) al *conservadurismo* (relacionado con la autolimitación y la resistencia al cambio). El segundo eje yuxtapone la *autopotenciación* (centrada en el estatus y el éxito personal) a la *autotrascendencia* (la preocupación por el bienestar de todos). Esta división entre autopotenciación y autotrascendencia se refleja también en el contraste entre motiva-

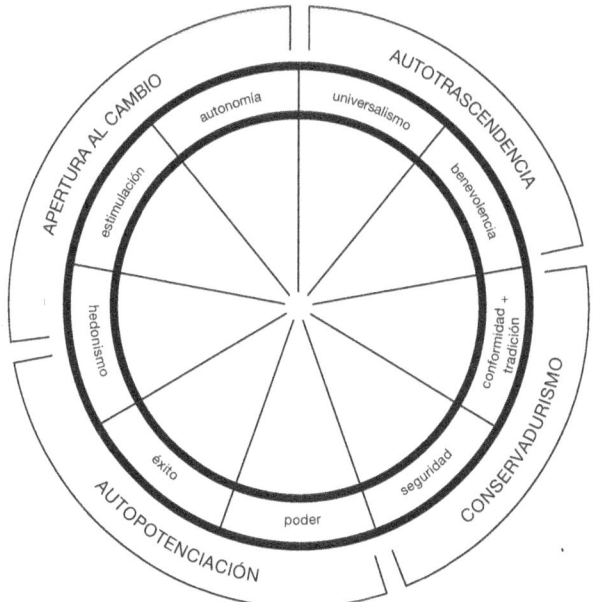

El «circumplejo» de valores de Schwartz, que representa los diez valores personales básicos comunes a las diversas culturas.

ción *extrínseca* —que nos mueve a actuar para alcanzar un nuevo resultado, como, por ejemplo, la mejora de estatus, la ganancia de dinero o alguna otra ventaja— y motivación *intrínseca* —que nos mueve a hacer algo porque resulta intrínsecamente atractivo o satisfactorio—.[29] Es más, estos diez valores tienden a influirse mutuamente mediante una especie de tira y afloja que actúa a través de esos ejes. Engranar un valor, como la estimulación, tiende a activar a sus vecinos, el hedonismo y la autonomía, a la vez que reprime a sus opuestos, la seguridad, la conformidad y la tradición.[30]

Estas ideas sobre la sensibilidad y la fluidez de los valores que motivan nuestras acciones aportan una riqueza de matices mucho mayor al nuevo retrato emergente de la humanidad que las preferencias preestablecidas del *Homo economicus*, lo cual tiene numerosas implicaciones con respecto a la forma en que podemos cultivar la naturaleza humana, tal como veremos más adelante.

De aislados a interdependientes

Describir al hombre económico racional como un individuo aislado —al que no afectan las decisiones de los demás— se ha revelado como algo extremadamente conveniente para elaborar modelos económicos, pero ha sido largamente cuestionado incluso desde dentro de la propia disciplina. A finales del siglo xix, el sociólogo y economista Thorstein Veblen reconvino a la teoría económica por representar al hombre como «un glóbulo de deseo autosuficiente», mientras que el erudito francés Henri Poincaré señalaba que esa concepción pasaba por alto «la tendencia de la gente a actuar como borregos».[31] Tenía razón, no somos tan diferentes de los rebaños como nos gusta pensar. Seguimos normas sociales, normalmente preferimos hacer lo que esperamos que hagan los demás y, cuando nos invade el miedo o la duda, tendemos a seguir a la multitud.

Un revelador experimento sobre los gustos musicales de los adolescentes en las sociedades WEIRD demostró lo influyentes que pueden llegar a ser las normas sociales. Se reclutó a los participantes —un total de 14.000— a través de un sitio web para adolescentes, y luego se les invitó a escuchar una serie de 48 canciones (todas ellas temas desconocidos de grupos desconocidos) para que les dieran una puntuación y después, si así lo deseaban, se descargaran sus favoritas. Se creó un grupo de control en el que a los participantes se les dio únicamente el nombre de cada grupo musical, el título de la canción y una grabación de la música antes de que la puntuaran. En cambio, en los ocho grupos restantes, los participantes podían ver además cuántas veces había sido descargado ya cada tema por miembros de su propio grupo.

¿El resultado? En los ocho grupos experimentales, la popularidad de cada canción vino determinada en parte por su calidad (establecida según la puntuación independiente de los miembros del grupo de control): las «mejores» canciones raras veces obtenían una mala puntuación, mientras que las «peores» raramente salían bien paradas. Pero buena parte de la popularidad de cada canción se debía asimismo a la influencia social: los participantes preferían canciones que sabían que les gustaban a otros. Y cuanto más prominentemente se mostraban en el sitio web las puntuaciones de los demás participantes, más probable era que en cada grupo surgiera un «exitazo»; pero también —y de manera fascinante— se hacía más difícil predecir qué canción resultaría ser ese gran éxito.[32] Este tipo de comportamiento gregario puede resultar extremadamente contagioso y sumamente incierto. Y además explica la imposibilidad de predecir no solo cuál será la próxima canción que ocupará el número uno en las listas de éxitos, sino también cuál será la última moda el próximo verano —por no hablar de los «espíritus animales» responsables de los altibajos de los mercados de valores—, todo lo cual muestra la fuerza de las redes sociales a la hora de configurar nuestras preferencias, compras y acciones.

Esta clase de influencia social tiende a crecer en la medida en que las vidas de las personas pasan a estar más estrechamente interrelacionadas que nunca, aunque lo estén de nuevas maneras. Como señala el especialista en teoría de redes Paul Ormerod, hoy somos más conscientes que nunca de las opiniones, decisiones, opciones y comportamientos de los demás. En 1900, alrededor del 10 % de la población mundial vivía en ciudades; en 2050 lo hará en torno al 70 % de nosotros. Añádase a ello la proximidad de los residentes urbanos a las comunicaciones mundiales que transmiten noticias y opiniones, datos y anuncios, y lo que surge es una red de redes de seres humanos a la vez dinámica y global.[33]

Para Veblen, uno de los efectos más perniciosos de esta influencia social era el auge de lo que él denominaba «consumo ostentoso»: el atractivo de comprar productos y servicios de lujo para señalar nuestro estatus a los demás con la esperanza de «no ser menos que el vecino». Joseph Stiglitz advierte que este efecto resulta especialmente preocupante en el actual contexto de elevada desigualdad tanto dentro de los propios países como entre ellos. Existe «un efecto bien documentado en relación con el estilo de vida» —señala— por el que «la gente que no pertenece al 1 % más rico vive cada vez más por debajo de sus posibilidades. Puede que la teoría de la filtración económica* sea una quimera, pero la filtración del comportamiento es muy real».[34]

¿Qué implicaciones tiene esto para una política económica que aspire a influir en nuestra forma de comportamiento? Tradicionalmente los economistas han tratado de cambiar el comportamiento de la gente alterando el precio relativo de las cosas, ya sea mediante un impuesto sobre el azúcar o un descuento en los paneles solares. Pero con frecuencia estas «señales» asociadas a los precios no logran los resultados esperados —sostiene Ormerod— porque pueden verse sofocadas por otros efectos de red mucho más fuertes, gracias a las normas y expectativas sociales

---

* En inglés *trickle-down*: la teoría de que la riqueza de unos pocos termina por «filtrarse» en sentido descendente hasta revertir en toda la sociedad. (*N. del t.*)

con respecto a lo que hacen otros miembros de la red.[35] Al mismo tiempo, y como luego veremos, es posible aprovechar también esta interdependencia para realizar cambios conductuales.

DE HACER CÁLCULOS A HACER APROXIMACIONES

Es evidente que el *Homo sapiens* no puede igualar la infalibilidad del hombre económico racional. Esta cuestión ha suscitado un gran consenso ya desde la década de 1950, cuando Herbert Simon rompió filas con sus colegas economistas y empezó a estudiar cómo se comportaba realmente la gente..., para descubrir que su racionalidad se veía seriamente «limitada». Sus conclusiones, reforzadas por las de los psicólogos Daniel Kahneman y Amos Tversky en la década de 1970, dieron lugar a la disciplina actualmente conocida como «economía conductual», que estudia los numerosos tipos de «sesgos cognitivos» que llevan sistemáticamente a los humanos a desviarse del modelo ideal de racionalidad.

Abundan los ejemplos. Las personas (al menos las que vivimos en sociedades WEIRD) solemos exhibir, entre otros, los sesgos cognitivos siguientes: heurística de disponibilidad, que nos lleva a tomar decisiones sobre la base de la información más reciente y más accesible; aversión a la pérdida, nuestra marcada inclinación a evitar una pérdida antes que obtener una ganancia equivalente; percepción selectiva, por la que adoptamos hechos y argumentos que encajan con nuestros marcos preexistentes; y sesgo de riesgo, que nos lleva a subestimar la probabilidad de acontecimientos extremos al tiempo que sobrestimamos nuestra capacidad para afrontarlos. Pero hay muchos más. De hecho, si el lector consulta la Wikipedia verá que hay una página en la que se enumeran más de 160 sesgos cognitivos, como en un gigantesco juego de «descubra las diferencias» entre el hombre económico racional y su falible equivalente humano.[36]

¿Y qué hacer ante tales deficiencias irracionales? Richard Thaler y Cass Sunstein proponen introducir lo que ellos denominan políticas basadas en «indirectas»,* que definen como «cualquier aspecto de la arquitectura de decisión** que altera el comportamiento de la gente de una

---

* En inglés *nudge* (literalmente «codazo» o «empujoncito»), un concepto que propone el uso de refuerzos positivos y sugerencias indirectas para influir en grupos o individuos. (*N. del t.*)

** En inglés *choice architecture*, un concepto acuñado por los mismos autores. (*N. del t.*)

forma predecible sin prohibir ninguna opción ni cambiar de manera significativa sus incentivos económicos».[37] Gracias a Edward Bernays, tanto las marcas comerciales como las tiendas llevan casi un siglo lanzándonos «indirectas» en los mensajes implícitos de la publicidad, en la colocación de productos en los comercios y en los programas de televisión, y en la misma psicología de ventas. Pero también pueden diseñarse políticas públicas basadas en «indirectas». Mostrar fruta al nivel de los ojos en un comedor escolar es una saludable «indirecta» alimentaria. Estructurar los planes de pensiones de las empresas de manera que el trabajador los suscriba por defecto, en lugar de tener que solicitarlo explícitamente, es una «indirecta» con vistas a favorecer la seguridad de nuestros ingresos a largo plazo. Esencialmente, las políticas basadas en «indirectas» pueden utilizarse para alentarnos a emular el modo en que nos comportaríamos si fuéramos tan racionales como el hombre económico.

Es obvio que las políticas basadas en «indirectas» pueden funcionar, pero el catálogo cada vez mayor de sesgos cognitivos hace que los humanos empecemos a parecer bastante incompetentes; en realidad, el mero hecho de que hayamos logrado sobrevivir ya parece un milagro. Sin embargo es justo lo contrario, argumenta el psicólogo evolutivo Gerd Gigerenzer: hemos sobrevivido y hemos prosperado no a pesar de nuestros sesgos cognitivos, sino gracias a ellos. Esos supuestos sesgos constituyen la base de nuestra heurística, los atajos mentales inconscientes que seguimos cada vez que tomamos decisiones «a ojo de buen cubero». A lo largo de milenios, el cerebro humano ha evolucionado para utilizar herramientas que le permitan tomar decisiones inmediatas en un mundo rápido e incierto, y en muchos contextos esa heurística nos lleva a tomar mejores decisiones que los cálculos exactos.

La heurística «quédate con la mejor»,* por ejemplo, nos proporciona una manera «rápida y frugal» de tomar decisiones en un contexto de incertidumbre. Trabajando con médicos hospitalarios, Gigerenzer ayudó a crear un sencillo árbol de decisión de tres preguntas que permitía a dichos médicos utilizar la mejor información, o la más pertinente, para evaluar rápidamente si los pacientes se hallaban en riesgo de sufrir un infarto y si se les debía ingresar en la unidad coronaria. Primero se formula la pregunta 1: «¿Hay irregularidades en el electrocardiograma?». En caso afirmativo se ingresa al paciente en la unidad coronaria; en caso negativo

---

* En inglés *take-the-best heuristic*, un término acuñado por el propio Gigerenzer. (*N. del t.*)

se pasa a la pregunta 2: «¿El principal síntoma son los dolores toráci-
cos?». En caso afirmativo, procede nuevamente ingresar al paciente en la
unidad coronaria; en caso negativo se pasa a la pregunta 3: «¿Está presente alguno de los otros cinco síntomas específicos?». En caso afirmativo, procede de nuevo el ingreso del paciente en la unidad coronaria; en
caso negativo, hay que ingresarlo en la unidad general. De manera fascinante, se ha encontrado que este método genera predicciones más acertadas que un programa médico informático que reúne y sopesa unos cincuenta elementos distintos de información sobre cada paciente.[38] Dado el
valor de este tipo de heurística «rápida y frugal», quizá deberíamos concebirnos a nosotros mismos no como hombres racionales, sino como
hombres heurísticos, y además sentirnos orgullosos de ello: lo que a primera vista parece ser un fallo de racionalidad cabría interpretarlo mejor
como un triunfo de la evolución.

El poder de tal heurística lleva a Gigerenzer a discrepar de las recetas
de los economistas conductuales, que «piensan que las personas son básicamente incapaces de entender el riesgo y que tenemos que lanzarles
"indirectas" para que se comporten desde que nacen hasta que mueren».
Lejos de neutralizar nuestra capacidad de actuar a ojo de buen cubero a
base de «indirectas» —sostiene—, deberíamos cultivar esas habilidades
heurísticas, potenciándolas con aptitudes básicas de evaluación de riesgos. «Vivimos en el siglo XXI, rodeados de tecnología compleja, y hay
cosas que no podremos prever —argumenta Gigerenzer—. Lo que necesitamos no es solo mejor tecnología, mayor burocracia y leyes más estrictas [...] sino ciudadanos capaces de manejar el riesgo.» Y el propio Gigerenzer ha demostrado que de hecho podemos aprender a manejar mejor
el riesgo, pues él mismo ha enseñado satisfactoriamente aptitudes de razonamiento estadístico cotidiano a colectivos tan dispares como los médicos alemanes, los jueces estadounidenses o los colegiales chinos. En
lugar de limitarnos a esperar pasivamente a recibir «indirectas» que nos
induzcan a actuar sabiamente, él cree que podemos aprender a manejar
el riesgo inherente a decidir «a ojo de buen cubero» y, de ese modo, optar
por actuar sabiamente por nosotros mismos.[39]

Es este un enfoque que resulta tan atractivo como posibilitador, pero
basarse en la heurística plantea un problema que no va a desaparecer:
que esta funciona mejor en el contexto para el que se desarrolló. Sin embargo, el contexto de la humanidad ha cambiado en los últimos diez mil
años, y en los últimos doscientos lo ha hecho de manera especialmente
drástica. Tomemos como ejemplo los devastadores efectos del cambio

climático: al principio tendían a ser invisibles, tardíos, graduales y distantes, cuatro características para cuyo buen manejo nuestras herramientas de decisión heurísticas se revelan notoriamente malas. Para los responsables políticos que aspiren a promover un cambio de comportamiento, la forma inteligente de actuar puede consistir, pues, en favorecer una juiciosa combinación de heurística capaz de manejar el riesgo e «indirectas» conductuales, basándose en el conocimiento —por otra parte muy necesario— de cuándo podría funcionar mejor cada uno de esos dos planteamientos.

DE DOMINANTES A DEPENDIENTES

Un nuevo autorretrato económico debe reflejar nuestra visión del lugar de la humanidad en el mundo. La representación occidental tradicional del hombre sitúa a la naturaleza yaciendo a sus pies y a su plena disposición. «Dejad que la raza humana recupere el derecho sobre la naturaleza que le corresponde por legado divino», escribía en el siglo XVII el filósofo Francis Bacon.[40] Esa misma perspectiva resonaba en el libro *Economics: Man and his Material Resources*, publicado en 1949 por W. Arthur Lewis, fundador de la economía del desarrollo, que se proponía estudiar «las formas en que la humanidad trata de vivir a duras penas de la Tierra» haciendo «el uso más eficiente posible de los escasos recursos existentes». Este supuesto del dominio del hombre sobre la naturaleza se remonta muy atrás en la cultura occidental, como mínimo a los versículos iniciales de la Biblia. Y también subyace al lenguaje de la economía ambiental, que considera el medio natural un almacén de «recursos naturales», como si estuviera aguardando —de manera similar a un montón de piezas de Lego— a que el hombre lo transformara en algo útil para sí mismo.

Sin embargo, lejos de ocupar el vértice de la pirámide de la naturaleza, la humanidad se halla profundamente imbricada en la red de esta. Estamos incardinados en el medio natural, no separados ni por encima de él: vivimos *dentro* de la biosfera, no *sobre* el planeta. Como expresó acertadamente el ecólogo estadounidense Aldo Leopold, hemos de cambiar el modo en que nos vemos a nosotros mismos, «de conquistadores de la comunidad terrestre a meros miembros y ciudadanos de ella».[41] Gracias a cuarenta años de investigación sobre el sistema Tierra, está aumentando con rapidez nuestro conocimiento científico acerca de cómo la era del Holoceno —con su clima estable, su abundancia de agua dulce, su protectora capa de ozono y su rica biodiversidad— ha permitido prosperar a la humanidad y, en consecuencia, acerca de hasta qué punto dependemos de que la Tierra, a su vez, siga floreciendo.

Este cambio de perspectiva —de la pirámide a la red, de vértice a participante— también nos invita a ir más allá de los valores antropocéntricos, y reconocer y respetar el valor intrínseco del medio natural. «Lo que realmente se necesita —sugiere el pensador Otto Scharmer— es un cambio de conciencia más profundo que nos permita empezar a preocuparnos y actuar no solo en beneficio de nosotros mismos y otras partes interesadas, sino en interés de todo el ecosistema en el que tienen lugar las actividades económicas.»[42] La necesidad de este cambio de conciencia resulta especialmente marcada en las sociedades WEIRD: en Estados Unidos, por ejemplo, los niños que actualmente crecen en los centros urbanos tienen una visión mucho más simplista y antropocéntrica del medio natural que los niños criados en las comunidades rurales amerindias.[43] Una manera práctica de abordar este problema sería enseñar e incorporar la «ecoalfabetización» en todas las escuelas, de modo que las próximas generaciones desarrollen una cosmovisión basada en el conocimiento de los sistemas interdependientes del medio natural que posibilitan la vida en la Tierra.

Cambiar la percepción de nuestra pertenencia al mundo también depende de que encontremos mejores palabras para describirla. La teórica política Hannah Arendt señaló en cierta ocasión que un perro callejero tiene más posibilidades de sobrevivir si se le pone un nombre.[44] Quizá en esa misma línea, hoy la economía ambiental ortodoxa describe el medio natural en términos de los «servicios de los ecosistemas» que este proporciona y de la riqueza de «capital natural» que contiene. Pero los nombres que elegimos son importantes: llamar *Lobo* a un perro callejero en lugar de *Bobo* cambia solo una letra, pero transforma por completo la forma en que le verá todo el mundo. Y precisamente por eso, hablar de «capital natural» y de «servicios de los ecosistemas» es un arma de doble filo: puede que ponga nombre al perro callejero, pero el nombre elegido cambia el medio natural de manera que simplemente pasa de ser un conjunto de recursos materiales del hombre a un activo en su balance general. Cuando invitaron al jefe Oren Lyons, de la nación iroquesa onondaga, a dar una conferencia a los alumnos de la Facultad de Recursos Naturales de la Universidad de Berkeley, subrayó ese mismo riesgo. «A lo que ustedes llaman recursos, nosotros los llamamos nuestros parientes —explicó—. Si pudieran pensar en términos de relaciones, los tratarían mejor,

¿verdad? [...] Recuperen la relación, porque ese es el fundamento de su supervivencia.»[45]

No tiene nada de asombroso que los nuevos pensadores económicos estén buscando palabras que describan mejor nuestra pertenencia al mundo. La experta en biomimesis Janine Benyus —cuyas ideas exploraremos en el capítulo 6— habla de manera elocuente de la Tierra como de «esta casa que es nuestra, pero no solo nuestra». Para el ecólogo y escritor Charles Eisenstein, es hora de reconocernos como «el yo viviente conectado en colaboración cocreadora con la Tierra».[46] Este tipo de lenguaje hace retorcerse a algunos, aunque quizá sea simplemente porque nos enfrenta a lo embarazoso de tener que reconocer nuestras relaciones más profundas pero a la vez más descuidadas. Y también indica lo poco acostumbrados que estamos a hablar de nosotros mismos de ese modo, algo parecido a que un pez buscara una palabra para hablar del agua. ¿Cómo es nuestra pertenencia a este mundo y cuál nuestro papel en él? Encontrar qué palabras emplear puede resultar más importante de lo que imaginamos a la hora de determinar si realmente podemos aprender, como especie, a prosperar conjuntamente con otras.

Los cinco cambios que acabamos de mencionar proporcionan los bocetos preliminares para el retrato de la humanidad del siglo XXI, pero el trabajo todavía está lejos de completarse. Primero tenemos que saber más sobre nuestro yo económico aparte de cómo nos comportamos en relación con el dinero. Del mismo modo que los estudiantes de las sociedades WEIRD se comportan de manera distinta a la mayoría del resto de la gente, también puede resultar que el dinero afecte a nuestro comportamiento de manera completamente distinta a la mayoría del resto de las cosas que nos importan. ¿Qué resultados se obtendrían en el juego del ultimátum si se pidiera a los participantes que compartieran, no dinero, sino comida, agua, atención sanitaria, tiempo o participación política? Es altamente improbable que el dinero invoque el mismo sentimiento de justicia que esas otras cosas que tan profundamente valoramos. Asimismo, tenemos que saber mucho más acerca de quiénes somos, y no solo los que vivimos en sociedades WEIRD. Sin duda, una mayor diversidad en la investigación experimental revelará algunas otras diferencias fascinantes entre pueblos y culturas, pero en última instancia puede que descubramos que —en palabras de la malograda parlamentaria británica Jo Cox— «entre nosotros son muchas más las cosas que tenemos en común que las que nos separan».[47]

¿Cómo pueden aprovecharse, pues, las ideas derivadas de estos cinco cambios en nuestro autorretrato de manera que puedan ayudar a llevar a toda la humanidad a la rosquilla? Volveremos varias veces a esta cuestión a lo largo de los siguientes capítulos, pero hay algo que aquí merece especial atención: el creciente uso de incentivos monetarios en las políticas orientadas a poner fin a las privaciones humanas y la degradación ecológica. Las pruebas iniciales sugieren que los pagos monetarios suelen desplazar las motivaciones existentes activando valores extrínsecos en lugar de valores intrínsecos. Como revelan los estudios de casos que describiremos más adelante, posiblemente haya formas mucho más prudentes —basadas en lo que hoy sabemos sobre los valores, las «indirectas», las redes y la reciprocidad— de cultivar la naturaleza humana para encaminarla hacia el espacio seguro y justo de la rosquilla.

MERCADOS Y FÓSFOROS: MATERIAL DELICADO

La política económica tradicional supone que una forma fiable de cambiar el comportamiento de la gente es alterar los precios relativos, ya sea creando mercados, asignando derechos de propiedad o imponiendo regulaciones. «Basta con poner los precios adecuados», le dirá el típico economista: arregle eso, y lo demás caerá por su propio peso.

Desde luego, los precios son importantes. Cuando Malaui, Uganda, Lesoto y Kenia suprimieron la matrícula para los niños que asistían a las escuelas primarias públicas a finales de la década de 1990, la escolarización —especialmente de las niñas y de los hijos de familias pobres— aumentó de manera espectacular, acercando mucho más a estos países al objetivo de lograr la educación universal. En 2004, el gobierno alemán introdujo una tarifa regulada para las familias e instituciones que generaran energías renovables, ofreciéndose a pagarles por encima del precio de venta de la electricidad. Esto ayudó a generar inversiones a escala nacional que transformaron las tecnologías de energía eólica, solar, hídrica y de biomasa, que solo diez años después suministraban un 39 % de energías renovables a todo el país.[48]

Pero, por muy importantes que sean los precios, atinar con los precios «correctos» no es una solución tan sencilla como parece a primera vista: la teoría del siglo XX ha llevado a los economistas a sobrestimar la eficacia del precio como palanca, y a subestimar en cambio el papel de los valores, la reciprocidad, las redes y la heurística. De manera crucial, la teoría pasa por alto el hecho de que algunas cosas pueden peligrar cuando se les asigna un precio. Esto es especialmente cierto en el caso de las relaciones que tradicionalmente hemos gestionado a través de nuestra moral. Veamos por qué. Fijar un precio es como prender un fósforo: enciende un intenso interés, pero esa chispa inflama a la vez poder y temor. Como sugeríamos en el capítulo 2, el mercado —como el fuego— puede ser extremadamente eficiente haciendo lo que hace, pero también puede resultar problemático contenerlo. Y si se convierte en un fuego devorador, puede llegar a transformar el propio terreno por el que se extiende.

Richard Titmuss fue el primero que planteó este problema en su libro *The Gift Relationship*, publicado en 1970, donde comparaba el servicio de donación de sangre en Estados Unidos, donde se pagaba a la gente por su aportación, con su equivalente del Reino Unido, que funcionaba mucho mejor, y donde la gente daba voluntariamente más sangre y de mejor calidad de manera gratuita.[49] La comparación planteaba una fascinante pregunta: ¿los incentivos monetarios sirven para reforzar e impulsar la motivación intrínseca de la gente para actuar, o, por el contrario, la «expulsan» reemplazándola por la motivación extrínseca del dinero? Esta pregunta se ha ido haciendo cada vez más relevante después del estudio de Titmuss, dado el creciente uso a escala internacional de incentivos monetarios y sistemas de pagos a la hora de abordar diversos problemas tanto de carácter social como ecológico.

Tomemos, por ejemplo, el caso de los experimentos realizados en Colombia con planes educativos que ofrecen transferencias monetarias condicionadas a las familias de los alumnos de secundaria. En 2005 se eligió de manera aleatoria a un grupo de adolescentes hijos de familias de renta baja de Bogotá para formar parte de un plan piloto que consistía en transferir treinta mil pesos (unos quince dólares) mensuales a sus padres si ellos asistían a la escuela como mínimo el 80 % de las horas lectivas y aprobaban los exámenes de fin de curso. Los economistas del Banco Mundial que diseñaron e hicieron un seguimiento del plan encontraron que entre los estudiantes seleccionados la probabilidad de asistir regularmente a la escuela era un 3 % mayor que entre el resto de los estudiantes, mientras que la probabilidad de que volvieran a matricularse al año siguiente aumentaba en un 1 %. Era la respuesta positiva que esperaban, aunque más bien nimia.

Los economistas sin embargo descubrieron también un preocupante efecto negativo del experimento, con el que no habían contado. Entre los estudiantes que no habían sido seleccionados para el plan piloto, pero

que, en cambio, tenían hermanos que sí estaban incluidos, la probabilidad de asistir regularmente a la escuela pasó a ser menor —y la de abandonar los estudios mayor— que entre los estudiantes de familias de nivel
similar en las que ninguno de los hijos participaba en el plan. Y, lo que
resultaba más sorprendente, esta tendencia era aún más marcada en el
caso de las niñas: entre las alumnas que tenían hermanos o hermanas que
participaban en el plan, la probabilidad de abandonar los estudios pasó a
ser un 10 % mayor que entre las hijas de familias de nivel similar en las
que ningún niño participaba en el plan.[50] Es más, este efecto negativo
imprevisto de abandono escolar resultaba ser mucho mayor que el efecto
positivo en la asistencia y la rematriculación que el plan pretendía conseguir de entrada. Los economistas del Banco Mundial responsables del
estudio describieron esos resultados —que no habían previsto en su investigación— como «preocupantes» y «enigmáticos», puesto que cues-
tionaban de forma inexplicable su teoría y sus expectativas.

Quizá lo que descubrieron de manera accidental fue el papel que
puede desempeñar el dinero en la erosión de las normas sociales, como
en este caso el orgullo de los alumnos y la responsabilidad de los padres,
para reemplazarlas por normas mercantiles como el pago por el esfuerzo
y la recompensa por la obediencia. El filósofo Michael Sandel también ha
planteado sus dudas sobre esos mismos efectos, argumentando que los
pagos en efectivo pueden desplazar a las motivaciones intrínsecas y a
los valores que las sustentan. Señala como ejemplo de ello el programa
Earning by Learning («Ganar aprendiendo»), introducido en las escuelas
primarias de bajo nivel de Dallas, Texas, en el cual se pagaban dos dólares a los niños de seis años por cada libro que leían. Los investigadores
constataron que la comprensión lectora de los niños aumentó a lo largo
del primer año; ahora bien, ¿qué efecto a largo plazo podrían tener esos
pagos en su motivación para aprender? «El mercado es un instrumento,
pero no un instrumento inocente —afirma Sandel—. La inquietud obvia
es que el pago pueda habituar a los niños a pensar en leer libros como
una forma de ganar dinero, y con ello erosione, o desplace, o corrompa la
afición a la lectura por el simple hecho de leer.»[51]

Pese a estas inquietudes, cada vez son más los incentivos financieros
que se introducen en los ámbitos sociales, llevando nuestra identidad
mercantil —como consumidores, clientes, proveedores de servicios y trabajadores— al primer plano de nuestra atención. Y cuando las normas
mercantiles desplazan a las normas sociales, los efectos pueden resultar
muy difíciles de revertir, tal como puso de relieve un estudio experimen-

tal realizado en la ciudad israelí de Haifa en la década de 1990. Diez guarderías decidieron aplicar una pequeña multa a los padres que llegaban más de diez minutos tarde a recoger a sus hijos al final de la jornada. ¿Y cuál fue la respuesta de los padres? Lejos de ser más puntuales, el número de padres que llegaban tarde se duplicó. La introducción de la multa monetaria eliminó prácticamente cualquier sentimiento de culpa, y se interpretó como el precio de mercado del tiempo de atención extra dedicado por la guardería. Tres meses después, cuando terminó el experimento y se retiró la multa, el número de padres retrasados aumentó aún más: el precio había desaparecido, pero el sentimiento de culpa no había regresado. Aquel «mercado» temporal básicamente había eliminado el contrato social.[52] «Cuando los mercados entran en esferas de la vida tradicionalmente regidas por normas no mercantiles, la idea de que los mercados no afectan o contaminan los bienes que intercambian resulta cada vez más inverosímil —advierte Sandel—. Los mercados no son meros mecanismos; encarnan ciertos valores. Y a veces los valores mercantiles desplazan normas no mercantiles por las que merece la pena luchar.»[53]

La simple mención del papel del mercado puede desplazar nuestra motivación intrínseca. Una encuesta *online* pedía a los participantes que imaginaran que se contaban entre las familias —una de cada cuatro— que sufren escasez de agua debido a que la sequía afecta a su pozo comunal. De manera crucial, la encuesta describía todo el escenario en términos de «consumidores» a la mitad de los participantes, y en términos de «individuos» a la otra mitad. ¿Qué diferencia supuso ese cambio de una sola palabra? Los presentados como «consumidores» declararon que sentían una menor responsabilidad personal a la hora de tomar medidas y una menor confianza en que otros hicieran lo mismo que aquellos a los que se había calificado de «individuos».[54] Parece ser, pues, que el simple hecho de pensar como consumidor genera una conducta egoísta y divide en lugar de unir a los grupos que afrontan una situación común de escasez. En el contexto de las presiones ejercidas en este nuestro siglo xxi sobre las fuentes y los sumideros de la Tierra —desde el agua dulce y la pesca hasta los océanos y la atmósfera—, esta idea podría tener implicaciones de crucial importancia para nuestro modo de concebirnos a nosotros mismos ante los retos que afrontamos colectivamente. De pronto, términos como *vecinos*, *miembros de la comunidad*, *comunidad de naciones* y *ciudadanos globales* parecen increíblemente valiosos a la hora de asegurar un futuro económico seguro y justo.

Las investigaciones sobre el uso de valoraciones, precios, pagos y mercados para conformar el comportamiento ecológico de la gente han dado resultados similares. En varias aldeas de las inmediaciones de Morogoro, Tanzania, se pidió a los miembros de la comunidad que dedicaran media jornada a cortar hierba y plantar árboles juntos en el patio de su escuela local. En las aldeas donde se ofreció una pequeña paga a cambio hubo un 20 % menos de personas dispuestas a participar en la iniciativa que en aquellas otras donde no se hizo absolutamente ninguna mención al dinero. Además, la mayoría de quienes cobraron por el trabajo —el salario normal de una jornada— declararon al terminar que se sentían insatisfechos tanto con la tarea como con la paga, mientras que aquellos con los que no se habló de dinero para nada expresaron de manera abrumadora su satisfacción por haber hecho algo útil para su aldea.[55]

De manera similar, en el marco de un plan de conservación forestal llevado a cabo en Chiapas, México, muchos granjeros reciben una compensación monetaria por abstenerse de talar árboles, cazar —de manera legal o furtiva— o incrementar sus rebaños de vacuno. Sin embargo, cuantos más años llevan los granjeros participando en el plan, en mayor medida se vuelve financiera en lugar de intrínseca su motivación declarada para conservar el bosque, y su predisposición a participar en futuras iniciativas de conservación pasa a depender cada vez más de la promesa de futuros pagos. En cambio, en otras partes de Chiapas, donde los bosques se gestionan mediante planes y proyectos comunitarios, inicialmente cuesta más conseguir la implicación de los granjeros, pero el capital social que estos generan es mucho mayor y su motivación se mantiene centrada en los beneficios intrínsecos de la conservación forestal a largo plazo.[56] Parece, pues, que incorporar la cuestión del dinero puede alterar de manera significativa nuestra estima por el medio natural.

Estos ejemplos no son meras excepciones a la regla. El estudio más exhaustivo realizado hasta ahora sobre los impactos de los pagos monetarios a la hora de promover la conservación ecológica —ya sea por reciclar más basura y plantar más árboles o por talar menos madera y pescar menos— revela que lo que hacían la mayoría de los planes estudiados era expulsar involuntariamente, en lugar de impulsar, las motivaciones intrínsecas de la gente para actuar.[57] Lejos de basarse en los compromisos intrínsecos existentes, como el orgullo por el patrimonio cultural, el respeto hacia el medio natural y la confianza en la comunidad, algunos planes sirven inadvertidamente para erosionar esos mismos valores y reemplazarlos por motivaciones financieras. «Utilizar dinero para motivar a las personas puede dar resultados sorprendentes —afirma Erik Gómez-Baggethun, uno de los autores del estudio—. A menudo no comprendemos lo suficientemente bien la compleja interacción de los valores y motivaciones humanos para prever lo que ocurrirá, de modo que se requiere cautela.» Dado que, efectivamente, los mercados parecen ser como el fuego, he aquí una forma de resumir la moraleja de la historia:

Tenga cuidado antes de encender un fósforo o de poner en marcha un mercado: nunca sabe qué riquezas puede reducir a cenizas.

Todas las pruebas derivadas de una amplia gama de iniciativas en materia de políticas públicas —desde la escolarización hasta la conservación forestal— transmiten una señal de alarma en torno a la introducción de incentivos monetarios en los espacios sociales: todavía conocemos muy poco los efectos más profundos que estos pueden tener, y hasta la fecha tales pruebas han mostrado que con frecuencia pueden resultar contraproducentes. Además, hay otros medios de motivar cambios de comportamiento —basados en la reciprocidad, los valores, las «indirectas» y las redes— que pueden tener costes mucho menores tanto en dinero como en consecuencias.

Sacar partido de las «indirectas», las redes y las normas

Como nuestro nuevo autorretrato pone de manifiesto, nuestras motivaciones van mucho más allá de los costes y los precios. De modo que, en lugar de acudir en primera instancia a los mercados para mediar en nuestras relaciones sociales y ecológicas, el economista del siglo XXI haría bien en empezar por preguntarse qué dinámicas sociales están ya en juego. ¿Cuáles son los valores, heurísticas, normas y redes que actualmente configuran el comportamiento humano, y cómo podrían cultivarse o estimularse en lugar de ignorarse y erosionarse? Con esta pregunta como punto de partida, los economistas adquirirán mayor habilidad a la hora de combinar el contundente poder de los mercados con la fuerza sutil de la moral. Y las pruebas empíricas sugieren que es posible que esta estrategia nos ayude a entrar en la rosquilla.

Las «indirectas» pueden tener un gran efecto a cambio de un pequeño coste, y la tecnología digital hace que hoy el uso inteligente de este recurso sea más fácil y barato que nunca. Tomemos, por ejemplo, el caso de los medicamentos prescritos por el médico: la gente suele olvidarse de tomarlos con regularidad, socavando tanto su propia salud como posiblemente también la eficacia del fármaco a largo plazo. En el Reino Unido, donde se calcula que cada año se gastan trescientos millones de libras en fármacos prescritos y no utilizados, los investigadores han descubierto que un sencillo recordatorio en forma de mensaje de texto aumentaba de manera significativa la proporción de pacientes que tomaban sus medicinas a las horas prescritas.[58] Un experimento parecido realizado en Kenia entre personas con VIH y sida reveló que, de manera similar, un mensaje de texto semanal hacía que un 25 % más de ellas siguieran a rajatabla su ronda de antirretrovirales.[59] No hacía falta enviar dinero; solo un sencillo mensaje.

También las «indirectas» medioambientales pueden ser eficaces. «Nos damos duchas prolongadas, dejamos los electrodomésticos encendidos y tiramos desperdicios como parte de unas rutinas cotidianas en las que apenas pensamos», afirma Pelle Hansen, presidente de la organización Danish Nudging Network. Es fácil diseñar e incorporar a los edificios «indirectas» básicas que contrarresten esos hábitos —por ejemplo, utilización de grifos automatizados, temporizadores de ducha o iluminación activada por el movimiento— y de esa manera propicien reducciones sustanciales en el consumo de agua y energía. También funcionan en los espacios públicos. En las calles de Copenhague, Hansen y sus alumnos repartieron caramelos entre los transeúntes y registraron cuántos de los envoltorios terminaban en el suelo, en papeleras o en las cestas de bicicletas de otras personas. Luego pintaron pisadas de color verde que se dirigían hacia las papeleras, y encontraron que el número de papeles que se tiraban al suelo disminuía en un 46 %. No hicieron falta multas ni recompensas para alentar a cumplir las normas: las pequeñas pisadas verdes potenciaron astutamente una norma social ya existente.[60]

También los efectos de red influyen en el comportamiento social, como ilustra la fuerza de un prominente ejemplo. En octubre de 2011, el expresidente brasileño Lula da Silva hizo pública la noticia de que tenía cáncer de garganta, asegurando que él creía que se debía al hábito de fumar. Durante las cuatro semanas siguientes se produjo en todo el país un repentino incremento del número de búsquedas de información en Google sobre métodos para dejar de fumar, que superó con mucho al número de búsquedas en ese mismo sentido realizadas el Día Mundial

Sin Tabaco o incluso el día de Año Nuevo, fecha en la que es habitual tomar la decisión de dejar el tabaco. De manera similar, cuando la estrella de los programas de telerrealidad británicos Jade Goody hizo público su diagnóstico de cáncer cervical en 2009, el número de mujeres que pidieron hora para hacerse un chequeo aumentó en un 43 %.[61] Aquellos casos actuaron como señales de alarma, pero los efectos de red también pueden ser estimulantes. Gracias a la valerosa actitud de la activista paquistaní Malala Yousafzai en favor de la educación de las mujeres, millones de niñas de todo el mundo se han sentido alentadas a exigir y valorar su derecho a la educación gracias al «efecto Malala». Tales efectos funcionan asimismo a escala local. Un grupo de investigadores del estado indio de Bengala Occidental descubrió que, cuando empezó a nombrarse a mujeres por primera vez para presidir consejos locales, las adolescentes empezaron a tener mayores aspiraciones con respecto a su educación y a sí mismas, al igual que sus padres. Ni precios, ni pagos; solo orgullo.[62]

Las «indirectas» y los efectos de red suelen funcionar porque sacan partido de normas y valores subyacentes —como el deber, el respeto y el cuidado—, y dichos valores pueden activarse de una forma directa. Eso fue lo que descubrió un grupo de investigadores estadounidenses cuando se propusieron explorar el modo de suscitar un comportamiento favorable al medio ambiente. Pusieron letreros en una gasolinera ofreciendo a los conductores que pasaban una revisión gratuita de neumáticos, en cada uno de los cuales esgrimían razones económicas, de seguridad o medioambientales para hacerlo. El letrero de la entrada que rezaba «¿Le preocupa su economía? ¡Revise sus neumáticos gratis!» no despertó el menor interés entre los conductores, mientras que el que proponía «¿Le preocupa el medio ambiente? ¡Revise la presión de sus neumáticos!» fue el que tuvo más éxito. Activar los valores adecuados marca claramente una absoluta diferencia en la forma de actuar.[63]

En las comunidades que tienen una renta baja pero un elevado capital social, activar normas sociales puede tener efectos de gran alcance, tal como un grupo de investigadores de Uganda tuvo ocasión de descubrir cuando se propusieron mejorar la atención sanitaria en el ámbito rural simplemente generando una conciencia renovada del contrato social. En cincuenta distritos provistos de dispensarios con deficiencias de funcionamiento, reunieron a miembros de la comunidad local con personal sanitario para evaluar las prácticas vigentes y redactar su propio acuerdo, en el cual exponían cuál era el nivel de adecuación que esperaba la comunidad. Cada comunidad estableció un sistema para supervisar el funcionamiento de su propio dispensario local, incorporando elementos como listas de turnos del personal, buzones de sugerencias y tiques numerados en las salas de espera; luego se colgaban mensualmente los resultados en un tablón de anuncios público. Al cabo de un año, la calidad y cantidad de los servicios de atención primaria habían aumentado de manera espectacular: se visitaba a un 20 % más de pacientes, y con tiempos de espera más cortos; el absentismo entre los médicos y enfermeras había caído en picado; y asimismo —lo que resulta más sorprendente— el número de niños de menos de cinco años que morían en estas comunidades se había reducido en un 33 %. Todo esto no se logró con pagas, multas o un presupuesto más elevado, sino gracias a las expectativas de un contrato social respaldado por la responsabilidad pública.[64]

Estos ejemplos de pequeña escala basados en el aprovechamiento de los valores de la gente resultan convincentes, pero algunos podrían minimizar sus éxitos por juzgarlos intrínsecamente marginales en tanto se limitan a realizar pequeños ajustes en los márgenes de los grandes retos de la humanidad. Tom Crompton y Tim Kasser, expertos en valores, actitudes y comportamientos medioambientales, discreparían. Ellos argumentan que, cuando se trata de generar un cambio de comportamiento social y ecológico de carácter profundo y duradero, el enfoque más eficaz es precisamente conectar con los valores y la identidad de la gente, no con su bolsillo ni su presupuesto. Su investigación revela que las personas en las que los valores de autopotenciación y las motivaciones extrínsecas han llegado a ser predominantes, tienden a perseguir la riqueza, las posesiones y el estatus. También es menos probable que les preocupe el medio natural, que hagan un esfuerzo por reducir su huella ecológica, que utilicen el transporte público o que reciclen la basura doméstica. Además, a la hora de afrontar las amenazas medioambientales —como la perspectiva de cambio climático—, es más probable que busquen distracciones evasivas que podrían incrementar aún más la presión sobre el planeta. En cambio, las personas en las que predominan los valores de autotrascendencia y las motivaciones intrínsecas, expresan un mayor interés en las cuestiones ecológicas y se sienten más motivadas a participar en movimientos de acción local o global que engranen de manera proactiva con las cuestiones más inmediatas.[65] Hoy el reto consiste en descubrir cómo las lecciones de los éxitos obtenidos en la calle con los envoltorios de los caramelos y los mensajes de texto podrían aplicarse a mayor escala para reconducir al interior de la rosquilla ciudades y naciones enteras, así como las negociaciones internacionales, mediante las «indirectas» y los efectos de red.

VOLVER A CONOCERNOS A NOSOTROS MISMOS

Si una imagen vale más que mil palabras, ¿cómo deberíamos dibujar, literalmente, nuestro nuevo autorretrato? He planteado esta cuestión en tono jocoso, pero también en términos serios, en varias de mis presentaciones de la rosquilla en numerosos países, a estudiantes, directivos de empresa, responsables políticos y activistas, invitando en todas las ocasiones al grupo en cuestión a que visualizaran y esbozaran literalmente las figuras que mejor pudieran reemplazar al personaje de historieta del hombre económico racional. Tres imágenes surgieron una y otra vez: los humanos como comunidad, como sembradores y segadores, y como acróbatas.

Un nuevo retrato de la humanidad: bocetos preparatorios.

La imagen de la comunidad nos recuerda que somos la más social de las especies, que dependemos unos de otros a lo largo de todo el ciclo de nuestras vidas. La imagen de sembradores-segadores nos incardina en la red de la vida, haciendo patente que nuestras sociedades coevolucionan con el medio natural del que dependemos. Por último, los acróbatas ejemplifican nuestra capacidad de confiar, de actuar con reciprocidad y de cooperar entre nosotros para lograr cosas que ninguno de nosotros podría conseguir solo. Hay, sin duda, muchas otras formas en las que podemos dibujarnos, y este retrato está lejos de ser completo. Pero supone ya un gran avance. Hemos malgastado doscientos años contemplando un retrato equivocado de nosotros mismos: el *Homo economicus*, esa figura solitaria que se alza enarbolando el dinero, de cabeza calculadora, con la naturaleza a sus pies y un apetito insaciable en su corazón. Es hora de redibujarnos como personas que prosperan interconectándose unas con otras y conectando con este hogar habitable que es nuestro pero no solo nuestro.

Henri Poincaré fue el primero en señalar que éramos más parecidos a los borregos de lo que nos gusta imaginar. Si hoy pudiéramos ponerle al día sobre las ideas de la psicología conductual y proporcionarle un tubo de respiración y unas aletas, creo que nos pediría que ampliáramos su analogía animal: gracias a nuestros múltiples valores y motivaciones, también exhibimos una misteriosa semejanza con el pulpo. Como sus numerosos tentáculos —cada uno de los cuales tiene algo parecido a su propia personalidad—, nosotros adoptamos muchos papeles distintos en relación con la economía, como empleados, ciudadanos, empresarios, vecinos, consumidores, votantes, progenitores, colaboradores, competidores y voluntarios. Es más, los pulpos tienen la deslumbrante capacidad de cambiar de color, forma y textura para reflejar su estado de ánimo y su entorno siempre cambiante. Nosotros, los humanos, podemos ser igual de fluidos, engranando una amplia gama de nuestros valores muchas veces al día en tanto pasamos de negociar a dar, a competir o a compartir en nuestro paisaje económico, que también cambia constantemente.[66]

Si también tenemos que despedirnos del nombre *Homo economicus*, ¿qué debería ocupar su lugar? Se han propuesto muchos nombres nuevos, desde *Homo heuristicus* y *Homo reciprocans* hasta *Homo altruisticus* y *Homo socialis*. Pero no tiene sentido definirnos con solo una de estas identidades, puesto que las habitamos todas a la vez. Adam Smith tenía razón cuando dijo que nos gustaba la permuta, el trueque y el intercambio, pero también estaba en lo cierto al afirmar que nosotros y nuestras sociedades prosperamos mejor cuando exhibimos nuestra «humanidad, justicia, generosidad y civismo». Lejos de limitarnos a elegir solo uno de esos muchos nombres para nuestro nuevo autorretrato, deberíamos expresarlos todos en él. Tras haber descolgado de la pared de la galería la historieta del hombre económico racional, quizá lo más adecuado sea reemplazarla por un holograma de la humanidad, cuya luz cambie constantemente.

Ahora el escenario económico está montado, el elenco de actores preparado y el protagonista de la obra —la humanidad—, sobradamente presentado. Ha llegado el momento, pues, de explorar de qué formas actúa nuestro comportamiento colectivo en ese escenario, tal como se refleja en la dinámica de la economía. Y para hacernos una idea de ello, basta y sobra con que le echemos un vistazo a un manzano.

4

APRENDER A DOMINAR LOS SISTEMAS
Del equilibrio mecánico a la complejidad dinámica

La manzana de Newton tiene muchas cosas de las que responder. En 1666, cuando el joven y brillante científico se sentó en el jardín de su madre en Lincolnshire, se quedó maravillado —o eso se dice— al ver caer una manzana: ¿por qué nunca caía de lado o hacia arriba, sino siempre *hacia abajo*? La respuesta suscitó sus célebres ideas sobre la gravedad y las leyes del movimiento, que pasarían a revolucionar la ciencia. Pero dos siglos después, aquellas mismas leyes suscitaron también la envidia de la física, además de una serie de metáforas inapropiadas y un pensamiento tremendamente estrecho de miras en economía. Si el joven Isaac, justo antes de que cayera aquella manzana, se hubiera maravillado también del modo como había crecido —en una interacción fascinante y en perpetua evolución de árboles y abejas, sol y hojas, raíces y lluvia, flores y semillas—, aquella observación podría haberle conducido a ideas igualmente revolucionarias sobre la naturaleza de los sistemas complejos, transformando así la historia de la ciencia. También habría cambiado el curso de la economía, inspirando en sus admiradores económicos una metáfora mucho más fructífera. Hoy no hablaríamos del mecanismo del mercado, sino del organismo del mercado; y sabríamos mucho más acerca de ello.

Pero basta de fantasías. Fue la manzana al caer la que atrajo la atención de Isaac y suscitó sus innovadores descubrimientos. Ansiando la autoridad de la ciencia, los economistas imitaron después las leyes del movimiento de Newton en sus teorías, describiendo la economía como si fuera un sistema mecánico y estable. Hoy sabemos, en cambio, que es más acertado interpretarla como un sistema adaptativo complejo, constituido por humanos interdependientes en un medio natural dinámico. Así pues, si queremos tener una mínima posibilidad de incorporarnos a la rosquilla, resulta esencial desplazar la atención del economista de la manzana que cae a la manzana que crece, de la mecánica lineal a la dinámica compleja. Despedirnos del mercado como mecanismo y quitarnos el casco del ingeniero; en lugar de este último, es hora de ponernos unos guantes de jardinero.

Gracias a los últimos cien mil años de evolución que pusieron a punto al *Homo sapiens*, a nosotros los humanos no nos resulta muy fácil pensar en términos de sistemas complejos. Durante milenios, la gente vivió existencias relativamente cortas en pequeños grupos, aprendió gracias a una realimentación inmediata (pon la mano en el fuego: se quema) y apenas tuvo impacto en su entorno general. De ahí que nuestro cerebro evolucionara para afrontar lo cercano, el corto plazo y aquello que generaba una respuesta rápida, esperando cambios graduales y lineales. Añádase a ello nuestro evidente deseo de equilibrio y resolución: lo prometemos en nuestras historias, con sus finales de «vivieron felices para siempre», y lo buscamos en nuestra música con melodías armónicas y resolutorias. Pero esos rasgos nos dejan mal equipados cuando el mundo resulta ser dinámico, inestable e impredecible.

Obviamente, sabemos que ocurren cosas contrarias a la intuición, de modo que nos advertimos a nosotros mismos con dichos populares: fue la gota que colmó el vaso (el cambio gradual puede llevar al colapso); no te lo juegues todo a una carta (la falta de diversidad te hace vulnerable); una puntada a tiempo ahorra ciento (cuidado con los efectos incrementales); quien siembra vientos recoge tempestades (todo está conectado)... Sabios consejos, pero eso sigue sin hacer que nos resulte fácil predecir e interpretar el complejo mundo que afrontamos.

Si nuestra comprensión de la complejidad se ha visto obstaculizada por cien mil años de evolución, la guinda del pastel han sido ciento cincuenta años de teoría económica que han venido a reforzar nuestras tendencias con modelos y metáforas mecánicos. A finales del siglo xix, un puñado de economistas de mentalidad matemática se propusieron convertir la economía en una ciencia tan acreditada como la física. Y acudieron al cálculo diferencial —que tan elegantemente podía describir la trayectoria de las manzanas al caer y de las lunas en sus órbitas— para describir la economía con un conjunto de axiomas y ecuaciones. Al igual que Newton había descubierto las leyes físicas del movimiento que explicaban el mundo desde la escala de un solo átomo hasta el movimiento de los planetas, ellos intentaron descubrir las leyes económicas del movimiento que explicaban el mercado, empezando por un solo consumidor para ir ascendiendo hasta la producción nacional.

El economista británico William Stanley Jevons echó a rodar la bola metafórica en la década de 1870 cuando afirmó que «la teoría de la economía... presenta una estrecha analogía con la ciencia de la mecánica estática, y las leyes del intercambio resultan ser similares a las leyes de equilibrio de una palanca».[1] En Suiza, el ingeniero reconvertido en economista Léon Walras tenía una visión similar, pues no en vano declaraba que «la teoría pura de la economía [...] es una ciencia que se asemeja a las ciencias físico-matemáticas en todos los aspectos», y —como para demostrarlo— empezó a referirse al intercambio mercantil como «el mecanismo de la competencia».[2] Ellos y algunos otros compararon el modo en que la gravedad llevaba a un péndulo a la posición de reposo con la forma en que los precios llevaban a los mercados al equilibrio. En palabras del propio Jevons:

> Al igual que medimos la gravedad por sus efectos en el movimiento de un péndulo, del mismo modo podemos estimar la igualdad o la desigualdad de los sentimientos por las decisiones de la mente humana. La voluntad es nuestro péndulo, y sus oscilaciones quedan minuciosamente registradas en las listas de precios de los mercados. Ignoro cuándo tendremos un sistema de estadísticas perfecto, pero la falta de este es el único obstáculo insuperable en el camino que ha de hacer de la economía una ciencia exacta.[3]

Estas metáforas mecánicas —desde la palanca hasta el péndulo— debieron de parecer vanguardistas en su época. No resulta sorprendente, pues, que aquellos economistas las incorporaran al núcleo de sus teorías acerca de cómo se comportan los individuos y las empresas, fundando así la disciplina que pasaría a conocerse como microeconomía. Pero para lograr que esta nueva teoría tuviera resonancias de las leyes de Newton y se ajustara a los rigores del cálculo diferencial, Jevons, Walras y los demás pioneros matemáticos tuvieron que establecer una serie de supuestos audazmente simplificadores acerca de cómo funcionan tanto los mercados como las empresas. De manera crucial, la naciente teoría se basaba en presuponer que, para cualquier combinación dada de preferencias que pudieran tener los consumidores, había solo un precio que satisfaría a la vez a todos los que querían comprar y a todos los que querían vender por cuanto les permitiría comprar o vender todo lo que deseaban por ese precio. En otras palabras, cada mercado debía tener un único punto estable de equilibrio, del mismo modo que un péndulo tiene un único punto de reposo. Y para que se diera esta condición, todos los compradores y vendedores del mercado habían de ser «precio-aceptantes» —es decir, que ninguno de los actores implicados tuviera el peso suficiente para im-

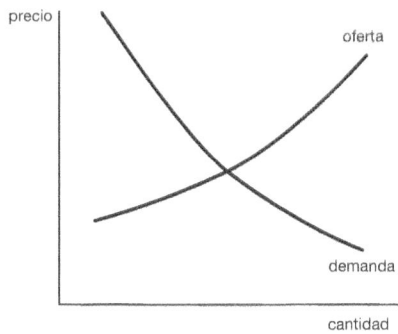

La oferta y la demanda: el punto donde el precio iguala la oferta a la demanda es el punto de equilibrio del mercado.

poner los precios—, y tenían que seguir la ley de los rendimientos decrecientes. En conjunto, estos supuestos constituyen la base del diagrama más ampliamente reconocido de toda la teoría microeconómica, y el primero que debe dominar todo estudiante novato: el diagrama de la oferta y la demanda.

Pero ¿qué subyace tras este icónico par de líneas que se entrecruzan? Piense en un bien, cualquier bien (pongamos por caso piñas); ahora veamos cómo funciona. La curva de la demanda muestra cuántas piñas estarán dispuestos a comprar los clientes a cada precio dado, considerando su objetivo de maximizar su utilidad o satisfacción. La curva se inclina hacia abajo porque cuantas más piñas compre un cliente, es probable que se reduzca la utilidad que le reporte comprar otra más —un supuesto conocido como utilidad marginal decreciente del consumo—, y, en consecuencia, estará dispuesto a pagar un poco menos por cada piña adicional. En cambio, la curva de la oferta muestra cuántas piñas estarán dispuestos a ofrecer los vendedores para cada precio dado, considerando su objetivo de maximizar sus beneficios. ¿Por qué esta curva se inclina hacia arriba? Pues porque —prosigue la teoría— si cada cultivador de piñas tiene una parcela de tierra fija, el coste de cultivar todavía más piñas en ella empezará a aumentar —lo que se conoce como ley de los rendimientos marginales decrecientes—, y, debido a ello, tendrá que cobrar un precio más alto por cada piña adicional que ofrezca.

Alfred Marshall, que dibujó la versión definitiva de este diagrama en la década de 1870, comparó sus líneas entrecruzadas con unas tijeras

—otra analogía mecánica más— para explicar el misterio de cómo se fijan los precios de mercado. Al igual que unas tijeras no cortan el papel solo con su hoja superior o su hoja inferior, sino exactamente en el punto donde se cruzan ambas hojas, del mismo modo —sostenía— el precio de mercado no lo fija únicamente el coste de los proveedores ni la utilidad de los consumidores, sino exactamente el punto donde los costes y las utilidades se juntan, y ese es el punto que marca el equilibrio del mercado.

Walras tenía un ambicioso programa para aquellas tijeras: estaba convencido de que era posible ampliar el análisis de una sola mercancía a todo el conjunto de ellas, creando así un modelo de la economía de mercado en su totalidad. Y asimismo —razonó—, si aquellos mercados estaban integrados por vendedores y compradores plenamente informados y competitivos a pequeña escala, entonces la economía alcanzaría un punto de equilibrio que maximizaría la utilidad total; en otras palabras —y en un claro eco de la mano invisible de Smith—, que, para cualquier distribución de renta dada, produciría el mejor resultado posible para la sociedad en su conjunto. Por aquel entonces no existían aún las técnicas matemáticas necesarias para que Walras pudiera demostrar su intuición, pero más tarde Kenneth Arrow y Gérard Debreu retomarían su idea, desarrollando las ecuaciones en su modelo de equilibrio general de 1954. Esta prueba parecía marcar un hito, por cuanto dotaba de un fundamento microeconómico al análisis macroeconómico, propugnaba una teoría económica aparentemente unificada y sentaba las bases de lo que pasaría a conocerse como «macroeconomía moderna».[4]

La teoría parece completa, se asemeja de manera impresionante a la física y se presenta con unas ecuaciones que le dotan de autoridad. Pero tiene profundas deficiencias. Gracias a la interdependencia de los mercados en el seno de una economía, sencillamente no es posible sumar las curvas de demanda de todos los individuos y obtener una curva de demanda de inclinación descendente que sea fiable para el conjunto de la economía. Y, sin ella, no existe la promesa de equilibrio. Eso no es ninguna novedad para los economistas, o al menos no debería serlo: en la década de 1970, varios inteligentes teóricos se dieron cuenta (para su propia consternación) de que los fundamentos de la teoría del equilibrio no se sostenían. Pero las implicaciones de su idea (conocidas con el pegadizo nombre de «condiciones de Sonnenschein-Mantel-Debreu») resultaban tan devastadoras para el resto de la teoría que su refutación parece haber sido ocultada, ignorada o eliminada de los manuales y de la enseñanza de la disciplina, lo que hizo que desde entonces los estudiantes desconocieran el hecho de que había algo esencialmente averiado en las poleas y el péndulo que en teoría equilibraban el mecanismo del mercado.[5]

Como resultado, las teorías del equilibrio general dominaron el análisis macroeconómico durante toda la segunda mitad del siglo xx, y, de hecho, seguirían dominándolo hasta el crac financiero de 2008. Las variantes «neoclásicas» de la teoría del equilibrio —que presuponen que los mercados se ajustan instantáneamente a las perturbaciones— se disputaban la atención de la economía con las denominadas variantes «neokeynesianas» —que suponen, en cambio, que siempre habrá retrasos en dichos ajustes debido a la «rigidez» de los salarios y los precios—. Sin embargo, ambas variantes fueron incapaces de prever el crac que se avecinaba porque, al basarse en la presunción del equilibrio mientras pasaban por alto el papel del sector financiero, apenas tenían capacidad de predecir los altibajos económicos de auge, caída y depresión, y menos aún de reaccionar ante ellos.

Con el análisis macroeconómico dominado por modelos tan inadecuados, algunos economistas de renombre empezaron a criticar las propias teorías que ellos mismos habían contribuido a legitimar. Robert Solow, conocido por ser el padre de la teoría neoclásica del crecimiento económico, y colaborador durante largo tiempo de Paul Samuelson, se convirtió en uno de los críticos más directos, primero en una conferencia que pronunció en 2003 y que llevaba el contundente título de «Tontos y más tontos en macroeconomía», y luego en un análisis donde se mofaba de los rigurosos supuestos de la teoría.[6] El modelo del equilibrio general —señalaba— depende en realidad de la existencia de un único consumidor-trabajador-propietario inmortal que maximice su utilidad en un futuro infinito, con una previsión y expectativas racionales perfectas, servido en todo momento por empresas perfectamente competitivas. ¿Cómo diantres habían llegado a ser tan dominantes unos modelos tan absurdos? En 2008, Solow dio su opinión al respecto:

> Me hallo ante un rompecabezas, o incluso un desafío. ¿Qué explica la capacidad de la «macroeconomía moderna» de ganarse el corazón y la mente de economistas académicos brillantes y emprendedores? [...] Siempre ha habido una vena purista en economía que quiere que todo se derive netamente de la codicia, la racionalidad y el equilibrio, sin que haya «sis», «yas», o «peros» [...]. La teoría es clara, fácil de aprender, no tremendamente difícil, pero lo bastante técnica para parecer «ciencia». Además, está prácticamente garantizada para dar consejos de tipo libe-

ral, que casualmente encajan a la perfección con el giro generalizado hacia la derecha política que se inició en la década de 1970 y que puede o no estar llegando a su fin.[7]

Lo que sí esta llegando claramente a su fin es la credibilidad de la economía del equilibrio general. Sus metáforas y modelos se idearon para imitar la mecánica newtoniana, pero el péndulo de los precios, el mecanismo del mercado y el fiable retorno a la posición de reposo simplemente no resultan apropiados para entender el comportamiento de la economía. ¿Y por qué no? Sencillamente porque no es ciencia de la buena.

Nadie ha expuesto este argumento de forma más convincente que Warren Weaver, director del departamento de ciencias naturales de la Fundación Rockefeller, en su artículo «Science and complexity», publicado en 1948. Repasando los últimos trescientos años de progreso científico, y contemplando a la vez los retos que el mundo tenía por delante, Weaver agrupaba tres clases de problemas que la ciencia puede ayudarnos a entender. En un extremo están los *problemas de simplicidad*, que implican solo una o dos variables en una causalidad lineal —como una bola de billar que rueda, una manzana que cae o un planeta en su órbita—; las leyes de la mecánica clásica newtoniana resultan extremadamente útiles para explicar estos problemas. En el otro extremo —escribía— se hallan los *problemas de complejidad desordenada*, que implican el movimiento aleatorio de miles de millones de variables —como el movimiento de las moléculas en un gas—; en este caso, el mejor modo de analizarlos es utilizar la estadística y la teoría de la probabilidad.

Pero entre estas dos ramas de la ciencia se extiende un reino tan inmenso como fascinante: el de los *problemas de complejidad organizada*, que implican un número considerable de variables que se «interrelacionan en un todo orgánico» para crear un sistema complejo pero organizado. Los ejemplos de Weaver venían a plantear prácticamente las mismas preguntas que la manzana de Newton no había logrado suscitar: «¿Qué hace que la onagra vespertina se abra cuando lo hace? ¿Por qué el agua salada no calma la sed? [...] ¿Un virus es un organismo viviente?». El autor señalaba asimismo que también las cuestiones económicas pertenecían a este ámbito: «¿De qué depende el precio del trigo? [...] ¿Hasta qué punto es seguro depender de la libre interacción de fuerzas económicas tales como la oferta y la demanda? [...] ¿Hasta qué punto deben emplearse sistemas de control económico para prevenir las grandes oscilaciones de la prosperidad a la depresión?». De hecho, Weaver consideraba que la mayoría de los retos biológicos, ecológicos, económicos, sociales y políticos de la humanidad eran cuestiones de complejidad organizada, precisamente el ámbito que menos se entendía. «Estos nuevos problemas —y el futuro del mundo depende de muchos de ellos— requieren que la ciencia haga un tercer gran avance», concluía.[8]

Ese tercer gran avance se inició en la década de 1970, cuando empezó a despegar la ciencia de la complejidad, que estudia cómo las relaciones entre las numerosas partes de un sistema configuran el comportamiento del todo. Desde entonces, esta ha transformado numerosos ámbitos de investigación, desde el estudio de los ecosistemas y las redes informáticas hasta los patrones meteorológicos y la propagación de las enfermedades. Y aunque su objetivo es la complejidad, en realidad sus principales conceptos resultan bastante fáciles de comprender, lo que significa que, pese a nuestros instintos innatos, todos podemos aprender, mediante el entrenamiento y la experiencia, a ser mejores «pensadores sistémicos».

Hoy en día un creciente número de economistas piensan también en términos de sistemas, haciendo que la economía de la complejidad, la teoría de redes y la economía evolutiva figuren entre los campos más dinámicos de la investigación económica. Sin embargo, gracias a la duradera influencia de Jevons y Walras, la mayor parte de la enseñanza y de los manuales de la economía todavía presentan la esencia del mundo económico como algo lineal, mecánico y predecible, que se condensa en el mecanismo equilibrador del mercado. Esta mentalidad dejará a los futuros economistas muy mal equipados para gestionar la complejidad del mundo contemporáneo.

En una festiva «mirada retrospectiva desde 2050», el economista David Colander relata que en 2020 la mayoría de los científicos —desde los físicos hasta los biólogos— ya habían comprendido que el pensamiento complejo era esencial para entender gran parte del mundo. Los economistas, en cambio, habían tardado un poco más en asimilarlo, y no fue hasta 2030 cuando «la mayoría de los investigadores económicos creyeron que la economía era un sistema complejo que pertenecía al ámbito de la ciencia de la complejidad».[9] Si su relato del futuro resulta acertado, puede que para entonces ya sea demasiado tarde. ¿Por qué esperar a 2030 cuándo hoy mismo podemos deshacernos ya de las inapropiadas metáforas de la física newtoniana y aprender a dominar los sistemas?

EL BAILE DE LA COMPLEJIDAD

En el núcleo del pensamiento sistémico residen tres conceptos engañosamente simples: existencias (o reservas) y flujos, bucles de realimentación y demoras. Parecen bastante sencillos, pero lo fascinante surge cuado empiezan a interactuar. De su interacción surgen muchos de los acontecimientos más sorprendentes, extraordinarios e imprevisibles del mundo. Si el lector se ha sentido fascinado alguna vez por la visión de una bandada de miles de estorninos volando juntos al atardecer —en un espectáculo que se conoce poéticamente como «murmullo»—, sabrá ya lo extraordinarias que pueden llegar a ser esas «propiedades emergentes». Cada pájaro gira y cambia de dirección en pleno vuelo, mostrando una espectacular agilidad para mantenerse apenas al alcance de las alas de sus vecinos, y basculando cuando lo hacen ellos. Pero cuando se juntan decenas de miles de pájaros, todos ellos siguiendo esas sencillas reglas, el conjunto de la bandada se convierte en una asombrosa masa que se mueve de manera vibrante y frenética recortándose sobre el cielo vespertino.

Entonces, ¿qué es un sistema? Sencillamente un conjunto de cosas que están interconectadas de tal forma que producen pautas de comportamiento claramente diferenciadas, ya sean las células de un organismo, los participantes en una manifestación, los pájaros de una bandada, los miembros de una familia o los bancos en una red financiera. Y son las relaciones entre las distintas partes individuales —configuradas por sus existencias y flujos, sus realimentaciones y sus demoras— las que dan lugar a dichas pautas de comportamiento.

Las denominadas *existencias* (o *reservas*) y *flujos* constituyen los elementos básicos de cualquier sistema: son cosas que pueden acumularse o agotarse, como el agua en un baño, los peces en el mar, la población del planeta, la confianza en una comunidad o el dinero del banco. Los niveles de una existencia cambian a lo largo del tiempo debido al equilibrio entre sus flujos de entrada y de salida. Una bañera se llena o se vacía en función de lo rápido que entre el agua por el grifo frente a lo rápido que se vaya por el desagüe. Las gallinas de un corral aumentan o disminuyen en función del número de gallinas que nacen en relación con las que mueren. Una hucha se llena si se añaden más monedas de las que se sacan.

Si las existencias y los flujos son los elementos principales de un sistema, los bucles de realimentación son sus interconexiones, y en todos los sistemas hay dos clases de ellos: bucles de realimentación reforzantes (o de «realimentación positiva») y bucles de realimentación equilibradores (o de «realimentación negativa»). Con los bucles de realimentación reforzantes, cuanto más tienes, más obtienes. Amplifican lo que ya está ocurriendo, creando círculos viciosos o virtuosos que, si no se les pone freno, desembocan en un crecimiento explosivo o en el colapso. Las gallinas ponen huevos, de los que nacen más gallinas, y de ese modo la población de aves crece y crece. De manera similar, en las vengativas represalias que caracterizan las peleas de patio de colegio, un simple empujón un poco brusco puede llegar a desencadenar de inmediato una bronca a gran escala. Los intereses generados por los ahorros se suman a dichos ahorros, incrementando los futuros pagos de intereses, y de ese modo se acumula riqueza. Pero la realimentación reforzante también puede llevar al colapso: cuanto menos tienes, menos obtienes. Si la gente pierde la confianza en su banco y retira sus ahorros, por ejemplo, el banco empezará a quedarse sin dinero, incrementando con ello la pérdida de confianza y generando el pánico bancario en esa entidad.

Si las realimentaciones de refuerzo son las que hacen moverse a un sistema, las realimentaciones de equilibrio le impiden explosionar o implosionar. Contrarrestan y compensan lo que ya está ocurriendo y, en consecuencia, tienden a regular los sistemas. Nuestro cuerpo utiliza realimentaciones de equilibrio, por ejemplo, para mantener una temperatura saludable: si se calienta demasiado, nuestra piel empezará a sudar para refrescarnos; si se enfría demasiado, nuestro cuerpo empezará a tiritar en un intento de calentarse. El termostato de una casa funciona de manera parecida para estabilizar la temperatura de las diversas estancias. Y en una refriega de patio de colegio, es probable que alguien intervenga para tratar de disolverla. En la práctica, pues, las realimentaciones de equilibrio proporcionan estabilidad a un sistema.

La complejidad se deriva del modo en que los bucles de realimentación reforzantes y equilibradores interactúan mutuamente: de ese «baile» surge el comportamiento del conjunto del sistema, y a menudo este puede resultar impredecible. La representación más sencilla de las ideas que constituyen el núcleo del pensamiento sistémico es un par de bucles de realimentación, y los que aquí mostramos cuentan una sencilla historia de gallinas, huevos y cruces de carretera.[10]

Cada flecha muestra la dirección de causalidad, y le acompaña un signo más (+) o menos (–). Un signo más indica que el efecto se relaciona positivamente con la causa (más gallinas se traducen en más intentos de

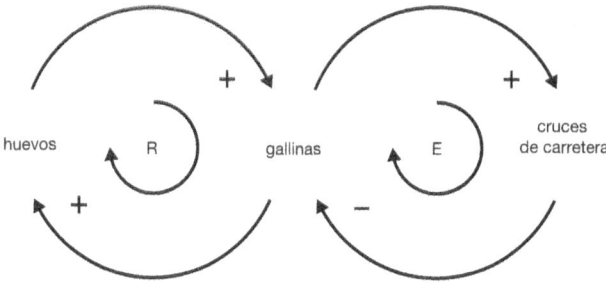

Bucles de realimentación: los fundamentos de los sistemas complejos. La realimentación reforzante (R) amplifica lo que está ocurriendo, mientras que la realimentación equilibradora (E) lo contrarresta. Su interacción crea la complejidad.

cruzar la carretera, por ejemplo), mientras que un signo menos significa lo contrario (más intentos de cruzar la carretera se traducen en menos gallinas). Cada par de flechas crea un bucle, rotulado con una «R» si es de refuerzo y con una «E» si es de equilibrio. A la izquierda, más gallinas ponen más huevos, de los que nacen más gallinas: un bucle de refuerzo. A la derecha, más gallinas llevan a cabo más intentos de cruzar la carretera, lo que se traduce en menos gallinas: un bucle de equilibrio. Cuando actúan los dos tipos de bucles de realimentación en un sistema extremadamente simplificado como este (suponiendo que haya al menos un gallo entre las gallinas y que no escasee el pienso), ¿qué podría ocurrir con el tamaño de la población del corral a lo largo del tiempo? En función de la fuerza relativa de cada uno de los dos bucles —el ritmo al que las gallinas producen pollos en relación con el ritmo al que son atropelladas—, la población del corral podría crecer exponencialmente, desaparecer o, incluso, llegar a oscilar constantemente en torno a un tamaño estable si existe una *demora* significativa entre el nacimiento de los pollos y el momento en que intentan cruzar la carretera.

Este tipo de demoras —entre flujos de entrada y de salida— son comunes en los sistemas, y pueden tener importantes efectos. A veces proporcionan una provechosa estabilidad a un sistema, permitiendo que se acumulen existencias que actúan como un colchón o parachoques; piense, por ejemplo, en la energía acumulada en una pila, la comida guardada de un armario o los ahorros depositados en el banco. Pero las demoras de existencias-flujos pueden generar asimismo «pertinacia» en el sistema: independientemente de cuánto esfuerzo se dedique, se necesita tiempo para, pongamos por caso, reforestar una ladera, crear confianza en una comunidad o mejorar las notas en los exámenes de una escuela. Y las demoras también pueden generar grandes oscilaciones cuando los sistemas son lentos en responder, como sabe muy bien cualquiera que se haya quemado y luego helado y luego quemado de nuevo tratando de manejar los grifos de una ducha que no conoce.

Es de estas interacciones entre existencias, flujos, realimentaciones y demoras de donde surgen los denominados «sistemas adaptativos complejos»: complejos debido a su impredecible comportamiento emergente y adaptativos porque no dejan de evolucionar a lo largo del tiempo. Más allá del reino de los estorninos y las gallinas, las bañeras y las duchas, pronto se hace evidente la potencia del pensamiento sistémico a la hora de entender nuestro mundo en perpetua evolución, desde el auge de los imperios empresariales hasta el colapso de los ecosistemas. Muchos acontecimientos que a primera vista parecen repentinos y externos —y que la economía ortodoxa suele describir como «perturbaciones exógenas»— se entienden mucho mejor si los interpretamos como resultados derivados de un cambio endógeno. En palabras del economista político Orit Gal, «la teoría de la complejidad nos enseña que los grandes acontecimientos son la manifestación de tendencias subyacentes que maduran y convergen: reflejan un cambio que ya se ha producido en el seno del sistema».[11]

Desde esta perspectiva, la caída del Muro de Berlín en 1989, la quiebra de Lehman Brothers en 2008 y la inminente desaparición de la capa de hielo de Groenlandia tienen mucho en común. Los tres fenómenos fueron o han sido tratados por los medios informativos como acontecimientos repentinos, pero en realidad no son más que puntos de inflexión visibles derivados de presiones acumuladas poco a poco sobre sus respectivos sistemas, ya sea el incremento gradual de la protesta política en Europa oriental, la acumulación de hipotecas basura en la cartera de activos de un banco o la acumulación de gases de efecto invernadero en la atmósfera. Como señala Donella Meadows, una de las primeras abanderadas del pensamiento sistémico: «Afrontémoslo, el universo es desordenado. Es no lineal, turbulento y caótico. En definitiva, es dinámico. Pasa el tiempo comportándose como una transición hacia otra cosa, y no como un equilibrio matemáticamente pulcro. Se autoorganiza y evoluciona. Crea diversidad, no uniformidad. Eso es lo que hace al mundo interesante, lo que lo hace hermoso, y lo que lo hace funcionar».[12]

LA COMPLEJIDAD EN ECONOMÍA

La conciencia de que la economía tiene que hacer suyo el análisis dinámico no es en absoluto un hecho reciente. En los últimos ciento cincuenta años, diversos economistas de todas las tendencias han tratado de escapar de la imitación de la física newtoniana, pero con demasiada frecuencia sus esfuerzos se han visto aplastados por el predominio de la teoría del equilibrio y sus ecuaciones satisfactoriamente pulcras. El propio Jevons tuvo la intuición de que el análisis económico debía ser dinámico, pero, al carecer de las matemáticas necesarias, tuvo que conformarse con la denominada estática comparativa, que compara «instantáneas» de dos puntos del tiempo; fue una desafortunada solución de compromiso, puesto que, en lugar de acercarle, lo alejó aún más de la perspectiva que en última instancia estaba buscando.[13] En la década de 1860, Karl Marx describió cómo la proporción de renta relativa de trabajadores y capitalistas subía y bajaba constantemente debido a la existencia de ciclos de producción y empleo que se autoperpetuaban.[14] A finales del siglo XIX, Thorstein Veblen criticaba la economía argumentando que estaba «irremediablemente atrasada por no ser evolutiva», y que, en consecuencia, era incapaz de explicar el cambio o el desarrollo,[15] mientras que Alfred Marshall se mostraba contrario a las metáforas mecánicas, abogando, en cambio, por ver la economía como «una rama de la biología en sentido amplio».[16]

También en el siglo XX los intentos de reconocer el dinamismo intrínseco de la economía se debieron, de manera similar, a escuelas de pensamiento profundamente opuestas, pero ni aun así pudieron desalojar al pensamiento económico basado en el equilibrio. En la década de 1920, John Maynard Keynes criticó el uso de la estática comparativa, señalando que lo más interesante era precisamente lo que ocurría entre aquellas instantáneas de acontecimientos económicos. «Los economistas se atribuyen una tarea demasiado fácil, demasiado inútil —escribía—, si en las épocas tempestuosas solo son capaces de decirnos que, cuando haya pasado la tormenta, el océano volverá a estar en calma.»[17] En la década de 1940, Joseph Schumpeter se basó en las ideas de Marx sobre el dinamismo para describir cómo el proceso intrínseco de «destrucción creadora» del capitalismo, a través de oleadas constantes de innovación y declive, daba lugar a los ciclos económicos.[18] En la década de 1950, Bill Phillips creó su MONIAC precisamente con el propósito de reemplazar la estática comparativa por la dinámica de sistemas, incluyendo los desfases y fluctuaciones que pueden observarse cuando el agua fluye entrando y saliendo de los tanques. En la década de 1960, Joan Robinson arremetía contra el pensamiento económico basado en el equilibrio, insistiendo en que «un modelo aplicable a la historia real ha de ser capaz de salir del equilibrio; de hecho, normalmente no debe estar en él».[19] Y en la de 1970, el padre del neoliberalismo, Friedrich Hayek, censuraba la «propensión [de los economistas] a imitar lo más estrechamente posible los procedimientos de las ciencias físicas coronadas por el mayor de los éxitos; una tentativa que en nuestro campo puede conducir a un completo error».[20]

Así pues, hagamos caso finalmente de sus consejos colectivos, dejemos de lado el pensamiento basado en el equilibrio y empecemos a pensar, en cambio, en términos de sistemas. Imagine que sacamos las icónicas curvas de la oferta y la demanda de su rígido entrecruzamiento y las doblamos hasta convertirlas en un par de bucles de realimentación. Al mismo tiempo, abandonamos el concepto —tan caro a los economistas— de «externalidades», esos efectos imprevistos que experimentan personas que no participan en las transacciones que los producen, como las aguas residuales tóxicas que afectan a las comunidades que viven más abajo de una fábrica que contamina el río, o los gases de escape que respiran los ciclistas que circulan en medio del tráfico urbano. Tales externalidades negativas —señala el economista y ecológico Herman Daly— son esas cosas que «clasificamos como costes "externos" por la sencilla razón de que no las hemos previsto en nuestras teorías económicas».[21] El experto en dinámica de sistemas John Sterman es de la misma opinión. «No hay efectos secundarios; solo *efectos*», afirma, señalando que la propia noción de «efectos secundarios» no es más que «un síntoma de que los límites de nuestros modelos mentales son demasiado estrechos, y nuestros horizontes temporales demasiado cortos».[22] Debido a la envergadura y a la interconexión de la economía global, muchos efectos económicos que en la teoría del siglo xx se trataban como «externalidades» hoy se han convertido en las crisis sociales y ecológicas definitorias del xxi. Lejos de seguir siendo un motivo de preocupación periférico y «ajeno» a la actividad económica, abordar estos efectos tiene un interés crucial para crear una economía que nos permita prosperar a todos.

Desde esta perspectiva más amplia —y por más contrario a la intuición que pueda parecer—, la economía del equilibrio en realidad resulta ser una forma de análisis de sistemas, solo que una forma extremadamente limitada. Obtiene los resultados que busca imponiendo unos supuestos previos fuertemente restrictivos acerca de cómo se comportan los sistemas —supuestos como la competencia perfecta, los rendimientos decrecientes, la plena información y los actores racionales—, de modo que no haya efectos aleatorios que se interpongan en la capacidad del mecanismo de los precios para actuar como el bucle de realimentación negativa que restaura el equilibrio del mercado. Piense en ello con el ejemplo de los estorninos en mente: ¿qué restricciones habría que imponer a una gran bandada de estas aves si quisiéramos asegurarnos de que todas ellas permanezcan inmóviles? Podríamos meter a cada pájaro en su propia jaula y luego encerrarlos a todos en una habitación oscura y silenciosa: eso debería animarlos a quedarse quietos. Pero no espere que la bandada se comporte así una vez eliminemos esos límites antinaturales y los dejemos sueltos al aire libre. Entonces volverán a bascular y girar, realizando una extraordinaria exhibición aérea propia de un sistema complejo en acción. Lo mismo ocurre con los actores económicos atrapados en los estrechos límites de un modelo de equilibrio: cuando todos los supuestos restrictivos están vigentes, se comportarán de hecho tal como se requiere; pero eliminemos dichos supuestos —es decir, entremos en el mundo real— y podrían producirse toda clase de estragos. En realidad, se producen a menudo: en los altibajos que conducen a las crisis financieras, en el auge del 1 % más rico o en los puntos de inflexión del cambio climático.

BURBUJA, AUGE Y PINCHAZO: LA DINÁMICA DE LAS FINANZAS

Si los operadores financieros fueran pájaros, sus gracietas se parecerían de hecho a las de una bandada de estorninos haciendo cabriolas en el cielo (con la diferencia obvia de que los estorninos nunca se estrellan). Las gracietas financieras se deben a lo que el especulador George Soros ha denominado «la reflexividad de los mercados»: la pauta de realimentación que se pone en marcha cuando las propias visiones de los participantes en el mercado influyen en el curso de los acontecimientos y este último influye a su vez en las visiones de los participantes.[23] Pero, seamos operadores financieros o adolescentes (puede que ambas cosas), lo cierto es que nuestro naciente autorretrato revela que no somos individuos aislados movidos por preferencias fijas: lejos de ello, estamos profundamente influenciados por lo que ocurre a nuestro alrededor, y a menudo nos divierte formar parte de ello. De ese modo se crean tendencias cuando la popularidad de un producto incrementa su atractivo para otras personas, lo que a su vez aumenta todavía más su popularidad, dando lugar al juguete que todo el mundo quiere tener esta temporada, el artilugio más reciente que no puede faltarle a nadie y el último baile viral de moda (¿quién puede olvidar «Gangnam Style»?).

Menos divertidas, pero casi igual de frecuentes, son las burbujas de activos en las que la cotización de un valor empieza a subir y subir antes de que finalmente la burbuja se pinche y su valor caiga en picado. El nombre de este fenómeno tiene su origen en la denominada «burbuja de los Mares del Sur», acaecida en Gran Bretaña en 1720, un acontecimiento que el gran sir Isaac Newton prohibió que se mencionara jamás en su presencia a partir de entonces. En marzo de ese año, la cotización de las acciones de la Compañía de los Mares del Sur —a la que se había concedido el monopolio británico del comercio con las colonias de América del Sur— empezó a aumentar con rapidez cuando empezaron a difundirse falsos rumores sobre su éxito en ultramar. Newton había comprado ya unas cuantas acciones de la empresa, de modo que en abril las vendió, obteniendo pingües beneficios. Pero la cotización de las acciones de la Compañía de los Mares del Sur siguió aumentando con rapidez, de manera que, dejándose llevar por el entusiasmo de la nación, Isaac no pudo resistirse al señuelo del mercado. Volvió a comprarlas a un precio muy superior en junio, solo dos meses antes de que la burbuja finalmente alcanzara su cota máxima y reventara. Como resultado, Newton perdió los ahorros de toda su vida. «Puedo calcular el movimiento de las estrellas, pero no la locura de los hombres», declaró en una célebre frase inmediatamente después de que estallara la burbuja.[24] Al maestro de la mecánica le había confundido la complejidad.

Como Newton, todos pagamos un alto precio cuando no somos capaces de entender los sistemas dinámicos de los que depende nuestra vida y nuestro sustento. Esto se hizo patentemente claro a raíz del crac financiero de 2008, que llevó a la reina de Inglaterra a plantear una pregunta hoy famosa: «¿Cómo es que nadie lo vio venir?». Antes de que ocurriera, el pensamiento basado en el equilibrio que sustenta la teoría económica ortodoxa había adormecido a la inmensa mayoría de los analistas económicos de tal manera que no prestaban atención al sector bancario, ni a su estructura ni a su comportamiento. Por increíble que hoy pueda parecer, muchas grandes instituciones —desde el Banco de Inglaterra hasta el Banco Central Europeo, pasando por la Reserva Federal estadounidense— utilizaban modelos macroeconómicos en los que la banca privada no desempeñaba absolutamente ningún papel: una omisión que resultaría ser un error fatal. Como expresa de manera concisa el economista Steve Keen, uno de los pocos que sí vieron que se avecinaba un crac: «Tratar de analizar el capitalismo dejando fuera los bancos, la deuda y el dinero es como tratar de analizar los pájaros ignorando el hecho de que tienen alas. ¡A ver cómo te las apañas!».[25]

Gracias al predominio del pensamiento basado en el equilibrio, la mayoría de los responsables de las políticas económicas eludían la idea de que las dinámicas que operaban dentro de la propia economía pudieran generar inestabilidad. En el decenio que desembocó en el crac, e ignorando el aumento del riesgo sistémico, el ministro de Hacienda británico, Gordon Brown, proclamó el final de las fluctuaciones,[26] mientras Ben Bernanke, gobernador de la junta de la Reserva Federal estadounidense, saludaba lo que él denominaba «la Gran Moderación».[27] A partir de 2008, cuando la burbuja ya había pinchado estrepitosamente, muchos empezaron a buscar ideas en el trabajo largo tiempo olvidado del economista Hyman Minsky, especialmente en su hipótesis de la inestabilidad financiera de 1975, que sitúa el análisis dinámico en el núcleo de la macroeconomía.

Minsky había comprendido que —por más que a primera vista pueda parecer contrario a la intuición—, cuando se trata de finanzas, la estabilidad engendra inestabilidad. ¿Por qué? Obviamente, debido a los bucles de realimentación positiva. Durante los períodos de vacas gordas, bancos, empresas y prestatarios adquieren todos ellos cada vez mayor confianza y empiezan a asumir mayores riesgos, lo que a su vez eleva el precio de la vivienda y de otros activos. Este incremento del precio de los activos, por su parte, refuerza aún más la confianza de prestatarios y prestadores, junto con sus expectativas de que los valores de los activos seguirán aumentando. En las propias palabras de Minsky: «La tendencia a transformar el hecho de que las cosas vayan bien en un auge de la inversión especulativa constituye la inestabilidad básica en una economía capitalista».[28] Cuando, a la larga, los precios dejan de ir a la par con las expectativas, lo que ocurrirá de manera inevitable, aparecen los impagos de hipotecas, el valor de los activos desciende aún más, y —en lo que ha pasado a llamarse un «momento Minsky»— las finanzas se precipitan por el barranco de la insolvencia, generando un crac. ¿Adivina qué ocurre después del crac? Poco a poco se va recuperando la confianza y el proceso comienza de nuevo, en un ciclo ondulante de desequilibrio dinámico. Todavía tenemos mucho que aprender de las gallinas que cruzan la carretera.

En 2008, a las repercusiones de esta inestabilidad inherente al mercado vino a sumarse la incapacidad de los reguladores financieros para entender la dinámica intrínseca de las redes bancarias. Antes del crac, dichos reguladores trabajaban con el supuesto de que las redes siempre sirven para dispersar el riesgo, de modo que las regulaciones que diseñaban se limitaban a monitorizar los nodos de dichas redes —esto es, los bancos individuales— en lugar de supervisar la naturaleza de sus interconexiones. Pero el crac dejó claro que la estructura de una red puede ser a la vez robusta pero frágil: por lo general se comporta como un robusto amortiguador de perturbaciones; sin embargo, luego —en la medida en que la naturaleza de la red evoluciona— pasa a convertirse en todo lo contrario, es decir, en un frágil amplificador de perturbaciones. Como descubrió Andy Haldane, del Banco de Inglaterra, es más probable que esa transformación se desencadene cuando las redes tienen unos cuantos supernodos que actúan como centros clave, un exceso de interconexiones entre los nodos y la característica —propia de las denominadas «redes de mundo pequeño»— de crear conexiones-atajo entre nodos por lo demás distantes. Entre 1985 y 2005, la red financiera global evolucionó de tal manera que pasó a adquirir esos tres factores desencadenantes; pero, al carecer de una perspectiva sistémica, los reguladores no repararon en ello.[29] Como admitiría más tarde Gordon Brown: «Creamos un sistema de monitorización que solo se fijaba en las instituciones individuales. Ese fue el gran error. No entendimos que el riesgo se propagaba a través de todo el sistema, no entendimos la imbricación mutua de las diferentes instituciones y no entendimos —aunque habláramos de ello— lo globales que eran las cosas».[30]

Alentados por el crac de 2008, hoy se están construyendo nuevos modelos dinámicos de los mercados financieros. Steve Keen ha unido sus fuerzas con el programador Russell Standish para desarrollar el primer programa informático de dinámica de sistemas —llamado apropiadamente «Minsky»—, un modelo de la economía basado en el desequilibrio que se toma muy en serio las realimentaciones de los bancos, la deuda y el dinero. Como me dijo el propio Keen en su estilo característico: «Minsky finalmente da alas al pájaro económico, de modo que por fin tendremos la oportunidad de entender cómo vuela».[31] El suyo es uno de los nuevos y prometedores enfoques basados en la complejidad que permiten entender los efectos de los mercados financieros en la macroeconomía.

AL QUE TIENE SE LE DARÁ MÁS: LA DINÁMICA DE LA DESIGUALDAD

La desigualdad aparece solo como un objeto de interés periférico en el mundo de la economía del equilibrio. Dado que los mercados son eficientes a la hora de recompensar a la gente —según dice la teoría—, las personas que en términos generales tengan talentos, preferencias y dotes similares terminarán siendo igualmente recompensadas; y cualesquiera que sean las diferencias que persistan se deberán a diferencias de esfuerzo, lo que proporciona un estímulo para la innovación y el trabajo duro. Pero en el mundo de desequilibrio en el que habitamos —donde están en juego potentes realimentaciones de refuerzo—, existen círculos virtuosos de riqueza y círculos viciosos de pobreza que pueden hacer que personas por lo demás similares entren en sendas espirales que les lleven a extremos opuestos del espectro de distribución de la renta. Ello se debe a lo que los expertos en sistemas han dado en llamar la trampa del «éxito para los exitosos», que se genera cuando los ganadores de una ronda en un juego cobran una recompensa que no hace sino incrementar sus posibilidades de volver a ganar de nuevo en la siguiente.

La teoría del equilibrio reconoce que en el mundo empresarial a veces pueden prevalecer las realimentaciones de refuerzo, dando como resultado un oligopolio —el dominio de unos pocos—, pero presenta tales casos como la excepción a la regla. Sin embargo, ya en la década de 1920 el economista italiano Piero Sraffa afirmaba lo contrario: en las curvas de oferta de las empresas, a menudo es probable que la norma sea la ley de rendimientos crecientes, y no la supuesta ley de rendimientos decrecientes. Como señalaba Sraffa, la experiencia cotidiana muestra que en numerosos sectores las empresas se encuentran con que sus costes unitarios disminuyen en la medida en que expanden su producción, y, por lo tanto, dichas empresas tienden al oligopolio o incluso al monopolio, antes que a la competencia perfecta.[32] No cabe duda de que esta perspectiva halla plena resonancia en el paisaje empresarial que actualmente conocemos. Solo en el sector alimentario, cuatro gigantes de la agroindustria conocidos como el «grupo ABCD» (ADM, Bunge, Cargill y Louis Dreyfus) controlan más del 75 % del comercio mundial de cereales. Otros cuatro representan más del 50 % de las ventas de semillas del planeta, y solo seis empresas agroquímicas controlan más del 75 % del mercado mundial de fertilizante y pesticidas.[33] En 2011, solo cuatro bancos de Wall Street —JPMorgan Chase, Citigroup, Bank of America y Goldman Sachs— eran responsables del 95 % de todas las transacciones de derivados del sector financiero de Estados Unidos.[34] Esta pauta de concentración prevalece también en muchos otros sectores, desde los medios de comunicación hasta la informática y las telecomunicaciones, pasando por los supermercados.

Cualquiera que haya jugado una partida de Monopoly estará familiarizado de sobra con la dinámica de «al que tenga se le dará más»: los jugadores que tienen la suerte de caer en propiedades caras en los primeros momentos de la partida, pueden acapararlas, construir hoteles y luego cobrar costosos alquileres al resto de los jugadores, amasando así una fortuna que a ellos les lleva a ganar la partida y al resto a la bancarrota. Curiosamente, sin embargo, en sus comienzos el Monopoly se llamaba «El juego del propietario», y se diseñó precisamente para poner de manifiesto la injusticia derivada de tal concentración de propiedad de bienes raíces, no para celebrarla.

La inventora del juego, Elizabeth Magie, era una firme partidaria de las ideas de Henry George, y cuando creó el juego, en 1903, lo dotó de dos conjuntos distintos de reglas para utilizarlas de manera alternativa. Con el conjunto de reglas denominado «prosperidad», cada vez que alguien adquiría una nueva propiedad todos los jugadores ganaban (reflejando así la defensa de George de un impuesto sobre el valor de la tierra), y el juego terminaba (ganando todos) cuando el jugador que había empezado con menos dinero lograba duplicarlo. Con el segundo conjunto de reglas, el denominado «monopolista», los jugadores ganaban cobrando alquileres a los que habían tenido la mala suerte de caer en sus propiedades, y el único ganador era el que lograba llevar a la bancarrota al resto de los jugadores. El objetivo del doble conjunto de reglas —explicaba Magie— era que los jugadores experimentaran «una demostración práctica del actual sistema de apropiación de tierras con todos sus resultados y consecuencias habituales», y de ese modo entendieran cómo las diferentes formas de enfocar la propiedad de bienes raíces podían conducir a resultados sociales infinitamente distintos. «Podría haberse llamado muy bien "El juego de la vida" —señalaba Magie—, ya que contiene todos los elementos del éxito y el fracaso en el mundo real.» Pero cuando el fabricante de juegos Parker Brothers compró la patente del Juego del Propietario de Magie en la década de 1930, lo relanzó con el sencillo nombre de Monopoly, y proporcionó a sus ansiosos jugadores un único conjunto de reglas: las que celebran el triunfo de uno sobre todos los demás.[35]

La dinámica distributiva que se plasma en los juegos de mesa también aparece en las simulaciones informáticas de la economía. Robert

Solow, el crítico declarado de la macroeconomía moderna, ridiculizó los modelos económicos basados en el equilibrio demostrando que, lejos de representar mercados en los que intervienen numerosos actores, en realidad estaban constituidos por un solo «agente representativo», con lo cual reducían la economía a un solo consumidor-trabajador-propietario típico que responde de manera predecible a las perturbaciones «externas». Desde la década de 1980, los economistas de la complejidad han estado desarrollando enfoques alternativos, entre ellos los denominados «modelos basados en agentes», que parten de un conjunto diverso de agentes que siguen —todos sin excepción— un sencillo conjunto de reglas mientras responden y se adaptan constantemente a su entorno. Una vez establecido el modelo informático, los programadores se limitan básicamente a apretar el botón de encendido, poniendo a dichos agentes en acción, y luego se sientan a mirar y a aprender de las pautas dinámicas que surgen de su interacción. Y lo cierto es que hay mucho que aprender.

En una histórica simulación informática realizada en 1992 y conocida como «Sugarscape», los desarrolladores de modelos Joshua Epstein y Robert Axtell crearon una sociedad virtual en miniatura para ver cómo se distribuiría la riqueza a lo largo del tiempo. Sugarscape es un paisaje basado en una cuadrícula de 50 por 50 —como un gigantesco tablero de ajedrez—, en el que aparecen dos grandes montañas de azúcar separadas por llanuras en las que también hay azúcar dispersa.[36] Repartidos por todo el paisaje se encuentran numerosos agentes hambrientos de azúcar —algunos de ellos capaces de moverse más deprisa que otros, otros capaces de ver a mayor distancia y otros capaces de quemar azúcar con mayor rapidez—, todos los cuales se dedican a explorar la cuadrícula compitiendo por llegar a las casillas donde se amontona el azúcar que será su sustento. Inicialmente, las existencias de azúcar están repartidas de manera aleatoria entre los agentes: unos pocos tienen más cantidad, algunos otros menos, pero la mayoría disponen de una proporción intermedia. Sin embargo, una vez se pone en marcha la simulación, no pasa mucho tiempo antes de que los golosos agentes se encuentren profundamente divididos entre una pequeña élite de superricos en azúcar y una inmensa mayoría de pobres que apenas disponen de ella. Sí, es cierto que sus distintos atributos en cuanto a velocidad, vista, metabolismo y punto de partida pueden explicar parte de esa divergencia, pero —lo que reviste una gran importancia— dichos atributos por sí solos no pueden dar cuenta de los sorprendentes extremos de desigualdad que se generan.

Esa desigualdad, de hecho, se debe en gran medida a la dinámica inherente a la propia sociedad Sugarscape: el azúcar es riqueza, y tener más, ayuda a conseguir más todavía, un caso clásico del «éxito para los exitosos» en su propia dinámica. Lo más llamativo, no obstante, es el hecho de que incluso las pequeñas diferencias de oportunidades que se producen en un momento dado entre los agentes —como tener un golpe de suerte inicial o hacer un primer movimiento falso en la búsqueda del azúcar— pueden amplificarse con rapidez hasta convertirse en grandes diferencias que los propulsan hacia destinos radicalmente distintos en su azucarada y profundamente dividida sociedad.[37] Obviamente, el mundo informático de Sugarscape no es real, pero su dinámica —que tan familiar nos resulta— desacredita aún más la pretensión de que las desigualdades de renta reflejan mayoritariamente las diferencias de talento y de méritos en el seno de la sociedad.

La dinámica del «éxito para los exitosos» se detectó mucho antes de que aparecieran el Monopoly y Sugarscape. Hace dos mil años, la idea de que «los ricos se hacen más ricos y los pobres más pobres» estaba ya presente en la Biblia, y, de hecho, posteriormente pasaría a conocerse como el «efecto Mateo» (por el versículo donde este último declara: «Al que tiene se le dará más, y tendrá en abundancia; al que no tiene, hasta lo poco que tiene se le quitará»). Esta reveladora pauta de ventaja acumulativa, complementada por una espiral de desventaja, puede observarse en los resultados escolares de los niños, en las oportunidades de empleo de los adultos y, por supuesto, en lo referente a la renta y la riqueza. Y, ciertamente, esa dinámica financiera sigue viva hoy. Entre 1988 y 2008, la inmensa mayoría de los países presenciaron una creciente desigualdad dentro de sus fronteras, lo que se tradujo en una reducción de sus clases medias. Durante esos mismos veinte años la desigualdad global disminuyó ligeramente en términos generales (principalmente gracias a la reducción de las tasas de pobreza en China), pero en cambio experimentó un considerable aumento en sus extremos. Más del 50 % del incremento total de la renta global durante ese período se concentró en manos del 5 % más rico de la población mundial, mientras que el 50 % más pobre obtuvo solo el 11 % de dicho incremento.[38] Entrar en la rosquilla requiere revertir esas crecientes brechas de renta y riqueza, de modo que será esencial encontrar formas de contrarrestar y debilitar el bucle de realimentación del «éxito para los exitosos»; en el capítulo 5 exploraremos algunas de ellas.

Agua en la bañera: la dinámica del cambio climático

En la teoría económica ortodoxa, las externalidades se enmarcan —gracias a su mismo nombre— como un objeto de interés periférico. Pero cuando las redefinimos como efectos y reconocemos que la economía está incardinada en la biosfera —como hicimos en el capítulo 2—, pronto se hace evidente que dichos efectos podrían acumularse en forma de bucle de realimentación y perturbar el propio sistema económico que los había generado inicialmente. Este es ciertamente el caso de las denominadas externalidades ambientales, como la acumulación de gases de efecto invernadero en la atmósfera, que entraña el riesgo de desencadenar los catastróficos efectos ligados al cambio climático. No tiene, pues, nada de asombroso que pensadores sistémicos como John Sterman, director del grupo de dinámica de sistemas del MIT, se dediquen a buscar formas de superar los puntos ciegos de los responsables de las políticas públicas a la hora de abordar el cambio climático, ya que, a diferencia de las crisis bancarias, aquí no hay posibilidad de realizar un rescate en el último momento.

Para comprender la acumulación de presión en el sistema climático, primero hay que entender la relación básica que existe entre el flujo de las emisiones de dióxido de carbono y las reservas, o concentración, de este en la atmósfera. Para su consternación, Sterman descubrió que incluso a sus mejores alumnos en el MIT les costaba captar de manera intuitiva el funcionamiento de esta dinámica de reservas y flujos: la mayoría de ellos creían que el mero hecho de evitar que las emisiones globales de CO_2 siguieran aumentando bastaría para detener la acumulación de este compuesto en la atmósfera. De modo que tuvo que acudir a una analogía clásica y representar la atmósfera como una gigantesca bañera con un grifo abierto y el desagüe también abierto: la bañera se llena cuando entran nuevas emisiones y se vacía cuando el dióxido de carbono se absorbe mediante la fotosíntesis de las plantas y se disuelve en los océanos. ¿Cuál es el mensaje de la metáfora? Pues que, al igual que una bañera solo empezará a vaciarse si el grifo vierte menos agua de la que se va por el desagüe, del mismo modo la concentración de dióxido de carbono en la atmósfera solo disminuirá si el flujo de nuevas emisiones es menor que el volumen de CO_2 que se retira. Cuando Sterman dibujó por primera vez la bañera del carbono en 2009, el flujo de entrada global de CO_2 era de nueve mil millones de toneladas anuales, frente a un flujo de salida de solo cinco mil millones de toneladas: eso significa que bastaba con que las emisiones anuales disminuyeran a la mitad para empezar a reducir las concentraciones atmosféricas. Sterman se dio cuenta de que, si eso les resultaba difícil de comprender a los estudiantes del MIT, sin duda a los responsables políticos debía de ocurrirles otro tanto, y «eso implica —advirtió— que creen que estabilizar los gases de efecto invernadero y detener el calentamiento resulta más fácil de lo que en realidad es».[39]

Siguiendo los pasos de Elizabeth Magie, Sterman y sus colegas se propusieron crear un juego que permitiera enseñar la dinámica del clima a sus participantes a través de la experiencia. Para ello, se les ocurrió realizar una simulación informática fácil de manejar, que bautizaron como C-ROADS (acrónimo de Climate Rapid Overview and Decision Support, o «visión general rápida y apoyo de decisiones sobre el clima»), destinada a ayudar a los gobiernos a visualizar los impactos de sus políticas en materia de cambio climático. C-ROADS combina de manera instantánea los compromisos de todos los países en cuanto a la reducción de gases de efecto invernadero a fin de mostrar sus repercusiones conjuntas a largo plazo en las emisiones globales, las concentraciones atmosféricas, el cambio de temperatura y la subida del nivel del mar. El programa ya ha sido utilizado por equipos negociadores de Estados Unidos, China, la Unión Europea y otras entidades, transformando su comprensión de la rapidez y la envergadura de las reducciones necesarias a escala mundial. «Sin este tipo de herramientas —explica Sterman—, no hay esperanzas de poder desarrollar las capacidades de pensamiento sistémico o de entender el clima entre ninguno de los grupos constitutivos de las partes afectadas.»[40]

En el último decenio, C-ROADS ha resultado de inestimable valor para realizar simulacros de negociaciones internacionales sobre el cambio climático, a menudo con la participación de responsables políticos reales. Tratando de recrear la vigente dinámica de poder, el equipo de C-ROADS ofrece a quienes representan a los países más poderosos un asiento en la mesa, llena de abundantes tentempiés, dejando que los representantes de los países menos desarrollados se sienten en el suelo. Así, en uno de estos simulacros, realizado en 2009, el presidente de Micronesia insistió diligentemente en ocupar el lugar en el suelo que le correspondía. Cuando se iniciaron las ficticias negociaciones y las grandes potencias formularon sus habituales e insuficientes compromisos, la simulación del nivel del mar subió un metro. Entonces, el equipo de C-ROADS cubrió a todos los que estaban en el suelo, incluido el presidente de Micronesia, con una gran sábana azul. «Estaba entusiasmado —explicaría Sterman más tarde—, porque por primera vez la gente veía cuáles serían las consecuencias para el nivel del mar.»[41] Sin entender o experimentar los efectos de la dinámica de reservas y flujos, tenemos pocas posibilidades de hacernos una idea de la velocidad y la envergadura de la transformación energética necesaria para volver a situarnos dentro del límite planetario relativo al cambio climático.

EVITAR EL COLAPSO

Cuando se adopta una perspectiva sistémica se pone de manifiesto que el sentido predominante del desarrollo económico global está atrapado en las dinámicas gemelas del aumento de la desigualdad social y la intensificación de la degradación ecológica. Por decirlo lisa y llanamente, esas tendencias son un reflejo de las condiciones que acarrearon el colapso de otras civilizaciones anteriores, desde los habitantes de la isla de Pascua hasta los nórdicos de Groenlandia. Cuando una sociedad empieza a destruir la base de recursos de la que depende —sostiene el historiador medioambiental Jared Diamond—, será mucho menos propensa a cambiar de forma de actuar si es además una sociedad estratificada, con una pequeña élite que se halle completamente alejada de las masas. Y cuando los intereses a corto plazo de esa élite decisoria divergen de los intereses a largo plazo del conjunto de la sociedad —advierte—, se da «la fórmula perfecta para que haya problemas».[42] A veces se supone que los casos de colapso de civilizaciones no son más que raras aberraciones en la trayectoria del progreso humano, pero lo cierto es que han sido sorprendentemente frecuentes. De hecho, el desmoronamiento de toda clase de civilizaciones, desde el Imperio romano y la dinastía Han en China hasta la civilización maya en Mesoamérica, pone de manifiesto que incluso las más inventivas y complejas de entre ellas son vulnerables a la ruina.[43] Siendo así, ¿puede el pensamiento sistémico servirnos de ayuda para descubrir si podría ocurrir de nuevo?

Esa misma cuestión se exploraba, en 1972, en una famosa obra titulada *Los límites del crecimiento*, cuyo equipo de autores, todos ellos miembros del MIT, creó uno de los primeros modelos dinámicos informatizados de la economía global, el denominado «World3». El equipo se proponía explorar toda una serie de escenarios económicos posibles hasta 2100, teniendo en cuenta cinco factores que los autores consideraban que determinaban —y en última instancia limitaban— el crecimiento de la producción global: la población, la producción agrícola, los recursos naturales, la producción industrial y la contaminación. Según sus proyecciones para el escenario previsto en el caso de que «todo siguiera igual» —esto es, de que no se aplicaran políticas correctoras—, en la medida en que la población y la producción globales siguieran aumentando, los recursos no renovables como el petróleo, los minerales y los metales se agotarían, lo que se traduciría en una caída de la producción industrial y de alimentos, que en última instancia derivaría en hambruna, un marcado descenso de la población humana y una importante reducción del nivel de vida para la humanidad en su conjunto. Cuando se publicó, su análisis logró varias cosas a la vez: hizo saltar las alarmas sobre el estado del mundo, introdujo de forma generalizada el pensamiento sistémico en los debates acerca de políticas públicas y causó un auténtico alboroto entre todos aquellos que habían hecho suyo el objetivo del crecimiento.[44]

Los economistas ortodoxos se apresuraron a ridiculizar el diseño del modelo aduciendo que minimizaba la realimentación equilibradora del mecanismo de precios en los mercados. Si los recursos no renovables se hacían más escasos —argumentaban—, sus precios subirían, suscitando una mayor eficacia en su uso, una mayor utilización de sustitutivos y la exploración de nuevas fuentes. Pero al rechazar World3 y sus límites implícitos al crecimiento, también se apresuraron a rechazar el papel y los efectos de lo que el modelo de la década de 1970 denominaba simplemente «contaminación», la cual —a diferencia de los metales, los minerales y los combustibles fósiles— normalmente no tiene un precio asignado y, en consecuencia, no genera una realimentación directa por parte del mercado. Sin embargo, las proyecciones de World3 con respecto a la contaminación resultarían ser proféticas: hoy podemos denominarla con términos mucho más específicos correspondientes a las numerosas formas de degradación ecológica que ejercen presión sobre los límites planetarios, desde el cambio climático y la contaminación química hasta la acidificación de los océanos y la pérdida de biodiversidad. Es más, recientes comparaciones de datos con el modelo de 1972 revelan que la economía global parece estar siguiendo estrechamente los pasos de aquel escenario basado en que «todo siguiera igual», y que no tenía precisamente un final feliz.[45]

Esto debería hacer sonar todas las alarmas: hoy, en los comienzos del siglo XXI, hemos transgredido al menos cuatro límites planetarios, miles de millones de personas siguen afrontando privaciones extremas y el 1 % más rico de la población posee la mitad de toda la riqueza financiera del mundo. Son las condiciones ideales para abocarnos al colapso. Si pretendemos evitar un destino así para nuestra civilización global, necesitamos claramente una transformación, que puede resumirse de este modo:

La economía de hoy es divisiva y degenerativa por defecto.
La economía del mañana debe ser distributiva y regenerativa por diseño.

Una economía distributiva por diseño es aquella cuya dinámica tiende a dispersar y hacer circular el valor a medida que se crea, en lugar de concentrarlo en cada vez menos manos. Una economía regenerativa por diseño es aquella en la que las personas participan plenamente en la regeneración de los ciclos vitales de la Tierra de modo que podamos prosperar dentro de los límites planetarios. Ese es el reto que afronta la generación actual, y en los capítulos 5 y 6 exploramos sus posibilidades. Pero ¿qué tipo de economista capaz de asumir el pensamiento sistémico puede ayudar a que eso suceda?

¡ADIÓS, LLAVE DE TUERCAS! ¡HOLA, TIJERAS DE PODAR!

Pensar en términos de sistemas transforma nuestra forma de ver la economía e invita a los economistas a deshacerse de su viejo bagaje metafórico. A despedirse de la economía como máquina y abrazar, en cambio, la idea de la economía como organismo. A olvidarse de los controles imaginarios que prometían llevar el equilibrio a los mercados, para, en cambio, percibir el pulso de los bucles de realimentación que los mantienen en constante evolución. Ha llegado el momento de que los economistas cambien metafóricamente de profesión, deshaciéndose del casco y la llave de tuercas del ingeniero para coger, en su lugar, unos guantes de jardinero y unas tijeras de podar.

Es este un cambio de profesión largamente esperado: ya en la década de 1970, el propio Friedrich Hayek sugería que los economistas deberían aspirar a parecerse menos a los artesanos realizando sus manualidades y asemejarse más a los jardineros cuidando de sus plantas. Sí, puede que la metáfora venga de un pensador de tendencias liberales extremas, pero, en el peor de los casos, eso sugiere simplemente que Hayek nunca pasó una dura jornada de trabajo en un jardín: como sabe cualquier jardinero de verdad, la jardinería no podría estar más lejos del *laissez-faire*. En su libro *The Gardens of Democracy*, Eric Liu y Nick Hanauer sostienen que

Los economistas necesitan un metafórico cambio de profesión: de ingenieros a jardineros (representados aquí respectivamente por Charlie Chaplin y Josephine Baker).

pasar del pensamiento «mecánico-cerebral» a un pensamiento «gardeno-cerebral» requiere paralelamente dejar de creer que las cosas se regulan por sí solas para pasar a ser conscientes de que en realidad necesitan ser gestionadas. «Ser jardinero no es dejar que la naturaleza siga su curso; es *cuidar* —escriben—. Los jardineros no hacen crecer las plantas, pero crean las condiciones en las que las plantas pueden prosperar y formulan juicios acerca de lo que debe y no debe estar en el jardín.»[46] De ahí que necesitemos jardineros económicos, capaces de alimentar, seleccionar, trasplantar, injertar, podar y desherbar las plantas mientras estas crecen y maduran.

Una forma de introducirse en la jardinería económica es abrazar el concepto de evolución. En lugar de aspirar a predecir y controlar el comportamiento de la economía —sostiene Eric Beinhocker, un destacado pensador en este campo—, los economistas deberían «concebir las políticas como una cartera adaptativa de experimentos que ayudan a configurar la evolución de la economía y la sociedad a lo largo del tiempo». Es un enfoque que aspira a imitar el proceso de selección natural, a menudo resumido en la fórmula «diversifica-selecciona-amplifica»: se trata de realizar experimentos a pequeña escala en materia de políticas públicas a fin de poner a prueba una serie de posibles intervenciones, para abandonar las que no funcionan y ampliar las que sí lo hacen.[47] Este tipo de formulación adaptativa de políticas públicas es crucial frente a los actuales retos ecológicos y sociales, puesto que, en palabras de Elinor Ostrom: «Nunca habíamos tenido que encarar problemas de la escala que afronta hoy la sociedad globalmente interconectada. Nadie sabe con certeza que funcionará, de modo que es importante construir un sistema capaz de evolucionar y adaptarse con rapidez».[48]

Esto tiene implicaciones posibilitadoras: si los sistemas complejos evolucionan a través de sus innovaciones y desviaciones, este hecho aumenta la importancia de las iniciativas novedosas, desde los nuevos modelos empresariales hasta las monedas complementarias, pasando por el diseño de código abierto. Lejos de ser meras actividades marginales, estos experimentos constituyen de hecho la vanguardia —o, más exactamente, la vanguardia evolutiva— de la transformación económica hacia la dinámica distributiva y regenerativa que necesitamos.

Si la economía está en constante evolución, ¿cómo podemos gestionar ese proceso? Aprendiendo a encontrar las «palancas de influencia»,*

---

* En inglés *leverage points*, literalmente «puntos de apalancamiento». (*N. del t.*)

como decía Donella Meadows: aquellas partes de un sistema complejo donde la introducción de un pequeño cambio en un elemento puede traducirse en un gran cambio en todo el conjunto. La autora creía que la mayoría de los economistas dedicaban demasiado tiempo a reajustar palancas de escasa influencia —por ejemplo, retocando los precios (cosa que solo altera el ritmo del flujo)—, cuando podrían ejercer una influencia mucho mayor reequilibrando los bucles de realimentación de la economía, o incluso modificando su objetivo (recuérdese que ella no estaba dispuesta a dedicar ni un minuto al objetivo-cuco del crecimiento del PIB). Además, en lugar de intervenir directamente con planes de cambio —aconsejaba—, es mejor ser humildes y tratar de obtener lo mejor del sistema, incluso si se trata de una economía enfermiza, un bosque moribundo o una comunidad rota. Observar y entender cómo funciona actualmente, y aprender su historia. Es evidente que hay que averiguar qué ha fallado, de modo que preguntémonos: ¿cómo hemos llegado hasta aquí?, ¿hacia dónde nos dirigimos? y ¿qué funciona bien todavía? «No intervenga de manera irreflexiva destruyendo las propias capacidades de automantenimiento del sistema —advertía—. Antes de arremeter y empeorar las cosas, preste atención al valor de lo que ya está ahí.»[49]

En ese sentido, Meadows fue una experta jardinera económica, que dedicó gran parte de su vida a observar el baile de los sistemas ecológicosociales en acción, prestando atención al valor de lo que ya estaba ahí. De hecho, observaba, los sistemas eficaces tienden a tener tres propiedades: una sana jerarquía, la autoorganización y la resiliencia; y, en consecuencia, deberían gestionarse de modo que se permita emerger a estas tres características.

Para empezar, la sana jerarquía se alcanza cuando los sistemas anidados sirven al todo del que forman parte. Así, por ejemplo, las células hepáticas sirven al hígado, que a su vez sirve al cuerpo humano; si esas células empiezan a multiplicarse de manera descontrolada darán lugar a un cáncer, dejando de servir y pasando, en cambio, a destruir al cuerpo del que dependen. En términos económicos, una sana jerarquía implica, por ejemplo, garantizar que el sector financiero está al servicio de la economía productiva, que, a su vez, está al servicio de la vida.[50]

En segundo lugar, la autoorganización nace de la capacidad de un sistema de hacer más complejas sus propias estructuras, como en la división de una célula, el crecimiento de un movimiento social o la expansión de una ciudad. En la economía, una gran parte de la autoorganización se da en el mercado a través del mecanismo de los precios —como supo ver

Adam Smith—, pero también tiene lugar en los comunes y en la familia —como supieron ver Elinor Ostrom y varias generaciones de economistas feministas—. Estos tres ámbitos de abastecimiento pueden autoorganizarse de manera eficaz para satisfacer las carencias y necesidades de la gente, y el Estado debería apoyarlos en ese menester.

Por último, la resiliencia surge de la capacidad de un sistema para resistir y recuperarse de las tensiones, como una gelatina que se bambolea en el plato sin perder su forma o la telaraña que sobrevive a una tormenta. La economía del equilibrio se obsesionó en maximizar la eficiencia y, por ello mismo, pasó por alto la vulnerabilidad que eso puede comportar, tal como veremos en el próximo capítulo. Crear diversidad y redundancia en las estructuras económicas potencia la resiliencia de la economía, haciéndola mucho más eficaz a la hora de adaptarse a futuras perturbaciones y presiones.

Incorporar la ética

Reconocer la complejidad intrínseca de la economía tiene otra consecuencia importante, que tiene que ver con la ética de la formulación de políticas económicas. La ética está en el corazón de otras profesiones, como la medicina, que combina la incerteza inherente al hecho de intervenir en un sistema complejo (como es el cuerpo humano) con la responsabilidad de ejercer impactos significativos en las vidas de otras personas. Hipócrates, el padre de la medicina, inspiró un conjunto de principios éticos, condensados en el moderno «juramento hipocrático», que todavía hoy siguen guiando a los médicos, y que incluyen: ante todo no hacer daño; dar prioridad al paciente; tratar al conjunto de la persona, no solo el síntoma; obtener el consentimiento informado previo, y apelar a los conocimientos de otras personas cuando sea necesario.

Jenofonte, el padre de la economía, concebía la administración del hogar como un asunto meramente doméstico, y, en consecuencia, no creyó necesario sugerir que se necesitara la guía de la ética (dado que consideraba que ya sabía manejar a las mujeres y a los esclavos). Pero actualmente la economía guía la administración de naciones enteras, así como la de nuestro hogar planetario, influyendo profundamente en las vidas de todos nosotros. Siendo así, ¿ha llegado el momento de que los economistas se tomen en serio la cuestión de la ética? George DeMartino, economista y experto en ética de la Universidad de Denver, cree sin duda que

sí. «Cuando una profesión pretende influir sobre otras, asume necesariamente obligaciones éticas, las reconozca o no —sostiene, y seguidamente
añade sin rodeos—: No conozco ninguna otra profesión que se haya tomado sus responsabilidades tan a la ligera.»[51]

DeMartino considera que los asesores de política económica siguen
con demasiada frecuencia lo que él denomina el criterio «maximax»:
cuando consideran todas las posibles opciones en materia de políticas,
recomiendan la que funcionaría mejor *si* funcionara, sin evaluar plenamente si es *probable* que funcione. «Maximax ha sido la principal regla
decisoria en las intervenciones económicas más importantes de los últimos treinta años», sostiene, y a continuación señala los daños causados
por las políticas de choque de privatización y liberalización del mercado
implementadas en Latinoamérica, el África subsahariana y la antigua
Unión Soviética durante las décadas de 1980 y 1990.[52]

La economía lleva un retraso de más de dos mil años con respecto a
la medicina a la hora de pulir la ética de su propia profesión. En este aspecto hay mucho terreno que recuperar, así que, para ponernos manos a
la obra —y con la inspiración de DeMartino—, he aquí cuatro principios
éticos para someter a la consideración del economista del siglo XXI. Primero, *actúe al servicio* de la prosperidad humana en un floreciente entramado de vida, reconociendo todo aquello de lo que depende. Segundo,
respete la autonomía de las comunidades a las que sirva asegurando su
participación y consentimiento, y permaneciendo a la vez siempre consciente de las desigualdades y diferencias que puede haber en su seno.
Tercero, *sea prudente* en la formulación de políticas públicas, intentando
minimizar el riesgo de causar daño —especialmente a los más vulnerables— frente a la incertidumbre. Y por último, *trabaje con humildad*,
haciendo transparentes los supuestos y deficiencias de sus modelos, y
reconociendo las perspectivas e instrumentos económicos alternativos.
Puede que un día esta clase de principios se incluyan en un «juramento
del economista» que recitarán los aspirantes a profesionales de esta disciplina tras su graduación. Pero, haya o no ceremonia, lo importante es
incorporar esos principios éticos a la formación de todos los estudiantes
de economía y a la práctica de todos los responsables de la formulación
de políticas públicas.

«El futuro no puede predecirse —escribió Donella Meadows—, pero
puede concebirse y alumbrarse tiernamente. Los sistemas no pueden
controlarse, pero pueden diseñarse y rediseñarse [...]. Podemos escuchar

lo que nos dice el sistema, y descubrir cómo sus propiedades y nuestros valores pueden trabajar conjuntamente para generar algo mucho mejor de lo que jamás puede producir nuestra voluntad por sí sola.»[53]

De proseguir la dinámica actual de la economía global —con sus efectos divisivos y degenerativos—, afrontaremos un riesgo muy real de vernos abocados al colapso. Este crucial reto generacional requiere que el economista del siglo xxi haga suya la complejidad y se inspire en sus ideas para transformar las economías —desde las de ámbito local hasta la economía mundial— a fin de hacerlas distributivas y regenerativas por diseño, tal como exploraremos en los próximos capítulos. Si hoy viviera, apuesto a que Newton, manzana en mano, no dudaría en apuntarse a la tarea.

5

DISEÑAR PARA DISTRIBUIR
De «el crecimiento lo nivelará todo»
a la distribución por diseño

«Sin sacrificio no hay beneficio»: esta es la frase más conocida del más grande culturista del mundo, que ha motivado a millones de personas a apretar los dientes y ponerse a hacer pesas. En la década de 1980, las agotadoras rutinas de entrenamiento de Arnold Schwarzenegger invadieron el mundo del entrenamiento físico, y su eslogan favorito se convirtió en un célebre lema para muchos gimnasios que todavía perdura. Su mensaje es sencillo: si quieres llegar a tener un cuerpo increíble has de estar dispuesto a realizar un intenso sacrificio físico. Resulta que esa misma divisa también condensa una filosofía económica que vino a dominar la última parte del siglo xx: las naciones tienen que realizar el sacrificio social de sufrir una elevada desigualdad si pretenden crear una sociedad más rica y equitativa para todos.

Es evidente que el lema de «sin sacrificio no hay beneficio» sigue inspirando todavía hoy a muchos responsables políticos, especialmente a la hora de justificar medidas de austeridad que obligan a «apretarse el cinturón», aumentan las desigualdades y perjudican sobre todo a los más pobres. Sin embargo, como veremos en este capítulo, en lo que a la economía se refiere se trata de una falsa creencia, basada, no en pruebas, sino en un diagrama erróneo pero enormemente influyente. Lejos de ser una fase necesaria en el progreso de toda nación, el incremento de la desigualdad es una opción política. Y una opción tremendamente perjudicial en ese sentido, con múltiples repercusiones que no hacen sino alejar aún más a la humanidad de la rosquilla.

Lejos de aceptar la creciente desigualdad como una ley del desarrollo económico, algo inevitable por lo que hay que pasar, los economistas del siglo xxi lo considerarán un fallo de diseño económico, y tratarán de hacer que las economías resulten mucho más eficaces a la hora de distribuir el valor que generan. En lugar de centrarse primordialmente en redistribuir la renta obtenida, aspirarán a redistribuir también la riqueza, especialmente la riqueza derivada de controlar la tierra, la creación de dinero, la empresa, la tecnología y el conocimiento. Y en lugar de centrarse únicamente en soluciones basadas en el mercado y en el Estado, también sacarán partido del poder de los comunes. Esto representa un cambio de perspectiva fundamental, y, de hecho, está ya muy avanzado.

LA MONTAÑA RUSA ECONÓMICA

Si la humanidad pretende prosperar dentro de los límites de la rosquilla, todo ser humano debe tener la capacidad de vivir una existencia caracterizada por estos tres elementos: dignidad, oportunidad y comunidad. Sin embargo, y como veíamos en el capítulo 1, muchos millones de personas todavía carecen de los medios más básicos para ello. Pero ¿dónde viven esas personas?

Hace veinte años, la respuesta era fácil de adivinar: casi todas ellas vivían en los países más pobres del mundo, clasificados por el Banco Mundial como «países de renta baja», con un PIB per cápita de menos de mil dólares al año. Por lo tanto, se consideraba que la erradicación de la pobreza en el mundo pasaba por canalizar transferencias de ayuda globales destinadas a proporcionar servicios públicos básicos y estimular el crecimiento económico en aquellos países de renta baja. Pero hoy la respuesta ha cambiado, y a primera vista parece contraria a la intuición: actualmente las tres cuartas partes de las personas más pobres del mundo viven en países de renta media; no porque ellas se hayan desplazado, sino porque sus países han mejorado en términos generales y, debido a ello, el Banco Mundial los ha reclasificado en la categoría de renta media. Y sin embargo, pese a ello, muchos de estos países —incluidos los más grandes, como China, India, Indonesia y Nigeria— se están haciendo cada vez más desiguales, lo que explica cómo pueden albergar a la vez a la mayoría de la gente más pobre del mundo.

Las grandes desigualdades también generan pobreza en los países de renta elevada, donde la brecha entre ricos y pobres alcanza actualmente su máximo nivel en treinta años, dejando a un asombroso número de personas sin posibilidad de llegar a cubrir sus necesidades básicas.[1] En Estados Unidos, por ejemplo, uno de cada cinco niños vive por debajo del umbral federal de pobreza, mientras que en el Reino Unido los bancos de alimentos están repartiendo desde 2014 más de un millón de paquetes de víveres de emergencia al año.[2]

Por primera vez, poner fin a las privaciones humanas requiere abordar la distribución nacional tanto como la redistribución internacional, sostiene Andy Sumner, el experto que ha elaborado los datos relativos a dónde viven hoy las personas más pobres del mundo. «Se aproxima una reestructuración fundamental de la pobreza global —escribe—, y la principal variable para explicar dicha pobreza global es cada vez más la distribución nacional y, por ende, la economía política nacional.»[3] Obviamente, la redistribución internacional de los países ricos a los pobres sigue siendo esencial para los trescientos millones de personas que viven en la pobreza en los países clasificados todavía como de renta baja, situados principalmente en el África subsahariana. Pero la nueva geografía de las privaciones sitúa la necesidad de abordar las desigualdades nacionales en un lugar prioritario en la agenda de la erradicación de la pobreza para todos.

Si abordar la desigualdad nacional resulta esencial para entrar en la rosquilla, ¿qué tiene que decir al respecto la teoría económica? El de la desigualdad fue un tema de gran interés para muchos de los padres fundadores de la economía, pero estos tenían opiniones muy distintas con respecto a la cuestión de cómo se distribuiría la renta entre los trabajadores, los terratenientes y los capitalistas conforme las economías de mercado fueran creciendo. Mientras que Karl Marx argumentaba que las rentas tenderían a divergir, es decir, que los ricos se harían más ricos al tiempo que los obreros seguirían siendo pobres, Alfred Marshall sostenía justo lo contrario: que las rentas de toda la sociedad tenderían a converger en la medida en que la economía se expandiera. Sin embargo, en la década de 1890, el ingeniero italiano reconvertido en economista Vilfredo Pareto se distanció del debate teórico para pasar a buscar pautas en los datos empíricos. Tras recopilar material de archivo relativo a rentas e impuestos de Inglaterra y de diversos estados alemanes, de París y de varias ciudades italianas, representó los datos obtenidos en un gráfico y observó cómo surgía un patrón curiosamente llamativo: encontró que, en todos los casos, alrededor del 80 % de la renta nacional estaba en manos de solo el 20 % de la población, mientras que el otro 20 % de la renta se repartía entre el 80 % restante. Pareto se sintió encantado: parecía que había descubierto una ley económica; y, de hecho, esta se conoce todavía hoy como la «regla del 80-20» de Pareto. Pero, además, juzgó que la empinada «pirámide social» que revelaban repetidamente sus datos debía de ser un hecho inamovible de la naturaleza humana, y, en consecuencia, las tentativas de redistribución podrían resultar contraproducentes. La forma de ayudar a los que salían peor parados —concluyó— era expandir la economía, y los ricos eran quienes estaban mejor situados para hacer que eso sucediera.[4]

¿Convergente, divergente o inamovible? Los debates sobre la probable trayectoria de la desigualdad de renta se intensificaron; pero en 1955 la historia dio un giro crucial, y lo hizo de una forma bastante literal. Cuando Simon Kuznets —el genial inventor de la contabilidad de la renta nacional— recopiló una serie de datos relativos a las tendencias a largo plazo de las rentas de Estados Unidos, el Reino Unido y Alemania, lo que descubrió le dejó perplejo. En los tres países estudiados, la desigualdad de renta medida antes de impuestos se había ido reduciendo al menos desde la década de 1920, e incluso era posible que desde antes de la Primera Guerra Mundial. Contrariamente a la estática pirámide social de Pareto, Kuznets creyó que había descubierto una ley distinta: una montaña rusa social en la que la desigualdad de renta primero subía, luego se nivelaba y a la larga volvía a bajar, todo ello mientras la economía seguía creciendo.

Era un hallazgo fascinante, pero chocaba con su percepción intuitiva de la trampa del «éxito para los exitosos». Dado que los ricos tienen más ahorros, y que los ahorros generan más riqueza —razonó—, la desigualdad debería tender a aumentar con el tiempo, no a disminuir; entonces ¿qué ocurría? Una posible explicación que él mismo ofreció era el proceso de migración del entorno rural al urbano. En las primeras etapas del desarrollo económico —sugirió Kuznets—, cuando los trabajadores se ven atraídos hacia las ciudades, dejan atrás una vida rural peor remunerada pero bastante igualitaria para percibir unos salarios urbanos que son más elevados pero también más desiguales, de modo que a medida que avanza la industrialización aumenta la desigualdad. Pero en un determinado momento, una vez que hay un número suficiente de trabajadores que perciben esos salarios urbanos más altos y empiezan a exigir una paga mejor para los que menos cobran de entre ellos, la desigualdad empieza a disminuir de nuevo, lo que se traduce en una sociedad a la vez más próspera y más equitativa.[5]

Era una teoría ingeniosa, pero errónea, sobre todo porque en realidad las rentas rurales estaban lejos de ser igualitarias; se trataba de un supuesto falso, sobre el que Kuznets admitía en privado que no tenía «ninguna evidencia en absoluto».[6] Sin embargo, hay que alegar en su favor que fue bastante cauto a la hora de publicar sus conjeturas, señalando que los «escasos» datos en los que se basaba correspondían a un contexto histórico muy concreto y no debían utilizarse para hacer «generalizaciones dogmáticas injustificadas». Admitía abiertamente que sus explicaciones se hallaban «peligrosamente cerca de las meras conjeturas», lo que hacía que su conclusión tuviera «un 5 % de información empírica y un 95 % de especulación, parte de ella posiblemente contaminada por los buenos deseos».[7]

Demasiadas precauciones y advertencias. Su mensaje subyacente —que el aumento de la desigualdad es una fase inevitable del camino hacia el éxito económico para todos— era un argumento demasiado bueno para dudar de él. La imagen que Kuznets había esbozado ya en la mente de todo economista no tardaría en plasmarse en los manuales de economía con el nombre de «curva de Kuznets». Con la renta per cápita en el eje de abscisas y un indicador de la desigualdad de renta nacional en el de ordenadas, la curva —en forma de «U» invertida— parecía exponer una ley del movimiento económico. Y susurraba un potente mensaje: si quieres progreso, la desigualdad es inevitable. Esta empeorará antes de que pueda mejorar, y luego el crecimiento arreglará las cosas. O, como diría Arnold, «no hay beneficio sin sacrificio».

La «U» invertida no tardó en convertirse en un diagrama icónico en economía, especialmente en el naciente campo de la economía del desarrollo, donde reforzaba la teoría de que los países pobres debían concentrar la renta en manos de la gente rica, porque solo esta podía ahorrar e invertir lo suficiente para activar el crecimiento del PIB. Como dijera de forma contundente el teórico fundador de la disciplina, W. Arthur Lewis, «el desarrollo tiene que ser desigualitario».[8] En la década de 1970, tanto Kuznets como Lewis ganaron el Premio Nobel de Economía por sus respectivas teorías sobre el crecimiento y la desigualdad, mientras el Banco Mundial trataba la curva como una ley económica y la utilizaba para publicar proyecciones acerca de cuánto tiempo haría falta para que los niveles de pobreza empezaran a caer en los países de renta baja y media.[9]

Los economistas, mientras tanto, siguieron buscando ejemplos de la montaña rusa en el mundo real. Dado que no se disponía de series cronológicas de datos sólidos para cada país individual, tuvieron que basarse en «instantáneas» de la desigualdad entre una amplia gama de países. De manera aproximada, pero también bastante difusa, los resultados parecían coincidir con la curva: los países de renta media tendían a ser más desiguales que los de renta baja y los de renta elevada. Pero seguía sin haber prueba alguna de que existiera un solo país concreto que hubiera realizado la penosa ascensión de la curva y descendido luego felizmente al otro lado. Solo en la década de 1990, una vez se dispuso del suficiente número de datos de series cronológicas, pudo comprobarse a fondo la validez de la curva de Kuznets. ¿Y cuál fue el resultado? En palabras de

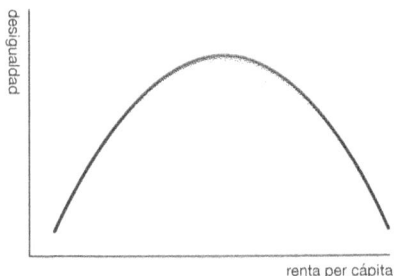

La curva de Kuznets, que sugiere que, en la medida en que los países se van haciendo más ricos, la desigualdad tiene que aumentar primero para poder disminuir a la larga.

un destacado economista de la época, «la pauta es que no hay ninguna pauta».[10] Cuando los países pasaban de un nivel de renta bajo a uno medio y luego al alto, algunos de ellos veían cómo la desigualdad aumentaba y luego disminuía para después volver a aumentar; en otros aumentaba y luego disminuía; y en otros solo aumentaba, o solo disminuía. Así pues, resultaba que, en lo referente a la desigualdad y el crecimiento, todo es posible.

Pero había llamativos fenómenos de ámbito regional que todavía desacreditaban de forma más marcada la errónea ley de la curva. El «milagro» de Asia oriental —desde mediados de la década de 1960 hasta 1990— hizo que países como Japón, Corea del Sur, Indonesia y Malasia combinaran un rápido crecimiento económico con una baja desigualdad y unas decrecientes tasas de pobreza. Ello se logró en gran medida gracias a una reforma agraria rural que incrementó las rentas de los agricultores minifundistas, acompañada de una importante inversión pública en salud y educación, y de una serie de políticas industriales que elevaron los salarios de los trabajadores al tiempo que contenían los precios de los alimentos. Lejos de ser ineludible, resultaba que el proceso de Kuznets podía evitarse; de hecho era posible lograr el crecimiento con equidad. Es más, a partir de comienzos de la década de 1980, muchos países de renta elevada que creían que habían seguido con éxito la trayectoria primero ascendente y luego descendente de la curva vieron cómo la distribución de su renta empezaba a hacerse de nuevo cada vez más desigual, con el resultado del tristemente célebre auge del 1 % más rico de la población, acompañado del estancamiento o el descenso de los salarios para la mayoría.

Fue, sin embargo, la visión a largo plazo de la dinámica de la distribución bajo el capitalismo elaborada en 2014 por el economista Thomas Piketty la que puso de relieve la realidad subyacente. Preguntándose no solo quién *gana* qué, sino también quién *posee* qué, empezó por diferenciar entre dos tipos de familias: las que poseen capital —como tierras, viviendas y activos financieros, que generan alquileres, dividendos e intereses— y aquellas otras que poseen únicamente su trabajo, que solo genera salarios. Luego examinó viejos archivos tributarios de Europa y Estados Unidos para comparar la tendencia de crecimiento de estas distintas fuentes de renta, y llegó a la conclusión de que las economías occidentales —y otras similares— van camino de alcanzar niveles peligrosos de desigualdad. ¿Por qué? Pues porque los rendimientos del capital han tendido a crecer mucho más deprisa que la economía en su conjunto, haciendo que la riqueza esté cada vez más concentrada. Luego esa dinámica se ve reforzada por la influencia política —cuyas expresiones abarcan desde los grupos de presión corporativos a la financiación de campañas—, que favorece todavía más los intereses de quienes ya son ricos. En palabras del propio Piketty: «El capitalismo genera automáticamente desigualdades arbitrarias e insostenibles que socavan de manera radical los valores meritocráticos en los que se basan las sociedades democráticas».[11]

Resulta, pues, que Kuznets tenía razón en parte: la desigualdad de renta —e incluso la desigualdad de riqueza— ciertamente había disminuido tanto en Estados Unidos como en Europa en la primera mitad del siglo xx. Pero el análisis de Piketty revelaba que Kuznets había realizado su estudio en medio de una era económica excepcional. La tendencia niveladora que él había atribuido a la lógica intrínseca del desarrollo capitalista se debía en realidad a la reducción del capital generada por el impacto de las dos guerras mundiales y la Gran Depresión, combinada con la inversión pública sin precedentes en educación, atención sanitaria y seguridad social realizada en el período de posguerra, todo ello financiado mediante una fiscalidad progresiva. La primera intuición de Kuznets había sido acertada: cuando la riqueza se concentra en pocas manos —y cuando los rendimientos del capital crecen más deprisa que la propia economía—, la desigualdad de hecho tiende a aumentar. Una vez más, aquí actúan las reglas del «éxito para los exitosos», a menos que los gobiernos tomen medidas para compensarlas.

Puede que la curva de Kuznets haya quedado desacreditada, junto con la pretensión de que la desigualdad es necesaria para el progreso. Pero, como todas las imágenes potentes, su recuerdo permanece, dando credibilidad al mito de la economía de la «filtración» (de la que ya hemos hablado anteriormente). En 2014, hasta los economistas del Fondo Monetario Internacional (FMI) señalaban con frustración que, pese a las evidencias en sentido contrario, «los responsables políticos parecen estar profundamente imbuidos de la idea de que hay que elegir entre redistribución y crecimiento».[12] Quizá fuera por eso por lo que, en medio de la severa recesión iniciada a raíz del crac financiero de 2008, el vicepresidente de Goldman Sachs, lord Griffiths, creyó que podía justificar la decisión de volver a pagar generosas primas a sus operadores bursátiles afirmando que debía tolerarse «la desigualdad como una forma de alcanzar una mayor prosperidad y oportunidades para todos».[13]

¿POR QUÉ LA DESIGUALDAD ES IMPORTANTE?

Puede que la desigualdad no sea inevitable, pero, en consonancia con el guion neoliberal, hasta hace poco no se la consideraba un motivo de alarma y, desde luego, tampoco un objetivo apropiado para las políticas públicas. «De todas las tendencias que resultan perjudiciales para una economía sólida, la más seductora, y en mi opinión la más ponzoñosa, es la de centrarse en temas de distribución», escribía el influyente economista Robert Lucas en 2004.[14] Durante casi los últimos veinte años, y según uno de sus economistas más destacados, Branko Milanović, en el Banco Mundial «ni tan siquiera la palabra *desigualdad* era políticamente aceptable, porque parecía algo extremado o socialista».[15] Para otros, el grado de desigualdad social aceptable pasó a ser una cuestión de preferencias personales o políticas, como comentó el antiguo primer ministro británico Tony Blair haciendo referencia al entonces máximo futbolista del Reino Unido: «Para mí no es una prioridad acuciante asegurarme de que David Beckham gane menos dinero».[16] Sin embargo, a lo largo del último decenio las percepciones de la desigualdad han cambiado de manera drástica en la medida en que sus efectos sistemáticamente perjudiciales —sociales, políticos, ecológicos y económicos— se han hecho demasiado evidentes.

Las sociedades pueden verse profundamente socavadas por la desigualdad de renta. Cuando los epidemiólogos Richard Wilkinson y Kate

Pickett estudiaron una serie de países de renta elevada en su libro *Desigualdad*, publicado en 2009, descubrieron que es la desigualdad nacional, y no la riqueza nacional, lo que más influye en el bienestar social de las naciones. Así, encontraron que los países más desiguales tienden a tener proporciones más elevadas de embarazo adolescente, enfermedad mental, consumo de drogas, obesidad, presos, abandono escolar y desintegración comunitaria, junto con una esperanza de vida inferior, un estatus más bajo para las mujeres y menores niveles de confianza.[17] «Los efectos de la desigualdad no se limitan a los pobres —concluían—; la desigualdad daña el tejido de todo el conjunto de la sociedad.»[18] Las sociedades más igualitarias, sean ricas o pobres, resultan ser las más sanas y las más felices.

También la democracia se ve amenazada por la desigualdad cuando esta concentra el poder en manos de unos pocos y genera un mercado de influencia política. Probablemente en ningún lugar resulta tan evidente este hecho como en Estados Unidos, que en 2015 albergaba a más de quinientos milmillonarios. «Actualmente estamos viendo que los milmillonarios se muestran mucho más activos en su afán de influir en el proceso electoral —observa el analista político Darrell West, que ha estudiado las excentricidades de sus conciudadanos más ricos—. Gastan decenas o cientos de millones de dólares persiguiendo sus propios intereses partidistas, a menudo a espaldas de la opinión pública estadounidense.»[19] El exvicepresidente Al Gore opina lo mismo: «La democracia estadounidense ha sufrido un hachazo —sostiene—, y el hacha es la financiación de las campañas».[20]

Resulta, asimismo, que los niveles más altos de desigualdad nacional tienden a ir de la mano de una mayor degradación ecológica. ¿Por qué? En parte porque la desigualdad social favorece la competencia de estatus y el consumo ostentoso, un fenómeno que se resume muy bien en cierta frase que se puso de moda en las pegatinas de los parachoques de Estados Unidos, y que afirmaba —medio en broma, medio en serio— que «el que muere con más juguetes gana».* Pero también porque la desigualdad erosiona el capital social —basado en las conexiones comunitarias, la confianza y las normas— que sustenta la acción colectiva necesaria para exigir, promulgar y hacer cumplir una legislación medioambiental.[21] Una investigación sobre el consumo de agua de las familias costarricenses y el consumo de energía en Estados Unidos reveló que la presión social para

---

* Aunque el sentido no es exactamente el mismo, en castellano diríamos «¡Serás el más rico del cementerio!». (*N. del t.*)

reducir el consumo a la norma comunitaria era mucho más fuerte en las comunidades que se concebían a sí mismas como un grupo de iguales.[22] No resulta sorprendente, pues, que un estudio realizado en los cincuenta estados que conforman el territorio estadounidense encontrara que aquellos que se distinguían por tener mayores desigualdades de poder —en términos de renta y de identidad étnica— eran también los que contaban con políticas medioambientales más débiles y sufrían una mayor degradación ecológica.[23] Asimismo, otro estudio realizado en cincuenta países distintos reveló que, cuanto más desigual es un país, más probable resulta que se vea amenazada la biodiversidad de su paisaje.[24]

También la estabilidad económica corre peligro cuando los recursos se concentran en demasiadas pocas manos, algo que se hizo evidente en la crisis financiera de 2008. Cuando los mejor remunerados adquirieron activos de alto riesgo que resultaron ser las deudas «empaquetadas» de los peor remunerados que habían adquirido hipotecas que no podían permitirse, el resultado fue la fragilidad del sistema y el crac financiero. Michael Kumhof y Romain Rancière, dos economistas del FMI, analizaron los veinticinco años anteriores al crac y encontraron que ese período presentaba extrañas semejanzas con el período previo a la Gran Depresión de 1929: ambas épocas presenciaron un gran incremento de la proporción de renta de los ricos, un sector financiero en rápido crecimiento y un importante aumento del endeudamiento del resto de la población, culminando en una crisis financiera y social.[25]

Es obvio, pues, que una elevada desigualdad de renta acarrea numerosos efectos perjudiciales. Antaño, para las economías de renta baja, estos podrían haber parecido un precio desafortunado pero necesario a cambio del papel que se creía que desempeñaba la desigualdad a la hora de generar un crecimiento económico más rápido; pero también ese mito se ha visto desacreditado. Contrariamente a las teorías fundacionales de la economía del desarrollo, la desigualdad no hace que las economías crezcan más deprisa: en todo caso, más bien las ralentiza. Y lo hace desperdiciando el potencial de una gran parte de la población: personas que podrían ser maestros o corredores de bolsa, enfermeros o microempresarios —contribuyendo activamente a la riqueza y el bienestar de su comunidad—, en lugar de ello tienen que dedicar su tiempo a buscar desesperadamente la forma de satisfacer las necesidades cotidianas más básicas de sus familias. Cuando las familias más pobres de la sociedad no tienen dinero para pagar sus necesidades esenciales, los trabajadores más pobres de la sociedad tampoco encuentran un trabajo que les permita satisfacerlas, y de ese modo el mercado se estanca precisamente para quienes más necesitan su dinamismo.

Este razonamiento intuitivo se ve respaldado por el análisis: los economistas del FMI han encontrado firmes evidencias de que en una amplia gama de países la desigualdad socava el crecimiento del PIB.[26] «Las sociedades más desiguales tienen un crecimiento económico más lento y más frágil —escribe Jonathan Ostry, el principal economista que está detrás de este estudio del FMI—. Por lo tanto, sería un error imaginar que podemos centrarnos en el crecimiento económico y dejar que la desigualdad se las apañe sola.»[27] Este es un mensaje de tremenda importancia, sobre todo para los actuales responsables de la formulación de las políticas públicas en los países de renta baja y media; y un mensaje que contradice claramente el mito de la curva de Kuznets, basada en que «no hay beneficio sin sacrificio».

CONOZCA LA RED

Hoy, con la curva de Kuznets desacreditada, y los efectos perjudiciales de la desigualdad crudamente revelados, está surgiendo una nueva mentalidad. Su mensaje es sencillo:

No esperes que el crecimiento económico reduzca la desigualdad, porque no lo hará. En lugar de ello, crea una economía que sea distributiva por diseño.

Tal economía debe ayudar a situar a todo el mundo por encima del fundamento social de la rosquilla. Para ello, no obstante, debe alterar la distribución no solo de la renta, sino también de la riqueza, el tiempo y el poder. ¿Una tarea difícil? Desde luego. Pero surgen muchas posibilidades si partimos con mentalidad de pensadores sistémicos. Un buen punto de arranque es dibujar una nueva imagen; así pues, ¿qué imagen condensa mejor el principio del diseño distributivo? A diferencia de la pirámide de Pareto y la montaña rusa de Kuznets, su esencia es una red distribuida cuyos numerosos nodos, grandes y pequeños, se hallan interconectados en un entramado de flujos.

Como muestra su repetido éxito en los diseños de la naturaleza, las redes son estructuras excelentes para distribuir recursos de manera fiable a lo largo de todo un sistema. Para entender mejor qué tipo de redes pue-

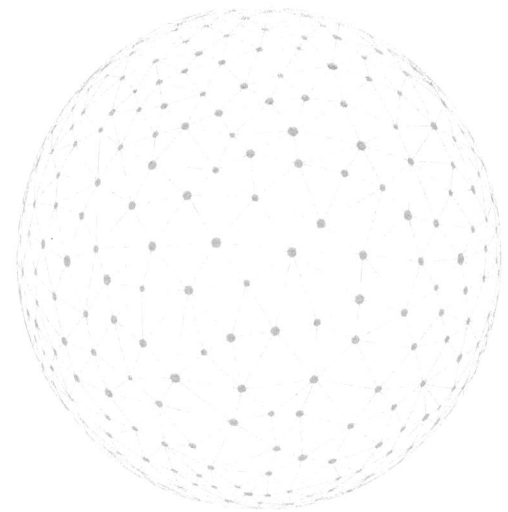

Una red de flujos: si se estructura una economía como red distribuida, se puede repartir de forma más equitativa la renta y la riqueza que esta genera.

den hacernos prosperar, los teóricos de redes Sally Goerner, Bernard Lietaer y Robert Ulanowicz estudiaron las pautas de ramificación y los flujos de recursos que se encuentran en los ecosistemas de la naturaleza. Desde los manantiales de agua fría de Iowa hasta los pantanos infestados de caimanes del sur de Florida, encontraron que la respuesta reside —como ocurre con tanta frecuencia— en la estructura y en el equilibrio.

Las redes de la naturaleza se estructuran en forma de fractales ramificados, cuya envergadura varía desde unos cuantos de gran tamaño a un gran número de tamaño medio, y luego infinidad de otros más pequeños, como los afluentes en el delta de un río, las ramas en un árbol, los vasos sanguíneos del cuerpo o las venas de una hoja.[28] A través de esas redes pueden fluir diferentes recursos como energía, materia o información, de formas tales que alcanzan un fino equilibrio entre la *eficiencia* del sistema y su *resiliencia*. La eficiencia se da cuando un sistema racionaliza y simplifica su flujo de recursos para alcanzar sus objetivos, pongamos por caso canalizando los recursos directamente entre los nodos de mayor tamaño. La resiliencia, en cambio, depende de la diversidad y la redundancia de la red, lo que significa que en los momentos de perturbación o de cambio existen abundantes conexiones y opciones alternativas. Un exceso de eficiencia hace vulnerable al sistema (como comprendieron, demasiado tarde, los reguladores financieros globales en 2008), mientras que un exceso de resiliencia lo hace estancarse: su vitalidad y robustez residen en el equilibrio entre ambas.

¿Qué principios de diseño pueden enseñarnos las prósperas redes de la naturaleza con vistas a crear economías igualmente prósperas? En dos palabras: diversidad y distribución. Si los actores de mayor envergadura dominan una red económica, reduciendo el número y la diversidad de los pequeños y medianos, el resultado será una economía extremadamente frágil y desigual. Sin duda este es un fenómeno que nos resulta familiar, dada la actual escala de concentración corporativa existente en numerosos sectores industriales, desde la agroindustria, los productos farmacéuticos y los medios de comunicación hasta los bancos a los que se considera demasiado grandes para quebrar.

Como señalan Goerner y sus colegas, la fragilidad generada por esta concentración está haciendo que vuelva a atribuirse un gran valor a las empresas pequeñas y diversas que constituyen el grueso de una red económica. «Dado que hemos exagerado la importancia de las organizaciones de gran envergadura, hoy el mejor modo de restaurar la robustez sería revitalizar nuestro sistema raíz de empresas justas y de pequeña escala —concluyen—. El desarrollo económico debe centrarse más en desarrollar el capital humano, de la comunidad y de la pequeña empresa, puesto que la vitalidad a largo plazo y a todos los niveles depende de ello.»[29] La cuestión, pues, es cómo diseñar redes económicas que distribuyan el valor —desde los materiales y la energía hasta el conocimiento y la renta— de una forma mucho más equitativa.

Redistribuir la renta... y la riqueza

En la segunda mitad del siglo xx, las políticas orientadas a la redistribución nacional se clasificaban en tres grandes categorías: impuestos progresivos sobre la renta y transferencias; medidas de protección del mercado laboral, como el salario mínimo; y provisión de servicios públicos como la atención sanitaria, la educación y las viviendas sociales. A partir de la década de 1980, los autores del guion neoliberal presionaron en contra de todas y cada una de estas políticas. Se generó un encarnizado debate en torno a la cuestión de si incrementar los impuestos sobre la renta desincentivaba a los mejor remunerados de trabajar más, y si aumentar los subsidios asistenciales atrapaba a los peor remunerados en el paro. Los salarios mínimos y los sindicatos pasaron a considerarse, no una protección para los trabajadores más pobres, sino un obstáculo para su contratación. Y el papel del Estado a la hora de proporcionar una educación de calidad, una atención sanitaria universal y una vivienda asequible pasó a calificarse como un gasto público cada vez más prohibitivo que al mismo tiempo favorecía la dependencia.

Gracias a la indignación pública internacional frente a las crecientes desigualdades, hoy, en los comienzos del siglo XXI, ha vuelto a manifestarse el deseo de una mayor redistribución. Actualmente muchos economistas ortodoxos de países de renta elevada se muestran partidarios de aumentar los tipos impositivos marginales más altos, además de incrementar la fiscalidad de los tipos de interés, los alquileres y los dividendos. Activistas sociales de todo el mundo presionan a gobiernos y empresas para que se pague un salario mínimo vital; la Alianza Asiática pro Salario Mínimo, por ejemplo, exige un salario mínimo vital para los trabajadores del sector textil de todo el continente asiático.[30] Otros piden también que se establezca un salario máximo, que en cada empresa sea de entre veinte a cincuenta veces el salario del empleado que menos cobre, con el fin de contener los excesivos sueldos de los directivos y garantizar que los beneficios empresariales se repartan de forma más equitativa entre la plantilla.[31] Hoy algunos gobiernos ofrecen un acceso garantizado al trabajo, como el plan implementado a escala nacional en la India que promete cien días de empleo al año, remunerado con el salario mínimo, a todas las familias rurales que lo necesiten.[32] Y en muchos países —desde Australia y Estados Unidos hasta Sudáfrica y Eslovenia— se organizan campañas ciudadanas en favor de una renta básica nacional, que se pague de manera incondicional a toda la población, con el fin de garantizar que, con trabajo o sin él, todo el mundo disponga de unos ingresos suficientes para satisfacer las necesidades esenciales de la vida.[33]

Estas políticas redistributivas pueden cambiar la vida de quienes se benefician de ellas. Sin embargo, probablemente no llegan a la raíz de las desigualdades económicas en la medida en que se centran en redistribuir la renta, pero no la riqueza que la genera. Abordar la desigualdad de raíz requiere democratizar la propiedad de la riqueza —sostiene el historiador y economista Gar Alperovitz—, puesto que «los sistemas político-económicos se definen en gran parte por la forma en que se posee y se controla la propiedad».[34] Así pues, además de la redistribución de la renta, el economista debe pasar a centrarse también en la redistribución de las fuentes de riqueza. Si al lector le parece un objetivo completamente inviable, un necio sueño imposible, siga leyendo. El diseño distributivo representa, en este siglo, una posibilidad sin precedentes de transformar la dinámica de la propiedad de la riqueza. En ese sentido surgen cinco grandes oportunidades, relacionadas con quién controla la tierra, la creación de dinero, la empresa, la tecnología y el conocimiento; más abajo exploramos las cinco.

Algunas de estas oportunidades dependen de que se lleven a cabo reformas lideradas por el Estado, y, en consecuencia, deben considerarse parte de un proceso de cambio a largo plazo. Pero otras, de manera crucial, pueden partir de movimientos de base y surgir desde abajo, de modo que pueden iniciarse de forma inmediata. Obviamente, muchas de ellas se han iniciado ya. Y al transformar la dinámica subyacente a la riqueza, estas innovaciones contribuyen a convertir las actuales economías divisivas en economías distributivas, reduciendo así tanto la pobreza como la desigualdad.

¿QUIÉN POSEE LA TIERRA?

Redistribuir la propiedad de la tierra ha sido históricamente una de las formas más directas de reducir las desigualdades nacionales, tal como demostró la experiencia inmediatamente posterior a la Segunda Guerra Mundial en países como Japón y Corea del Sur. Para las personas cuyo sustento y cuya cultura dependen de la tierra, obtener derechos sobre esta resulta esencial, puesto que permiten a los agricultores pedir préstamos, incrementar el rendimiento de sus cultivos y labrarse un futuro seguro para sus familias y comunidades. Ello resulta especialmente cierto en el caso de las mujeres agricultoras: con unos derechos firmemente asentados en relación con la herencia de la tierra, estas pueden obtener casi cuatro veces más ingresos que si se hallan en situación de inseguridad en ese aspecto. En la aldea de Santinagar, en Bengala Occidental, un grupo de 36 familias sin tierras se constituyeron en comunidad de propietarios en 2010 gracias a un plan de adquisición de tierras a bajo precio diseñado por una organización de defensa de los derechos sobre la tierra, Landesa, y el gobierno estatal. Entre sus miembros se cuentan Suchitra Dey, su marido y su hija de nueve años. «La gente nos llamaba criaturas desarraigadas —explicaba—, pero ahora nos sentimos orgullosos porque

tenemos nuestro propio domicilio.» En su microparcela —aproximadamente del tamaño de una pista de tenis—, han construido una casa y
cultivan hortalizas. Vender los excedentes ha duplicado los ingresos familiares, permitiendo ahorrar a Suchitra para la educación de su hija.[35]
Este es sin duda el comienzo de una vida mejor.

El problema es que, en la medida en que las poblaciones y las economías crecen, el precio de la tierra aumenta, pero la tierra disponible no
puede incrementarse, de modo que esa escasez genera unos alquileres
cada vez más altos para los propietarios. Mark Twain ya advirtió esta
tendencia en la Norteamérica del siglo XIX: «Compra tierra —dijo bro-
meando—. Ya no van a fabricar más». Su contemporáneo Henry George
se sintió conmocionado por la injusticia inherente a esta situación, que
pudo presenciar de primera mano en sus viajes por todo el territorio estadounidense en la década de 1870. Pero en lugar de alentar a sus conciudadanos a comprar tierras, pidió al Estado que gravara su propiedad.
¿Con qué argumento? Pues alegando que una gran parte del valor de la
tierra proviene, no de lo que se construye en la parcela, sino de los dones
naturales del agua o los minerales que puede haber bajo su superficie, o
del valor —creado colectivamente— de su entorno: carreteras y vías férreas cercanas; una economía próspera; un vecindario agradable; buenas
escuelas y hospitales locales... Esto explica, sin duda, el eterno mantra de
los agentes inmobiliarios: ¿qué determina el valor de una casa? «Ubicación, ubicación y ubicación.»

En 1914, un partidario de George, Fay Lewis, decidió utilizar este
argumento para realizar lo que hoy llamaríamos una acción artística política. Compró un solar vacío en una calle de su ciudad natal de Rockford,
Illinois, y lo dejó abandonado, erigiendo únicamente un gigantesco cartel
para explicar por qué. Incluso lo reprodujo en una postal para difundir
el mensaje por todas partes.[36]

La propuesta de George de establecer un impuesto sobre el valor de
la tierra —una tasa anual sobre los valores subyacentes de las tierras como
una forma justa de generar renta pública— se hacía eco de la anterior
petición de John Stuart Mill de que se gravara a los «propietarios rentistas» que «se enriquecen por así decirlo mientras duermen, sin trabajar,
arriesgar o economizar».[37] Inspirados por tal razonamiento, hoy existen
impuestos sobre el valor de la tierra —aunque en una forma diluida— en
numerosos países, desde Dinamarca y Kenia hasta Estados Unidos, Hong
Kong y Australia. Pero para George la tributación era básicamente un
sustituto de una solución más sistémica: la tierra —creía— debería ser

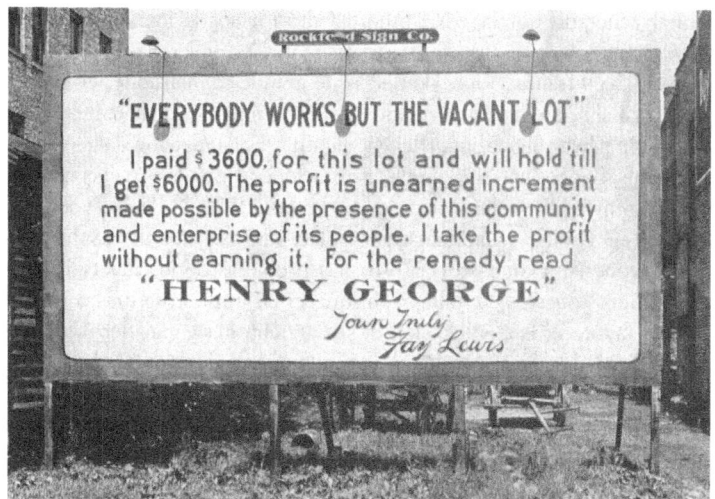

Acción artística política de Fay Lewis, Rockford (Illinois), 1914.

propiedad de la comunidad, y no de los terratenientes. «El derecho igualitario de todos los hombres al uso de la tierra —escribió— es tan evidente como su derecho igualitario a respirar el aire.»[38] Esta visión era una reacción contra una larga historia de cercado de tierras cuyo origen se remontaba a la estrategia emprendida por Enrique VIII en el siglo XVI de disolver los monasterios de Inglaterra y liquidar sus propiedades. Durante los dos siglos siguientes, la nueva aristocracia terrateniente se dedicó a cercar las tierras comunales rurales que hasta entonces se utilizaban colectivamente como pastos para crear inmensas fincas privadas, dando origen a la vez a una extensa clase de trabajadores sin tierras que tenían que elegir entre arar los campos de sus patrones o dirigirse a los centros industriales para buscar un trabajo asalariado. Como dijera de forma contundente el historiador E. P. Thompson en la década de 1960: «El cercado (teniendo en cuenta todas sus sutilezas) fue un caso bastante claro de robo de clase».[39]

Aquella histórica usurpación de la Inglaterra rural resulta emblemática de la secular tendencia global tanto del Estado como del mercado a invadir las tierras comunales, al principio mediante la colonización, y luego a través de la expansión corporativa. Hoy este fenómeno está experimentando un nuevo auge, con un renovado interés del inversor interna cional generado por la crisis mundial del precio de los alimentos en 2007-2008. Desde el año 2000, los inversores extranjeros han realizado más de 1.200 transacciones de tierras de grandes dimensiones en países de renta baja y media, adquiriendo más de 43 millones de hectáreas, una extensión mayor que la superficie de Japón.[40] En la mayoría de los casos, esas transacciones han sido meras usurpaciones, firmadas sin el consentimiento previo libre e informado de las comunidades indígenas y locales que habían habitado y administrado colectivamente esas tierras durante generaciones. En un caso tras otro, las promesas de los inversores de crear nuevos puestos de trabajo, enriquecer las infraestructuras comunitarias y favorecer la cualificación de los agricultores y ganaderos locales se han quedado en nada; en lugar de ello, numerosas comunidades se han visto desposeídas, dispersadas y empobrecidas.[41]

La justificación para convertir la tierra en propiedad privada la proporcionaba la defensa que hiciera Adam Smith de la capacidad de autoorganización del mercado; una justificación que posteriormente se vería reforzada por la afirmación de Garrett Hardin de que los comunes —o bienes comunales— constituían intrínsecamente una tragedia. Sin embargo, como veíamos en el capítulo 2, Elinor Ostrom cuestionó esa creencia cuando empezó a llamar la atención sobre la alternativa —igualmente potente— de la autogestión de los comunes, y demostró que Hardin se equivocaba. Recopilando una amplia variedad de estudios de casos concretos sobre usuarios de recursos «de propiedad común», desde el sureste de la India hasta el sur de California, Ostrom y sus colegas analizaron cómo distintas comunidades habían colaborado con éxito, a veces durante generaciones, a la hora de explotar, administrar y conservar bosques, caladeros y vías fluviales.[42]

Muchas de aquellas comunidades, de hecho, gestionaban sus tierras y recursos de propiedad común mejor de lo que lo hacían los mercados, y mejor de lo que lo hacían otros planes comparables dirigidos por el Estado. En Nepal, donde los cultivadores de arroz afrontan el reto de garantizar que todos los agricultores dispongan de agua suficiente para el riego, Ostrom y sus colegas compararon los sistemas de regadío construidos y gestionados por el Estado con los construidos y gestionados por los propios agricultores; y encontraron que, aunque los sistemas de regadío gestionados por los cultivadores eran de construcción más sencilla, se mantenían en mejor estado de conservación, producían más arroz y distribuían el agua disponible de forma más equitativa entre todos sus miembros. Este sistema autogestionario funcionaba porque los agricultores habían desarrollado sus propias normas para regular el uso del agua, se reunían regularmente tanto en reuniones formales como en los propios campos, habían establecido un sistema de supervisión y sancionaban a quienes incumplían las reglas.[43]

Es obvio que hay muchas formas de compartir más equitativamente la riqueza que yace bajo nuestros pies. Ostrom, sin embargo, se apresuraba a señalar que no hay ninguna panacea para gestionar bien la tierra y sus recursos: ni el mercado, ni los comunes ni el Estado por sí solos pueden proporcionar una fórmula infalible. Los planteamientos con vistas a un diseño distributivo de la tierra deben ajustarse al lugar y a la población, y posiblemente funcionan mejor cuando combinan estas tres formas de abastecimiento.[44]

¿QUIÉN HACE NUESTRO DINERO?

Vivimos en una monocultura del dinero, la cual nos resulta tan familiar y arraigada que —como el pez que nunca ha reparado en la presencia del agua— apenas somos conscientes de su existencia. El dinero que conocemos, ya sean dólares, euros, rupias o yenes, se basa en uno solo de los muchos diseños monetarios posibles. Esto es importante porque el dinero no es meramente un disco metálico, un trozo de papel o un dígito electrónico. Es, en esencia, una relación social: una promesa de reembolso basada en la confianza.[45] Y el diseño del dinero —cómo se crea, qué carácter se le confiere y cómo debe utilizarse— tiene consecuencias distributivas de amplio alcance. Entonces, ¿qué es esa agua monetaria en la que nadamos?

En la mayoría de los países, el privilegio de crear dinero se ha otorgado a los bancos comerciales, que lo crean cada vez que ofrecen préstamos o crédito. Como resultado, se pone más dinero en circulación por el mero hecho de emitir más deuda que devenga intereses, y esa deuda se canaliza cada vez más en diversas actividades, como comprar casas, tierras o valores y acciones. Este tipo de inversiones no crean nueva riqueza que genere una renta adicional con la que pagar los intereses, sino que, por contra, obtienen un rendimiento simplemente haciendo subir el precio de los activos existentes.[46] En el Reino Unido, por ejemplo, el 97 % del dinero lo crean los bancos comerciales, y su carácter adquiere la forma de préstamos con intereses basados en deuda. ¿Y qué hay del uso que se pretende darle? En los diez años anteriores al crac financiero de 2008, más del 75 % de dichos préstamos se destinaron a comprar acciones o casas —alimentando así la burbuja del precio de la vivienda—, mientras que solo un 13 % se destinó a pequeñas empresas dedicadas a la actividad productiva.[47] Cuando esa deuda se incrementa, una parte creciente de la renta de un país se desvía en forma de pagos a quienes han realizado inversiones que generan intereses y en forma de beneficios para el sector bancario, dejando una menor cantidad de renta disponible para gastar en los productos y servicios proporcionados por quienes trabajan en la economía productiva. «Al igual que los terratenientes eran los rentistas arquetípicos de sus sociedades agrarias —escribe el economista Michael Hudson—, del mismo modo los inversores, financieros y banqueros constituyen el mayor sector rentista de las financiarizadas economías actuales.»[48]

Una vez explicado con detalle el actual diseño del dinero —su creación, su carácter y su uso—, se hace evidente que hay muchas opciones para rediseñarlo, las cuales implican la participación del Estado y los comunes, junto con el mercado. Es más, de hecho pueden coexistir muchas clases distintas de dinero, con el potencial de convertir una monocultura monetaria en un ecosistema financiero.

Imagine, para empezar, que los bancos centrales recuperaran el poder de crear dinero y luego lo remitieran a los bancos comerciales, exigiéndoles al mismo tiempo que mantuvieran unas reservas del 100 % de los préstamos que conceden, lo que significa que cada préstamo estaría respaldado por los ahorros de otra persona o por el propio capital del banco. Sin duda, esto diferenciaría la capacidad de proporcionar dinero de la capacidad de dar crédito, de modo que ayudaría a prevenir la acumulación de burbujas crediticias alimentadas por deuda que al estallar ocasionan tan graves costes sociales. Puede que esta idea parezca extravagante, pero no es una sugerencia nueva ni marginal. Propuesta inicialmente durante la Gran Depresión, en la década de 1930, por influyentes economistas de la época como Irving Fisher y Milton Friedman, hallaría un renovado apoyo tras el crac de 2008, cuando obtuvo el respaldo de los expertos financieros ortodoxos del Fondo Monetario Internacional, así como del destacado periodista Martin Wolf, del británico *Financial Times*.[49]

Asimismo, los bancos públicos podrían utilizar dinero del banco central para canalizar una cantidad sustancial de préstamos a bajo interés o sin intereses hacia inversiones orientadas a una transformación a largo plazo, como, por ejemplo, en viviendas y en transporte público que fueran asequibles y neutros en emisiones de carbono. Ello estimularía de manera crucial la creación de los activos transformadores que hoy necesita toda economía, y alejaría el poder de manos de lo que Keynes denominaba «el rentista [...], el inversor sin función alguna». De hecho —sostenía—, si el Estado mantenía los tipos de interés muy bajos de manera intencionada

> [...] eso significaría la eutanasia del rentista y, por consiguiente, la eutanasia del opresivo poder de acumulación del capitalista para explotar el valor de escasez del capital. Hoy el interés no recompensa ningún sacrificio genuino más de lo que pueda hacerlo el alquiler de la tierra. El propietario del capital obtiene un interés porque el capital es escaso, del mismo modo que el propietario de la tierra obtiene un alquiler porque la tierra es escasa.[50]

Los Estados también podrían transformar el impacto distributivo de las medidas de política monetaria empleadas durante las recesiones. En las recesiones moderadas, los bancos centrales normalmente tratan de incrementar la oferta monetaria reduciendo los tipos de interés a fin de estimular el crédito de la banca comercial y, por ende, la creación de dinero. En cambio, en las recesiones profundas, una vez que los tipos de interés han alcanzado ya niveles muy bajos, los bancos centrales intentan incrementar aún más la oferta monetaria recomprando deuda pública a los bancos comerciales —una práctica conocida como «expansión cuantitativa», o EC—, con la esperanza de que luego los bancos procurarán invertir el dinero adicional en la expansión de la empresa productiva. Pero, como ha demostrado la experiencia posterior al crac financiero, en realidad los bancos comerciales emplearon ese dinero extra en reconstruir su propio balance general, comprando activos financieros especulativos como materias primas y acciones. Como resultado, aumentó el precio de materias primas como los cereales y los metales, junto con el de activos fijos como la tierra y la vivienda, pero no así las nuevas inversiones en la empresa productiva.[51]

¿Y si, en cambio, los bancos centrales abordaran tales recesiones profundas remitiendo directamente dinero nuevo a cada familia como ingresos atípicos destinados específicamente a pagar deudas propias (una idea que se ha dado en llamar la «EC de la gente»)?[52] En lugar de inflar el precio de la deuda pública, lo que tiende a beneficiar a los propietarios de activos ricos, este planteamiento —que viene a ser como una bonificación tributaria única para todo el mundo— beneficiaría a las familias endeudadas. Asimismo —sugiere el experto fiscal Richard Murphy—, los bancos centrales podrían canalizar el dinero nuevo hacia bancos de inversión nacionales para destinarlo a proyectos de infraestructuras «verdes» y de carácter social, como, por ejemplo, sistemas de energías renovables de base comunitaria, en el marco de la transformación infraestructural a largo plazo que tan urgentemente se necesita (una idea hoy conocida como «EC verde»).[53]

A primera vista, estas ideas de rediseño monetario liderado por el Estado podrían parecer radicales, pero lo cierto es que cada vez dan la impresión de resultar más factibles. Y además de promover una mayor estabilidad económica, favorecerían también una mayor igualdad, tendiendo a amparar a los peor remunerados y los endeudados antes que a los bancos y los propietarios de activos.

También los comunes están siendo objeto de rediseño monetario, en la medida en que diversas comunidades están creando sus propias monedas complementarias para ser utilizadas en paralelo con la moneda oficial del país. «En cualquier parte donde haya necesidades no satisfechas y recursos sobrantes —explica el economista financiero Tony Greenham—, podemos encontrar nuevas formas de crear dinero.»[54] Estas monedas, emitidas en el marco de sus comunidades de usuarios, a veces son de papel, otras veces electrónicas, y normalmente están libres de intereses. Tanto si su uso aspira a estimular la economía local, a potenciar comunidades marginadas o a recompensar un trabajo tradicionalmente no remunerado, el hecho es que este tipo de monedas alternativas están prosperando, creando ecosistemas monetarios locales más resilientes y equitativos.

Tomemos, por ejemplo, el caso de Bangladés, no el país, sino el extenso suburbio del mismo nombre situado en las afueras de la ciudad keniata de Mombasa, donde el dinero escasea y las empresas son extremadamente inestables, lo que con frecuencia hace que muchas familias anden faltas de dinero para afrontar las necesidades básicas de la vida. En 2013 se creó el «bangla-pesa» como moneda complementaria para ser utilizada por las pequeñas empresas de esta comunidad. ¿Cuál fue la primera reacción del gobierno? Detener al creador del proyecto, Will Ruddick —un cooperante de desarrollo comunitario de origen estadounidense—, junto con cinco de los primeros usuarios de la moneda, por temor a que sus vales de papel pretendieran desbancar a la moneda oficial del país, el chelín keniata. Pero una vez que los funcionarios de la administración comprendieron que en realidad el bangla-pesa aspiraba a complementar al chelín keniata, y no a competir con él, pusieron en libertad al grupo y empezaron a darle su apoyo con vistas a difundir el proyecto.

Hoy forman parte de esta red más de doscientos comerciantes, la mayoría de ellos mujeres —desde panaderos y vendedoras de fruta hasta carpinteros y sastres—. Cada nuevo miembro debe ser avalado por otros cuatro antes de que se le entreguen sus vales de bangla-pesas, que debe comprometerse a respaldar con sus propios bienes y servicios, garantizando así que el sistema sea financiado por sus propios miembros.[55] En los dos años posteriores a la puesta en circulación de la nueva moneda, los ingresos totales de los comerciantes se habían incrementado de manera sustancial, gracias en buena parte a la estabilidad económica y la liquidez proporcionadas por el proyecto. Utilizar vales de bangla-pesas para comprar y vender dentro de la red permite a los miembros guardar sus chelines keniatas para pagar productos de primera necesidad como la electricidad, que requieren dinero en efectivo. Además, la moneda complementaria proporciona un colchón frente a los frecuentes bajones del nivel de dinero gastado en la comunidad. Cuando, en 2014, el barrio se vio afectado por un corte de luz que duró tres días, los pequeños negocios como la barbería de John Wacharia perdieron clientes e ingresos en efectivo; pero, como miembro de la red, él disponía de un medio de intercambio alternativo. «El bangla-pesa me permitió mantener a mi familia, comer y sobrevivir cuando ya no podía trabajar», explicaba.[56]

Ahora bien, las monedas complementarias no son útiles únicamente para las personas que andan escasas de dinero. Tomemos el caso de San Galo, una rica ciudad suiza que en 2012 introdujo el denominado «banco de tiempo» con el fin de proporcionar mayores cuidados asistenciales a las personas de edad avanzada. Su proyecto, denominado *Zeitvorsorge* (literalmente «prestación de tiempo»), invita a todos los ciudadanos de más de sesenta años de edad a ganar créditos de tiempo asistencial ayudando a algún residente anciano local en tareas cotidianas como hacer la compra y cocinar, a la vez que se le hace compañía. Esto lo convierte en una forma ideal de que los jubilados se paguen un «plan de pensiones de tiempo» que les permita cubrir sus futuras necesidades de atención y compañía. El proyecto *Zeitvorsorge* distribuye una cuantía inicial de créditos de tiempo asistencial —que constituyen básicamente su moneda— entre los residentes ancianos más necesitados de la ciudad, haciendo el sistema socialmente redistributivo desde un primer momento. Cada cuidador puede ganar hasta setecientas cincuenta horas de créditos de tiempo, y el propio ayuntamiento actúa como garante, con la promesa de canjear los créditos por dinero en el caso de que la iniciativa se fuera a pique.[57]

Hasta ahora la popularidad del proyecto no ha hecho sino aumentar.

Una vez a la semana, Elspeth Messerlí, de setenta y tres años, pasa el día ayudando a Jacob Brasselberg, de setenta, cuya esclerosis múltiple le tiene confinado en una silla de ruedas. ¿Por qué lo hace Elspeth? «Los dos primeros años después de la jubilación me dediqué a disfrutar de la vida, pero luego volví a necesitar un objetivo —explica—. Así que hoy doy, y mañana recibiré si lo necesito.»[58] Obviamente, este tipo de proyectos —en los que se gana una moneda asistencial realizando labores asistenciales— plantean la inquietud de que, como en el caso del pago a los niños por leer libros, se corra el riesgo de reemplazar la motivación moral por dinero, aunque aquí sea una clase de dinero muy distinta. Dado que este tipo de proyectos se están extendiendo, se hace necesario investigar todo el alcance de sus efectos sociales y explorar cómo pueden diseñarse de manera que sirvan para reforzar, en lugar de reemplazar, el instinto humano de cuidar de los demás.

Es evidente que las monedas complementarias pueden enriquecer y potenciar a las comunidades, pero actualmente están surgiendo algunas que están cambiando las reglas del juego gracias a la invención de Blockchain (o «cadena de bloques»). Blockchain, que combina las bases de datos con las tecnologías de red, es una plataforma digital descentralizada *inter pares* (o P2P) que permite hacer un seguimiento de toda clase de valores intercambiados entre personas. Su nombre se deriva de los bloques de datos —cada uno de los cuales constituye una «instantánea» de todas las transacciones que acaban de realizarse en la red— que se unen unos a otros para crear una cadena, sumando así un registro minuto a minuto de toda la actividad de la red. Y dado que dicho registro se almacena en todos los ordenadores de la red, actúa como una especie de libro de contabilidad público que no puede alterarse, corromperse ni borrarse, convirtiendo este sistema en una espina dorsal digital extremadamente segura con vistas al futuro del comercio electrónico y de una gobernanza transparente.

Una moneda digital en rápido crecimiento que utiliza la tecnología Blockchain es Ethereum, que, entre sus muchas aplicaciones potenciales, está permitiendo la creación de microrredes eléctricas que posibilitan el intercambio de energías renovables de usuario a usuario. Estas microrredes permiten a cualquier hogar, oficina o institución cercana que disponga de un contador inteligente, conexión a Internet y paneles solares en el tejado engancharse a ellas para vender o comprar su excedente de electrones a medida que se generan, todo ello automáticamente registrado en unidades de la mencionada moneda digital. Este tipo de redes descentralizadas —que pueden abarcar desde una manzana de casas hasta una ciudad entera— favorecen la resiliencia comunitaria frente a posibles apagones al mismo tiempo que reducen las pérdidas asociadas a la transmisión de energía a largas distancias. Es más, la información incorporada en cada transacción de Ethereum permite a los miembros del sistema poner en práctica sus propios valores en el mercado de las microrredes, por ejemplo, optando por comprar electricidad de los proveedores más cercanos o más ecológicos, o bien solo de aquellos que son de propiedad comunitaria o sin ánimo de lucro.[59] Y esto es solo un ejemplo de su potencial. «Ethereum es una moneda para la era moderna —afirma el experto en criptomoneda David Seaman—. Es una plataforma que podría ser realmente importante para la sociedad que está a la vuelta de la esquina de formas que ni siquiera podemos predecir aún.»[60]

Estos ejemplos tan distintos ilustran solo algunas de las innumerables posibilidades de rediseño monetario que implican la participación del mercado, el Estado y los comunes. Pero cada una de ellas evidencia que el modo como se diseña el dinero —su creación, su carácter y el uso que se pretende darle— tiene implicaciones distributivas de largo alcance. Reconocer este hecho nos invita a escapar de la monocultura del dinero y situar el potencial del diseño distributivo en el corazón de un nuevo ecosistema financiero.

¿QUIÉN POSEE NUESTRO TRABAJO?

El estancamiento de los salarios se ha convertido en un fenómeno familiar. Durante las tres últimas décadas, la mayoría de los trabajadores de todos los países de renta elevada han visto cómo sus salarios apenas aumentaban, se congelaban o incluso descendían mientras la paga de los directivos se disparaba. En el Reino Unido, desde 1980, el PIB ha crecido mucho más deprisa que el salario medio de los trabajadores, al tiempo que la brecha salarial también se ha incrementado, lo que ha dado como resultado que en 2010 el trabajador medio ganara un 25 % menos de lo que habría ganado en otras circunstancias.[61] En Estados Unidos, el período comprendido entre 2002 y 2012 se ha calificado como «la década perdida de los salarios»: mientras que la productividad de la economía creció un 30 %, los salarios correspondientes al 70 % peor remunerado de los trabajadores se mantuvieron estancados o bajaron.[62] Incluso en Alemania —donde los sindicatos ejercen mucha mayor influencia en la política industrial—, la proporción de los salarios en la producción nacional pasó de representar el 61 % del PIB en 2001 a solo el 55 % en 2007, su nivel más bajo en cinco décadas.[63] De hecho, en todos los países de renta elevada, mientras que la productividad de los trabajadores creció más del 5 % entre 2009 y 2013, sus salarios lo hicieron solo el 0,4 %.[64]

La clave de esta injusticia radica en una sencilla cuestión de diseño: ¿quién posee la empresa y, en consecuencia, se queda con el valor que generan los trabajadores? Cuando los padres fundadores de la economía discrepaban acerca de cómo se distribuiría la renta entre los trabajadores, los propietarios y los capitalistas, había, no obstante, algo en lo que todos ellos coincidían: era evidente que se trataba de tres grupos de personas distintos. En plena revolución industrial —cuando los propietarios de las industrias emitían acciones para los inversores ricos mientras contrataban a trabajadores empobrecidos en la puerta de la fábrica—, aquel era un supuesto correcto. Pero ¿qué era lo que determinaba la respectiva proporción de ingresos de cada grupo? La teoría económica sostiene que es su productividad relativa, pero en la práctica ha resultado ser en gran medida su poder relativo. El auge del capitalismo accionarial afianzó la cultura de la primacía del accionista, junto con la creencia de que la principal obligación de una empresa es maximizar los rendimientos para los propietarios de sus acciones.

Hay una profunda ironía en este modelo. Los empleados que acuden a su trabajo un día sí y otro también son tratados básicamente como extraños: un coste de producción que hay que minimizar, un insumo al que se puede contratar y despedir según lo requiera la rentabilidad. Al mismo tiempo, a los accionistas, que probablemente nunca lleguen a poner los pies en las instalaciones de la empresa, se los trata como si fueran los miembros más valiosos de esta: su estricto interés en maximizar sus beneficios se antepone a todo lo demás. No tiene, pues, nada de asombroso que en este marco el trabajador medio haya salido perdiendo, especialmente teniendo en cuenta que desde la década de 1980 los sindicatos se han visto despojados de su capacidad de negociación en numerosos países.

Pero este marco es, obviamente, solo uno de los muchos posibles diseños de empresa. Resulta que ha dominado los siglos XIX y XX, pero eso no significa que tenga que dominar el XXI. La analista Marjorie Kelly ha dedicado su carrera a conocer los efectos de otros diseños de empresa alternativos, desde corporaciones que aparecen en la lista «Fortune 500» hasta organizaciones locales sin ánimo de lucro. Para que una empresa sea intrínsecamente distributiva del valor que crea —sostiene Kelly—, hay dos principios de diseño especialmente cruciales: *pertenencia arraigada* y *financiación de partícipes*; y, en conjunto, ambos ponen patas arriba el modelo de propiedad dominante.[65] Imagine que el trabajador dejara de ser un extraño prescindible para pasar a convertirse, en cambio, en el miembro más arraigado de la empresa y propietario colectivamente de esta. Imagine también que este tipo de empresas obtuvieran su financiación, no emitiendo acciones para inversores externos, sino emitiendo bonos que prometieran a sus inversores-partícipes, no una tajada de la propiedad, sino un justo rendimiento fijo. Por supuesto, no hace falta que se lo imagine: este tipo de empresas están creciendo con rapidez.

Las empresas autogestionadas por los empleados y las cooperativas de trabajo constituyen desde hace largo tiempo una piedra angular del diseño de empresa distributivo, nacido del movimiento cooperativo que surgió en la Inglaterra de mediados del siglo xix y que ofrecía a sus miembros una mejor paga, una mayor seguridad laboral y la participación en la gestión de la empresa. Hoy este es un modelo floreciente, con iniciativas que van desde las cooperativas Evergreen que regentan invernaderos, lavanderías y servicios de instalación de paneles solares en Cleveland, Ohio, hasta la cooperativa rural de Mamsera, en el distrito de Rombo, Tanzania, cuyos miembros cultivan café de alta calidad y gestionan viveros de árboles. Ambas forman parte de una fuerza creciente: en 2012, las trescientas mayores cooperativas del planeta —cuyos ámbitos de actuación abarcaban la agricultura, la venta al por menor, los seguros y la atención sanitaria— generaron unos ingresos de 2,2 billones de dólares, el equivalente a la séptima economía del mundo.[66] En el Reino Unido, John Lewis Partnership, una importante cadena de tiendas con casi un siglo de existencia, cuenta con más de noventa mil trabajadores permanentes con la categoría de «socios» de la empresa. En 2011, la compañía recaudó cincuenta millones de libras en capital invitando a sus empleados y clientes a comprar bonos a cinco años a cambio de un dividendo anual del 4,5 % más un 2 % en vales de compra.[67]

Hoy se están añadiendo otros nuevos diseños de empresa a este arraigado modelo para crear un auténtico ecosistema empresarial. Y está ocurriendo, en buena parte, gracias a empresarios y juristas innovadores que están aunando sus fuerzas para elaborar nuevos tipos de estatutos corporativos y de asociación, que constituyen en la práctica un manual de usuario de la empresa donde se establecen sus objetivos, su estructura y los derechos y deberes de sus empleados. Rediseñar esto equivale a rediseñar el ADN de la empresa. Desde las organizaciones sin ánimo de lucro hasta las empresas de interés comunitario, el experimento de rediseñar la empresa desde abajo está dando lugar a toda una red de alternativas empresariales que operan paralelamente a las empresas establecidas que funcionan a la antigua usanza. «Lo que está en marcha es una revolución de la propiedad —afirma Todd Johnson, uno de los innovadores juristas estadounidenses que están reescribiendo los estatutos corporativos—. Se trata de ampliar el poder económico de unos pocos a muchos, y de cambiar la mentalidad de la indiferencia social al beneficio social.»[68] Estos son los fundamentos de un movimiento tan dinámico como estimulante, pero los críticos señalan que la práctica empresarial establecida, impulsada por la primacía del accionista, todavía sigue siendo predominante. «A la larga tendremos que cambiar el sistema operativo que constituye el núcleo de las grandes corporaciones —reconoce Kelly—. Pero si empezamos por ahí, fracasaremos. Hay que empezar por lo que resulta factible, por lo que resulta estimulante, y lo que apunta a mayores victorias en el futuro.»[69]

¿QUIÉN POSEERÁ LOS ROBOTS?

«La revolución digital es mucho más importante que la invención de la escritura o incluso de la imprenta», decía Douglas Engelbart, el aclamado innovador estadounidense en el ámbito de la interacción ordenador-humano. Puede que tuviera razón. Pero la trascendencia de esta revolución para el trabajo, los salarios y la riqueza depende de quién posea y de cómo se utilicen las tecnologías digitales. Hasta ahora, estas han generado dos tendencias opuestas cuyas implicaciones apenas están empezando a revelarse.

En primer lugar, la revolución digital ha dado lugar a una era de colaboración en red con un coste marginal cercano a cero, tal como veíamos al estudiar la dinámica de los comunes colaborativos en el capítulo 2. Básicamente, está generando una revolución en forma de propiedad de capital distribuida. Cualquiera que disponga de conexión a Internet puede entretener, informar, aprender y enseñar a escala mundial. Cualquier tejado de una casa, escuela o empresa puede generar energía renovable, y, si participa en un proyecto tipo Blockchain, puede vender el excedente en una microrred. Con acceso a una impresora 3D, cualquiera puede descargar diseños o crear los suyos propios e imprimir a voluntad la herramienta o artilugio que necesite. Estas tecnologías «laterales» constituyen la esencia del diseño distributivo y difuminan la división entre productores y consumidores, permitiendo que todo el mundo se convierta en «prosumidor», a la vez productor y usuario, en una economía *inter pares*.

Hasta aquí, todo muy posibilitador para la persona. Pero resulta que también se da un proceso paralelo regido por la dinámica de «el ganador se lo lleva todo». En lugar de favorecer una diversidad de empresas y proveedores de información basados en la web, los potentes efectos reticulares de Internet (donde todo el mundo quiere formar parte de la misma red que los demás) han venido a transformar a los proveedores individuales —como Google, YouTube, Apple, Facebook, eBay, Paypal y Amazon— en monopolios digitales que actualmente se asientan en el corazón de la denominada «sociedad red». Hoy estas empresas gestionan en la práctica los comunes sociales globales en beneficio de sus propias iniciativas comerciales, armándose agresivamente de patentes que les permiten proteger ese privilegio.[70] Todavía existe una enorme falta de gobernanza global que regule esta dinámica divisiva, pero es obvio que va a resultar esencial para poder revertir este rápido «cercado» de los comunes más creativos del siglo XXI.

Asimismo, la revolución digital ha comportado una segunda tendencia de concentración. Al tiempo que potencia a las personas gracias a una producción con un coste marginal cercano a cero, por otra parte las está desplazando por medio de una producción con unos requisitos humanos también cercanos a cero. A causa del auge de los robots —máquinas que pueden imitar y superar a los humanos—, hoy muchos millones de puestos de trabajo están en peligro. ¿Qué puestos exactamente? Cualesquiera cuya función implique tareas —cualificadas o no— que pueda realizar un software desarrollado por un programador, desde mozos de almacén, soldadores de piezas de automóvil o agentes de viajes hasta taxistas, asistentes legales y cardiocirujanos. Esta oleada de automatización digital todavía se halla en su infancia, pero ya ha conducido a lo que el experto en economía digital Erik Brynjolfsson denomina la «gran escisión» entre la producción y el empleo, cuya manifestación más evidente puede observarse en Estados Unidos. Allí la productividad y el empleo estuvieron estrechamente relacionados desde el final de la Segunda Guerra Mundial hasta 2000, pero a partir de ese año han experimentado una importante divergencia: mientras que la productividad no ha dejado de crecer, los niveles de empleo han caído a plomo.[71]

Obviamente, la tecnología ya había reemplazado antes a muchos trabajadores, y este hecho puede redundar en beneficio de todo el conjunto de la sociedad si libera a la gente para que pueda pasar a dedicarse a otras empresas productivas. En 1900, la mitad de la población activa de Estados Unidos trabajaba en la agricultura, ayudada por más de veinte millones de caballos. Apenas poco más de un siglo después, y gracias a la mecanización, solo el 2% de los trabajadores estadounidenses están empleados en el sector agrícola, y los caballos prácticamente han desaparecido.[72] Pero a los analistas económicos les preocupa el hecho de que las actuales sustituciones por robots estén afectando a numerosos sectores industriales y de servicios con tal rapidez que la creación de puestos de trabajo en otros ámbitos simplemente no puede seguir el mismo ritmo. Millones de empleos de cualificación media perdidos en la recesión de 2007-2009 no se han recuperado porque han sido reemplazados por software. Al mismo tiempo, los puestos de trabajo recuperados tras la recesión son mayoritariamente de baja categoría, creándose así lo que se conoce como una economía tipo «reloj de arena», que ofrece unos cuantos empleos de alta cualificación y muchos de baja cualificación, sin prácticamente nada en medio. Los analistas predicen que en 2020 podrían haberse perdido debido a la automatización cinco millones de puestos de trabajo en quince grandes economías del planeta.[73] Y esta es una tendencia global, en la que China es actualmente el país donde el mercado de robots está experimentando un crecimiento más rápido. Allí, el gigante de la fabricación electrónica Foxconn, que actualmente da trabajo a alrededor de un millón de trabajadores, planea crear «un ejército de un millón de robots», y ya ha reemplazado por robots a sesenta mil trabajadores en una sola de sus fábricas.[74]

Siendo así, ¿cómo podría ayudar el diseño distributivo a evitar la segregación económica que la tecnología parece estar impulsando? Un punto de partida obvio es pasar de gravar el trabajo a gravar el uso de recursos no renovables: ello contribuiría a erosionar la injusta ventaja tributaria de la que actualmente disfrutan las empresas que invierten en maquinaria (un gasto fiscalmente deducible) en lugar de hacerlo en seres humanos (pagando el correspondiente impuesto sobre la nómina). Al mismo tiempo, invertir mucho más en mejorar la cualificación de las personas en aquellos aspectos en los que estas ganan de forma aplastante a los robots: en creatividad, empatía, perspicacia y contacto humano, unas aptitudes que resultan esenciales para muchas clases de ocupaciones, desde profesor de escuela primaria y director artístico hasta psicoterapeuta, trabajador social o analista político. En palabras de Erik Brynjolfsson y su colega Andrew McAfee: «Los humanos tienen necesidades económicas que solo pueden satisfacer otros humanos, y eso hace menos probable que sigamos el mismo camino de los caballos».[75]

Resulta tranquilizador, pero solo en parte, porque si la mayoría de los trabajadores siguen obteniendo sus ingresos únicamente mediante la venta de su trabajo, sencillamente no ganarán lo suficiente. Los analistas prevén que los salarios no lograrán hacerse con una tajada del pastel económico lo bastante grande para asegurar que todo el mundo reciba parte de ella, y aún menos una parte justa. Los futuros rendimientos del empleo remunerado están en vías de crear un mercado laboral profundamente escindido con desigualdades inmensas; una perspectiva que refuerza sobremanera la lógica que subyace a las numerosas campañas nacionales que actualmente exigen una renta básica para todo el mundo.

Un nicho de trabajo humano para algunos y una renta garantizada para todos constituiría un inteligente punto de partida para hacer frente al auge de los robots, pero dejaría a los trabajadores peor remunerados y a los parados en la situación de verse obligados año tras año a ejercer una constante presión para mantener ese alto nivel de redistribución. Sería mucho más seguro que toda persona participara de la propiedad de la propia tecnología robótica. ¿Qué forma podría adoptar esa participación? Algunos abogan por una especie de «dividendo robótico», una idea inspirada en el Fondo Permanente de Alaska, un fondo de fideicomiso de propiedad pública que, gracias a una enmienda constitucional de ámbito estatal, concede a todos los ciudadanos de Alaska una parte anual de los ingresos que percibe dicho estado de la industria del petróleo y el gas, un dividendo que en 2015 superó los dos mil dólares por residente.[76]

Este modelo también podría funcionar en el caso de los robots; pero, gracias a las actuales lagunas tributarias y a una cultura de rendimientos privatizados, actualmente muchos Estados-nación —como el propio Estados Unidos— obtienen una cuantía sorprendentemente baja de renta directa de una economía digital que mueve muchos miles de millones de dólares, y ello a pesar de haber invertido cantidades sustanciales de dinero público en la investigación, el desarrollo y las infraestructuras que la sustentan. Esto tiene que cambiar —sostiene la economista Mariana Mazzucato—: cuando el Estado asume un riesgo, merece un rendimiento, que podría cobrarse, por ejemplo, mediante derechos de patentes de titularidad conjunta público-privada, o mediante bancos públicos que tuvieran una significativa cantidad de acciones de aquellas empresas que utilizan tecnologías robóticas basadas en investigaciones financiadas con dinero público.[77] Dado el extremo trastorno del trabajo y, por ende, de los ingresos que se prevé debido al auge de los robots, se necesitan más propuestas innovadoras de este cariz para garantizar que la riqueza generada por su productividad se distribuya de manera generalizada. Dicho esto, es también hora de ir más allá de la tradicional disyuntiva binaria entre mercado y Estado en lo que concierne a controlar la tecnología, para pasar, en cambio, a que la innovación se produzca en el ámbito de los comunes colaborativos, que tienen el potencial de transformar el control del conocimiento.

¿QUIÉN POSEE LAS IDEAS?

El régimen internacional de derechos de propiedad intelectual ha configurado de manera significativa el control y la distribución del conocimiento durante cientos de años. Es una historia que comenzó de un modo bastante inocente en el siglo XV, cuando Venecia empezó a conceder patentes de diez años a sus célebres sopladores de vidrio para proteger sus nuevas creaciones de posibles imitadores: enséñenos cómo lo ha hecho —prometía la ley—, y no se permitirá que nadie le copie durante un decenio. Era una forma inteligente de que la ciudad-estado recompensara el ingenio; pero, cuando los artesanos venecianos emigraron, se llevaron sus demandas de patentes consigo, extendiendo así aquella práctica por toda Europa y a diferentes sectores comerciales.[78]

El auge de las patentes, a las que luego siguieron los derechos de autor y las marcas registradas, creó unos regímenes de propiedad intelectual que en un primer momento estimularon la revolución industrial, pero que posteriormente empezaron a colonizar los comunes del conocimiento tradicional, con un creciente número de patentes que aspiraban a monopolizar unos conocimientos prácticos que de hecho se habían desarrollado de forma colectiva. En lo que constituye un hecho sumamente irónico, actualmente se reconoce de forma generalizada que el uso y abuso de la ley de propiedad intelectual está asfixiando la misma innovación que en sus orígenes pretendía fomentar. Hoy las patentes tienen una duración de veinte años, y se conceden a una amplia gama de invenciones de lo más espurio, lo que ha permitido, por ejemplo, que Amazon USA patentara la compra «en un clic» o que la empresa médica Myriad Genetics patentara los genes relacionados con el cáncer.[79] Y en muchas industrias de alta tecnología las patentes se adquieren con frecuencia tácticamente con el objetivo concreto de bloquear o demandar a la competencia. «Hemos diseñado un régimen de propiedad intelectual costoso e injusto —escribe el economista Joseph Stiglitz—, que trabaja más en beneficio de los abogados de patentes y las grandes corporaciones que en pro del avance de la ciencia y los pequeños innovadores.»[80]

La teoría económica ortodoxa sostiene que, sin la protección de la propiedad intelectual, los innovadores carecen de incentivos para sacar nuevos productos al mercado, puesto que no pueden recuperar sus gastos. Pero en el ámbito de los comunes colaborativos, millones de innovadores están cuestionando esa arraigada creencia, co-creando y utilizando no solo software libre de código abierto (conocido como FOSS por sus siglas en inglés), sino también hardware libre de código abierto (abreviado en este caso como FOSH). Ese mismo espíritu se encarna en la iniciativa de Marcin Jakubowski, un físico y granjero de Misuri que, frustrado por el coste desorbitado de una maquinaria agrícola que además se estropeaba constantemente, decidió construirse la suya propia, compartiendo al mismo tiempo sus diseños —continuamente mejorados— a través de Internet de manera gratuita. Su idea pronto dio lugar al denominado «set de construcción de la aldea global», que muestra paso a paso cómo construir desde cero cincuenta máquinas de utilidad universal, desde tractores, prensas de ladrillos e impresoras 3D hasta aserraderos, hornos de pan y aerogeneradores. Hasta el momento, los diseños han sido recreados por innovadores de la India, China, Estados Unidos, Canadá, Guatemala, Nicaragua, Italia y Francia. Inspirándose en este éxito, Jakubowski y sus colaboradores han creado el Instituto de Construcción Abierta, con el propósito de realizar diseños de código abierto de viviendas ecológicas, autónomas y asequibles a disposición de todos.[81] «Nuestro objetivo es la producción descentralizada —explica—. Estoy hablando de un ejemplo comercial de empresa eficiente donde el concepto tradicional de escala resulta irrelevante. Nuestro nuevo concepto de escala tiene que ver con distribuir el poder económico por todas partes.»[82]

El diseño de código abierto también promete grandes beneficios sociales y enormes ahorros de costes para las instituciones financiadas por el Estado en todos los países, afirma Joshua Pearce, un destacado académico e ingeniero en el campo del hardware libre de código abierto. Su investigación sobre la economía de la fabricación de FOSH revela que utilizar impresoras 3D y diseños de código abierto para producir equipamiento científico esencial —como las jeringuillas de precisión que se utilizan ampliamente en laboratorios y hospitales— reduce los costes, haciendo que dicho equipamiento resulte mucho más asequible y accesible en todo el mundo. «La conclusión ineludible —dice Pearce— es que el desarrollo de FOSH debería ser financiado por organizaciones interesadas en maximizar el rendimiento de las inversiones públicas especialmente en tecnologías asociadas a la ciencia, la medicina y la educación.»[83]

Es obvio que la revolución digital ha iniciado una era de creación colaborativa de conocimiento que tiene el potencial de descentralizar radicalmente la propiedad de la riqueza. Sin embargo —argumenta Michel Bauwens, teórico especializado en el ámbito de los comunes—, es improbable que se pueda desarrollar su potencial sin el apoyo del Estado. Del mismo modo que el capitalismo corporativo ha dependido durante largo tiempo del respaldo de las políticas gubernamentales, la financiación pública y una legislación favorable a la empresa, hoy los comunes necesitan el apoyo de un Estado-socio cuyo objetivo sea favorecer la creación de valor común.[84] ¿Y cómo puede el Estado empezar a ayudar a los comunes del conocimiento a realizar su potencial? De cinco maneras fundamentales.

En primer lugar, invirtiendo en ingenio humano mediante la formación en materia de emprendimiento social, resolución de problemas y colaboración en escuelas y universidades de todo el mundo: tales aptitudes capacitarán a la próxima generación como ninguna lo ha estado antes para innovar en redes de código abierto. En segundo término, garantizando que toda la investigación financiada públicamente se convierta en conocimiento público mediante la exigencia contractual de que se autorice su uso a los comunes del conocimiento, en lugar de dejar que quede encerrado bajo patentes y derechos de autor para el beneficio comercial privado. En tercer lugar, reduciendo el excesivo alcance de los derechos de propiedad intelectual corporativa para evitar que las patentes espurias y los derechos de autor invadan el ámbito de los comunes del conocimiento. En cuarto término, financiando públicamente la creación de los denominados «espacios *maker*» comunitarios, lugares donde los innovadores pueden reunirse y experimentar con el uso compartido de impresoras 3D y herramientas esenciales para la construcción de hardware. Y por último, alentando la difusión de organizaciones cívicas —desde sociedades cooperativas y grupos estudiantiles a clubes de innovación y asociaciones de vecinos—, puesto que sus interconexiones se convierten en los propios nodos que dan vida a estas redes *inter pares*.

Hacerse global

Pese a la importancia de abordar las desigualdades en el ámbito nacional, las desigualdades globales constituyen un motivo de inquietud aún mayor. Desde el año 2000, la desigualdad de renta global ha disminuido ligeramente —en gran parte gracias a la reducción de la pobreza en China—, pero el mundo en general todavía sigue siendo más desigual que cualquiera de los países que lo integran.[85] Y ese sesgo extremo en las rentas globales contribuye a empujar a la humanidad fuera de los dos límites de la rosquilla. Durante varios siglos nos han animado a identificarnos ante todo como ciudadanos de tal o cual país, cada uno con su propia economía, observando a los «otros» más allá de la frontera o en la orilla opuesta del mar. Si damos el paso inevitable que corresponde al siglo xxi y pasamos a considerarnos también parte de una comunidad global, conectada a través de una economía multinivel pero interdependiente, ¿qué posibilidades podrían surgir con vistas a un diseño globalmente redistributivo?

La herramienta tradicional para la redistribución internacional ha sido la denominada «ayuda oficial al desarrollo» (AOD), pero la historia de sus transferencias de los países ricos a los pobres no representa sino un fracaso en toda regla, caracterizado por la estrechez de miras en la acción global. En una resolución de 1970 de las Naciones Unidas, los países de renta elevada se comprometían a destinar a la ayuda al desarrollo el 0,7 % de su renta anual, y a hacerlo en 1980 como muy tarde. Pero en 2013 —más de treinta años después de la fecha límite—, la aportación global se mantenía apenas en el 0,3 %, menos de la mitad de lo que se prometía cada año. Bien gastados, los fondos que faltaban podrían haber proporcionado décadas de progreso en salud maternal, nutrición infantil y educación femenina a las comunidades más pobres del mundo; ello habría servido para impulsar a las mujeres, transformar los medios de subsistencia, estimular la prosperidad nacional y ayudar a estabilizar la población global al mismo tiempo.[86]

Allí donde los países de renta elevada han incumplido su promesa de redistribución financiera, los emigrantes globales han tomado el relevo. Hoy las remesas que envían a los familiares que se han quedado en su país —y que salen de sus ingresos— constituyen la principal fuente de financiación externa de muchos países de renta baja, superando tanto la ayuda al desarrollo como la inversión directa extranjera. Dichas remesas de los trabajadores representan en torno al 25 % del PIB en países como

Nepal, Lesoto y Moldavia, y constituyen un elemento vital de resiliencia durante las crisis económicas y humanitarias de ámbito nacional,[87] lo cual convierte la emigración en una de las formas más eficaces de reducir la desigualdad de renta global. Pero su éxito a largo plazo depende de la capacidad de evitar las grandes desigualdades de renta dentro de los propios países de acogida, y de crear conexiones comunitarias y capital social. Sin estos dos elementos, las comunidades locales que han quedado atrás económicamente suelen culpar de su retraso a los inmigrantes, en lugar de acoger favorablemente la diversidad y el dinamismo que puede aportar su presencia.

Con frecuencia, los países de renta elevada han justificado su pobre historial de ayuda al desarrollo alegando que, lejos de gastarse adecuadamente, una excesiva proporción de dicha ayuda es malversada por líderes corruptos o invertida en proyectos mal diseñados. Hay rigurosas evaluaciones que muestran que, en realidad, una buena parte de la ayuda exterior resulta extremadamente eficaz a la hora de abordar la pobreza, aunque eso no equivale a negar que a veces se utilice mal. Pero ¿y si, en cambio, parte de esa ayuda al desarrollo prometida se canalizara directamente hacia las personas que viven en la pobreza en esos países? En ese caso actuaría como una renta básica, dando acceso al mercado a todo el mundo como un medio de satisfacer sus necesidades. Es más, por primera vez en la historia, un proyecto de este tipo podría funcionar realmente, gracias a la rápida difusión mundial de los teléfonos móviles y el éxito demostrado de la banca móvil.

Kenia ha sido un país pionero en la banca móvil desde el lanzamiento de su servicio dinerario móvil M-PESA en 2007. En el plazo de seis años habían pasado a utilizar este servicio las tres cuartas partes de los adultos keniatas, incluyendo el 70 % de los residentes en zonas rurales, y —de manera asombrosa— más del 40 % del PIB de Kenia pasaba por M-PESA.[88] Se espera que en 2018 haya 5.500 millones de personas que utilicen teléfonos móviles en todo el mundo, y obviamente la banca móvil formará parte del paquete.[89] Básicamente, pues, pronto será factible crear una guía telefónica de lo que se ha dado en llamar «el club de la miseria», los mil millones de personas más pobres del mundo, y transferirles directamente dinero digital. Contrariamente a la inquietud de que una renta básica garantizada podría hacer a la gente perezosa o incluso imprudente, diversos estudios realizados sobre sistemas de transferencias de dinero en diversos países no revelan que se produzca este efecto: antes bien, la gente tiende a trabajar más y a aprovechar más oportunidades cuando sabe que cuenta con la seguridad de un recurso de emergencia.[90] En lo referente a proporcionar una renta básica a las personas más pobres del mundo la pregunta ya no es «¿cómo demonios vamos a hacerlo?», sino «¿por qué demonios no íbamos a hacerlo?».[91]

La experiencia piloto de mayor envergadura y mayor duración en este aspecto se está llevando a cabo en Kenia, iniciada por la organización benéfica estadounidense GiveDirectly. Durante los próximos diez o quince años, seis mil de las personas más pobres de Kenia recibirán regularmente una renta garantizada suficiente para satisfacer las necesidades básicas de sus familias, y transferida a través de sus teléfonos móviles. Mediante la realización de una experiencia piloto de esta envergadura, la entidad espera proporcionar a los destinatarios la seguridad necesaria para poder tomar decisiones a largo plazo que les cambien la vida, y demostrar asimismo que ha llegado el momento de poner en práctica la idea de la renta básica universal.[92] Solo hay que hacer una advertencia: que los ingresos privados no son un sustitutivo de los servicios públicos. A la hora de abordar la desigualdad y la pobreza, el mercado funciona mejor cuando complementa al Estado y a los comunes en lugar de sustituirlos. Este tipo de renta básica, acompañada de la prestación gratuita de servicios educativos y de atención sanitaria, sería una inversión directa en el potencial de toda mujer, hombre y niño, favoreciendo de manera significativa las perspectivas de alcanzar el fundamento social de la rosquilla para todo el mundo.

¿Cómo podrían recaudarse fondos adicionales —aparte del 0,7 % de la ayuda oficial al desarrollo— en el marco de un espíritu de redistribución global? Para empezar, mediante un impuesto global sobre la riqueza personal extrema. Actualmente hay más de 2.000 milmillonarios viviendo en veinte países que van desde Estados Unidos, China y Rusia hasta Turquía, Tailandia e Indonesia.[93] Un impuesto anual sobre el patrimonio que lo gravara solo con un 1,5 % de su valor neto recaudaría cada año 74.000 millones de dólares: eso solo bastaría para cubrir la financiación necesaria para que todos los niños pudieran ir a la escuela y para proporcionar servicios de salud esenciales en todos los países de renta baja.[94] Añádase a ello un sistema global de impuesto de sociedades que trate a las corporaciones multinacionales como empresas individuales unificadas, y que ponga fin a las lagunas tributarias y los paraísos fiscales, estimulando así el uso de la renta pública para objetivos públicos a escala mundial.[95] Compleméntese con una serie de impuestos especiales sobre los sectores desestabilizadores o perjudiciales, como, por ejemplo, un impuesto global sobre las transacciones financieras destinado a frenar las operaciones especulativas y un impuesto global sobre el carbono aplicado a la producción de petróleo, carbón y gas. Es cierto que algunas de estas propuestas tributarias hoy pueden parecer inviables, pero ha habido muchas ideas antaño aparentemente inviables que con el tiempo han resultado ser inevitables, como la abolición de la esclavitud, el voto femenino, el final del *apartheid* o el reconocimiento de los derechos de los homosexuales. En el siglo del hogar planetario, los impuestos globales también lo serán.

Si el acceso universal a los mercados ha de convertirse en una norma del siglo XXI, junto con el acceso universal a los servicios públicos, entonces también debería serlo el acceso universal a los comunes globales, en especial a los sistemas que sustentan la vida en la Tierra y a los comunes globales del conocimiento.

Dado lo que hoy sabemos sobre los límites planetarios, la integridad del medio natural redunda de manera clara y contundente en el interés común de todos: un aire y un agua limpios, un clima estable y una biodiversidad floreciente se cuentan entre los recursos más importantes que constituyen el «acervo común» de toda la humanidad. «La gran tarea del siglo XXI —escribe el ecólogo y pensador Peter Barnes— es crear un sector de recursos comunes nuevo y vital capaz de resistir el cercado y la externalización del mercado, de proteger el planeta y de compartir los frutos de nuestros patrimonios comunes de una forma más equitativa de la que se da en la actualidad.»[96] Una forma de lograrlo —propone— es crear una serie de «fondos comunes», dotando a cada uno de ellos de derechos de propiedad que les permiten proteger y gestionar un ámbito concreto de todos los comunes de la Tierra —ya sea una cuenca hidrográfica local o la atmósfera global— en beneficio de todos los ciudadanos y de las generaciones futuras. A fin de mantener el uso de esos recursos comunes dentro de los límites ecológicos locales o planetarios, cada fondo limitaría el uso total, cobraría a sus usuarios —como las empresas que extrajeran agua de los acuíferos o emitieran gases de efecto invernadero a la atmósfera— y luego distribuiría los beneficios de forma generalizada.[97] Ya existen algunos fondos nacionales de carácter similar, pero será un auténtico reto diseñarlos a escala global, dadas las inmensas desigualdades existentes entre ricos y pobres, así como entre los diferentes países: ¿a quién se exigiría pagar?, ¿quién compartiría los beneficios?, y ¿cómo podrían saldarse las deudas ecológicas históricas? Estas difíciles preguntas son precisamente las cuestiones de gobernanza que habrá que abordar una vez reconozcamos que los sistemas que sustentan la vida en la Tierra son patrimonio común de la humanidad.

En cambio, la creación de comunes del conocimiento a escala global resulta factible de forma más inmediata, debido en buena parte al hecho de que este proceso se ha iniciado ya. Pese a ello, apenas se ha explotado su potencial. Imagine lo que podría significar una red mundial de diseño libre de código abierto para los innovadores comunitarios que más pueden beneficiarse de ello. En 2002, William Kamkwamba, el hijo de catorce años de unos granjeros de Malaui gravemente afectados por la sequía, tuvo que dejar la escuela secundaria porque sus padres ya no podían permitirse pagar la matrícula. En lugar de ello, acudió a la biblioteca local, leyó un manual sobre energía, y se propuso construir su propio molino de viento pese a las burlas de sus amigos y vecinos. Su única fuente de materiales era un vertedero de chatarra de las inmediaciones, de modo que, utilizando el ventilador de un viejo tractor, unos tubos de PVC, un viejo cuadro de bicicleta, unos cuantos tapones de botella desechados y una dinamo, fabricó un molino de viento de cinco metros de altura, y a continuación le conectó unos cables. El caso es que funcionó, generando la suficiente electricidad para encender cuatro bombillas y dos aparatos de radio en casa de su familia. No tardó en formarse una cola de gente ante su puerta que quería cargar el teléfono móvil, además de una cadena de periodistas que difundieron la noticia de su extraordinaria invención. Solo cinco años después, cuando la organización estadounidense sin ánimo de lucro Technology, Entertainment, Design (TED) le invitó a dar una conferencia sobre tecnología en la ciudad tanzana de Arusha, William utilizó por primera vez un ordenador. «Yo no había visto nunca Internet —recordaría más tarde—. Era asombroso [...]. Busqué molinos de viento en Google y encontré un montón de información.»[98]

El ingenio de Kamkwamba es algo claramente excepcional, pero ya hay innovadores y experimentadores en cada comunidad que, con acceso a Internet, a los comunes del conocimiento y a un «espacio *maker*», podrían copiar, modificar e inventar las tecnologías necesarias para abordar las necesidades más acuciantes de sus propias comunidades, desde la recogida de agua de lluvia y la construcción de viviendas solares pasivas hasta la fabricación de herramientas agrícolas, equipamiento médico y, por supuesto, turbinas eólicas. Lo que todavía falta, sin embargo, es una plataforma digital global que les permita colaborar con investigadores, estudiantes, empresas y ONG de todo el mundo para desarrollar tecnologías libres de código abierto.

William Kamkwamba y sus molinos de viento.

Imagine una plataforma *inter pares* de ese calibre basada en todos los rasgos que configuran las redes colaborativas de alta calidad: «recetas de recursos» que enumeren las herramientas, los materiales y las aptitudes necesarios para reproducir cada artículo; análisis y valoraciones de usuarios de todos los diseños; fotografías y diagramas que permitan hacer un seguimiento de la evolución de esos diseños; y portales que agrupen a comunidades de índole similar —como los suburbios urbanos ricos en energía solar o las aldeas propensas a la sequía—, posibilitando que cada una de ellas pueda aprender de los éxitos y fracasos de las demás.[99]

Crear este tipo de plataforma tendrá efectos perturbadores, puesto que —en palabras de Joshua Pearce— «se convertirá en un auténtico rival del paradigma de desarrollo tecnológico que ha dominado la civilización desde la revolución industrial».[100] Pero para poder arrancar necesita financiación, ya sea de fundaciones, de gobiernos, de las Naciones Unidas, o de contribuciones vía *crowdsourcing*. Y necesita también nuevas formas de licencias de código abierto que garanticen que las antiguas fórmulas de propiedad intelectual —patentes, derechos de autor y marcas registradas— no invadan el renaciente campo de los comunes del conocimiento.

A William le ofrecieron una beca para estudiar en una universidad estadounidense, y en la actualidad es un graduado de veintiocho años que planea crear un «espacio *maker*» y un centro de innovación en Malaui para estudiantes de instituto y universitarios. «Muchos jóvenes tienen talento e ideas brillantes —explica—, pero no explotan todo el potencial de esas ideas debido a la escasez de organizaciones capaces de incubarlas.»[101] Le pregunté qué creía él que podría hacer esa plataforma digital de comunes del conocimiento por los futuros innovadores de su país. Su respuesta fue inmediata: «Les permitirá ser creativos a la hora de resolver los diferentes problemas de África —me dijo—, porque podrán aprender unos de otros y seguir mejorando los diseños que realicen».[102] Ampliar el acceso a los comunes del conocimiento de ámbito global constituirá una de las formas más transformadoras de redistribuir la riqueza de este siglo.

¿Cómo afecta todo esto a la rutina gimnástica de Arnold? En la década de 1980 los médicos se apresuraron a criticar el mantra de «no hay beneficio sin sacrificio», señalando que el exceso de esfuerzo suele acarrear lesiones, no una buena forma física. Los economistas, engañados durante décadas por la errónea curva de Kuznets, han tardado mucho más tiempo en llegar a la misma conclusión, pero finalmente esta ha hecho mella. Las economías equitativas no surgen tras pasar por un inevitable proceso de sacrificio económico: se crean aplicando una pauta de diseño intencionada. En lo que a economía se refiere, se acabó el sacrificio; lo que toca ahora es un diseño distributivo que lleve a un cambio fundamental en la mentalidad del economista. Es hora de despedir a la mítica montaña rusa y dar paso a la red.

En lugar de esperar (en vano) a que el crecimiento genere una mayor igualdad, los economistas del siglo XXI diseñarán un flujo distributivo integrado ya desde un primer momento en la propia estructura de las interacciones económicas. En lugar de centrarse únicamente en redistribuir la renta, su objetivo será también redistribuir la riqueza —ya sea en el poder de controlar la tierra, la creación de dinero, la empresa, la tecnología o el conocimiento— y aprovechar a la vez el mercado, los recursos comunes y el Estado para hacerlo posible. En lugar de esperar a que se produzca una reforma desde arriba, trabajarán con las redes de base que actualmente ya están impulsando una revolución en materia de redistribución. Pero no solo eso: a esta revolución orientada a un diseño económico distributivo aunarán otra, igualmente potente, orientada a un diseño económico regenerativo, tal como exploraremos en el próximo capítulo.

6

CREAR PARA REGENERAR
De «el crecimiento lo limpiará todo»
a la regeneración por diseño

Viajando por Europa en 2015, conocí a Prakash, un estudiante de la India que realizaba un curso avanzado de ingeniería en Alemania. Cuando le pregunté si había optado por aprender tecnologías ecológicamente inteligentes, se limitó a negar con la cabeza y me respondió: «No, la India tiene otras prioridades; todavía no somos lo bastante ricos para preocuparnos por eso». Sorprendida, le hice notar que casi la mitad de la tierra del subcontinente indio está degradada, los niveles de agua subterránea del país disminuyen con rapidez y la contaminación atmosférica es la peor del mundo. Un destello de reconocimiento atravesó su rostro, pero se limitó a sonreír y a repetir sus palabras: «Todavía tenemos otras prioridades».

En una breve conversación, Prakash me resumió la historia económica que ha estado circulando durante decenios: los países pobres son demasiado pobres para ser verdes. Es más, tampoco necesitan serlo porque a la larga el crecimiento económico limpiará la misma contaminación que está creando y reemplazará los recursos que está agotando. Es una historia que antaño parecieron respaldar los datos, junto con el icónico diagrama que encarnaba su mensaje. Pero, pese a haber cautivado de manera constante la imaginación tanto de los políticos como de la opinión pública, ha resultado ser un mito, tanto en la India como en el resto del mundo. «India ha tenido un extraordinario éxito en el ámbito económico —señala Muthukumara Mani, un destacado economista ambiental del Banco Mundial—, pero ese avance no se ha reflejado en sus resultados medioambientales. Eso de "ahora crece, ya limpiarás después" en realidad no funciona.»[1]

La preocupación por la degradación ecológica no es un lujo que los países puedan dejar de lado hasta que sean lo bastante ricos para poder dedicarle su atención. Lejos de esperar a que el crecimiento limpie las cosas —porque no lo hará—, es mucho más inteligente crear economías que sean regenerativas por su propio diseño, capaces de restaurar y renovar los ciclos de vida —desde el nivel local hasta el global— de los cuales depende el bienestar humano. Ha llegado el momento de eliminar el viejo diagrama, cuya influencia todavía perdura, y reemplazarlo por la visión de un diseño económico regenerativo propio del siglo xxi.

A comienzos de la década de 1990, los economistas estadounidenses Gene Grossman y Alan Krueger descubrieron una llamativa pauta. Estudiando los datos relativos a la tendencia del PIB y cotejándolos con los relativos a la contaminación del aire y el agua a escala local aproximadamente en unos cuarenta países, descubrieron que, paralelamente al crecimiento del PIB, la contaminación primero aumentaba y luego disminuía, trazando una curva en forma de «U» invertida cuando se representaba gráficamente. Dada su extraña semejanza con la famosa curva de la desigualdad que veíamos en el capítulo anterior, esta nueva curva no tardó en conocerse como la «curva medioambiental de Kuznets».

Habiendo descubierto, pues, lo que parecía ser una nueva ley del movimiento económico, los economistas no pudieron resistir el impulso de utilizar modelos estadísticos para identificar el nivel de renta en el que la curva cambiaba mágicamente de dirección. Encontraron que, en lo referente a la contaminación de los ríos con plomo, esta alcanzaba su punto máximo y empezaba a caer cuando la renta nacional alcanzaba los 1.887 dólares per cápita (medida en dólares estadounidenses de 1985, el estándar métrico de la época). ¿Y con respecto al dióxido de azufre del aire? Este parecía bajar cuando la renta alcanzaba los 4.053 dólares per cápita. ¿Y el humo negro de la atmósfera? Bastaba esperar a que el PIB superara los 6.151 dólares per cápita para que empezara a despejarse. En

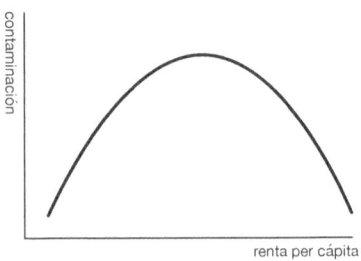

La curva medioambiental de Kuznets, que sugiere que a la larga el crecimiento arreglará los problemas medioambientales que crea.

general —sostenían—, el crecimiento empezaría a limpiar la contaminación del aire y del agua antes de que los países alcanzaran la marca de los 8.000 dólares per cápita, el equivalente a unos 17.000 actuales.[2]

Es difícil dejar de advertir la ironía: justamente en el momento en que se apartaba a la desacreditada curva de Kuznets del candelero económico, su pariente medioambiental pasaba a ocupar el centro de la escena. Pero Grossman y Krueger, como Kuznets antes que ellos, tuvieron la precaución de añadir algunas advertencias a sus hallazgos. Reconocieron que solo habían podido reunir datos relativos a agentes contaminantes del aire y el agua a nivel local, pero no a problemas como la emisión de gases de efecto invernadero, la pérdida de biodiversidad, la degradación del suelo y la deforestación a escala global. Señalaron que los resultados nacionales dependían de las políticas, las tecnologías y la economía de la época. Y precisaron que la correlación observada entre el crecimiento económico y el descenso de la contaminación no demostraba que el responsable de la «limpieza» fuera el propio crecimiento. Sin embargo, como les ocurre a la mayoría de los economistas que creen que han descubierto una ley del movimiento económico, no pudieron resistirse a sacar la conclusión de que, para la mayoría de los indicadores medioambientales, «el crecimiento económico comporta una fase inicial de deterioro seguida de una fase posterior de mejora».[3]

Pese a sus meticulosas advertencias, su hipótesis no tardó en convertirse en un mantra económico ampliamente citado, repetido en informes sobre políticas públicas, artículos de opinión en la prensa y conferencias económicas de todo el mundo: en lo que se refiere a la contaminación, el propio crecimiento —como un niño bien educado— la limpiará más tarde. Algunos, como el economista favorable al mercado Bruce Yandle, tergiversaron el mensaje convirtiéndolo en la afirmación, mucho más contundente, de que «el crecimiento económico ayuda a deshacer el daño hecho en años anteriores. Si el crecimiento económico es bueno para el medio ambiente, las políticas que estimulan el crecimiento (liberalización comercial, reestructuración económica, reforma de los precios...) también deberían serlo».[4] En efecto, la economía basada en el mantra «sin sacrificio no hay beneficio» había vuelto, esta vez recomendando un régimen perverso para poner en forma al medio natural. Si quiere usted un aire y un agua limpios, unos bosques y océanos sanos, este es el trato: las cosas tienen que empeorar antes de poder mejorar, y el crecimiento las mejorará aún más. Así que apriete los dientes y aguante el escozor.

Armados de la curva y de sus ecuaciones, los economistas ortodoxos se mofaban de lo que ellos calificaban de «gritos alarmistas» lanzados por los críticos ecologistas que argumentaban que el crecimiento económico estaba degradando seriamente los suelos, los océanos, los ecosistemas y el clima de la Tierra. Aun así, reconocían que no había ninguna prueba de la existencia de un vínculo directo entre crecimiento económico y limpieza medioambiental, de modo que proponían tres explicaciones posibles para ello. En primer lugar, cuando los países crecen —sostenían—, sus ciudadanos pueden permitirse empezar a cuidar del medio ambiente y, en consecuencia, empiezan a exigir estándares más elevados en ese sentido; en segundo término, las industrias nacionales pueden permitirse empezar a utilizar tecnologías más limpias; y en tercer lugar, esas industrias pasarán de la fabricación a los servicios, cambiando así las columnas de humo por servicios de atención telefónica.

Puede que al principio sonaran creíbles, pero esas explicaciones del aumento y posterior descenso de la curva no resisten un examen meticuloso. Para empezar, los ciudadanos no tienen por qué esperar a que el crecimiento del PIB les suscite el deseo —y les dote del poder— de exigir un aire y un agua limpios. Esa fue la conclusión a la que llegaron Mariano Torras y James K. Boyce cuando cotejaron los mismos datos transnacionales utilizados para crear la curva medioambiental de Kuznets con diversos indicadores de poder ciudadano. En un amplio abanico de países —y especialmente en países de renta baja— encontraron que la calidad del medio ambiente es mayor allí donde la renta se halla más equitativamente distribuida, donde hay un mayor número de personas que saben leer y escribir, y donde se respetan más los derechos civiles y políticos.[5] Es el poder de la gente, no el crecimiento económico por sí mismo, el que protege la calidad del aire y del agua a nivel local. Del mismo modo, es la presión ciudadana sobre gobiernos y empresas para que apliquen normas más rigurosas, no el mero aumento de la renta, lo que obliga a las industrias a cambiar a tecnologías más limpias. Por último, limpiar el aire y el agua de un país mediante el paso de sus industrias de la fabricación a los servicios no elimina los agentes contaminantes: simplemente los envía al extranjero, dejando que el escozor lo sientan otros, en otros lugares, mientras en el propio país importan el producto terminado y esmeradamente empaquetado. Eso significa que se trata de una estrategia de limpieza del medio ambiente que no pueden aplicar todos los países, ya que a la larga no quedaría ningún lugar donde externalizar la contaminación.

Dado que carecían de datos de mayor alcance, Grossman y Krueger no podían investigar si el aumento y posterior descenso de la curva medioambiental de Kuznets se repetía también en el caso de impactos ecológicos de mayor envergadura como las emisiones de gases de efecto invernadero, el agotamiento de las aguas subterráneas, la deforestación, la degradación del suelo, el uso de productos agroquímicos y la pérdida de biodiversidad. Tampoco podían evaluar qué proporción del impacto medioambiental de cada país afectaba a otros. Pero gracias a los avances en materia de contabilidad del flujo de recursos naturales, actualmente se dispone de datos cada vez más fiables en ese sentido; y estos cuentan una historia muy distinta de la que se ha vendido a todo el mundo.

La extracción y el procesamiento de materiales de la Tierra dentro de las fronteras de los países de renta elevada ciertamente ha ido a la baja, lo que ha llevado a realizar una serie de afirmaciones triunfalistas tanto en la Unión Europea como en la OCDE acerca de la creciente productividad de los recursos y el «desacoplamiento» entre el crecimiento del PIB y el uso de estos, ambos pregonados como primeras pruebas del sueño del «crecimiento verde». Pero las celebraciones han llegado demasiado pronto. «Estas tendencias hacen que los países desarrollados den la impresión de hacer un uso más eficiente de los recursos —advierte Tommy Wiedmann, uno de los expertos que lideran el análisis de los flujos de recursos internacionales—, pero en realidad estos siguen estando profundamente anclados en un sustrato material subyacente.»[6]

Una serie de datos internacionales recopilados en los últimos tiempos revelan que, cuando se tiene en cuenta la denominada «huella material global» de un país —que se calcula sumando toda la biomasa, los combustibles fósiles, los minerales metálicos y los minerales de construcción utilizados en todo el mundo para crear los productos que luego importa dicho país—, todo ese éxito aparente parece evaporarse. Entre 1990 y 2007, mientras el PIB crecía en los países de renta elevada, también lo hizo su huella material global. Y no precisamente poquito: Estados Unidos, el Reino Unido, Nueva Zelanda y Australia vieron crecer su huella más del 30 % durante ese período, mientras que en España, Portugal y Países Bajos aumentó algo más del 50 %. Paralelamente, la huella de Japón creció un 14 %, y la de Alemania un 9 %: unas cifras impresionantemente inferiores al resto, pero crecientes al fin y al cabo.[7] Lejos del aumento y posterior descenso que prometía la curva medioambiental de Kuznets, estos datos apuntan a un preocupante e incesante incremento.

No obstante, calcular las huellas materiales globales es un asunto complejo, y algunos discrepan de estas conclusiones. El analista de recursos Chris Goodall, para empezar, recopiló un conjunto alternativo de datos para el caso del Reino Unido según los cuales el consumo de recursos del país —incluidas las importaciones— parece haber alcanzado un punto máximo y haberse estancado ahí, o incluso puede que haya empezado a bajar.[8] Pero aunque estos datos alternativos resultaran ser más fieles a la realidad, seguiría habiendo un problema: el consumo del Reino Unido habría alcanzado un máximo inviablemente elevado. Si otros países siguieran su ejemplo —confiando en que a la larga el crecimiento les llevaría a un máximo y posterior descenso similares—, ello requeriría los recursos de al menos tres planetas Tierra, conduciendo a la economía global a un exceso que rebasaría de manera extrema los límites planetarios.[9] En otras palabras, si de verdad existe, la curva medioambiental de Kuznets es una montaña que la humanidad simplemente no puede permitirse escalar, puesto que no podremos sobrevivir a su cima.

HACER FRENTE A LA ECONOMÍA LINEAL DEGENERATIVA

Es hora de dejar de lado la búsqueda de leyes económicas que demuestren que el crecimiento de la producción nacional a la larga acabará trayendo la salud ecológica. Resulta que la economía no es una cuestión de descubrir leyes: es básicamente una cuestión de diseño. Y la razón de que incluso los países más ricos del mundo todavía nos sigan haciendo sentir escozor es que los últimos doscientos años de actividad industrial se han basado en un sistema industrial lineal cuyo diseño es intrínsecamente degenerativo. La esencia de ese sistema industrial es una cadena de producción y distribución manufacturera «de la cuna a la sepultura»* basada en lo que se conoce como «tomar, hacer, usar y perder»: extraiga minerales, metales, biomasa y combustibles fósiles de la Tierra; manufactúrelos para convertirlos en productos; y véndalos a los consumidores, que —probablemente más pronto que tarde— los tirarán. Cuando se representa en su forma más simple, parece algo así como una oruga in-

---

* En inglés *cradle-to-grave*, que en general significa «de punta a punta» o «desde la producción hasta la eliminación». Traducimos aquí literalmente «de la cuna a la sepultura» para dar sentido más adelante a la expresión alternativa *cradle-to-cradle*, «de la cuna a la cuna», un término que encarna una nueva forma de interpretar el ecologismo. (*N. del t.*)

dustrial, que ingiere alimento por un extremo, lo mastica y excreta los desechos por el otro.

Este ubicuo modelo industrial ha reportado pingües beneficios a muchas empresas y, de paso, ha enriquecido a muchas naciones. Pero su diseño tiene una deficiencia fundamental en la medida en que va en contra del medio natural, que prospera reciclando constantemente los componentes básicos de la vida como el carbono, el oxígeno, el agua, el nitrógeno y el fósforo. La actividad industrial ha destrozado estos ciclos naturales, agotando las fuentes de la naturaleza y vertiendo demasiados residuos en sus sumideros; extrayendo petróleo, carbono y gas de debajo de la tierra y del mar, quemándolos y vertiendo dióxido de carbono en la atmósfera; convirtiendo nitrógeno y fósforo en fertilizantes, y luego descargando el efluente —de las escorrentías agrícolas y aguas residuales— en lagos y océanos; arrancando bosques de cuajo para extraer metales y minerales que, una vez empaquetados en artilugios de consumo, acabarán en los vertederos de residuos electrónicos, y cuyos productos químicos tóxicos se filtrarán al suelo, el agua y el aire.

La teoría económica reconoce los efectos potencialmente perjudiciales —las «externalidades negativas»— de tal industria, y dispone de sus herramientas favoritas, basadas en el mercado, para abordarlas: cuotas e impuestos. Para internalizar tales externalidades —aconseja la teoría—, ponga un tope a la contaminación total, asigne derechos de propiedad

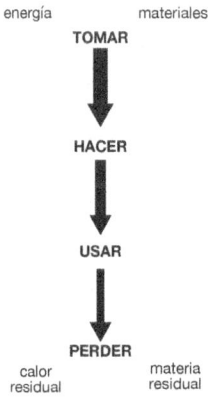

La economía «oruga» del diseño industrial degenerativo.

mediante cuotas y permita actuar al mercado para que ponga precio al derecho a contaminar. O imponga un equivalente tributario al «coste social» de la contaminación, y luego deje que el mercado decida cuánta contaminación merece la pena emitir.

Tales políticas pueden tener un efecto significativo. Entre 1999 y 2003, la ecotasa alemana aumentó el precio de los combustibles fósiles utilizados para transporte, calefacción y electricidad, al tiempo que bajaba los impuestos sobre la nómina en una cantidad equivalente; ello redujo el consumo de combustible en un 17 % y las emisiones de carbono en un 3 %, aumentó en torno al 70 % el uso de vehículos compartidos y creó 250.000 puestos de trabajo.[10] El programa de límites máximos y comercio de derechos de emisión de carbono implementado en California en 2013 tiene como objetivo para el año 2020 reducir las emisiones de gases de efecto invernadero en dicho estado a los niveles de 1990. El programa sigue cediendo gratuitamente a la industria la mayor parte de su cuota, pero aspira a reducir la cuota total y a subastar una mayor cantidad de permisos con el tiempo, utilizando a la vez un precio mínimo para evitar que los precios de los permisos se desplomen, como ocurrió en el programa de comercio de derechos de emisión de carbono equivalente implementado en Europa.[11]

También se está imponiendo el uso de precios escalonados como forma de garantizar que, cuantos más recursos consume una persona, más paga. En muchos lugares, desde Santa Fe, California, hasta diversas ciudades chinas que padecen problemas de falta de agua, se utilizan sistemas de precios escalonados para racionar el consumo de agua entre familias de rentas muy distintas. Cada familia paga una cuota reducida por su suministro diario inicial, destinado a usos básicos como beber, bañarse y lavar los platos y la ropa. A partir de ahí, cualquier uso adicional de agua —ya sea para lavar el coche, regar el césped o llenar una piscina— se cobra a un precio tres o cuatro veces mayor. En palabras de Roger Glennon, experto en el mercado del agua: «La belleza de los precios escalonados reside en que estos no impiden que la gente consuma agua, ni requiere regulaciones del gobierno. Pero exige que pagues más por el agua extra para tu césped que por las necesidades humanas básicas».[12] En Durban, Sudáfrica, donde el acceso al agua está reconocido como un derecho humano constitucional, el suministro básico diario se proporciona de manera gratuita a todas las familias de renta baja, y solo se aplican tarifas por encima de ese nivel.[13]

Es evidente que los impuestos, las cuotas y los precios escalonados pueden contribuir a aliviar la presión que la humanidad ejerce sobre las fuentes y sumideros de la Tierra, pero el problema viene cuando se cree que bastan por sí solos para hacer todo el trabajo. En la práctica se quedan cortos, puesto que raramente se establecen en los niveles requeridos: las corporaciones ejercen presión para retrasar su puesta en práctica, para reducir los tipos fiscales, para incrementar las cuotas y para obtener permisos gratis sin pasar por subastas. Los gobiernos, por su parte, ceden con demasiada frecuencia, temiendo que su país pueda perder competitividad... y que sus partidos políticos pierdan apoyo corporativo. Estas políticas también se quedan cortas desde un punto de vista teórico: desde la perspectiva del pensamiento sistémico, las cuotas e impuestos que limitan las existencias y reducen los flujos de contaminación son, en realidad, palancas de influencia para cambiar el comportamiento de un sistema; pero son palancas de baja influencia. En cambio, puede generarse una influencia mucho mayor cambiando el paradigma que da lugar a los propios objetivos del sistema.[14]

Cuando la industria se fundamenta en el diseño lineal degenerativo basado en «tomar, hacer, usar y perder», no es mucho lo que los incentivos de precio pueden hacer para mitigar sus efectos en cuanto al agotamiento de recursos. El visionario arquitecto paisajista John Tillman Lyle supo ver claramente los límites intrínsecos de este diseño. «A la larga, un sistema unidireccional destruye los paisajes de los que depende —escribía en la década de 1990—. El reloj sigue corriendo, y los flujos siguen aproximándose al momento en que ya no podrán seguir fluyendo. En esencia, este es un sistema degenerativo, que devora las fuentes de su propio sustento.»[15] Lo que se necesita, en cambio, es un paradigma de diseño regenerativo; y este paradigma ya está emergiendo actualmente, dando lugar a un fascinante abanico de respuestas empresariales.

¿PODEMOS HACER NEGOCIOS EN LA ROSQUILLA?

Cuando las empresas empezaron a ser conscientes de la envergadura de la presión que el diseño industrial degenerativo ejerce sobre los límites planetarios de la Tierra, ¿qué hicieron? Durante los últimos cinco años he presentado el concepto de la rosquilla a una amplia gama de líderes empresariales, desde altos ejecutivos de compañías de la lista «Fortune 500» hasta fundadores de empresas comunitarias. Sus reacciones han variado sobremanera, en un reflejo de las numerosas etapas que integran el viaje del diseño degenerativo al diseño regenerativo, y pueden resumirse en lo que yo llamo la «lista corporativa de tareas pendientes».

La primera reacción, y también la más tradicional, es simple: *no hacer nada*. ¿Por qué cambiar nuestro modelo de negocio —razonan— cuando está produciendo grandes rendimientos? Nuestra responsabilidad es maximizar nuestros beneficios, de modo que, en tanto no se introduzcan impuestos o cuotas medioambientales que alteren los incentivos que afrontamos, seguiremos adelante. Lo que hacemos es (en su mayor parte) legal, y, si nos multan, tendemos a considerarlo un coste comercial. Durante décadas, la mayoría de las empresas de todo el mundo han adoptado ese rumbo, tratando la sostenibilidad como algo muy bonito que no necesitaban tener porque no hacía nada en favor de la cotización de las acciones. Pero los tiempos están cambiando muy deprisa. Muchos fabricantes que dependen de proveedores de todo el mundo —como cultivadores de algodón y de café, vinateros y tejedores de seda— hoy son conscientes de que sus propias cadenas de producción y distribución son vulnerables a los impactos del aumento de las temperaturas globales y la disminución de las capas freáticas, reconociendo así que «no hacer nada» ya no parece ser una estrategia tan inteligente.

De ahí que la siguiente respuesta en la escala haya pasado a convertirse en la más común: *hacer lo que salga a cuenta*, adoptando medidas de eficiencia ecológica que reduzcan costes o que potencien la marca. Reducir las emisiones de gases de efecto invernadero y disminuir el consumo industrial de agua son medidas de eficiencia clásicas que, de paso, tienden a aumentar los beneficios de la empresa, sobre todo en sus primeras fases. Dicho esto, es obvio que algunas empresas creen que sale más a cuenta engañar: Volkswagen adquirió notoriedad en el año 2015 cuando se descubrió que había equipado a millones de sus vehículos diésel con un software «de invalidación» que hacía que sus motores entraran en modo de bajas emisiones durante las pruebas, reduciendo de manera significativa las emisiones aparentes de óxido de nitrógeno y dióxido de carbono en comparación con la realidad.[16] Otros aspiran a que sus marcas obtengan la denominación de producto «verde», que atrae a aquellos consumidores dispuestos a pagar un poco más por los productos ecológicos. Motivadas por esta clase de posicionamiento «verde», dichas empresas comparan entonces sus progresos con los de sus competidoras dentro del sector; no se puede negar que es un comienzo, pero lo máximo que demuestra eso es que «estamos haciendo más que nuestros competidores» o que «estamos haciendo más de lo que hicimos el año pasado». Y probablemente eso todavía diste mucho de lo que se necesita.

La tercera reacción —que empieza a resultar ya más seria— es *hacer la parte que nos toca* para realizar el cambio a la sostenibilidad. Hay que decir en su favor que las empresas que adoptan este planteamiento al menos empiezan por reconocer la envergadura del cambio necesario basándose, pongamos por caso, en la reducción total de las emisiones de gases de efecto invernadero, el uso de fertilizantes o la extracción de agua que recomiendan los científicos del sistema Tierra o que requieren los objetivos establecidos en las políticas nacionales. Un ejemplo bien intencionado es el del banco sudafricano Nedbank, que en 2014 se comprometió a canalizar la «parte que les toca» de financiación comercial —equivalente a cuatrocientos millones de dólares al año— en inversiones que promuevan los objetivos del país para el año 2030, tales como unos servicios energéticos asequibles y bajos en carbono, y un agua limpia y unas instalaciones de saneamiento sostenibles para todos. «Fair Share 2030 [como se denomina el programa] es dinero que trabaja para el futuro que queremos», explica el presidente del banco.[17] Es cierto, pero eso deja abierta la cuestión de qué hace el resto del dinero del banco. Además, y como sabe cualquiera que se haya encargado de pagar la cuenta del restaurante después de que todos los demás comensales hayan puesto la que consideran que es la parte que les toca, la suma casi nunca cuadra. Las «partes que tocan» calculadas por los propios implicados nunca consiguen lograr sus objetivos, como han demostrado todos los gobiernos del mundo con sus —tremendamente insuficientes— compromisos establecidos a escala nacional para reducir sus emisiones de gases de efecto invernadero.

Pero lo que resulta más preocupante es que «hacer la parte que nos toca» puede degenerar con demasiada facilidad en «llevarnos la parte que nos toca». En los primeros encuentros para presentar la rosquilla, muchas empresas parecían observar el anillo exterior de los límites planetarios como si fuera un pastel que pudieran cortar y repartir. Y, como todos los niños en una fiesta de cumpleaños, quieren la parte que les toca. Atrapados todavía en la mentalidad de la industria degenerativa, de carácter lineal, la primera pregunta que muchos plantean es: ¿qué tamaño tendrá nuestra tajada en ese pastel ecológico?, ¿cuántas toneladas de dióxido de carbono podremos emitir?, ¿cuánta agua subterránea podremos extraer? La respuesta probablemente será que mucho menos que ahora, lo que, sin duda, sube el listón de la ambición. Pero «llevarte la parte que

te toca» refuerza la visión de que el «derecho a contaminar» es un recurso por el que merece la pena competir. Y cuando competimos por unos
recursos limitados, nosotros los humanos empezamos a abrirnos paso a
empujones con demasiada facilidad, ejerciendo presión sobre los responsables políticos y jugando con el sistema, y, de paso, incrementando de
manera significativa el riesgo de transgredir los límites.

La cuarta reacción —y esta supone un auténtico cambio de perspectiva— es *no hacer daño*, una ambición que se conoce también como «misión cero»: diseñar productos, servicios, edificios y empresas que aspiren a ejercer un impacto medioambiental nulo. Entre los ejemplos
orientados a este objetivo se incluyen los edificios de «energía cero» como
el Centro Bullitt de la ciudad estadounidense de Seattle, que (pese a la
reputación de lluvia incesante que tiene esta ciudad) utiliza paneles solares para generar toda la energía que consume cada año. De manera similar, las fábricas de «agua neta cero» no realizan extracciones netas de
fuentes de agua públicas, como en el caso de la planta de productos
lácteos de la empresa Nestlé en la población mexicana de Jalisco, que
cubre todas sus necesidades industriales de agua condensando el vapor
evaporado de la propia leche de vaca, en lugar de extraer constantemente agua dulce de los depósitos subterráneos de la región, ya objeto de
una fuerte explotación.[18]

La aspiración a ejercer un impacto neto cero representa un impresionante distanciamiento de la mentalidad inmovilista del diseño industrial
degenerativo, y todavía resulta más impresionante si el objetivo es un
impacto neto cero no solo en la energía o el agua, sino en todos los aspectos relativos a los recursos del funcionamiento de una empresa, un
objetivo por lo demás todavía remoto. También constituye un signo de
profunda eficiencia en el uso de los recursos; pero, en palabras del arquitecto y diseñador William McDonough, perseguir ávidamente la eficiencia en el uso de los recursos sencillamente no basta: «Ser menos malo no
es ser bueno —aclara—. Es seguir siendo malo, pero menos».[19] Y, bien
pensado, perseguir los objetivos de la «misión cero» representa una extraña visión para una revolución industrial, como si pretendiera quedarse
intencionadamente en el umbral de algo mucho más transformador. Al
fin y al cabo, si tu fábrica es capaz de producir tanta energía y agua limpia
como consume, ¿por qué no ver si podría producir más? Si puedes eliminar todos los materiales tóxicos de tu proceso de producción, ¿por qué
no introducir en su lugar otros que favorezcan la salud? Lejos de aspirar
meramente a «hacer menos mal», el diseño industrial puede aspirar a

«hacer un mayor bien» reabasteciendo continuamente el medio natural, en lugar de limitarse a mermarlo más despacio. ¿Por qué conformarse con no quitar nada si también se puede dar algo?

Esta es la esencia de la quinta reacción de las empresas: *ser generosos* creando una empresa que sea regenerativa por diseño, compensando así a los sistemas habitables de los que formamos parte. Más que una acción en una lista de tareas, se trata de una forma de estar en el mundo que hace suya la gestión de la biosfera y reconoce que tenemos la responsabilidad de dejar el medio natural en mejor estado de como lo encontramos.[20] Ello requiere crear empresas cuya actividad nuclear contribuya a reconectar los ciclos de la naturaleza y capaces de donar todo lo que puedan, puesto que solo un diseño generoso puede volver a situarnos por debajo del techo ecológico de la rosquilla. Para Janine Benyus, una destacada pensadora y propulsora del campo de la biomimesis, este concepto de generosidad se ha convertido en un objetivo de diseño que ha marcado toda su vida. Como ella misma me dijo:

> Somos animales de grandes cerebros, pero en este planeta no somos más que unos recién llegados, de modo que seguimos actuando como niños pequeños esperando que la madre naturaleza limpie lo que nosotros ensuciamos. Yo quiero que asumamos esta tarea de diseño y nos hagamos plenamente partícipes de todos y cada uno de los ciclos de la naturaleza. Empecemos por el ciclo del carbono: aprendamos a interrumpir nuestra «exhalación» industrial de contaminación carbónica, y luego, mediante plantas de [bio]mimesis, aprendamos a «inhalar» dióxido de carbono en nuestros productos y a almacenarlo durante siglos en ricos suelos agrícolas. Una vez hayamos adquirido práctica con el ciclo del carbono, apliquemos también lo que hemos aprendido a los ciclos del fósforo, el nitrógeno y el agua.

Para descubrir la esencia del diseño generoso, la autora sugiere que adoptemos la naturaleza como modelo, medida y mentora. Con la naturaleza como *modelo*, podemos estudiar e imitar los procesos cíclicos de toma y daca, de muerte y renovación, de la vida, donde los desechos de una criatura se convierten en el alimento de otra. Como *medida*, la naturaleza establece la pauta ecológica con la que juzgar la sostenibilidad de nuestras propias innovaciones: ¿dan la talla y encajan a la hora de participar en los ciclos naturales? Y con la naturaleza como *mentora*, nos preguntaremos, no qué podemos extraer, sino qué podemos aprender de sus 3.800 millones de años de experimentación.[21]

¿Cuál de estas tareas está dispuesta a realizar su empresa?

Cada ítem de la lista corporativa de tareas pendientes podría verse como una etapa en el camino hacia un diseño regenerativo: para cada empresa concreta, tan importante es dónde estás ahora como hacia dónde te diriges. Pero no hay necesidad (ni, de hecho, tampoco tiempo) de llevar a cabo ese cambio de valores paso a paso: resulta mucho más inspirado transformar —como una oruga en una mariposa— el diseño actual en un diseño generoso.

La economía circular alza el vuelo

La fabricación industrial ha iniciado la metamorfosis del diseño degenerativo al regenerativo a través de lo que se ha dado en llamar la «economía circular». Esta es regenerativa por diseño porque aprovecha el inagotable flujo de la energía solar para transformar constantemente materiales en productos y servicios útiles.[22] Así que digamos adiós a la oruga de la economía industrial lineal mientras, ante nuestros ojos, se convierte en una mariposa, en un diagrama basado en el que creó la Fundación Ellen MacArthur.[23] Y, como ocurre con las mariposas de verdad, su mayor esplendor está en las alas.

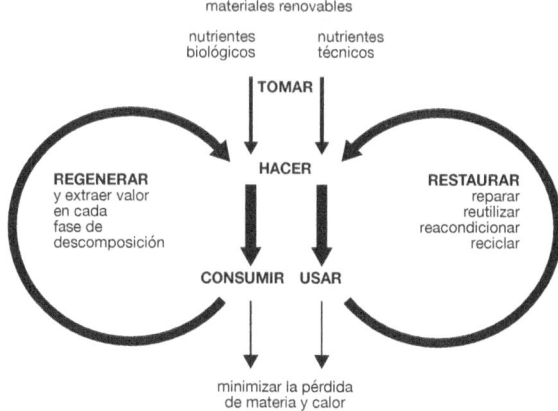

materiales renovables

nutrientes   nutrientes
biológicos   técnicos

TOMAR

REGENERAR   HACER   RESTAURAR
y extraer valor   reparar
en cada   reutilizar
fase de   reacondicionar
descomposición   reciclar

CONSUMIR   USAR

minimizar la pérdida
de materia y calor

La economía «mariposa»: regenerativa por diseño.

    ¿Cuáles son los rasgos de diseño que permiten a esta mariposa industrial alzar el vuelo? Para empezar, centrémonos en la vieja mentalidad «de la cuna a la sepultura», propia de la economía lineal, que en el siglo xx incitaba vorazmente a extraer minerales, perforar en busca de petróleo y quemar residuos. Esa oruga, la economía desechable basada en «tomar, hacer, usar y perder», todavía sigue fluyendo de arriba abajo en el centro del diagrama. Pero observe cómo se convierte en una mariposa gracias al pensamiento «de la cuna a la cuna»* encarnado en la economía circular.[24] Esta funciona con energías renovables —solar, eólica, undimotriz, biomasa y fuentes geotérmicas—, eliminando todos los productos químicos tóxicos y, de manera crucial, erradicando los residuos por diseño. Esto último lo hace reconociendo que «residuos equivale a alimento»: en lugar de dirigirse al vertedero, los restos de un proceso de producción —ya sean trozos de comida o fragmentos de metal— se convierten en la materia prima del siguiente. La clave para hacer que eso funcione es concebir todos los materiales como elementos pertenecientes a uno de dos posibles ciclos de nutrientes: nutrientes *biológicos* como el suelo, las plantas y los animales, y nutrientes *técnicos*

---

    * Véase la nota anterior. También puede consultarse <https://es.wikipedia.org/wiki/De_la_cuna_a_la_cuna>. (*N. del t.*)

como los plásticos, los productos sintéticos y los metales. Estos dos ciclos se convierten en las dos alas de la mariposa, donde los materiales nunca se «gastan» y se tiran, sino que se utilizan una y otra vez mediante ciclos de reutilización y renovación.

En el ala biológica, a la larga todos los nutrientes se consumen y regeneran a través de la tierra. La clave para utilizarlos una y otra vez reside en asegurarse de que no se explotan más deprisa de lo que la naturaleza los regenera; aprovechar sus numerosas fuentes de valor en la medida en que se transmiten mediante un efecto cascada a través de los diversos ciclos de vida; y diseñar la producción de formas tales que compensen a la naturaleza. Tomemos, como un sencillo ejemplo, los granos de café: menos del 1 % de cada grano termina en una taza de café, pero es que, además, los posos del café son ricos en celulosa, lignina, nitrógeno y azúcares. Sería una necedad arrojar tal tesoro orgánico directamente a una pila de compost o, peor aún, a un cubo de basura; y sin embargo eso es lo que ocurre a diario en las casas, oficinas y cafeterías de todo el mundo. Resulta que los posos del café constituyen un medio ideal para cultivar champiñones, y luego pueden utilizarse para alimentar al ganado vacuno, aviar y porcino, y de ese modo vuelven al suelo en forma de estiércol. Partiendo del humilde grano de café, imagine que ese mismo principio se aplicara a todo el alimento, los cultivos y la madera, y que se extendiera a todos los hogares, granjas, empresas e instituciones: de ese modo se empezaría a transformar la silvicultura y las industrias alimentarias de este último siglo en unas industrias de carácter regenerativo que extraerían valor y luego regenerarían los sistemas habitables de los que dependen.

En la otra ala de la mariposa, en cambio, los productos fabricados utilizando nutrientes técnicos como metales y fibras sintéticas no se descomponen de forma natural, de modo que deben diseñarse para ser restaurados mediante fórmulas de reparación, reutilización, reacondicionamiento y (como último recurso) reciclaje. Tomemos, por ejemplo, el caso de los teléfonos móviles, que están repletos de oro, plata, cobalto y tierras raras, pero que normalmente se utilizan durante solo un par de años. En la Unión Europea se venden cada año más de 160 millones de teléfonos móviles, pero en 2010 solo se reutilizó el 6 % de los teléfonos usados, y solamente el 9 % se desmontó para su reciclaje: el 85 % restante terminaron en el vertedero o yacen difuntos en el fondo de algún cajón.[25] En una economía circular se diseñarían para ser objeto de una fácil recuperación y desmontaje, que se traduciría en su reacondicionamiento y reventa, o bien en la reutilización de todas sus piezas. Extendamos esos mismos principios a todas las industrias, y empezaremos a convertir los residuos industriales del siglo XX en el «alimento» de la fabricación del XXI.

Todo esto resulta muy estimulante, pero no se deje llevar por las alas de la mariposa, porque la noción de una economía auténticamente circular se enmarca en la fantasía de las máquinas de movimiento perpetuo: de hecho, un nombre más apropiado sería «economía cíclica». Ningún bucle industrial puede recuperar y reutilizar el 100 % de sus materiales: Japón recicla la impresionante proporción del 98 % del metal utilizado en el ámbito nacional, pero todavía queda un escurridizo 2 % que logra escapar al bucle. Y, transcurrido el tiempo suficiente, todos los materiales técnicos —desde los metales hasta los plásticos— comenzarán a oxidarse o a descomponerse. Pero si empezamos a cuidar de cada objeto, ya sea un edificio del siglo XVIII o el último teléfono inteligente, como si fuera una batería que almacena materiales y energía de gran valor, empezaremos a centrarnos más en conservar o reinventar ese valor almacenado. Y dado que tenemos la extraordinaria suerte de estar bañados por un río constante de energía solar, podemos —como todos los seres vivos— utilizar nuestro ingenio para sacar partido de esa energía en tiempo real a fin de restaurar lo que hemos creado, y para regenerar el medio natural en el que prosperamos.

En una economía industrial degenerativa el valor es monetario, y se crea persiguiendo unos costes cada vez más reducidos y unas cifras de venta de productos cada vez más altas: el resultado típico ha sido un intenso flujo material transversal. En una economía regenerativa, ese flujo transversal se transforma en un *flujo circular*. Pero la verdadera transformación proviene de una nueva forma de entender el valor. «No hay riqueza, sino vida», escribió John Ruskin en 1860. Sus palabras eran poéticas, pero también constituirían toda una profecía. El valor económico no reside en el flujo transversal de productos y servicios, sino en la riqueza que constituye su fuente recurrente. Esta incluye la riqueza encarnada en los activos de fabricación humana (de los tractores a las casas), pero también la riqueza encarnada en las personas (de sus aptitudes individuales a la confianza comunitaria), en una biosfera floreciente (del suelo forestal al lecho marino) y en el conocimiento (de la Wikipedia al genoma humano). Sin embargo, hasta estas formas de riqueza a la larga acaban por disiparse: los tractores se oxidan; los árboles se descomponen; la gente muere; las ideas se olvidan... Solo una forma de riqueza persiste a través del tiempo, y es la capacidad regeneradora de la vida, alimentada por el sol. Ruskin fue claramente un pionero de la regeneración.

Bienvenido a la ciudad generosa

Del mismo modo que las fábricas e industrias pueden ser regenerativas por diseño, también pueden serlo los paisajes urbanos. Actualmente Janine Benyus está poniendo en práctica su visión para crear lo que ella denomina «ciudades generosas»: asentamientos humanos que se acomodan en el medio natural. Como primer paso del proceso, empieza observando el ecosistema autóctono de una ciudad —como el bosque, el humedal o la sabana más cercanos—, y registra el ritmo al que este obtiene energía solar, secuestra carbono, almacena el agua de lluvia, fertiliza el suelo, purifica el aire, etc. Luego esos parámetros se adoptan como nuevo estándar de la ciudad, estimulando e inspirando a sus arquitectos y planificadores para crear edificios y paisajes que sean «tan generosos como la tierra silvestre de las cercanías». Tejados en los que se cultivan alimentos, que captan energía solar y acogen a la fauna; pavimentos que absorben el agua de las tormentas y luego la van liberando gradualmente en los acuíferos; edificios que secuestran dióxido de carbono, limpian el aire, tratan sus propias aguas residuales y las convierten de nuevo en ricos nutrientes del suelo... Todo ello unido en una red infraestructural en la que se entretejen corredores de fauna silvestre y agricultura urbana.[26] Tales posibilidades de diseño surgen de plantear preguntas de tipo regenerativo, no degenerativo. «No preguntes: ¿cuál es la parte que me toca? —explica Benyus—. Pregúntate: ¿qué otros beneficios podemos incluir aquí para poder repartir algunos?»[27]

Imagine que este tipo de ciudad regenerativa fuera también distributiva por diseño. Microrredes de energías renovables convertirían cada casa en un proveedor de energía. Viviendas asequibles conectadas por rutas de transporte público adecuadas harían que la forma más barata de desplazarse fuera también la más rápida. Centros empresariales de barrio permitirían a los padres volver a serlo de nuevo acercando la casa al lugar de trabajo tanto para las mujeres como para los hombres. Y dado que su infraestructura regeneradora de vida sería de «alto contacto»,* como la define Benyus, necesitaría de gente dedicada constantemente a cuidar, gestionar y mantener su capacidad regenerativa, creando así puestos de trabajo cualificados y ricos en significado.

Todavía no puede encontrarse ninguna ciudad así en el mapa del

---

* En inglés *high-touch*, un término que hace alusión al trato humano en contraposición a la «frialdad» de la alta tecnología, o *high-tech*. (*N. del t.*)

mundo, pero hay empresas y proyectos que aspiran a poner en práctica sus principios de diseño en distintos continentes. El Park 20|20, en los Países Bajos, es un parque empresarial diseñado según los principios «de la cuna a la cuna», construido con materiales reciclables, un sistema energético integrado, una instalación de tratamiento de aguas, y tejados que captan energía solar, almacenan y filtran el agua de lluvia, bloquean el calor y proporcionan hábitats a la fauna silvestre.[28] En California, la empresa Newlight Technologies recoge las emisiones de metano de las vacas y las convierte en bioplásticos con los que fabrican productos como botellas y sillas de oficina— que han sido verificados de manera independiente como elementos «negativos en carbono», capaces de secuestrar emisiones de gases de efecto invernadero durante todo su ciclo útil.[29] En las áridas tierras costeras de Australia Meridional, Sundrop Farms utiliza agua de mar y la luz del sol para cultivar tomates y pimientos. Sus invernaderos de última tecnología aprovechan la energía solar para desalinizar el agua salada, generar calor y producir electricidad, utilizando todo ello para sus cultivos. «No nos limitamos a abordar un problema de energía o un problema de agua —explica Philipp Saumweder, presidente de Sundrop—; los abordamos de forma conjunta para producir alimento a partir de unos recursos abundantes, y para hacerlo de una forma sostenible.»[30]

También numerosas aldeas, pueblos y ciudades de los países de renta media y baja están haciendo suyos los principios del diseño regenerativo. Bangladés aspira a convertirse en el primer país alimentado por energía solar, y está formando a miles de mujeres como ingenieros solares para que puedan instalar, mantener y reparar sistemas de energía renovable en sus propia aldeas.[31] En la región de Tigray, en Etiopía, se han regenerado —asombrosamente— más de 220.000 hectáreas de tierra desertificada desde el año 2000 gracias a las comunidades de agricultores que han construido terrazas y plantado arbustos y árboles. Han restaurado laderas antaño estériles convirtiéndolas en exuberantes valles que proporcionan cereales, frutas y hortalizas a los pueblos y ciudades circundantes, al mismo tiempo que secuestran carbono, almacenan agua y reconstruyen el suelo.[32] En Kenia, empresas sociales como Sanergy están construyendo retretes higiénicos en los suburbios y convirtiendo el 100 % de los desechos humanos que recogen en biogás y fertilizante orgánico que luego venden a las granjas locales, mejorando de este modo la salud humana y creando empleos de los que existe una gran necesidad, al tiempo que reducen la contaminación de nitrógeno e incrementan la fertilidad del suelo.[33] De manera similar, en Brasil la empresa emergente ProComposto

¿Cómo puede una ciudad ser tan generosa como un bosque?

recoge residuos orgánicos de los restaurantes, viviendas y supermercados de la ciudad, que luego convierte en fertilizante para su uso en agricultura orgánica. Al disminuir la cantidad de materiales biológicos que terminan en el vertedero, la empresa está reduciendo las emisiones de metano, enriqueciendo el suelo con carbono en su lugar, y creando puestos de trabajo.[34]

Estos ejemplos pioneros constituyen una fuente de inspiración, pero todavía plantean importantes cuestiones. Por ejemplo, los edificios de Park 20|20 están hechos de materiales reciclables; pero ¿realmente llegarán a reciclarse algún día? Los invernaderos de Sundrop Farms se alimentan primordialmente de energía solar, pero de vez en cuando, los días nublados, tienen que recurrir a una caldera de gas de reserva: ¿podrían mantener su éxito sin ella?[35] Si la producción de plástico a partir de metano que realiza Newlight se ampliara a una escala significativa, ¿podría dar lugar a impactos ecológicos imprevistos? Hasta la fecha ha habido demasiadas iniciativas de energía solar limitadas al ámbito de aldeas concretas que han terminado con los paneles tirados sin que se utilizaran y sin que nadie los reparara; ¿puede invertirse esa tendencia? ¿Y pueden las empresas que convierten residuos alimenticios en compost orgánico obtener suficientes ingresos para proporcionar puestos de trabajo dignos, a la vez que lo hacen en la escala requerida? Este tipo de tecnologías y empresas nacientes tienen que ponerse a prueba y adaptarse para poder ampliarse a mayor escala, pero también —y de manera crucial— necesitan contar con un sistema económico que las posibilite haciéndolas viables como inversiones, y ahí es donde el economista del siglo XXI puede desempeñar un papel clave.

En busca del economista generoso

Pese al potencial de la fabricación circular y el diseño regenerativo, los diseñadores industriales y urbanos más innovadores afrontan hoy un reto formidable: funcionar con unas empresas, finanzas y gobiernos que todavía siguen atrapados en la mentalidad y los parámetros del diseño económico degenerativo. Janine Benyus conoce de primera mano las frustraciones de ese reto. Mientras colaboraba con una importante promotora inmobiliaria en los diseños para renovar la periferia de una gran ciudad, ella propuso construir edificios cuyas vivientes paredes biomiméticas secuestraran dióxido de carbono, liberaran oxígeno y filtraran el aire circundante. ¿Cuál fue la primera respuesta del promotor? «Pero ¿por qué tengo yo que proporcionar aire limpio al resto de la ciudad?»

Este es un problema poco sorprendente, indicativo de la casi ubicua mentalidad empresarial que ha surgido del diseño del capitalismo contemporáneo. Y ese diseño es cualquier cosa menos generoso: se centra más bien en crear una sola forma de valor, el financiero, para un solo grupo de intereses, los accionistas. Mientras que actualmente los diseñadores regenerativos se preguntan «¿cuántos beneficios diversos podemos incorporar aquí?», la ortodoxia empresarial todavía sigue preguntándose «¿cuánto valor financiero podemos extraer de aquí?». Obviamente, puede haber puntos en los que ambas ambiciones se superpongan —ya que a veces ser regenerativo puede resultar sumamente rentable—, pero si esos puntos de superposición son lo único que le interesa al mundo empresarial, el diseño regenerativo quedará muy lejos de alcanzar su potencial.

Esta adhesión parcial al diseño regenerativo por parte de muchas empresas establecidas resulta visible, sin duda, en la forma en que hasta el momento estas han puesto en práctica el pensamiento de la economía circular. El interés corporativo en forjar una «ventaja circular» está aumentando con rapidez, y las empresas que lideran el pelotón han adoptado un conjunto específico de técnicas de economía circular como aspirar a fabricar con cero residuos; vender servicios en lugar de productos (como, por ejemplo, servicios de impresión por ordenador en lugar de impresoras), y recuperar los productos de su propia marca —desde tractores hasta ordenadores portátiles— para su reacondicionamiento y reventa. Todas ellas son estrategias excelentes para una reutilización eficiente de los recursos, y asimismo pueden resultar sumamente rentables. Recuperando y remanufacturando componentes clave utilizados en sus productos, la empresa de equipamiento de construcción Caterpillar ha incrementado en un 50 % el beneficio bruto en las cadenas de fabricación de dichos productos, reduciendo a la vez alrededor de un 90 % el consumo de agua y energía.[36] Esto es impresionante (dado que *caterpillar* significa precisamente «oruga», a lo mejor deberían rebautizar su división de remanufacturado como «Mariposa»), y también lo son dentro de lo que cabe muchas otras iniciativas empresariales de economía circular.

El problema es que no van lo bastante lejos, y existe una razón evidente por la que no lo hacen. Configuradas para encajar en el marco de los intereses corporativos existentes, hasta la fecha las estrategias de economía circular típicamente han sido: iniciativas impulsadas desde arriba por grandes corporaciones; de carácter interno, con las empresas tratando de establecer el control sobre los productos utilizados de sus propias marcas; opacas, gracias el uso de materiales y tecnologías patentados; y fragmentadas en partes inconexas, dentro de las propias industrias pero también entre unas y otras. Este no constituye en absoluto un fundamento sólido para construir un ecosistema industrial regenerativo, y mucho menos distributivo. Veamos un ejemplo ilustrativo: un creciente número de fabricantes están intentando recuperar sus productos usados, como coches y ropa, para aprovechar y reutilizar sus componentes y materiales. Pero, dado que el occidental medio posee más de 10.000 objetos fabricados en países de todo el mundo, resulta altamente improbable que un enfoque tan individualista tenga éxito, y, además, daría lugar a un control corporativo extremadamente concentrado sobre el flujo circular material de la economía.[37] Este es el quid de la cuestión:

El diseño industrial regenerativo solo puede realizarse plenamente si se sustenta en un diseño económico regenerativo.

Y eso es algo de lo que actualmente existe una enorme carencia. Hacer que ocurra requiere reequilibrar los papeles del mercado, los comunes y el Estado. Exige redefinir el objetivo de la empresa y las funciones de las finanzas. Y necesita indicadores que identifiquen y recompensen el éxito regenerativo. Abordar *esta* tarea de rediseño sin duda constituye una de las oportunidades más estimulantes para los economistas del siglo XXI. Y —como cabría esperar en una economía compleja y en constante evolución— es un proceso de rediseño que surgirá, no de las teorías de los manuales, sino de los experimentos innovadores de quienes tratan de llevarlo a la práctica.

EL FUTURO CIRCULAR ESTÁ ABIERTO

La brecha manifiesta que existe entre el potencial regenerativo de la economía circular y su práctica empresarial estrecha de miras y centrada únicamente en la eficiencia ha inspirado la creación del movimiento denominado «Economía Circular de Código Abierto» (OSCE, por sus siglas en inglés). Su red mundial de innovadores, diseñadores y activistas tiene como objetivo seguir los pasos del software de código abierto y crear los comunes del conocimiento necesarios para liberar el pleno potencial de la fabricación circular. ¿Por qué comunes del conocimiento?

Porque, como señalan los propios integrantes del movimiento OSCE, no puede alcanzarse plenamente el potencial regenerativo de la producción circular únicamente mediante la acción de empresas individuales que intentan hacer que todo suceda dentro de las paredes de su propia fábrica: esta es una base lógica e inviable para crear una economía circular.

Al igual que el movimiento biomimético creado por Benyus, este movimiento toma la naturaleza como un modelo del que aprender: una semilla plantada en el suelo se convierte en un árbol y luego se descompone para convertirse en suelo para nuevos árboles. Pero un único árbol no puede hacer por sí solo que eso suceda, ya que depende de la rica y constante interacción de numerosos ciclos vivientes, desde los hongos e insectos hasta la lluvia y la luz del sol, y es la interacción de todos ellos la que crea el ecosistema autorrenovable del bosque. En la industria ocurre lo mismo: si cada fabricante de tractores, neveras y ordenadores portátiles intenta recuperar, reacondicionar y revender todos los productos de su marca pero solo estos, en el marco de ciclos privados de flujo material, nunca se alcanzará el potencial regenerativo generalizado del sistema.[38]

Sam Muirhead, uno de los iniciadores del movimiento Economía Circular de Código Abierto, cree que la fabricación circular tiene que ser de código abierto porque los principios subyacentes al diseño de código abierto son los que mejor se adaptan a las necesidades de la economía circular. Dichos principios incluyen: modularidad (fabricar los productos con piezas que resulten fáciles de montar, desmontar y recolocar); estándares abiertos (diseñar componentes de forma y tamaño comunes); código abierto (plena información sobre la composición de los materiales y acerca de cómo utilizarlos); y datos abiertos (documentar la ubicación y disponibilidad de los materiales). En todo esto, la clave está en la transparencia. «Para quienquiera que tenga el producto al final de su uso, la receta debería ser el código abierto, de modo que cualquiera pueda ver cómo reutilizar sus materiales», me explicaba Muirhead. Y dado que esa receta de código abierto permite a cualquiera mejorar o adaptar el producto a sus necesidades, «eso significa que tienes a un equipo de I+D distribuido por todo el mundo que está constituido por usuarios expertos tales como ciertos talleres de reparaciones locales, especialistas en personalización y diseñadores innovadores. Esos principios dan lugar a una serie de modelos empresariales circulares que funcionan, no *a pesar* de ser de código abierto, sino precisamente *gracias* a ello».[39]

Entonces, ¿qué está pasando en la emergente economía circular de código abierto? Entre los primeros pioneros se encuentra AXIOM, la videocámara de código abierto para cineastas fabricada por Apertus⁰ (la «o» final significa precisamente «abierto») que utiliza componentes estandarizados, de modo que su comunidad de usuarios puede personalizarla, rearmarla y reinventarla constantemente.[40] También merece la pena echar un vistazo a otro proyecto en rápida evolución: OSVehicle, el futuro de código abierto de los coches 100 % eléctricos, cuyas piezas pueden montarse rápidamente para crear un cochecito de aeropuerto, un carrito de golf o, incluso, un vehículo urbano inteligente.[41]

OSVehicle es un proyecto desarrollado en Silicon Valley, pero la fabricación circular de código abierto está floreciendo también en lugares mucho más sorprendentes. En 2012, en la capital togolesa de Lomé, el arquitecto Sénamé Agbodjinou y sus colegas crearon Woelab, un taller de «baja-alta tecnología» que realiza sus propios diseños de impresoras 3D de código abierto utilizando componentes de viejos ordenadores, impresoras y escáneres recogidos en vertederos de toda África Occidental. «Queríamos hacer nuestra propia impresora 3D con los recursos que tenemos a mano, y en la actualidad los residuos electrónicos constituyen prácticamente nuestro principal material disponible en África», explica Agbodjinou. El proyecto está explorando las aplicaciones locales más útiles de la impresión 3D. «Los médicos nos han dicho que, cuando se estropea algún pequeño elemento de su equipamiento, se necesitan al menos dos meses para que lleguen las piezas de repuesto de Europa o Estados Unidos —explica—. Con esta tecnología, si podemos dominarla, podemos crear esas mismas piezas, reparar el equipo más deprisa, y quizá ayudar a salvar una vida.»[42]

Estas innovaciones de código abierto son impresionantes, pero todavía se hallan en sus fases iniciales, y para muchos el movimiento puede parecer inviablemente utópico. De modo que vale la pena recordar el caso del estudiante de informática finlandés de veintiún años Linus Torvalds, que en 1991 concebía el núcleo de un sistema operativo de código abierto —solo por afición, diría— que rápidamente se transformaría en Linux, actualmente el sistema operativo informático más utilizado en todo el mundo. El entonces presidente de Microsoft, Steve Ballmer, consideró a Linux como «un cáncer»; pero hoy incluso Microsoft se ha adherido al movimiento, utilizando Linux en sus propios productos.[43] «Para nosotros la historia del software de código abierto es un pequeño portal al futuro», me decía Muirhead. Y se muestra optimista: «Una vez que pones algo en los comunes no puedes volver a llevártelo —explicaba—, de modo que cada día los comunes del conocimiento crecen y se hacen más útiles. Una vez que la gente capta la idea —y ve su potencial para la economía circular—, realmente quiere crear soluciones para ello».[44]

Ese mismo espíritu de creación de comunes del conocimiento fue el que inspiró a Janine Benyus para crear el sitio web Asknature.org, que convierte los secretos celosamente guardados de los materiales, estructuras y procesos de la naturaleza en «código abierto» para todos; por ejemplo, cómo hace un geco para agarrarse sin pegamento, cómo las mariposas fabrican colores sin pigmentos o cómo los mejillones se adhieren a las rocas húmedas. Casi dos millones de usuarios, desde estudiantes de diseño de secundaria hasta investigadores científicos, han aprendido y contribuido al sitio desde sus comienzos en 2008. Cada aportación a su base de datos contribuye a disuadir a individuos y empresas de intentar conseguir patentes fraudulentas con falsas pretensiones de novedad o supuestas innovaciones que ya se le ocurrieron a la naturaleza hace miles de millones de años. El objetivo último de Benyus en lo que respecta a Asknature.org es —según me explicó— mantener el genio de la naturaleza en el ámbito del dominio público para que la vida pueda enseñarnos a construir, alimentarnos, viajar, propulsarnos y hasta fabricar de formas que favorezcan al medio natural. «Con proyectos estructurales inspirados en la naturaleza —explicaba—, podemos añadir una funcionalidad extraordinaria a los polímeros más ubicuos del planeta, como la celulosa, la queratina, la quitina y lignina. Estos son los componentes básicos de la economía circular de código abierto.»[45]

Un diseño regenerativo con una base de código abierto resulta sin duda fascinante. Pero, si es improbable que la ortodoxia empresarial haga suyo su pleno potencial, ¿qué tipo de empresa estaría resuelta a hacer que funcionara? Hay, obviamente, muchas formas de diseñar empresas, algunas de ellas mucho más regenerativas que otras, tal como los emprendedores visionarios han tenido que aprender por las malas.

REDEFINIR EL NEGOCIO DE LA EMPRESA

«La responsabilidad social de la empresa se cifra en el aumento de sus beneficios», decía Milton Friedman allá por 1970, y el mundo empresarial ortodoxo le creyó con gusto.[46] Pero Anita Roddick tenía una opinión distinta en esta materia. En 1976, antes siquiera de que se hubieran encontrado las palabras para describirla, se propuso crear una empresa que fuera social y medioambientalmente regenerativa por su propio diseño. Tras abrir The Body Shop en la población costera inglesa de Brighton, empezó a vender cosméticos naturales fabricados a base de plantas (y no probados nunca con animales) en botellas rellenables y cajas recicladas (¿por qué tirar cuando puedes reutilizar?), a la vez que pagaba un precio justo a las comunidades de todo el mundo que le proporcionaban mantequilla de coco, nuez del Brasil y hierbas desecadas. Al ampliarse la producción, la empresa empezó a reciclar sus aguas residuales para reutilizarla en sus propios productos, y fue una de las primeras inversoras en energía eólica. Paralelamente, los beneficios de la empresa iban a la Fundación The Body Shop, que los destinaba a causas sociales y medioambientales. En conjunto, pues, una empresa bastante generosa. ¿Cuál era la motivación de Roddick? «Quiero trabajar para una empresa que contribuya y forme parte de la comunidad —explicaría más tarde—. Si no puedo hacer algo por el bien público, ¿qué demonios estoy haciendo?»[47]

Una misión motivada por tales valores es lo que la analista Marjorie Kelly denomina el *propósito viviente* de una empresa: poner patas arriba el guion neoliberal de que «el negocio de la empresa es simplemente hacer negocios». Roddick demostró que el «negocio» puede ser mucho más que eso, encarnando valores benevolentes y una intención regenerativa ya desde el mismo nacimiento de la empresa. «Nosotros consagramos los denominados "artículos de asociación y memorandos" —que en Inglaterra constituyen los estatutos sociales que definen legalmente el objetivo de una empresa— a la defensa de los derechos humanos y al cambio social y medioambiental —explicaba en 2005—, de modo que fueran el baldaquín de todo lo que hiciera la empresa.»[48]

Hoy las firmas más innovadoras se inspiran en esa misma idea: que el negocio de la empresa sea contribuir a un mundo próspero. Y la creciente familia de estructuras empresariales que son intencionadamente distributivas por diseño —como cooperativas, entidades sin ánimo de lucro, empresas de interés comunitario y empresas de utilidad pública— también pueden ser regenerativas por diseño.[49] Estableciendo explícitamente un compromiso regenerativo en sus estatutos corporativos y consagrándolo en su gobernanza, pueden salvaguardar un «propósito viviente» incluso en épocas de cambio de liderazgo y protegerlo de posibles desviaciones subrepticias de la naturaleza de su misión. De hecho, hoy el acto más profundo de responsabilidad corporativa de cualquier empresa es volver a redactar sus estatutos sociales, con el objetivo de redefinirse a sí misma con un propósito viviente, arraigado en un diseño regenerativo y distributivo, y luego vivir y trabajar en función de este.

LAS FINANZAS AL SERVICIO DE LA VIDA

Una empresa basada en un propósito viviente puede tener unos fundamentos sólidos, pero sin una fuente de financiación que esté en consonancia con sus valores es improbable que sobreviva y prospere. La empresa regenerativa necesita el apoyo de socios financieros que aspiren a invertir a largo plazo para generar múltiples clases de valores —humanos, sociales, ecológicos, culturales y físicos— con un justo rendimiento financiero. Pero la actual cultura de las finanzas sigue centrándose estrictamente en impulsar el valor financiero a corto plazo, ya sea mediante la recompra de acciones o mediante el incremento de dividendos.

No cabe duda de que Anita Roddick descubrió todo esto por las malas. Cuando el primer Body Shop emitió acciones en 1986, no tardó en afrontar el choque entre el espíritu regenerativo de su empresa y las estrictas demandas de las finanzas basadas en los accionistas. «Uno de los mayores errores que cometí fue constituirme en sociedad anónima y cotizar en el mercado de valores —recordaría una década después—. Creo que hay cierto fascismo vinculado a las instituciones financieras, que solo contemplan un mínimo aceptable muy poco imaginativo. El beneficio es la ley de la empresa: eso es algo que hay que tener en cuenta, pero no a expensas de los derechos humanos, los estándares medioambientales y la comunidad.»[50] Sin duda, las frustraciones de Roddick se asemejan a las de muchos otros emprendedores con ideas afines; y ello es así porque la posibilidad de que una empresa regenerativa pueda realizar o no su propósito viviente depende en buena parte de cómo se financie. Y el reto de resolver esta cuestión constituye, obviamente, otra gran oportunidad de rediseño que aguarda al economista del siglo xxi.

Un insólito repensador financiero que está asumiendo esta tarea de diseño es John Fullerton, antiguo director general de JPMorgan. Se alejó de Wall Street a comienzos de 2001 intuyendo que había algo profundamente equivocado en su forma de funcionar, y a continuación empezó a leer mucho y sobre temas muy diversos. Poco a poco —explica—, «llegué a la conclusión de que el sistema económico es de hecho la causa primordial de la crisis ecológica, y de que lo que impulsa el sistema económico son las finanzas. De modo que, como veterano de las finanzas con veinte años de experiencia, yo tenía algunas cosas que repensar».[51] Partiendo de ocho principios clave que él considera que sustentan a todos los sistemas habitables complejos —como adoptar una visión holística de la riqueza, estar en «relación adecuada» y buscar el equilibrio—,

Fullerton empezó a utilizarlos para diseñar lo que él denomina «finanzas regenerativas» con el objetivo de crear unas finanzas que estén al servicio de la vida.

Cuando las finanzas están en «relación adecuada» con el conjunto de la economía —explica—, dejan de ser su factor impulsor, para pasar, en cambio, a sustentarla convirtiendo los ahorros y el crédito en inversiones productivas que generan valor social y medioambiental a largo plazo. Eso significa, para empezar, que el sistema financiero global tal como hoy lo conocemos tiene que contraerse, simplificarse, diversificarse y desapalancarse; una transformación que, de paso, lo hará más resiliente, en lugar de resultar cada vez más propenso a las burbujas y crisis especulativas. Las políticas necesarias para avanzar en esta dirección —sugiere Fullerton— incluyen: separar las cuentas de ahorro de los clientes de las actividades especulativas de las empresas de cartera; introducir impuestos y regulaciones que hagan que no resulte rentable hacerse demasiado grande, demasiado apalancado y demasiado complejo; y aplicar un impuesto global a las transacciones financieras que frene las transacciones de alta frecuencia.[52]

Dado que su ámbito de acción es el corto plazo, las finanzas especulativas constituyen un punto de partida crucial, pero resulta igualmente importante reemplazarlas por finanzas de inversión a largo plazo. Los bancos de desarrollo controlados por el Estado tienen aquí un papel obvio con vistas a ofrecer «capital paciente» para realizar inversiones a largo plazo, por ejemplo, en tecnologías de energías renovables y sistemas de transporte público. Pero también hay un papel para los inversores privados, que van desde el ahorrador personal hasta inversores institucionales como fondos de pensiones y fondos de dotación. Los bancos comunitarios, las cooperativas de crédito y los bancos éticos pueden parecer aquí actores secundarios, pero lo cierto es que han tomado la delantera en este ámbito. Tomemos, por ejemplo, el caso del banco holandés Triodos, cuya misión —o propósito viviente— es «hacer que el dinero trabaje en favor de un cambio positivo social, medioambiental y cultural», y que cuenta con más de medio millón de clientes en toda Europa: ahorradores e inversores, emprendedores y empresas que comparten esos mismos valores y objetivos. O fijémonos en el First Green Bank de Florida, creado en lo más profundo de la recesión de 2008, que se propone ser «un banco regenerativo», y que funciona con el respaldo de Fullerton y su equipo en el grupo de expertos Capital Institute para explorar qué será preciso para hacer que eso suceda.[53]

Pero el objetivo de lograr unas finanzas que estén al servicio de la vida, no obstante, va más allá del simple rediseño de la inversión para rediseñar también la moneda. Al igual que el diseño de una moneda —su creación, su carácter y el uso que se pretende darle— puede ser distributivo en el seno de una comunidad —tal como veíamos en el capítulo 5—, del mismo modo puede ser también regenerativo respecto al medio natural. Uno de los gurús de las monedas complementarias, el belga Bernard Lietaer, afirma que le encantan esta clase de retos. «Deme un problema social o medioambiental —me dijo en cierta ocasión—, y diseñaré una moneda para solucionarlo.» Una ciudad de su país natal aceptó la oferta, invitándole a ponerla en práctica en Rabot, un deteriorado barrio de Gante. «Me asignaron una tarea imposible: el peor barrio de todo Flandes», relataba con un brillo especial en los ojos, pasando luego a describir el barrio: bloques de pisos densamente poblados que albergan una comunidad diversa y dividida de inmigrantes de primera generación, rodeados de espacios públicos destartalados. ¿El reto? «¿Podemos crear aquí un barrio agradable en el que vivir, donde la gente se salude por la calle, y que sea "verde", una de las prioridades de la ciudad?»

Lo primero que hizo Lietaer fue preguntarles a los propios residentes de Rabot qué era lo que de verdad querían. La contundente respuesta fue: pequeñas parcelas de tierra para cultivar alimentos. De modo que el solar de cinco hectáreas de una antigua fábrica en ruinas pronto se convirtió en un conjunto de parcelas disponibles para su alquiler, que solo podía pagarse en una nueva moneda, las denominadas *torekes*, o « torrecillas», que deben su nombre a los ubicuos bloques de viviendas del barrio. Las torekes pueden conseguirse trabajando como voluntario para recoger basura, replantar jardines públicos y reparar edificios públicos, o bien compartiendo el vehículo privado y pasándose a la electricidad de origen ecológico. Además de pagar el alquiler de las parcelas, las torekes pueden gastarse en viajes de autobús y entradas de cine, o utilizarse en las tiendas locales para comprar productos frescos y bombillas de bajo consumo, fomentando así su aceptación. Pero su valor social llega aún más lejos. «Cuando la gente ve que los inmigrantes, a los que tiende a culpar por generar contaminación, ayudan a limpiar el barrio, eso es una señal positiva para cualquiera —señala Guy Reynebeau, jefe de Salud y Bienestar del distrito—. Esas acciones no tienen precio, ni en euros ni en torekes.»[54]

Imagine lo que sería llevar este concepto al siguiente nivel integrando monedas complementarias en la propia fase de diseño de una ciudad generosa. Al igual que la sangre que fluye a través del cuerpo humano mantiene todos sus órganos sanos, del mismo modo podrían diseñarse monedas complementarias que aprovecharan el flujo de la actividad humana de forma que mantuvieran la floreciente infraestructura de la ciudad. Podrían recompensar a residentes y empresas por una amplia gama de comportamientos regenerativos —desde la recogida, separación y reciclaje de basuras hasta el mantenimiento de los muros de la ciudad— incentivando al mismo tiempo a la comunidad a comprar en los comercios locales y a viajar en transporte público. De hecho, las monedas complementarias podrían ayudar a los habitantes de una ciudad a hacerse plenos partícipes de los ciclos de la naturaleza, exactamente tal como concibe Benyus.

LES PRESENTAMOS AL ESTADO-SOCIO

El papel del Estado es clave para poner fin al inmovilismo del diseño económico degenerativo. Y tiene muchas formas de promover activamente una alternativa regeneradora, como, por ejemplo, reestructurar impuestos y regulaciones, intervenir como inversor transformador y potenciar el dinamismo de los comunes.

Históricamente los gobiernos han optado por gravar todo lo que podían, en lugar de lo que debían, y eso se nota. Grave las ventanas, y obtendrá casas oscuras, como tuvo ocasión de descubrir Gran Bretaña en los siglos XVIII y XX; grave a los empleados, y se encaminará a una economía de paro, como están descubriendo actualmente muchos países. Ello está ocurriendo en parte gracias al legado de perversas políticas fiscales del siglo XX, que cobran a las empresas por contratar a seres humanos (mediante los impuestos sobre la nómina), las subvencionan por comprar robots (mediante las inversiones de capital fiscalmente deducibles) y aplican una tributación casi nula al uso de tierras y recursos no renovables. En 2012, más del 50 % de los ingresos tributarios recaudados por la Unión Europea procedían de gravámenes sobre el trabajo, mientras que en Estados Unidos el porcentaje era aún mayor.[55] No es ninguna sorpresa que la respuesta de la industria haya sido centrarse en incrementar la productividad laboral —la producción por trabajador— reemplazando al mayor número de trabajadores posible por autómatas.

El paso largamente reclamado de gravar el trabajo a gravar los recursos no renovables puede favorecerse mediante subvenciones para energías renovables e inversiones destinadas a un uso eficiente de los recursos. Tales medidas desplazarían el foco de atención de la industria, que pasaría de aumentar la productividad del *trabajo* a incrementar la productividad de los *recursos*, reduciendo drásticamente el uso de nuevos materiales y creando puestos de trabajo al mismo tiempo. Reacondicionar edificios en lugar de demolerlos y construir de nuevo desde cero, por ejemplo, suele generar más empleos, un consumo energético comparable y un consumo mucho menor de agua y nuevos materiales.[56] Un reciente estudio europeo sobre los efectos de promover una economía circular junto con energías renovables y medidas de eficiencia energética estimaba que, en conjunto, todo ello generaría alrededor de 500.000 empleos en Francia, 400.000 en España y 200.000 en los Países Bajos.[57]

Los impuestos y subvenciones pueden mover los mercados, como hemos visto, pero la transformación de un diseño industrial degenerativo en otro regenerativo también tiene que contar con el respaldo de la regulación. En su forma más sencilla, eso significa ir reduciendo progresivamente el uso de productos químicos de la «lista roja» y de los procesos de producción contaminantes, al tiempo que se va introduciendo de manera gradual el uso exclusivo de sustancias químicas respetuosas con la vida, junto con estándares industriales con impacto neto cero e incluso con impacto neto positivo. Las empresas más progresistas del mundo ya están intentando funcionar con esos estándares; pero unas regulaciones basadas en un diseño regenerativo que afecten a todo el conjunto de la economía a la larga contribuirán a que esas ambiciosas prácticas empresariales dejen de ser una rara excepción para convertirse en la norma de la industria.

Es evidente que el cambio en los mercados reviste su importancia, pero no basta, argumenta la economista Mariana Mazzucato. Esto es especialmente cierto en lo referente a la revolución de la energía limpia, una fuente de energía crucial para la economía regenerativa. «No podemos depender del sector privado para provocar el tipo de reconfiguración radical de la economía que necesitamos —explica Mazzucato—. Solo el Estado puede proporcionar la clase de financiación a largo plazo requerida para realizar un cambio decisivo.»[58] El gobierno chino comparte claramente su visión del papel del Estado como un socio que asume riesgos: en la última década ha invertido miles de millones de dólares en una cartera de innovadoras empresas de energías renovables, sufragando no solo sus gastos en investigación y desarrollo, sino también sus demostraciones y su implantación. Al mismo tiempo, el Banco de Desarrollo Chino, junto con una serie de empresas de servicios públicos de titularidad estatal, está financiando el mayor despliegue realizado en el mundo hasta la fecha de parques eólicos y solares fotovoltaicos.[59]

Si el Estado puede ser un socio transformador en la creación de una economía regenerativa, ¿dónde está ocurriendo esto? Hasta ahora, donde resulta más visible es en diversas iniciativas limitadas a ciudades concretas que se hallan repartidas por todo el globo. Una de tales ciudades es Oberlin, situada en Ohio, en el denominado «Cinturón de Óxido» de Estados Unidos, el antiguo corazón industrial de la nación, hoy en declive. En 2009, la administración municipal aunó sus fuerzas con la Universidad de Oberlin y las compañías municipales de electricidad con el objetivo de convertirse en una de las primeras ciudades «climáticamente positivas» de Estados Unidos secuestrando más carbono del que produce. La iniciativa también aspira a cultivar el 70 % del alimento de la ciudad en el ámbito local, a conservar ocho mil hectáreas de espacio urbano verde y a reactivar la cultura y la comunidad local, creando empresas y puestos de trabajo —hoy muy necesarios— para hacer todo ello posible. En 2015, los edificios gestionados por la universidad y el ayuntamiento se abastecían en un 90 % de energías renovables, al tiempo que una creciente proporción de los alimentos consumidos en la universidad, los institutos de secundaria, los hospitales y los edificios públicos de la ciudad procedían de cultivadores locales. También la vida cultural se está reactivando, gracias a un nuevo centro de artes escénicas situado en el distrito de Green Arts; asimismo, actualmente la educación medioambiental se ha incorporado al currículo de las escuelas públicas.[60] «Nuestro objetivo es una sostenibilidad de amplio espectro —afirma David Orr, director ejecutivo del Proyecto Oberlin, explicando el pensamiento sistémico que subyace al diseño del proyecto—. Tenemos que recalibrar la prosperidad en función de cómo funcionan los ecosistemas y de lo que realmente pueden regenerar.»[61]

La era de los indicadores vivientes

El paso al diseño económico regenerativo solo puede supervisarse si cuenta con el respaldo de unos indicadores que reflejen su misión. Los indicadores monetarios por sí solos inevitablemente se quedarán cortos a la hora de reflejar el valor creado en una economía regenerativa: las rentas financieras representan solo una pequeña porción de lo que genera una economía cuando su objetivo es promover la prosperidad humana en un floreciente entramado de vida. El monopolio de los indicadores monetarios ha terminado: ha llegado la hora de disponer de un arsenal de indicadores vivientes. Y en lugar de centrarse en el flujo transversal del valor monetario, el objetivo para el que se diseñó el PIB, los nuevos indicadores monitorizarán las numerosas fuentes de riqueza —humana, social, ecológica, cultural y física— de las que emana todo el valor.

Se están desarrollando indicadores vivientes con rapidez en numerosas escalas. Entre las ciudades, Oberlin se sitúa de nuevo en la vanguardia. Con su claro propósito viviente de «mejorar la resiliencia, la prosperidad y la sostenibilidad» de su comunidad, la ciudad ha empezado a crear los indicadores que necesita para monitorizar ese objetivo. El sitio web del Tablero de Seguimiento Medioambiental de Oberlín se creó para educar, motivar y potenciar a esta comunidad urbana con vistas a transformar su impacto ecológico. Unos paneles de datos de difusión pública expuestos en la biblioteca municipal, en diversos edificios públicos y en el sitio web muestran en tiempo real el consumo de agua de la ciudad, su consumo de electricidad y la salud de su río. Una tarde de julio, mientras navegaba por el sitio web desde mi casa en el Reino Unido, a más de 5.600 kilómetros de distancia, pude seguir minuto a minuto los flujos ecológicos locales de Oberlin: las emisiones de carbono por persona producidas en tiempo real en la ciudad durante esa hora, el volumen de agua potable consumida y de las aguas residuales tratadas, e incluso los niveles de oxígeno del Plum Creek, el riachuelo de las inmediaciones, medidos al paso de la corriente.[62] Los datos en tiempo real constituyen una forma interesante y amena de atraer el interés de la comunidad, pero muchas de las ideas de mayor calado surgen de los esfuerzos por monitorizar sus tendencias dinámicas año por año.[63] Dadas las aspiraciones de Oberlin, apostaría a que, una vez se disponga de estos datos, la ciudad ampliará su Panel de Seguimiento Medioambiental más allá del ámbito local para mostrar la huella material global de Oberlin, y la utilizará para monitorizar su ambicioso objetivo a más largo plazo de la sostenibilidad de amplio espectro.

Si Oberlin lidera el uso de indicadores vivientes entre las ciudades, ¿qué ocurre en el caso de las empresas? Por fortuna, hoy estas ya pueden escapar de la estricta tiranía contable de la tasa de rendimiento financiero, adoptando un conjunto más diverso de indicadores de rendimiento claves. Varias destacadas iniciativas —como la «economía del bien común», los «informes de impacto» de B Corp o MultiCapital Scorecard— ofrecen a las empresas sendas matrices con la que puntuar su sostenibilidad.[64] Y dado que dichas matrices se puntúan de manera abierta e independiente, los resultados pueden dar mayor poder a los consumidores y permitir a los gobiernos apoyar proactivamente a las empresas regenerativas recompensando las puntuaciones altas, pongamos por caso, con impuestos más bajos y contrataciones públicas preferentes.

Todas estas matrices de puntuación empresariales impulsan las ambiciones corporativas en la dirección correcta en lo que se refiere a medir lo que de verdad importa, pero en su mayor parte todas se orientan todavía a lograr un «impacto cero»; por ejemplo, otorgando a las empresas una puntuación del 100 % en impacto climático si alcanzan unas emisiones de carbono de valor neto cero. El siguiente paso para estos indicadores empresariales es ir más allá de la sostenibilidad basada en «no hacer daño» para pasar a recompensar el diseño generoso. Cuando los indicadores vivientes para las empresas se equiparen a la aspiración de los «criterios de rendimiento ecológico» de Janine Benyus para las ciudades, las primeras dejarán de preguntarse simplemente «¿cómo podemos no hacer daño?» para plantearse, en cambio, «¿cómo nuestra empresa puede ser tan generativa como un bosque de secoyas gigantes?». Y con este salto adelante en nuestras aspiraciones —en las empresas, en las ciudades y en los países— empezaremos a no dañar los ciclos de la naturaleza, pero también a participar de manera provechosa en su regeneración.

«En algún lugar sobre el arco iris el cielo es azul», cantaba Dorothy en *El mago de Oz*. Es un pensamiento encantador, y la melodía perfecta para el arco iris que forma la curva medioambiental de Kuznets. Sigamos adelante, sigamos creciendo, y un día el aire se despejará, se limpiarán los ríos y cesará la profanación del medio natural. Pero las evidencias acumuladas a lo largo de muchos años, en series de datos globales y en la dura experiencia de millones de personas, han dejado claro que, sencillamente, el crecimiento no lo limpiará todo. Más bien lo empeorará: hasta la fecha, en la medida en que las economías de los diferentes países se han hecho más grandes, también lo han hecho sus huellas materiales globales, incrementando las presiones relativas al cambio climático, la escasez de agua, la acidificación de los océanos, la pérdida de biodiversidad y la contaminación química. Hemos heredado unas economías industriales degenerativas: ahora nuestra tarea consiste en transformarlas en otras que sean regenerativas por diseño. No puede negarse que se trata de un reto formidable, pero un reto que está inspirando a la próxima generación de ingenieros, arquitectos, planificadores urbanos y diseñadores inteligentes. Me gustaría saber qué ha sido de Prakash, porque la India, y el mundo, necesitan que esté en el equipo.

Es evidente que ha llegado el momento de que los economistas se olviden de la insensata búsqueda de las leyes del movimiento económico, para acercarse, en cambio, a la mesa de diseño y sentarse junto a los innovadores arquitectos, ecologistas industriales y diseñadores de productos que hoy constituyen la punta de lanza de la revolución del diseño regenerativo. Sin duda hay un asiento vacío esperando, puesto que el papel del economista es clave: diseñar las políticas económicas y las innovaciones institucionales —para la empresa y las finanzas, para los comunes y el Estado— que liberen el extraordinario potencial de la economía circular y el diseño regenerativo. Y si a ello le acompaña un diseño distributivo, estaremos encaminándonos de hecho hacia el espacio seguro y justo de la rosquilla. Pero dado que la rosquilla constituye, en sí misma, un tablero de seguimiento global de indicadores vivientes, ¿qué implicaciones tiene esto para el futuro de ese otro indicador tristemente célebre, el PIB?: ¿apoyarlo, rechazarlo, o simplemente ser agnóstico?

7

SER AGNÓSTICO CON RESPECTO AL CRECIMIENTO
De ser adicto al crecimiento
a mostrarse agnóstico con respecto a él

Una vez al año doy una clase que divide a los amigos, enfrenta ideologías y nos reta a todos a cambiar de mentalidad. Llego temprano al aula de seminarios, deshago las pulcras filas de asientos y reparto las sillas en dos largas columnas separadas por un pasillo, algo parecido a la disposición de los asientos en un avión. Cuando empiezan a llegar los estudiantes, se encuentran con una única pregunta en la pantalla: «¿Es posible un crecimiento verde? Sí / No». Entonces les pido que, para responder a la pregunta, elijan un asiento: la columna que está junto a la ventana significa «sí»; la de al lado de la puerta significa «no». Y no está permitido quedarse en el pasillo.

Los que esperan trabajar para las grandes firmas de consultoría después de graduarse no dudan en dirigirse al bloque del «sí», algunos de ellos pegándose prácticamente al antepecho. Otros vacilan en el pasillo, ligeramente aterrados por aquella repentina decisión pública, y luego se dirigen al bloque del «no», recelosos de la reacción que ello puede provocar. Una vez sentados, empiezan a señalarse y a mirarse boquiabiertos unos a otros desde los dos lados del pasillo, sorprendidos de ver tan lejos a sus íntimos amigos, y perplejos al percibir la brecha que separa unas opiniones que hasta entonces no habían expresado.

Como los estudiantes no tardan en descubrir, nuestras creencias en torno al crecimiento económico son casi religiosas: de naturaleza personal, con consecuencias políticas, privadas y apenas comentadas. De modo que, cuando se inicia el debate, les invito a considerar qué haría falta para que cambiaran de bando, recordándoles —con la ayuda del poeta Taylor Mali— que «cambiar de opinión es una de las mejores formas de descubrir si todavía tienes una».[1] Tras la pausa de mitad de clase, les sugiero que literalmente tomen asiento en el lado opuesto del pasillo y hagan todo lo posible por entender la perspectiva del otro.

Lo admito, mi pregunta es injusta porque implica muchas otras: ¿crecimiento de qué?, ¿para quién?, ¿durante cuánto tiempo?... y ¿qué significa exactamente «verde»? Quizá les estoy obligando de algún modo a afrontarlo como una forma catártica de revivir mis propias luchas con el futuro del crecimiento económico. En 2011, Oxfam me asignó la tarea de redactar un documento sobre políticas posibles para ayudar a la organización a decidir si en los países de renta elevada debía promover el concepto de «crecimiento verde» o bien ponerse del lado de quienes abogaban por el «decrecimiento». No dejé escapar la oportunidad, ya que me llevaba de nuevo al corazón del pensamiento macroeconómico. Pero pronto mi entusiasmo se tornó en parálisis cuando me sumergí en el debate y descubrí que, aunque los dos bandos tenían algunos argumentos sólidos, ambos se apresuraban también a rechazar los de sus adversarios, y ninguno de ellos tenía una respuesta excepcionalmente convincente. Cuando intenté proponer una política clara para Oxfam a pesar de mi creciente incertidumbre, se me encogió el estómago y se me hizo un nudo en la garganta tan apretado que apenas podía respirar. Me había quedado inmovilizada por una de las cuestiones económicas más existenciales de nuestra época. De modo que llamé a mi directora de proyecto y le expliqué la situación. «¡Vale! —me dijo—. ¿Qué necesitas, dos semanas más?»

Lo que necesitaba era dejar de intentar responder a aquella pregunta de forma directa. Si el héroe griego Perseo hubiera sido mi director de proyecto, habría empezado por advertirme de la dificultad de la tarea: él sabía que nunca debía mirar directamente a Medusa a la cara, porque quien lo hiciera simplemente se convertiría en piedra. En cambio, captando su reflejo en su brillante escudo, logró acercarse con sigilo a la monstruosa gorgona y cortarle diestramente la cabeza. Quizá de aquí se pueda extraer una lección acerca de cuál es el mejor modo de concebir el futuro del crecimiento económico.

En el capítulo 1 expulsamos del nido al objetivo-cuco del crecimiento del PIB, pero eso no significa que simplemente saliera volando de la historia. ¿Por qué? He aquí el dilema:

Ningún país ha erradicado nunca las privaciones humanas
sin una economía creciente. Y ningún país ha erradicado nunca
la degradación ecológica con esa misma economía.

Si el objetivo del siglo XXI es entrar en la rosquilla erradicando al mismo tiempo las privaciones y la degradación, ¿qué implicaciones tiene esto para el crecimiento del PIB? Considerar esta cuestión nos lleva a un nuevo nivel a la hora de repensar el crecimiento. Una cosa es ir más allá de la utilización del PIB como indicador primordial del éxito económico de un país, y otra muy distinta que ese país supere su adicción financiera, política y social al crecimiento del PIB. En este capítulo se aborda ese reto y se argumenta en favor de la creación de economías que sean *agnósticas* con respecto al crecimiento. Con lo de agnóstico no me refiero simplemente a no preocuparse de si el PIB crece o no, ni tampoco a negarse a medir si se produce o no ese crecimiento. Utilizo el término en el sentido de diseñar una economía que favorezca la prosperidad humana independientemente de si el PIB sube, baja o se mantiene estable.

Ser agnóstico puede sonar como una evasiva, una forma extrema de evitar tomar partido; pero siga leyendo, porque tiene implicaciones radicales. El siglo xxi nos ha legado unas economías que necesitan crecer, independientemente de que nos hagan prosperar o no, y actualmente estamos viviendo las consecuencias sociales y ecológicas de esa herencia. Hoy los economistas del siglo xxi, sobre todo los de los países de renta elevada, afrontan un reto que sus predecesores no tuvieron que abordar: crear economías que nos hagan prosperar, tanto si crecen como si no. Como veremos, hacerse agnóstico en este sentido requiere transformar las estructuras financieras, políticas y sociales que han hecho que nuestras economías y sociedades pasen a esperar, exigir y depender del crecimiento.

Demasiado peligroso de dibujar

Si un día el lector se encuentra en compañía de economistas y busca una forma de romper el hielo, he aquí un divertido juego que puede proponer, y para el que solo necesita un trozo de papel y un lápiz. Simplemente pídale a un economista que le dibuje una imagen de la trayectoria del crecimiento económico a largo plazo. Si está preguntándose qué forma tendrá el dibujo que le bosquejará en el papel, no corra a consultarlo en los manuales, porque la respuesta no está ahí. Puede que le parezca extraordinario, pero, a pesar de haber adoptado el crecimiento del PIB como el objetivo *de facto* de la política económica, los manuales nunca representan gráficamente cómo se espera que evolucione a largo plazo. Sí, puede haber gráficos que representen diversos ciclos económicos, que van desde los ciclos de expansión y contracción de la economía de 7-10 años de duración hasta las oleadas de 50-60 años, conocidas como «ondas de Kondrátiev», debidas a la innovación tecnológica. Pero de hecho es bastante raro encontrarse un gráfico donde se representen varios siglos de crecimiento del PIB en el pasado, y más todavía un diagrama que sugiera lo que podría ocurrir en los siglos venideros.

¿Acaso la respuesta es tan evidente que los manuales no tienen que molestarse en darla? Todo lo contrario. Constituye un reto de tal calibre que no se atreven a hacerlo: el futuro del crecimiento del PIB a largo plazo —esa Medusa de la teoría económica— simplemente resulta demasiado peligroso de dibujar porque obliga a los economistas a afrontar sus supuestos más arraigados sobre el crecimiento. Pero si tiene usted la suerte de encontrar a un economista dispuesto a participar en ese pequeño juego, puede que realmente llegue a echar un vistazo a la terrible forma de la gorgona.

Si le dieran su lápiz y su papel, lo más probable es que cualquier representante de la economía ortodoxa del último medio siglo dibujara la misma imagen que ya encontramos en el capítulo 1: una línea siempre creciente, conocida como curva de crecimiento exponencial, en la que el PIB aumenta un porcentaje fijo (sea el 2 o el 9 %) de su tamaño actual en cada período. Sin embargo, instintivamente dejarían su extremo ascendente colgado en el aire, como en un estado de letargo.

El problema para los economistas que dibujan esa imagen es la pregunta obvia que queda en el aire junto con ella: ¿qué ocurre después? Básicamente hay dos opciones: o bien la línea sigue subiendo indefinidamente, disparándose con rapidez hacia el borde superior del papel, o bien tiene que empezar a perder inclinación y acabar nivelándose a la

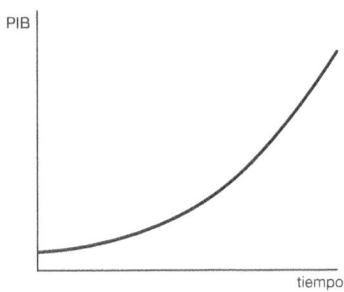

La curva de crecimiento exponencial, una vez más.

larga. Para el representante de la economía ortodoxa, la primera opción resulta incómoda, y la segunda desorbitada. Veamos por qué.

Por su propia lógica, un crecimiento exponencial descontrolado —la primera opción— se disparará siempre hacia el infinito, y mucho más deprisa de lo que imaginamos. De hecho, tiene una bien merecida reputación de colarse subrepticiamente en nuestra mente porque nuestro cerebro ha evolucionado para ser bueno a la hora de sumar, pero, en cambio, su falta de capacidad cuando se trata de hacer cálculos acumulativos es tristemente famosa. Este es un problema que no debería preocupar únicamente a los matemáticos en ciernes; como advertía el físico nuclear Al Bartlett: «El mayor defecto de la raza humana es nuestra incapacidad de entender la función exponencial».[2] Ello se debe a que, cuando algo crece exponencialmente —ya sean las algas de un estanque, la deuda de un banco o el consumo de energía de un país—, se hace mucho mayor mucho más deprisa de lo que esperamos. Una tasa de crecimiento anual del 10 % implica que algo duplicará su tamaño cada siete años. Una tasa del 3 % parece mucho más modesta, pero aun así se traduce en una duplicación de tamaño cada 23 años. ¿Qué implicaría eso para el crecimiento del PIB? En 2015, el PIB mundial —también conocido como producto mundial bruto— rondaba los 80.000 millones de dólares, y la economía global crecía a un ritmo aproximado del 3 % anual. De continuar indefinidamente a ese ritmo, en 2050 la economía global casi se habría triplicado, en 2100 se habría multiplicado por más de 10, y —asombrosamente— en 2200 sería casi 240 veces mayor que la actual. Tome nota: ni un céntimo de ese crecimiento de valor se debería a la inflación, sino únicamente a la lógica del crecimiento compuesto.

A la mayoría de los economistas, como al resto de nosotros, les costaría mucho imaginar una economía global próspera de tan extraordinarias proporciones, especialmente teniendo en cuenta la tensión que la actividad humana está ejerciendo ya sobre el planeta, y, por lo tanto, prefieren dejar las implicaciones en un difuso horizonte. Nadie ha resumido este enfoque de una forma tan literal e influyente como el economista estadounidense Walt W. Rostow, que en 1960 publicó su trascendental obra *Las etapas del crecimiento económico*, célebre por su teoría dinámica del desarrollo económico. Cada país —sostenía el autor— debe pasar por cinco etapas de crecimiento para poder llegar a «disfrutar de las bendiciones y oportunidades abiertas por la marcha del interés compuesto».[3] He aquí las cinco etapas:

Las cinco etapas del crecimiento de W.W. Rostow
(el viaje del siglo xx)

1. La sociedad tradicional.
2. Las condiciones previas para el despegue.
3. El despegue.
4. El camino a la madurez.
5. La era del consumo masivo a gran escala.

El viaje comienza con la *sociedad tradicional*, cuyas técnicas agrícolas y artesanales suponen un techo para su productividad económica. De aquí parte el proceso crucial que establece las *condiciones previas para el despegue*. «Se extiende la idea —escribía Rostow— no solo de que es posible el progreso económico, sino de que este es una condición necesaria para algún otro propósito, que se juzga bueno: ya sea la dignidad nacional, el beneficio privado, el bienestar general o una vida mejor para los hijos.» Se abren bancos, los emprendedores empiezan a invertir, se crean infraestructuras de transportes y comunicaciones, se adapta la educación para adecuarla a las necesidades de la economía moderna, y, de manera crucial —afirmaba Rostow—, surge un Estado eficaz, «dotado de un nuevo nacionalismo».

Todos estos cambios sientan las bases del «punto de inflexión en la vida de las sociedades modernas»: la etapa de *despegue*, en la que «el crecimiento se convierte en la condición normal» en la medida en que la industria mecanizada y la agricultura comercializada dominan la economía. «El interés compuesto se cimenta, por así decirlo, en sus hábitos y su estructura institucional —explicaba Rostow—, y tanto la estructura básica de la economía como la estructura social y política de la sociedad se transforman de tal modo que a partir de entonces puede sostenerse de manera regular una tasa de crecimiento constante.» Esta etapa crucial lleva al *paso a la madurez*, una fase en la que pueden establecerse una amplia gama de industrias modernas independientemente de la base de recursos del país. Y esta fase, a su vez, desemboca en la que Rostow consideraba la quinta y última etapa: la *era del consumo masivo a gran escala*, donde el crecimiento proporciona el suficiente excedente de renta para que las familias empiecen a comprar bienes de consumo duraderos como máquinas de coser y bicicletas, utensilios de cocina y automóviles.

El viaje aéreo económico de Rostow es la metáfora imprescindible de esta historia, incluidos los controles previos al despegue y la altitud representada por la tasa de crecimiento de la economía. Pero difiere de todos los demás viajes aéreos en un aspecto crucial: resulta que aquí el avión nunca aterriza, sino que, por el contrario, navega a una tasa de crecimiento constante hacia la puesta de sol del consumismo. Rostow dejaba entrever su incertidumbre acerca de lo que podía haber en ese horizonte, reconociendo brevemente «la cuestión que se plantea más allá, de la que la historia solo nos ofrece fragmentos: ¿qué hacer cuando el incremento de la renta real por sí mismo pierda su encanto?».[4] Pero luego no siguió su propio cuestionamiento, y por razones comprensibles: corría el año 1960 —el año en que John F. Kennedy hizo la promesa electoral de un crecimiento del 5 %—, y para Rostow, que pronto se convertiría en asesor presidencial, era prudente centrarse en mantener ese avión en el cielo, y no en sopesar cuándo y dónde llegaría a aterrizar.

Una estrella fuera de lugar

Puede que los padres fundadores de la teoría económica clásica nunca vieran un avión u oyeran hablar del PIB, pero tenían la percepción intuitiva de que las cosas que crecen a la larga deben ralentizar su crecimiento hasta llegar a detenerse. Creían, con sentimientos contradictorios, que el final del crecimiento económico era inevitable, y tenían diferentes opiniones acerca de qué lo precipitaría; o, como dirían los pensadores sistémicos, acerca de qué factores restrictivos contrarrestarían en última instancia la realimentación reforzante del PIB. Adam Smith creía que a la larga toda economía alcanzaría lo que él denominaba un «estado estacionario», cuyo «pleno complemento de riquezas» vendría determinado en última instancia por «la naturaleza de su suelo, su clima y su situación».[5] David Ricardo, en cambio, creía que el estado estacionario lo provocaría el coste de los crecientes alquileres y salarios, que presionarían a los capitalistas hasta el punto de obtener unos beneficios cercanos a cero, y además temía que eso ocurriera pronto (a comienzos del siglo XIX) si el progreso técnico y el comercio exterior no lo impedían.[6]

Otros eran más optimistas: John Stuart Mill, para empezar, ardía en deseos de que el estado estacionario diera paso a lo que hoy muchos denominarían una sociedad poscrecimiento: «El aumento de la riqueza no es ilimitado —escribía en 1848—. La situación estacionaria del capital y de la población no implica un estado estacionario de la mejora humana. Quedaría más espacio que nunca para todo tipo de cultura mental y de progreso moral y social; más margen para mejorar el arte de vivir, y mayores probabilidades de verlo mejorado en el momento en que las mentes dejaran de verse absorbidas por el arte de tener éxito». Y, como si pretendiera demostrar que no era amigo del PIB casi un siglo antes de que este se inventara, añadía: «A quienes no aceptan esta fase actual tan temprana de la mejora humana como su tipo último se les puede excusar por mostrarse relativamente indiferentes a la clase de progreso económico que suscita las felicitaciones de los políticos corrientes: el mero incremento de la producción y la acumulación».[7] Transcurrido un siglo entero, John Maynard Keynes se hacía eco de los sentimientos de Mill, afirmando (y expresando más un deseo que otra cosa) que «no está muy lejos el día en que el problema económico ocupará el asiento de atrás que le corresponde, y el espacio del corazón y la cabeza será ocupado, o reocupado, por nuestros problemas reales: los problemas de la vida y las relaciones humanas, de la creación, el comportamiento y la religión».[8]

Entonces, lápiz en mano, ¿qué forma habrían dibujado estos famosos economistas en respuesta a la mencionada invitación para romper el hielo de dibujar la trayectoria del crecimiento del PIB a largo plazo? Si alguien les hubiera presentado la curva exponencial trazada por la economía ortodoxa actual cuyo extremo queda colgando en el aire, probablemente habrían cogido dicho extremo y lo abrían ido aplanando poco a poco en la medida en que la economía se acabaría tropezando con un factor restrictivo de una u otra clase. Con un solo movimiento del lápiz, el crecimiento exponencial ha quedado integrado como una fase transitoria del viaje económico por cuanto el PIB anual ha ido madurando para

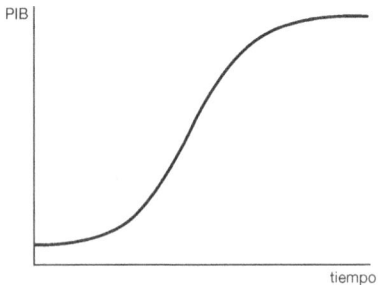

La curva de crecimiento S. Los primeros economistas supieron ver lo que desde entonces han ignorado la mayoría de sus sucesores: que a la larga el crecimiento económico tiene que llegar a un límite.

hacerse mucho mayor en tamaño, pero dejando de crecer. En otras palabras, habrían dibujado lo que hoy se conoce como «crecimiento logístico» o, simplemente, «curva S» (o sigmoidea).

Puede que no figure en los manuales, pero esta curva S no es precisamente una recién llegada al teatro de la economía: es, de hecho, uno de los actores más antiguos de la obra, pero también uno de los que están más fuera de lugar. Su forma irrumpió en la escena económica en 1838, cuando la dibujó el matemático belga Pierre Verhulst para representar la trayectoria del crecimiento demográfico, mostrando que las poblaciones no aumentaban exponencialmente, como creyera el reverendo Thomas Malthus, sino que tendían a un límite establecido por la disponibilidad, o «capacidad de carga», de recursos tales como el alimento. Era una idea brillante —merecedora de un Óscar económico—, pero casi nadie advirtió las cualidades artísticas de la curva S, de modo que esta quedó fuera del reparto durante más de un siglo.

Mientras languidecía entre bastidores, los talentos de la curva S fueron descubiertos por ecólogos, biólogos, demógrafos y estadísticos, que se dieron cuenta de que encajaba muy bien a la hora de describir numerosos procesos de crecimiento del mundo natural —desde los pies de un niño y los bosques del mundo hasta las bacterias en una placa de Petri y los tumores en un cuerpo—, de modo que no han dejado de utilizarla desde entonces. Los economistas, en cambio, mantuvieron la curva S bien lejos de la trama hasta 1962, en que volvió a formar parte del elenco, esta vez como una herramienta para representar gráficamente la difusión de las tecnologías, desde sus primeros usuarios hasta los últimos rezagados, un papel que desde entonces le ha dado fama mundial, especialmente en la industria del marketing.[9] Ni una sola vez los economistas ortodoxos consideraron la posibilidad de ofrecerle a esa misma curva una audición para el papel principal del PIB a largo plazo. Pero su golpe de suerte llegó en 1971, cuando el economista y ecólogo Nicholas Georgescu-Roegen se atrevió a escribir un tercer acto alternativo para la obra económica. Sin llegar siquiera a dibujarla materialmente en el papel, asignó audazmente a la curva S el papel del crecimiento del PIB en una trama que enfrenta cara a cara a la economía global con la capacidad de carga de la Tierra. El teatro económico ortodoxo lo ha rechazado durante mucho tiempo, pero hoy ese guion anómalo está influyendo en la nueva historia económica que se escribe actualmente.[10]

Puede que la curva S represente un gran avance, pero, como la curva exponencial que subyace a ella, no deja de estar incompleta, puesto que también sigue planteando la cuestión de qué pasa después: cuando a la larga cesa el crecimiento del PIB, ¿puede sostenerse el PIB indefinidamente en esa elevada meseta, o bien su declive es inevitable? La experiencia de la naturaleza resulta tranquilizadora, al menos en parte. Es obvio que los organismos vivos pueden sustentarse por sí mismos —con la ayuda de una fuente de energía externa— como sistemas maduros, estables y complejos durante largos períodos de tiempo. Los pies de un niño dejan de crecer a partir de los dieciocho años, pero pueden mantenerse en perfecto estado de salud durante otros ochenta; y hay grandes franjas de la selva amazónica que florecen desde hace más de cincuenta millones de años. No obstante, desde los pies de los adolescentes hasta las selvas tropicales, nada sobrevive para siempre. Aunque eso no tiene por qué ser una causa inmediata de alarma: la vida en la Tierra tiene a su favor la posibilidad de durar otros cinco mil millones de años, hasta que nuestra estrella, el sol, empiece a morir. Pueden mantenerse unas condiciones similares a las del Holoceno durante otros cincuenta mil años —como veíamos en el capítulo 1— si los humanos aprendemos a navegar por el Antropoceno sin empujar nuestro planeta a un estado más caliente, más seco y más hostil. Las economías que creemos podrían seguir prosperando —no creciendo, pero prosperando— también durante milenios, siempre que las gestionemos sabiamente.

Si reconocemos que la curva S representa una trayectoria deseable para el crecimiento del PIB a largo plazo, surge una pregunta mucho más interesante: y no es «¿es posible un crecimiento económico infinito?», sino más bien «¿en qué punto de la curva de crecimiento nos encontramos: todavía cerca de la parte de abajo o más próximos a la de arriba?». De hecho, podríamos jugar a ese juego infantil tradicional de «ponle la cola al burro» e invitar a los economistas a señalar el punto de la curva S donde creen que ha llegado la economía de su país. El economista británico del siglo xix Alfred Marshall —recuerde: el de las tijeras de la oferta y la demanda— habría sido un concursante bien dispuesto en su época, clavando firmemente su alfiler en la parte baja de la pendiente exponencial de la curva. «Avanzamos a un ritmo rápido que se hace más rápido cada año; y no podemos adivinar dónde parará —escribía en 1890—. No parece haber ninguna buena razón para creer que estemos cerca ni mucho menos de un estado estacionario.»[11] Si hoy Marshall estuviera aquí para jugar, ¿mantendría todavía esa opinión? Bien pudiera ser que encontrara algunas razones convincentes para cambiar de punto de vista.

El PIB mundial se ha multiplicado por más de cinco desde la Gran

Aceleración iniciada en 1950, y, según las previsiones de la economía ortodoxa, probablemente seguirá creciendo a un ritmo aproximado del 3-4 % anual, al menos en un futuro próximo.[12] Pero el crecimiento económico global está integrado por unas doscientas economías nacionales con tasas de crecimiento muy distintas. Sus diferencias van desde el rápido 7-10 % anual de países de renta baja como Camboya y Etiopía hasta un letárgico 0,2 % anual en países de renta elevada como Francia y Japón.[13] Como resultado, muy probablemente la cola del burro se pondría en puntos muy distintos de sus curvas S nacionales.

En muchos países de renta baja pero crecimiento elevado, la economía nacional está claramente en lo que Rostow denominó la etapa de despegue —bastante abajo en la curva S—, y, cuando ese crecimiento se traduce en inversiones en servicios públicos e infraestructuras, sus beneficios para la sociedad resultan extremadamente evidentes. En los países de renta baja y media (donde la renta nacional es inferior a 12.500 dólares por persona y año), un PIB más elevado tiende a ir de la mano de un importante incremento en la esperanza de vida al nacer, un número bastante inferior de niños que mueren antes de los cinco años y una mayor cantidad de niños escolarizados.[14] Dado que el 80 % de la población mundial vive en tales países, y que la inmensa mayoría de sus habitantes tienen menos de veinticinco años, un crecimiento significativo del PIB constituye aquí una importante necesidad, y muy probablemente será lo que se produzca. Con el suficiente apoyo internacional, estos países pueden aprovechar la oportunidad de saltarse las tecnologías derrochadoras y contaminantes del pasado. Y si canalizan el crecimiento del PIB para crear economías que sean distributivas y regenerativas por diseño, empezarán a situar a todos sus habitantes por encima del fundamento social de la rosquilla sin sobrepasar su techo ecológico.

Es, sin embargo, en los actuales países de renta elevada pero crecimiento bajo donde el debate en torno al crecimiento resulta más acuciante, y, de hecho, algunos empiezan a preguntarse si no estaremos acercándonos a la parte superior de la curva S. En muchos de estos países, el crecimiento demográfico es ya muy lento, y en algunos —como Japón, Italia y Alemania— se espera que en 2050 el tamaño de la población se haya reducido.[15] Paralelamente, el perezoso crecimiento del PIB de las últimas décadas en muchos países de renta elevada ha venido acompañado —como es tristemente sabido— de un incremento de las desigualdades de renta. Y al mismo tiempo las huellas ecológicas globales de todos estos países superan ya con mucho la capacidad de la Tierra: harían falta cuatro planetas para que todo el mundo viviera como en Suecia, Canadá y Estados Unidos, y cinco para que todos viviéramos como los australianos o los kuwaitíes.[16] ¿Sugiere esto que, en tanto que aspiremos a entrar en la rosquilla, los países de renta elevada deberían dejar de perseguir el crecimiento del PIB y aceptar que puede que este ya no sea posible?

No es esta una cuestión cómoda de considerar. Como señalara Upton Sinclair en una célebre frase: «Es difícil conseguir que un hombre entienda algo cuando su salario depende de que no lo entienda».[17] Seguramente, en la OCDE habrá personas batallando con esta cuestión, puesto que, independientemente de que el crecimiento pueda o no ser ecológico y equitativo, algunos de los países mas ricos del mundo no parece que vayan a crecer mucho de forma inmediata. La tasa media de crecimiento del PIB de los trece países miembros más arraigados de la OCDE ha pasado de más del 5 % a comienzos de la década de 1960 a menos del 2 % en 2011.[18] Se han sugerido diversas razones de ello, desde la disminución y el envejecimiento de las poblaciones, el descenso de la productividad laboral y el sobreendeudamiento hasta el incremento de la desigualdad de riqueza, el aumento del precio de las materias primas y los costes derivados de hacer frente al cambio climático.[19] Cualquiera que sea la combinación de razones en cada país, el caso es que la tendencia decreciente del crecimiento del PIB a largo plazo plantea la posibilidad muy real de que estas economías estén muy cerca de la parte superior de sus curvas S, con un crecimiento que va disminuyendo gradualmente.

Pero esta posibilidad choca con la misión de la OCDE. Uno de los objetivos fundacionales de la organización es la búsqueda del crecimiento económico; uno de sus principales informes anuales se titula *Objetivo crecimiento*; y, por si eso fuera poco, tiene el crecimiento verde como una de sus estrategias insignia. Es muy difícil que los pasajeros de esta clase de aviones —que incluyen también al Banco Mundial, el FMI, la ONU, la Unión Europea y casi todos los partidos políticos del mundo— expresen siquiera la idea de que podría haber llegado el momento de que algunos países empiecen a pensar en hacer que el avión económico aterrice.

Eso podría explicar por qué la OCDE reajustó discretamente una reciente previsión de crecimiento a largo plazo para hacer que su mensaje resultara más aceptable a sus miembros. En 2014, la organización publicó una proyección a largo plazo del crecimiento económico global hasta 2060, que mostraba unas perspectivas «mediocres» para la economía global y con unas tasas de crecimiento en países miembros como Alemania, Francia, Japón y España que caían a solo un 1 % anual, salpicado algún que otro año de un 0 %. Lo que ocultaba este pronóstico en la letra pequeña de su modelo, no obstante, es que este mediocre panorama se alcanzaba en buena medida asumiendo que en 2060 las emisiones de gases de efecto invernadero se habrían duplicado, lo cual incluía un incremento del 20 % en las emisiones producidas por los propios miembros de la OCDE.[20] La promesa de un mínimo y ligero crecimiento del PIB solo se aseguraba a costa de aceptar un cambio climático catastrófico: hablamos de destrozar el nido con tal de alimentar al cuco.

Desde entonces, sin embargo, los economistas más destacados de la OCDE y de las principales instituciones financieras han elegido cuidadosamente sus palabras a la hora de hablar de las perspectivas futuras de crecimiento. A comienzos de 2016, Mark Carney, el gobernador del Banco de Inglaterra, advirtió de que la economía global corría el riesgo de quedar atrapada en un «equilibrio de bajo crecimiento, baja inflación y bajos tipos de interés».[21] El Banco de Pagos Internacionales —en la práctica, el banco central de los bancos centrales— coincidía en la misma valoración, señalando que «la economía global parece incapaz de volver al crecimiento sostenible y equilibrado [...], nos aguarda un camino bastante estrecho».[22] Paralelamente, el FMI aconsejaba: «Nuestras proyecciones siguen siendo cada vez menos optimistas conforme avanza el tiempo [...], los responsables políticos no deberían ignorar la necesidad de prepararse para posibles resultados adversos».[23] La propia OCDE coincidía en que el mundo se hallaba en «una trampa de bajo crecimiento», con un crecimiento «plano» en los países de renta elevada.[24] Y el influyente economista estadounidense Larry Summers declaraba que hemos entrado en «la era del estancamiento secular».[25] Esto suena, de manera harto sospechosa, a que algunas economías podrían estar aproximándose a la parte superior de sus curvas S.

¿PODEMOS SEGUIR VOLANDO?

En este contexto, el debate sobre el futuro del crecimiento del PIB en los actuales países de renta elevada se ha polarizado entre los partidarios de «seguir volando» —crecimiento verde— y los de «prepararse para aterrizar» —economía poscrecimiento—. Las discrepancias entre los dos bandos parecen depender de cuestiones técnicas. ¿Disminuirá lo bastante el coste de la energía solar para proporcionar una abundante energía renovable? ¿Qué grado de eficiencia en el uso de los recursos puede llegar a alcanzar la economía circular? ¿Y cuánto crecimiento económico generará la economía digital? En realidad, como tuve ocasión de descubrir, la verdadera fuente de discrepancia es mucho más profunda, y es de naturaleza más política que técnica.

Unos meses después de mi paralizante encuentro con la Medusa, acudí a una reunión universitaria y me tropecé con uno de mis antiguos profesores de economía. Tras ponernos brevemente al día sobre nuestras familias y carreras, le pregunté si creía posible un crecimiento del PIB indefinido. «¡Sí! —declaró sin vacilar—. ¡No puede ser de otro modo!» Me sentí desconcertada, no solo por la fuerza de su convicción, sino también por el razonamiento subyacente. Él estaba seguro de que el crecimiento económico indefinido era posible porque *tenía* que serlo. Aquella fugaz conversación empezaba a llevarme de nuevo hacia la monstruosa gorgona. ¿Qué le hacía pensar que el crecimiento indefinido del PIB tenía que ser posible? ¿Qué pasaría si no lo era? ¿Y por qué —lo que resultaba aún más alarmante— no habíamos abordado ninguna de esas preguntas en mis cuatro años de carrera de económicas?

A partir de entonces comencé a prestar más atención a las profundas creencias que subyacen a las posturas de los dos bandos de este debate, y empecé a detectar la fuente de sus diferencias. Para clarificar esas diferencias, imagine a todos los participantes en el debate sentados como pasajeros en lados opuestos del pasillo del avión de Rostow. Básicamente, las creencias que dividen a muchos de ellos pueden reducirse a lo siguiente:

Los pasajeros partidarios de seguir volando:
el crecimiento económico sigue siendo necesario;
en consecuencia, tiene que ser posible.

Los pasajeros partidarios de prepararse para aterrizar:
el crecimiento económico ya no es posible;
en consecuencia, no puede ser necesario.

Los dos bandos tienen parte de razón, pero ambos tienden a ser excesivamente optimistas en las conclusiones que extraen; de modo que veamos sus argumentos.

Los pasajeros partidarios de seguir volando tienen una cosa clara: que el crecimiento económico es una necesidad social y política en todos los países. «Si hubiera que abandonar el crecimiento como objetivo de las políticas públicas —escribía el economista Wilfred Beckerman en 1974—, también habría que abandonar la democracia. [...] Los costes de un no-crecimiento deliberado, en términos de la transformación política y social que ello requeriría en la sociedad, son astronómicos.»[26] El influyente libro de Beckerman *In Defense of Economic Growth* («En defensa del crecimiento económico») era una cáustica respuesta al informe del Club de Roma *Los límites del crecimiento*, y al momento se convirtió en un clásico en la bibliografía favorable al crecimiento indefinido. Su creencia en la necesidad política del crecimiento todavía la comparten muchos economistas y analistas. Como señala Benjamin Friedman en *The Moral Consequences of Economic Growth* («Las consecuencias morales del crecimiento económico»), no son las rentas *altas*, sino las rentas *siempre crecientes* las que favorecen las «mayores oportunidades, la tolerancia de la diversidad, la movilidad social, el compromiso con la justicia y la dedicación a la democracia».[27] La economista Dambisa Moyo es de la misma opinión: «Si el crecimiento disminuye —advertía en 2015 en una conferencia organizada por TED—, aumenta el riesgo para el progreso humano y el riesgo de inestabilidad social y política, y así las sociedades se hacen más borrosas, más toscas y más pequeñas».[28]

Dado que los partidarios de seguir volando consideran que el crecimiento económico es una necesidad política —independientemente de lo rico que sea ya un país—, no resulta nada sorprendente oírles argumentar que en los países de renta elevada es posible un mayor crecimiento porque este es inminente y porque puede hacerse ecológicamente sostenible. Para empezar, el crecimiento está en camino —argumentan los tecnológicamente optimistas como Erik Brynjolfsson y Andrew McAfee—: gracias al incremento exponencial de la capacidad de procesamiento digital, estamos entrando en la «segunda era de la máquina», donde la productividad de los robots —rápidamente creciente— impulsará una nueva oleada de crecimiento del PIB.[29]

Es más —argumentan los partidarios del crecimiento verde como la ONU, el Banco Mundial, el FMI, la OCDE y la Unión Europea—, se puede hacer que el crecimiento futuro sea verde «desacoplando» el PIB de los impactos ecológicos. En otras palabras, mientras el PIB sigue creciendo a lo largo del tiempo, el uso de recursos a él asociado —como el consumo de agua dulce, el uso de fertilizantes y las emisiones de gases de efecto invernadero— puede reducirse paralelamente. Pero ¿cuánto desacoplamiento hace falta para que el crecimiento sea verde en la medida requerida para entrar en la rosquilla? No es una pregunta fácil, y (como muchas cosas) se entiende mejor si se representa gráficamente.

El diagrama adjunto muestra el crecimiento del PIB a lo largo del tiempo, acompañado de tres posibles vías de cariz muy distinto en lo relativo al uso de los recursos. Cuando el PIB crece más deprisa que el uso de los recursos —debido, por ejemplo, a la aplicación de medidas de eficiencia hídrica y energética—, se habla de desacoplamiento *relativo*, y este es el tipo de «crecimiento verde» en el que actualmente se centran muchos países de renta baja. Pero en los países de renta elevada —donde los niveles de consumo hace tiempo que exceden lo que la Tierra puede sustentar— es obvio que esta vía no sería en absoluto suficiente. Cualquier ulterior crecimiento del PIB en estos países debería venir acompañado cuando menos de un desacoplamiento *absoluto*, de manera que el uso de los recursos disminuya en términos absolutos mientras crece el PIB.

En lo que se refiere a las emisiones de dióxido de carbono —la clave para afrontar el cambio climático—, numerosos países de renta elevada, incluidos Australia y Canadá, hasta ahora se han mostrado incapaces de lograr siquiera el más mínimo desacoplamiento. Otros, en cambio, parecen haber revelado que este es posible —al menos durante parte del tiempo— aun teniendo en cuenta las emisiones implícitas en las importaciones del país en cuestión. Según los datos internacionales actualmente disponibles, entre 2000 y 2013 el PIB de Alemania creció un 16 % mien-

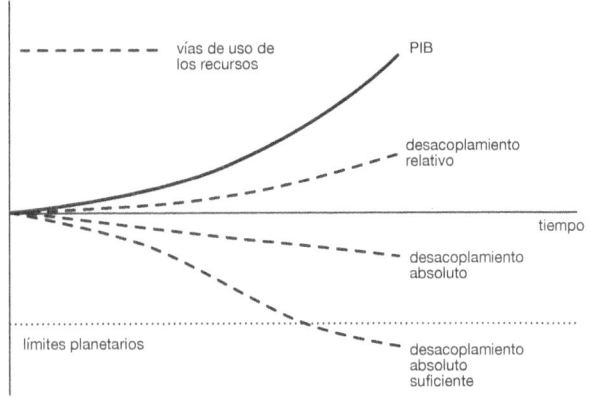

El reto del desacoplamiento. Si el PIB ha de seguir creciendo en los países de renta elevada, el uso de recursos asociado debe disminuir no solo de forma relativa o absoluta, sino lo suficiente en términos absolutos para volver a situarnos dentro de los límites planetarios.

tras sus emisiones de CO_2 basadas en el consumo disminuían un 12 %. De manera similar, el PIB del Reino Unido creció un 27 % mientras sus emisiones se reducían en un 9 %, y el de Estados Unidos creció un 28 % al tiempo que sus emisiones caían un 6 %.[30]

Si los datos son exactos, esto representa una asombrosa ruptura con el pasado; y, sin embargo, aún está muy lejos de ser suficiente. Pese a alcanzar un cierto grado de desacoplamiento absoluto, las emisiones de estos países no están disminuyendo ni de lejos con la suficiente rapidez. Algunos destacados científicos que investigan el cambio climático calculan que actualmente las emisiones de los países de renta elevada tendrían que reducirse a un ritmo de al menos un 8-10 % anual para poder volver a situar la economía global dentro de los límites planetarios;[31] pero en realidad han estado disminuyendo a lo sumo un 1-2 % anual. Subrayar esta brecha plantea la necesidad de establecer un criterio más pertinente: un desacoplamiento absoluto *suficiente*, en el sentido de que tenga la envergadura necesaria para volver a situarnos dentro de los límites planetarios; y esta es una distinción que con demasiada frecuencia se pasa por alto en el debate en torno al crecimiento verde.

Entonces, ¿el desacoplamiento absoluto que sea suficiente puede ser compatible con un PIB siempre creciente? Según los partidarios de seguir volando, sí; de tres grandes maneras. En primer lugar, desplazando rápidamente las fuentes de energía de modo que se abandonen los combustibles fósiles para pasarse a las energías renovables como la solar, la eólica y la hídrica; una tendencia que se está acelerando gracias al rápido descenso del coste de las renovables, especialmente la energía solar fotovoltaica. En segundo término, creando una economía circular que haga un uso eficiente de los recursos, cuyo flujo transversal material se convierta en un flujo circular dentro de la capacidad de las fuentes y sumideros de la Tierra. Y en tercer lugar, expandiendo la economía «ingrávida» posibilitada por los productos y servicios digitales, donde «la mente, y no la materia; el cerebro, y no la fuerza física, y las ideas, y no las cosas», impulsan el futuro crecimiento del PIB.[32] Es importante señalar, no obstante, que el desacoplamiento requerido no sería una fase excepcional: si el PIB siguiera creciendo, la tasa de desacoplamiento tendría que seguir situándose por encima año tras año.

¿Están seguros los partidarios de seguir volando de que estas medidas pueden generar en los países de renta elevada el suficiente desacoplamiento para hacer que el crecimiento llegue a ser tan verde como se necesita? Muchos reconocen que la envergadura del reto resulta extremadamente desalentadora, pero siguen creyendo que es posible, especialmente teniendo en cuenta que la mayoría de los gobiernos apenas han empezado a implementar las políticas necesarias para lograrlo. En otras palabras, y según los economistas Alex Bowen y Cameron Hepburn: «Es demasiado pronto para descartar el desacoplamiento absoluto».[33]

Otros, no obstante, se muestran en privado mucho menos seguros. He mantenido numerosas conversaciones con representantes de la administración pública, el mundo académico, organismos internacionales y empresas para intentar averiguar la fuente de su aparente seguridad en la visión del crecimiento verde que hoy se encarna de manera ubicua en los nombres de sus puestos de trabajo, aparece impresa en sus tarjetas de visita y se inscribe en sus estrategias organizativas. Cierta conversación con un alto asesor de las Naciones Unidas me resumió la velada incertidumbre que se oculta detrás. Durante una pausa en una reciente conferencia sobre crecimiento verde, le pregunté si él realmente creía que este era posible —a una escala lo suficientemente verde para reintegrarnos dentro de los límites planetarios— en los países más ricos del mundo. Mientras los demás delegados empezaban a desfilar de nuevo hacia la sala de reuniones, él se quedó rezagado y me respondió en un susurro: «No lo sé, nadie lo sabe, pero tenemos que decir que sí para mantener a todo el mundo a bordo». Admiré su honestidad extraoficial, pero deseé que en aquellas mismas conferencias hubiera más espacio oficial para expresar tales dudas, porque no cabe duda de que tienen que airearse.

Los que se sientan al otro lado del pasillo —los pasajeros que se prepararán para aterrizar— se apresuran, en cambio, a airear en público esas dudas, ya que creen que en los países de renta elevada simplemente no es factible un crecimiento lo bastante verde. Lejos de ser demasiado pronto para descartar el desacoplamiento, ellos consideran que es demasiado tarde para seguir creyendo que este se producirá. Si se emprendieran las acciones suficientes para reintegrarnos dentro de los límites planetarios —sostienen—, sería poco realista creer que ello podría ir de la mano de un crecimiento constante. Y para entender por qué, debemos revisar los arraigados supuestos acerca de qué es lo que impulsa de entrada el crecimiento del PIB.

Allá por la década de 1950, Robert Solow, el padre de la teoría del crecimiento económico, trató de identificar exactamente cuál había sido la causa del crecimiento de la economía estadounidense durante el último medio siglo. Su trascendental modelo de crecimiento —basado en los mismos fundamentos teóricos que el diagrama de flujo circular— presuponía que este se debía a los incrementos de productividad derivados del hecho de que el trabajo y el capital trabajaban juntos de una forma cada vez más eficaz. Pero cuando incorporó los datos de Estados Unidos a las ecuaciones del modelo, descubrió, para su sorpresa, que el capital invertido por trabajador explicaba solo un 13 % del crecimiento de la economía estadounidense durante los cuarenta años anteriores, y se vio forzado a atribuir el 87 % restante, que no podía explicar, al «cambio técnico».[34] Era una cantidad residual embarazosamente grande, que llevó a su contemporáneo Moses Abramovitz —cuyos propios cálculos revelaban lagunas explicativas de no menor tamaño— a admitir que dicho porcentaje era en la práctica un «indicativo de nuestra ignorancia con respecto a las causas del crecimiento económico».[35]

Desde entonces, los economistas han estado buscando mejores explicaciones del crecimiento del PIB, intentando descubrir el contenido de ese misterioso porcentaje residual. Probablemente haría ya décadas que se habría dado con la respuesta, simplemente si Bill Phillips hubiera optado por una fuente de energía distinta para mantener el agua en movimiento en el interior de su MONIAC. Si, en lugar de la electricidad, hubiera utilizado la fuerza del pedaleo —con un estudiante echando los bofes en unos pedales de bicicleta durante cada una de sus demostraciones—, habría resultado mucho más difícil tanto para él como para sus colegas pasar por alto el papel de las fuentes de energías externas a la hora de mantener en movimiento la economía. O bien, si Phillips o Solow hubieran sabido ver el panorama general de la economía (condensado en el diagrama de la economía incardinada del capítulo 2), sus modelos podrían muy bien haber incorporado la respuesta ya desde un primer momento.

En 2009, el físico Robert Ayres y el economista y ecólogo Benjamin Warr decidieron elaborar un nuevo modelo de crecimiento económico. Al dúo clásico de trabajo y capital le añadieron un tercer factor de producción: la energía, o, más exactamente, la *exergía*, la proporción de la energía total que puede aprovecharse para realizar un trabajo útil en lugar de perderse como calor residual. Y cuando aplicaron este modelo de tres factores a los datos relativos al crecimiento del siglo xx en Estados Unidos, el Reino Unido, Japón y Austria, encontraron que podía explicar la inmensa mayoría del crecimiento económico en cada uno de estos cuatro países: el misterioso porcentaje residual de Solow, que durante tanto tiempo se había supuesto que era un reflejo del progreso tecnológico, resultó que en realidad reflejaba la creciente eficiencia con la que la energía se convierte en trabajo útil.[36]

¿Qué implicaciones tiene esto? Los dos últimos siglos de extraordinario crecimiento económico en los países de renta elevada se deben en gran parte a la disponibilidad de combustibles fósiles baratos. Esto tiene sentido cuando se analiza algo tan simple como que la energía contenida en un solo litro de petróleo equivale a unos doce días de arduo trabajo humano, lo que convierte a la actual producción petrolífera global en el equivalente al trabajo cotidiano de miles de millones de esclavos invisibles.[37] Entonces, ¿qué consecuencias tiene esto para el PIB en la futura era posterior a los combustibles fósiles que necesitamos crear? «Debemos prever la posibilidad de que el crecimiento económico se ralentice o incluso se vuelva negativo —advierten Ayres y Warr—. En suma, el futuro crecimiento del PIB no solo no está garantizado, sino que es más que probable que termine en el plazo de unas décadas.»[38]

¿Qué hay, entonces, de la promesa de las energías renovables? Puede que su precio esté disminuyendo rápidamente, pero —como todas las existencias en un sistema— la capacidad solar, eólica e hídrica requiere un tiempo de instalación. Muchos de los partidarios de la opción de prepararse para aterrizar creen que esta no puede instalarse con la suficiente rapidez para seguir el ritmo de la demanda energética de la economía, especialmente si se va reduciendo el uso de los combustibles fósiles a la velocidad requerida. Es más, a diferencia de la facilidad de acceso a las reservas de petróleo, carbón y gas en el siglo xx, hoy una proporción mucho mayor de la energía renovable que se genera debe ser reutilizada por la propia industria energética simplemente para generar más, tal como ocurre en el caso de la energía procedente de fuentes como el gas de esquisto y la arena alquitranada. Algunos analistas creen que esto tiene serias implicaciones económicas. «Es hora de reconsiderar la búsqueda del crecimiento económico a toda costa —concluye David Murphy, economista estadounidense especializado en el campo de la energía—; debemos esperar que las tasas de crecimiento económico de los próximos cien años no se parezcan en nada a las de los cien años anteriores.»[39]

Además, entre los partidarios de prepararse para aterrizar hay quienes dudan de que la denominada economía «ingrávida» pueda llegar a ser tan desmaterializada como su nombre implica, dado el uso intensivo de material y de energía por parte de las infraestructuras que subyacen a la inminente revolución digital.[40] Otros, paralelamente, dudan de que la economía ingrávida llegue a contribuir tanto al crecimiento del PIB como esperan los partidarios del crecimiento más optimistas. Una amplia gama de productos y servicios *online* como software, música, educación y entretenimiento están ya disponibles de manera prácticamente gratuita porque, gracias a Internet, pueden crearse y reproducirse con un coste marginal cercano a cero. Algunos analistas como Jeremy Rifkin creen que las nacientes redes horizontales actuales de generación de energías renovables e impresión 3D están destinadas a amplificar esta tendencia. De ser así, el resultado podría ser que una gran cantidad de valor económico que hasta ahora se vendía en el mercado generando un beneficio pase a compartirse con un pequeño coste, o sin coste alguno, en el ámbito de los comunes colaborativos.

También la economía colaborativa está creciendo, en la medida en que la cultura de la propiedad —con cada familia equipada, por ejemplo, con su propia lavadora o su propio coche— está dando paso a una cultura basada en el acceso, donde las familias comparten instalaciones comunes de lavandería y alquilan los coches por horas en un club automovilístico local. En lugar de ir a comprarse ropa nueva, libros o juguetes para los niños, hoy un creciente número de personas optan por intercambiarlos, o trocarlos, con amigos o vecinos (lo que en inglés se conoce como *swishing*).[41] En una economía así, todavía seguirá generándose una gran cantidad de valor económico mediante los productos o servicios de los que disfruta la gente, pero será mucho menor la parte de ese valor total que fluya a través de transacciones mercantiles. ¿Cuáles son las implicaciones de estas diversas tendencias para el crecimiento del PIB? «El constante declive del PIB en los próximos años —concluye Rifkin— habrá de atribuirse cada vez más a la transición hacia un nuevo y vibrante paradigma económico que mida el valor económico de formas completamente nuevas.»[42]

Este es un aspecto interesante, pero ¿supone alguna diferencia para el futuro del crecimiento económico? Al fin y al cabo, entre los partidarios de seguir volando hay quien sugiere que lo que importa en última instancia para el bienestar humano es el valor total de la actividad económica, independientemente de si esta se refleja o no en el PIB a través de transacciones mercantiles. Puede que esto valga para las familias, donde el valor de la labor asistencial se da y se recibe directamente sin que haya dinero que cambie de manos (y, en consecuencia, ya no aparece en las cuentas normales del PIB). También vale para quienes participan en los comunes y obtienen valor económico en la medida en que son cocreadores de él, ya sea el valor generado regando sus arrozales o colaborando *online* en un diseño de código abierto, una vez más sin que cambie de manos dinero alguno.

Pero, en cambio, el hecho de que el valor económico se monetice o no a través del mercado sí reviste una gran importancia para las finanzas, para la empresa y para el Estado. Los financieros solo obtienen un rendimiento —recibiendo intereses, alquileres o dividendos— sobre el valor económico que tiene un valor de mercado. La empresa solo puede obtener valor como ingresos y beneficios cuando dicho valor se ha monetizado en forma de ventas. Y a los gobiernos les resulta mucho más fácil recaudar impuestos para las rentas públicas sobre el valor económico que se intercambia en el mercado. Los tres —las finanzas, la empresa y el Estado— están estructurados para esperar y depender de un ingreso monetario creciente: si el PIB ya no va a crecer aunque el valor económico total pueda muy bien seguir haciéndolo, esas expectativas habrán de modificarse profundamente.

Para los partidarios de prepararse para aterrizar, el resultado de todas estas tendencias es que en los países de renta elevada el crecimiento verde ni siquiera aparece en el horizonte: en su lugar, es hora de «hacerse verde» sin crecimiento. Pero es ahí donde también ellos tienden a ser excesivamente optimistas: convencidos de que el crecimiento indefinido del PIB no es posible, algunos se apresuran demasiado a concluir que, en consecuencia, no puede ser necesario, y apuntan a la denominada «paradoja de Easterlin» como prueba de que, de todos modos, unas rentas más altas tampoco nos hacen más felices.

El economista estadounidense Richard Easterlin encontró que, aunque entre 1946 y 1974 el PIB per cápita creció considerablemente en Estados Unidos, los niveles de felicidad de la población según su propia autopercepción —en una escala de 0 a 10— se mantuvieron constantes, e incluso descendieron en la década de 1960.[43] Posteriormente, estos hallazgos se han visto cuestionados por diversos estudios que revelan que la autopercepción de la propia felicidad no deja de aumentar en la medida en que lo hace la renta, aunque cada vez más despacio conforme más rico se va haciendo un país.[44] Sin embargo, aunque aceptáramos los datos de Easterlin como exactos, el hecho de que la autopercepción de la propia felicidad de la población se mantuviera constante mientras su renta aumentaba no constituye una prueba de que la felicidad siguiera manteniéndose en su mismo nivel en el caso de que las rentas se estancaran. Es más, cuando los salarios de los peor remunerados se estancan, en seguida se culpa de ello a los inmigrantes, tal como ha ocurrido en numerosos países de renta elevada en los últimos años, alimentando la xenofobia y el conflicto social. Nuestras sociedades, como nuestras economías, han evolucionado para esperar el crecimiento y han llegado a depender de este: parece que todavía no sabemos cómo vivir sin él.

No tiene, pues, nada de asombroso que Martin Wolf, uno de los más respetados periodistas financieros del Reino Unido, escribiera con palpable malestar en 2007, cuando dio el insólito paso de cruzar al otro lado del pasillo del debate para coincidir con los partidarios de prepararse para aterrizar en torno a las implicaciones económicas de reducir las emisiones de carbono globales: «Si hay límites a las emisiones, también puede haber límites al crecimiento —reconocía en su columna del *Financial Times*—. Pero si hay límites al crecimiento, los fundamentos políticos de nuestro mundo se desmoronan. Volverán a surgir entonces —de hecho, están surgiendo ya— intensos conflictos distributivos en el seno de los diversos países y también entre ellos».[45] No cabe duda de que tal visión del crecimiento del PIB —que este sigue siendo algo necesario, pero que ya no es posible— resulta profundamente incómoda de sostener. Estas son, pues, las palabras de un hombre que se ha atrevido a mirar a la Medusa a la cara.

¿CUÁNDO LLEGAMOS?

Tanto si nuestro avión económico puede seguir navegando como si está a punto de entrar en pérdida en pleno vuelo, una cosa es obvia: actualmente se dirige hacia un destino al que no queremos llegar; un destino que es degenerativo y profundamente divisivo. Si nos reorientamos hacia el destino económico que sí queremos —una economía que sea regenerativa y distributiva por diseño—, saltan al primer plano nuevas preguntas sobre el crecimiento. ¿Qué podría ocurrir con el PIB mientras realizamos la transición hacia dicho destino? ¿Y qué es probable que haga el PIB cuando lleguemos? Sea como fuere, no es posible predecir definitivamente si el PIB subirá o bajará en los países de renta elevada cuando estos creen economías regenerativas y distributivas que involucren a un tiempo a la familia, el mercado, los comunes y el Estado.

Llegar ahí requiere numerosas transformaciones sectoriales, incluyendo una fuerte contracción de industrias como la minería, el petróleo y el gas, la producción ganadera industrial, los derribos y vertederos, y las finanzas especulativas, contrarrestada a su vez por una rápida y duradera expansión de la inversión a largo plazo en energías renovables, transporte público, fabricación circular basada en recursos comunes, y remodelación de edificios. Esto requiere invertir en las fuentes de riqueza —natural, humana, social, cultural y física— de las que emana todo el valor, tanto si está monetizado como si no; y abre una serie de oportunidades para reequilibrar los papeles del mercado, el Estado y los comunes como medios de satisfacer nuestras necesidades.

Si aunamos la incertidumbre de todos estos cambios no resulta nada claro qué ocurrirá con el valor total de los productos y servicios que se compran y se venden en la economía. Este podría subir y luego bajar. O podría bajar y luego subir. O podría pasar a oscilar en torno a un tamaño constante. Simplemente no podemos estar seguros acerca de cómo responderá y evolucionará el PIB cuando realicemos esa transición sin precedentes al espacio seguro y justo de la rosquilla, o de cómo se comportará una vez que prosperemos en dicho espacio. Y precisamente por eso tenemos un problema. Porque en el último par de siglos —tal como mostró claramente Rostow—, las economías capitalistas han reestructurado sus leyes, instituciones, políticas y valores de modo que todo ello se orientara a esperar, exigir y depender de un constante crecimiento del PIB. Veamos de nuevo el dilema al que nos enfrentamos:

Tenemos una economía que necesita crecer, nos haga prosperar o no. Necesitamos una economía que nos haga prosperar, crezca o no.

¿Qué significa eso para el vuelo del avión económico? Si Rostow viviera todavía, y ya no fuera un aspirante a asesor presidencial, sino un conciudadano preocupado por ese vuelo, quizá se ofreciera a actualizar su teoría, comprendiendo que la historia no puede terminar con el avión navegando eternamente hacia la puesta de sol del crecimiento. Ese avión necesita tener la capacidad de aterrizar tanto como la de volar: la capacidad de prosperar cuando el crecimiento llega a su fin. De modo que posiblemente aceptara enmendar su libro del siguiente modo:

LAS SEIS ETAPAS DEL CRECIMIENTO DE W.W. ROSTOW
(ACTUALIZACIÓN DEL SIGLO XXI)

1. La sociedad tradicional.
2. Las condiciones previas para el despegue.
3. El despegue.
4. El camino a la madurez.
5. ~~La era del consumo masivo a gran escala.~~

5. La preparación para el aterrizaje.
6. La llegada.

Obviamente, el mero hecho de que Rostow propusiera esos nuevos títulos de capítulo constituiría una auténtica revolución en la economía ortodoxa. Y sería otra completa revolución para él —y para nosotros— saber qué escribir en esos dos capítulos que faltaban del manual de vuelo, puesto que ese descenso controlado es algo que jamás se ha intentado hasta ahora. Todos los pasajeros de los aviones reales cuentan con el equipo necesario para aterrizar sanos y salvos: alerones para crear resistencia y reducir la velocidad sin entrar en pérdida; tren de aterrizaje con ruedas resistentes y amortiguadores para el momento del contacto con el suelo; y frenos y empuje inverso para detener el aparato de manera suave y gradual. Pero los aviones económicos que tanto admiraba Rostow en la década de 1960 no estaban construidos para aterrizar: de hecho, sus instituciones tenían el piloto automático permanentemente activado, esperando seguir navegando aproximadamente a un crecimiento del 3 % para siempre, y eso es lo que han intentado hacer desde entonces.

Tratar de sostener el crecimiento del PIB en una economía que en realidad puede estar próxima a su maduración puede llevar a los gobiernos a tomar medidas tan desesperadas como destructivas. Así, por ejemplo, desregulan —o, mejor dicho, re-regulan— las finanzas con la esperanza de desencadenar nuevas inversiones productivas, pero, en lugar de ello, terminan por desencadenar burbujas especulativas, incrementos del precio de la vivienda y crisis de deuda. Prometen a las empresas que «reducirán el papeleo», pero acaban por desmantelar leyes que en su día se aprobaron para proteger los derechos de los trabajadores, los recursos comunitarios y el medio natural. Privatizan servicios públicos —desde hospitales hasta ferrocarriles—, convirtiendo la riqueza pública en flujos de ingresos privados. Añaden el medio natural a la contabilidad nacional como «servicios de los ecosistemas» y «capital natural», asignándole un valor que se asemeja peligrosamente a un precio. Y, pese a comprometerse a mantener el calentamiento global «bastante por debajo de los 2 °C», muchos de tales gobiernos corren tras la energía «barata» del gas de esquisto y las arenas alquitranadas, mientras descuidan las inversiones públicas transformadoras necesarias para llevar a cabo una revolución de energía limpia. Estas opciones en materia de políticas públicas vienen a ser como arrojar parte del precioso cargamento de un avión que se está quedando sin combustible en lugar de admitir que pronto va a ser hora de aterrizar.

APRENDER A ATERRIZAR

    ¿Qué implicaría preparar a las economías de renta elevada para aterrizar de forma que pudieran tocar tierra sanas y salvas y convertirse en economías prósperas y agnósticas con respecto al crecimiento cuando llegara el momento oportuno? La pista de la respuesta está en las condiciones previas de Rostow para el despegue, la etapa clave durante la cual —según sus propias palabras— «todas y cada una de las principales características de la sociedad tradicional se vieron alteradas de tal manera que permitieron un crecimiento regular: sus políticas, su estructura social y (en cierta medida) sus valores, además de su economía».[46] Prepararse para aterrizar, pues, requiere sacar la economía del piloto automático del crecimiento y rediseñar las estructuras financieras, políticas y sociales que han convertido el crecimiento en lo que Rostow denominaba «la condición normal». Será difícil, obviamente, porque los economistas no poseen la formación y aún menos la experiencia necesarias para hacer aterrizar ese avión y crear economías que prosperen tanto si crecen como si no. Sin embargo, algunos pensadores económicos innovadores han empezado a consagrar sus mentes a la tarea, preguntándose —en palabras del economista y ecólogo Peter Victor— si «podemos ir más despacio

Ha sido un largo vuelo: ¿es hora de aterrizar?

por voluntad propia, no a causa de un desastre». O incluso —en nombre del agnosticismo— qué haría falta para diseñar una economía capaz de manejar el crecimiento del PIB sin anhelarlo, de abordarlo sin depender de él, de aceptarlo sin imponerlo.

Como siempre, las ideas básicas del pensamiento sistémico expuestas en el capítulo 4 serán aquí una herramienta útil. El crecimiento del PIB, al igual que todo crecimiento, procede de un bucle de realimentación reforzante, y a la larga chocará con un límite —una realimentación equilibradora— que muy probablemente surgirá del sistema de mayor envergadura en el que está incardinada la economía. Basándonos en las pruebas disponibles hasta la fecha, da la impresión de que dicho límite reside en la capacidad de carga del medio natural. ¿Debe por fuerza tal choque llevar al colapso, o podríamos prevenir ese futuro transformando la economía de modo que pase de crecer continuamente en una trayectoria inestable a oscilar constantemente dentro de un rango estable? ¿Qué consejo ofrecería aquí un pensador sistémico?

Ya hemos seguido el sabio consejo de Donella Meadows de actuar en palancas de gran influencia tales como el cambiar de objetivo, echar al cuco del crecimiento del PIB, y establecer, en cambio, la rosquilla como aspiración. Otra potente palanca de influencia puede ser encontrar formas de debilitar los bucles de realimentación reforzantes del crecimiento potenciando a la vez los bucles equilibradores. Desde esta perspectiva, resulta evidente que muchas innovaciones en el pensamiento económico aspiran a hacer justamente eso, tal como veremos más abajo. Lo más asombroso es que muchas de las políticas propuestas para posibilitar que una economía se vuelva agnóstica con respecto al crecimiento son las mismas que podrían contribuir a que llegara a ser distributiva y regenerativa por diseño.

Entonces, ¿de qué modo las economías actuales está ancladas en la dependencia del crecimiento del PIB, y cómo podrían aprender a prosperar con o sin él? Hasta ahora pocos economistas se han molestado o se han atrevido a formular estas preguntas en público. Herman Daly fue uno de los primeros pioneros en ese sentido en la década de 1970, pero su profética apelación a crear economías en «estado estable» cayó en saco roto entre los responsables políticos. Hoy, un creciente número de gobiernos de países de renta elevada afrontan unas perspectivas muy reales de bajo o nulo crecimiento del PIB durante los próximos decenios, y, por primera vez, algunos de ellos están preguntando discretamente a los economistas si tienen ideas acerca de cómo asumir esa realidad. Los apoyos a esta forma de pensar están surgiendo de los sectores más insospechados, como por ejemplo el influyente economista ortodoxo estadounidense Kenneth Rogoff, cuya trayectoria profesional abarca el FMI, la Reserva Federal de Estados Unidos y la Universidad de Harvard. «En un período de gran incertidumbre económica —escribía en 2012—, puede parecer inapropiado cuestionar el imperativo del crecimiento. Pero, por otra parte, quizá una crisis es exactamente la ocasión para replantear los objetivos a más largo plazo de la política económica global.»[47]

Aprovechemos la oportunidad de esta prolongada crisis y empecemos a identificar las diversas vías —financiera, política y social— en las que las actuales economías de renta elevada, y otras que siguen sus pasos, están ancladas y son adictas al objetivo del crecimiento del PIB. A partir de ahí podemos empezar a preguntarnos qué haría falta para romper esas ataduras, y si ya hay innovaciones en marcha que ilustren algunas opciones posibles. Obviamente, no hay respuestas fáciles. Harán falta décadas de experimentos y de experiencia para dar con soluciones inteligentes debido al largo tiempo durante el que se ha estado fraguando el problema, y que es precisamente el motivo por el que hoy merece mucha mayor atención y análisis. Considere, pues, lo que se expone a continuación como un intento inicial de esbozar las páginas de «preparación para el aterrizaje» que durante tanto tiempo han estado ausentes del manual de vuelo del economista.

FINANCIERAMENTE ADICTOS: ¿QUÉ HAY QUE GANAR?

Empecemos por el meollo del asunto: la adicción financiera al crecimiento. Y ello porque en el mundo de las finanzas toda decisión gira en torno a una cuestión subyacente: ¿cuál es la tasa de rendimiento? Esta cuestión viene motivada por la búsqueda de una ganancia o beneficio, el factor impulsor de la economía capitalista desde el mismo momento en que esta despegó en la Inglaterra del siglo XIX. «El mecanismo que desencadenó el motivo del beneficio —escribía Karl Polanyi en la década de 1940— solo fue comparable en eficacia al más violento estallido de fervor religioso de la historia. En el plazo de una generación, todo el ámbito humano quedó sometido a su absoluta influencia.»[48] Polanyi no fue ni mucho menos el primero en comprender que la búsqueda del beneficio abría la puerta a la acumulación infinita: de hecho, se basó en Marx, que describió el capital como «dinero que engendra dinero» y «en consecuencia no tiene límites».[49] Marx, a su vez, sacó la idea de Aristóteles, quien —recuerde el capítulo 1— distinguía entre la *economía*, que para él era el noble arte de la administración de la casa, y la *crematística*, el pernicioso arte de acumular riqueza. «El dinero se concibió para ser utilizado en el intercambio, no para acrecentarlo en forma de interés —escribía en el año 350 a. C.—. [...] De todas las formas de conseguir riqueza, esta es la más antinatural.»[50]

La búsqueda del beneficio —que es el factor impulsor de los rendimientos de los accionistas, las transacciones especulativas y los préstamos con interés— inserta la dependencia del crecimiento constante del PIB en lo más profundo del sistema financiero. Para John Fullerton, el banquero que abandonó Wall Street, aquí reside el origen del problema. «Hemos llegado a la conclusión lógica de este paradigma económico expansionista —afirma—. A menos que podamos lograr un desacoplamiento mágico, tenemos una función exponencial en un planeta que es un sistema cerrado [...] pero el sistema financiero no lleva ningún tipo de estancamiento incorporado, no puede "madurar"; y ninguno de los expertos en finanzas piensa siquiera en ello.»[51]

De ahí que Fullerton y su colega Tim MacDonald empezaran a pensar en posibles formas en que las empresas regenerativas pudieran escapar a la constante presión para crecer por parte de los accionistas. Entonces se les ocurrió el concepto de «inversión directa perenne» (o IDP), que genera rendimientos financieros a la vez aceptables y resilientes de empresas maduras con bajo o nulo crecimiento. En lugar de pagar a los accionistas dividendos basados en los beneficios, la empresa paga una parte de su flujo de ingresos a los inversores a perpetuidad. Esta configuración permite que una empresa que es rentable pero no crece atraiga una inversión estable de gestores de riqueza con visión a largo plazo, como los fondos de pensiones.[52] «La IDP permite que una empresa actúe a la manera de un árbol —me explicaba Fullerton—. Una vez alcanza la madurez, deja de crecer y da fruto; y ese fruto es exactamente tan valioso como lo fue el crecimiento.»[53]

No obstante, la presión para ofrecer rendimientos a los accionistas es solo una de las manifestaciones de cómo el beneficio financiero impulsa el crecimiento. De hecho, esta expectativa de beneficio está tan arraigada que apenas advertimos su rasgo más insólito: va contra la dinámica fundamental de nuestro mundo. Con el tiempo, los tractores se oxidan, los cultivos se pudren, los *smartphones* se estropean y los edificios se desmoronan. Pero ¿y el dinero? El dinero se acumula para siempre gracias al interés. No resulta en absoluto sorprendente que él mismo se haya convertido en una mercancía, y de ahí que se invierta tan poco en crear los activos productivos —desde sistemas de energías renovables hasta procesos de fabricación circular— que se necesitan para sustentar una economía regenerativa.

¿Qué clase de moneda, pues, podría alinearse con el medio natural para promover inversiones regenerativas en lugar de perseguir una acumulación infinita? Una posibilidad es una moneda que lleve incorporada una *sobrestadía*, una pequeña tasa pagadera por la posesión del dinero, de modo que este tienda a perder valor, en lugar de ganarlo, cuanto más tiempo se retenga. El hecho de que el propio concepto de sobrestadía (u *oxidación*) resulte tan poco familiar muestra lo acostumbrados que estamos a la escalera mecánica financiera siempre ascendente en la que vamos montados; es como si conociéramos el concepto de «arriba», pero no el de «abajo»; el de «más», pero no el de «menos». Pero el de sobrestadía es un concepto que merece la pena conocer, ya que podría formar parte perfectamente de nuestro futuro financiero.

El primero en proponer esta idea fue Silvio Gessel, un hombre de negocios germanoargentino cuyo libro *El orden económico natural*, publicado en 1906, abogaba por la introducción de una moneda de papel acompañada de unos sellos que había que comprar y pegar periódicamente en ella para garantizar la continuidad de su validez. Hoy podría lograrse ese mismo resultado de forma mucho más sencilla con una moneda electrónica cuya retención en el tiempo generara un cargo, restringiendo así el uso del dinero como depósito de un valor en constante acumulación. Solo un dinero que «se queda anticuado como un periódico, se pudre como las patatas, se oxida como el hierro» —sostenía Gessel—, se entregaría de buena gana a cambio de objetos que experimentan un declive similar: «[...] Debemos hacer que el dinero empeore como mercancía si pretendemos que mejore como medio de intercambio».[54]

A primera vista estas ideas parecen extravagantes e impracticables, pero en el pasado se han revelado muy prácticas. La sobrestadía basada en papel se utilizó con éxito en diversas monedas complementarias creadas en varias ciudades de Alemania y Austria en la década de 1930 con el fin de revigorizar la economía local, y en 1933 estuvo a punto de introducirse en Estados Unidos. Pero en cada caso, el gobierno nacional clausuró la iniciativa, sintiéndose obviamente amenazado por el éxito de una iniciativa surgida desde abajo y la pérdida del control del Estado sobre el poder de crear dinero. Keynes, en cambio, se mostró impresionado por Gessel, al que presentó como «un profeta excesivamente olvidado», cuya propuesta le atrajo debido a su probada capacidad para reactivar el gasto en economía, la prioridad en la época de la Depresión.[55]

Imagine, pues, que pudiera diseñarse una moneda con sobrestadía de modo que, en lugar de potenciar el consumo de hoy, potenciara las inversiones regenerativas del mañana. Ello transformaría el paisaje de las expectativas financieras: básicamente, la búsqueda del *beneficio* se vería reemplazada por la búsqueda del *mantenimiento* del valor. Y una de las mejores formas de preservar el valor a largo plazo de la riqueza almacenada sería invertirla en una actividad regenerativa a largo plazo como, por ejemplo, un proyecto de repoblación forestal.[56] Los bancos considerarían la posibilidad de prestar a empresas que prometieran una rentabilidad de inversión cercana a cero si ello fuera preferible al coste de retener el dinero: sería una buena señal que las empresas regenerativas y distributivas produjeran riqueza social y natural junto con un modesto rendimiento financiero. Y ello, de manera crucial, ayudaría a liberar a la economía de la expectativa de la acumulación infinita y, por ende, de la adicción financiera al crecimiento.

El concepto de sobrestadía puede parecer algo completamente ajeno a los modernos mercados financieros, pero no está tan alejado de los tipos de interés negativos, que en la práctica cobran a quienes retienen dinero en forma de ahorros. Esos tipos negativos han pasado a formar parte del paisaje financiero contemporáneo, y desde 2014 se han utilizado como medida de emergencia en Japón, Suecia, Dinamarca y Suiza, así como en el Banco Central Europeo. Los objetivos de estos países han sido diversos —desde resucitar el crecimiento del PIB hasta gestionar los tipos de cambio, pasando por aumentar la inflación—, pero en conjunto han echado por tierra el mito de que los tipos de interés no pueden caer por debajo de cero.

Obviamente, la idea de incorporar la sobrestadía al diseño de la moneda plantea numerosas cuestiones estimulantes para un sistema financiero, como sus implicaciones para la inflación y los tipos de cambio, para los flujos de capital y los fondos de pensiones, y el equilibrio entre estimular el consumo y fomentar la inversión. Pero esas son precisamente la clase de cuestiones que hoy merece la pena explorar en el proceso de reinventar las finanzas de manera que estas pasen a estar al servicio de unas economías que prosperen, en lugar de crecer indefinidamente. Y, como ha mostrado en los últimos años el uso de tipos de interés negativos, resulta asombroso ver con qué rapidez algo radical e inviable puede convertirse en viable y práctico.

POLÍTICAMENTE ADICTOS: ESPERANZA, MIEDO Y PODER

¿Y qué hay del ubicuo anclaje político en el crecimiento? Como veíamos en el capítulo 1, a mediados del siglo XX perseguir el crecimiento de la renta nacional fue pasando subrepticiamente de ser una opción en materia de políticas públicas a convertirse en una necesidad política. Entre las inquietudes de los políticos destacan tres razones: la esperanza de incrementar la renta sin subir los impuestos; el miedo a la cola del paro, y el poder que reside en la foto de familia del G-20.

La esperanza de incrementar la renta sin subir los impuestos. Los gobiernos dependen de los fondos públicos para invertir en bienes públicos, pero son tristemente famosos por su renuencia a subir los impuestos. No tiene nada de asombroso, pues, que en su lugar haya tantos de ellos que depositen sus esperanzas en un interminable crecimiento del PIB, dado que este promete generar un flujo siempre creciente de ingresos tributarios sin necesidad de imponer tipos impositivos altos. ¿Cómo podría superarse esta adicción política para hacer que las economías de bajo o nulo crecimiento resulten fiscalmente viables?

Para empezar, redefiniendo el propósito de los impuestos a fin de ayudar a crear el consenso social que requiere el tipo de sector público —caracterizado por mayores impuestos pero a la vez mayor rendimiento— que tanto éxito ha demostrado en muchos países escandinavos. Pero recuerde que —como aconseja el experto en encuadres mentales George Lakoff— hay que escoger sabiamente las palabras: no hay que oponerse al *alivio tributario*, sino hablar de *justicia tributaria*. De manera similar, el concepto de *gasto* público es utilizado a menudo por quienes se oponen a él para evocar un interminable desembolso; la *inversión* pública, en cambio, se centra en los bienes públicos —como escuelas de alta calidad y un transporte público eficaz— que sustentan el bienestar colectivo.[57]

En segundo término, poniendo fin a la insólita injusticia de las lagunas tributarias, los paraísos fiscales, el traslado de beneficios y las exenciones especiales que permiten a muchas de las personas más ricas y a las mayores empresas del mundo —de Amazon a Zara— pagar unos impuestos nimios en los países donde radican o hacen negocios. Hay al menos 18,5 billones de dólares ocultos por individuos ricos en paraísos fiscales de todo el mundo, que representan una pérdida anual de más de 156.000 millones de dólares en ingresos tributarios; una cantidad suficiente para poner fin dos veces a la pobreza extrema.[58] Al mismo tiempo, las corporaciones multinacionales trasladan cada año alrededor de 660.000 millones de dólares de sus beneficios a jurisdicciones donde prácticamente no pagan impuestos, como Países Bajos, Irlanda, Bermudas y Luxemburgo.[59] La Alianza Global por la Justicia Fiscal es una de las organizaciones que se dedican a afrontar este problema, haciendo campaña en todo el mundo en favor de una mayor transparencia y responsabilidad corporativas, unas normas tributarias internacionales justas y unos sistemas tributarios nacionales progresivos.[60]

En tercer lugar, cambiar el modelo tributario tanto personal como corporativo, dejando de gravar los flujos de renta para gravar en cambio la riqueza acumulada —como la propiedad inmobiliaria o los activos financieros—, servirá para disminuir el papel que desempeña un PIB en constante crecimiento a la hora de garantizar unos ingresos tributarios suficientes. Obviamente, este tipo de reformas tributarias progresivas pueden tropezar con una rápida reacción contraria del lobby corporativo, junto con acusaciones de incompetencia y corrupción por parte del Estado. Pero esto no hace sino reforzar la importancia de contar con un sólido compromiso cívico a la hora de promover y defender democracias políticas capaces de exigir responsabilidades al Estado.

Miedo a la cola del paro. Los humanos somos ingeniosos: se nos da bien sacar más partiendo de lo que ya tenemos, o sacar lo mismo partiendo de menos. Cuando Henry Ford introdujo la cadena de montaje móvil en su fábrica de automóviles de Michigan, en 1913, la producción de automóviles se multiplicó por cinco casi de la noche a la mañana; si no hubiera habido un mercado creciente para su coche modelo T, habría necesitado muchos menos trabajadores. En una economía en expansión, los trabajadores despedidos por una empresa pueden confiar en encontrar trabajo en otra parte, pero cuando la demanda global de la economía no sigue el ritmo del incremento de la productividad, el resultado es un desempleo generalizado. Como ha demostrado la historia en repetidas ocasiones, esta situación puede conducir rápidamente a la xenofobia, la intolerancia y el fascismo. Fueron las interminables colas del paro de la Gran Depresión las que convencieron a John Maynard Keynes de la necesidad de centrarse en el pleno empleo como objetivo de la economía en la década de 1930; y él creyó que la respuesta estaba en el crecimiento constante del PIB. Sin embargo, un siglo después de la revolución del modelo T, los robots han pasado a asumir muchas más cosas que la mera producción de automóviles. Simplemente ya no resulta factible esperar que las tasas de crecimiento del PIB sigan el ritmo de la cantidad de despidos prevista como consecuencia de la automatización, lo que no hace sino reforzar el argumento en favor del establecimiento de una renta básica para todos. Pero también hay otros cambios que pueden mejorar la distribución del trabajo remunerado en una economía agnóstica con respecto al crecimiento.

Keynes anticipó que, en la medida en que la tecnología aumentara la productividad del trabajo, la semana laboral estándar se acortaría: es famosa su predicción de que en el siglo XXI bastaría una semana de quince horas, y de que la sociedad se esforzaría en «hacer que cualquier trabajo que aún quede por hacer se realice de la forma más repartida posible».[61] En eso se equivocó, al menos hasta ahora, aunque todavía es posible que el tiempo acabe dándole la razón. Sin duda se habría contado entre los primeros en respaldar la propuesta de la Fundación Nueva Economía —una organización con sede en el Reino Unido— de reducir la semana laboral estándar de los asalariados en los países de renta elevada de las actuales treinta y cinco horas, aproximadamente, a solo veintiuna como una forma de hacer frente tanto al desempleo como al exceso de trabajo.[62] Esta sería, desde luego, una estimulante transición que no podría por menos que transformar la economía del empleo. «Tendremos que deshacernos de los incentivos perversos en los sistemas tributarios y de seguros —explica Anna Coote, la experta en política social que está detrás de la propuesta— de modo que se incentive a los empresarios a contratar a más trabajadores en lugar de penalizarlos por ello.»[63]

Es mucho más probable que estas iniciativas relativas a acortar la semana laboral se materialicen si los empresarios son los propios trabajadores: desde la Gran Depresión hasta la crisis financiera de 2008, las cooperativas propiedad de los trabajadores se han revelado más proclives a prevenir los despidos: en lugar de ello, tienden a compartir la reducción de las horas de trabajo entre todos sus miembros; un ejemplo excelente de respuesta laboral adaptativa frente a una demanda fluctuante.[64] Pero también hay formas de transformar el empleo en las empresas tradicionales. El paso ampliamente recomendado —y ya comentado aquí— de gravar el trabajo a gravar el uso de recursos serviría también para desplazar el foco de atención del ingenio humano, pasando de fabricar más material con menos gente a reparar y rehacer más cosas con menos material, empleando a la vez a más personas. Sin duda, tales políticas ayudarían a hacer que las economías resulten más distributivas y regenerativas; pero ¿podrían ayudar también a que las economías se vuelvan más agnósticas con respecto al crecimiento a la hora de proporcionar suficiente empleo? ¿Qué otros ajustes podrían hacer falta? Aquí es justamente donde se necesitan más experimentos y más investigaciones innovadores.

El poder de la foto de familia del G-20. Cada año, cuando los líderes de los países más poderosos del mundo se reúnen en la cumbre del G-20, se hace una fotografía de grupo oficial. Me gusta pensar en ella como la «foto de familia» del G-20, recordando que, como en muchas familias modernas, de vez en cuando sus miembros pueden reorganizarse. No resulta en absoluto sorprendente que cada líder político guarde celosamente su puesto en esa imagen como signo del poder geopolítico de su país. En su influyente obra *Auge y caída de las grandes potencias*, publicada en 1989, el historiador Paul Kennedy concluía que es la riqueza relativa de las naciones, y no su riqueza absoluta, la que determina su poder en la escena mundial.[65] La rivalidad entre Estados Unidos y la Unión Soviética que surgió en la década de 1950 se ha convertido en una implacable carrera geopolítica para todos: sigue creciendo para conservar tu sitio en la foto de familia, o la próxima potencia económica emergente vendrá y te echará del encuadre.

Es este un auténtico rompecabezas de acción colectiva internacional, y, en consecuencia, una adicción al crecimiento muy difícil de combatir. Los pensadores sistémicos sugerirían que una forma de romper este vínculo es diversificar y «empezar un nuevo juego» con medidas alternativas de éxito. Si una economía de éxito es aquella que prospera en equilibrio, entonces ese éxito se reflejará, no en el indicador del dinero, sino en aquellos otros indicadores que reflejan la prosperidad humana en un floreciente entramado de vida. Algunas iniciativas bien conocidas han emprendido esta ruta. El Índice de Desarrollo Humano de las Naciones Unidas, que clasifica los países en función de la salud y educación humanas junto con la renta per cápita, se creó en 1990 precisamente para empezar a contrarrestar el uso exclusivo del PIB. Otros, como el Índice del Planeta Feliz, el Índice de Riqueza Inclusiva y el Índice de Progreso Social también aspiran actualmente a crear una foto de familia internacional alternativa donde los países con mayor PIB no aparecen automáticamente en el centro del encuadre. Otras iniciativas estratégicas intentan sortear la rivalidad nacional fomentando en cambio la colaboración directa entre ciudades. La red C40, por ejemplo, une actualmente a más de ochenta de las principales megaciudades del mundo en un compromiso compartido de hacer frente al cambio climático. Con más de quinientos cincuenta millones de personas y el 25 % del PIB mundial, estas ciudades —y su visión económica— ejercerán una profunda influencia mucho más allá de sus límites urbanos.[66]

Lo de los nuevos juegos ayuda, pero la compulsión del viejo juego del PIB mantiene intacta toda su fuerza debido a que el PIB proporciona no solo poder de mercado global, sino también poder militar global. Este anclaje geopolítico exige mucha más atención estratégica. «Una carrera económica por el poder global es sin duda un fundamento comprensible para centrarse en el crecimiento a largo plazo —argumenta Kenneth Rogoff—, pero si resulta que esta competición es realmente una de las principales justificaciones de ese foco de interés, tendremos que reexaminar los modelos macroeconómicos estándar, que ignoran por completo esta cuestión.»[67] Sin embargo, más allá de limitarse a reelaborar los modelos macroeconómicos, este anclaje viene a subrayar la necesidad de que haya pensadores innovadores en materia de relaciones internacionales que desplacen su atención a aquellas estrategias que podrían ayudar a dar comienzo a un futuro de gobernanza global agnóstica con respecto al crecimiento.

SOCIALMENTE ADICTOS: ALGO A LO QUE ASPIRAR

Por último, ¿de qué modo estamos anclados, somos adictos y nos sentimos apegados al crecimiento del PIB desde una perspectiva social? Pues mediante la cultura del consumismo y las tensiones creadas por la desigualdad, que a su vez tienen sus raíces en la necesidad de tener algo a lo que aspirar.

Pese a ser mucho más ricos que los antiguos reyes, con excesiva facilidad nos vemos atrapados en una noria de consumismo, en una búsqueda constante de identidad, interconexión y autotransformación a través de las cosas que compramos. La obsesión de no ser menos que el vecino nos lleva a perseguir indefinidamente la promesa de una nueva compra. Como veíamos en el capítulo 3, Edward Bernays, que era sobrino de Freud, supo comprender que la psicoterapia de su tío podía abrir un ámbito extremadamente lucrativo en la denominada «terapia de compras». Su método de persuasión —bautizado delicadamente como «relaciones públicas»— transformó el marketing a escala mundial, y a lo largo del siglo XX incorporó la cultura del consumo como una forma de vida. Como afirmaba el teórico de los medios de comunicación John Berger en su libro *Modos de ver*, «la publicidad no es un mero conjunto de mensajes que compiten entre sí: es un lenguaje en sí mismo, que siempre se utiliza para formular la misma propuesta general [...]: nos propone a cada uno de nosotros que nos transformemos, y transformemos nuestras vidas, comprando alguna cosa más».[68]

¿Tenemos alguna posibilidad de deshacernos de ese legado del siglo xx? En una serie de tentativas en ese sentido, algunos gobiernos, como los de Suecia, Noruega y Quebec, han prohibido la publicidad dirigida a niños de menos de doce años (dejando el subconsciente de los adultos como blanco legítimo), mientras que ciudades como Grenoble y São Paulo han prohibido la «contaminación visual» de las vallas publicitarias. Sin embargo, el auge simultáneo de la publicidad selectiva en Internet, respaldada por las herramientas de alta tecnología utilizadas para investigar los hábitos de consumo, ha llevado el marketing personalizado a un ámbito mucho más sofisticado e invasivo. Al mismo tiempo, la publicidad se ha asegurado un papel —en la calle, en las escuelas, en las redes sociales y en la prensa— como importante fuente de ingresos para las administraciones locales, así como para los servicios web y medios informativos gratuitos, generando una incómoda dependencia financiera del Estado y los comunes digitales con respecto a las eternas tentaciones del mercado. Revertir el dominio cultural y financiero del consumismo en la vida pública y privada será uno de los dramas psicológicos más apasionantes del siglo xxi.

También se dice que la sociedad es adicta al crecimiento del PIB porque este alivia la tensión de las grandes desigualdades sociales. A menudo se afirma que un PIB siempre creciente resulta esencial porque esto crea «una economía de suma positiva» en la que todo el mundo puede salir ganando.[69] Cuando el pastel económico crece —sostiene este razonamiento—, resulta mucho más probable que los ricos acepten impuestos redistributivos que permitan invertir en servicios públicos, ya que ello puede hacerse sin reducir sus ingresos netos. Otros, en cambio, creen que el crecimiento constante del PIB es esencial justo por la razón contraria: porque sirve para diferir permanentemente la necesidad de redistribución. En palabras de Henry Wallich, gobernador de la Reserva Federal estadounidense en la década de 1970: «El crecimiento es un sustituto de la igualdad de renta. Mientras hay crecimiento, hay esperanza, y eso hace tolerables los grandes diferenciales de renta».[70]

Tanto si el crecimiento se considera la clave de la redistribución como si se presenta como la clave para evitarla indefinidamente, su importancia social arraiga en una convicción básica. En cierta ocasión me encontré en un taller en el que participaba debatiendo sobre el nuevo pensamiento económico con un destacado representante del ámbito académico de la denominada «economía de la complejidad». Él hablaba de favorecer el crecimiento del PIB en los países de renta elevada como si fuera una necesidad obvia. Cuando le pregunté por qué, su respuesta fue sencilla: «Tenemos un instinto profundamente arraigado hacia el crecimiento —me dijo—. La gente necesita algo a lo que aspirar».

Estoy de acuerdo: la gente necesita algo a lo que aspirar. Pero ¿de verdad la mejor aspiración a nuestro alcance es una renta siempre creciente? Fue Alfred Marshall —como vimos en el capítulo 3— quien dotó al hombre económico racional de necesidades y deseos insaciables. Gracias a Edward Bernays, este parece ser especialmente el caso en los habitantes de las actuales sociedades WEIRD: los residentes de países occidentales, cultos, industriales, ricos y democráticos que hoy son la patria de la sociedad de consumo. Sin embargo, los antropólogos pueden citar ejemplos tanto históricos como contemporáneos de sociedades tradicionales que han vivido, por el contrario, basándose en un principio de suficiencia, como los cree del norte de Manitoba en el siglo XIX, cuya respuesta a los comerciantes europeos cuestionó las expectativas de los economistas. Con la esperanza de adquirir más pieles, los europeos les ofrecieron precios más altos: la reacción de los cree fue llevar menos pieles a la factoría, puesto que ahora necesitaban vender un menor número de ellas para obtener los bienes que necesitaban a cambio.[71]

Si Bernays viviera hoy y estuviera dispuesto a contribuir a tratar de crear o de recuperar una pauta similar de suficiencia material en las sociedades WEIRD, ¿a qué valores humanos profundos intentaría apelar? ¿A qué podríamos aspirar, si no es a más posesiones? «Cada vez que somos excesivos en nuestras vidas, en cualquiera de sus ámbitos, estamos denotando que existe una privación que todavía ignoramos —sostiene el psicoanalista Adam Phillips—. Nuestros excesos son la mejor pista que tenemos de nuestra propia pobreza, y nuestro mejor modo de ocultárnosla a nosotros mismos.»[72] En lo que se refiere al consumismo, quizá la pobreza que aspiramos a ocultar resida en nuestras descuidadas relaciones mutuas y con el medio natural. La psicoterapeuta Sue Gerhardt sin duda estaría de acuerdo. «Aunque tengamos una relativa abundancia material, de hecho no tenemos abundancia emocional —escribe en su libro *The Selfish Society*—. Muchas personas se ven privadas de lo que realmente importa.»[73]

Hay muchas opiniones distintas acerca de qué es lo que realmente nos importa en la vida, desde utilizar nuestros talentos para ayudar a los demás hasta defender nuestras creencias. Basándose en una amplia serie de investigaciones psicológicas, la Fundación Nueva Economía ha reducido sus hallazgos a cinco sencillos actos que se ha demostrado que favorecen el bienestar: *conectar* con las personas que nos rodean, *ser activos* con respecto a nuestro cuerpo, *prestar atención* al mundo, *aprender* nuevas aptitudes y *dar* a los demás.[74] Quizá estos sean los primeros pasos hacia la clase de progreso moral y social que imaginaba Mill cuando concebía un futuro en el que las personas dejarían de consagrarse al arte de tener éxito para aspirar, en cambio, a dominar el arte de vivir.

Este breve esbozo acerca de cómo preparar el avión económico para el aterrizaje ha mencionado una serie de adicciones al crecimiento que han arraigado económica, política y socialmente en las instituciones, la política y la cultura de muchos países. Desde luego, resulta abrumador contemplarlas todas juntas, del mismo modo que, sin duda, todo piloto novato se siente abrumado cuando aprende a utilizar los instrumentos de aterrizaje de un avión por primera vez. Pero esos instrumentos pueden dominarse, y ninguna de las adicciones al crecimiento arriba perfiladas es intrínsecamente insuperable. Si hay una tarea que merece la atención del economista del siglo XXI, es esta: encontrar diseños económicos que permitan a los países que se aproximan al fin del crecimiento de su PIB aprender a prosperar sin él.

BIENVENIDOS A LA TERMINAL DE LLEGADAS

Si podemos dominar el arte de aterrizar el avión —creando una economía que nos permita prosperar, crezca o no—, ¿qué ocurrirá a la llegada? No me cabe duda de que la próxima generación de innovadores económicos se hallará en mejor posición para llenar esas páginas del manual que todavía están en blanco, de modo que me limitaré aquí a proponer un par de ideas.

En primer lugar, si Rostow fuera de hecho uno de los pasajeros de ese vuelo, creo que al aterrizar se daría cuenta de que en realidad un avión no es precisamente la mejor metáfora para describir el futuro viaje del PIB, puesto que carece de la agilidad necesaria para despegar, aterrizar, despegar, aterrizar, etc., al enfrentarse a unas condiciones siempre cambiantes.

En tiempos de Rostow, volar era la forma más novedosa de viajar: su libro apareció solo cinco años después del primer vuelo de un avión de reacción para pasajeros, de modo que no tiene nada de asombroso que le atrajera la idea como metáfora económica. Pero si le introdujéramos en el mundo de los deportes acuáticos del siglo XXI, creo que pondría sus ojos en el *kitesurf* como una metáfora mucho mejor para describir el futuro del PIB. Un *kitesurfer* experto cabalga las olas con su tabla impulsándose por el viento gracias a su cometa, y debe realizar constantes reajustes —inclinando, agachando y girando el cuerpo— para mantener esa interacción dinámica entre el viento y las olas. Así es exactamente cómo debería empezar a moverse el PIB en el siglo XXI, con el valor de los productos y servicios vendidos cada año subiendo y bajando en respuesta a la constante evolución de la economía.

En segundo término, e independientemente del resto de los factores que puedan darse a la llegada, apostaré por algo: que John Maynard Keynes y John Stuart Mill estarán allí esperando para recibirnos, listos para ponerse a trabajar a fin de elaborar la ciencia económica —y también la filosofía y la política— apropiadas al arte de vivir en una economía rosquilla distributiva, regenerativa y agnóstica con respecto al crecimiento. Ciertamente, el destino no será el que ellos esperaban, pero sin duda sabrán reconocer nuestros dilemas. ¿Con qué mejor pareja de pensadores originales podríamos contar en nuestro equipo?

AHORA TODOS SOMOS ECONOMISTAS

El presente volumen plantea una visión optimista del futuro común de la humanidad: una economía global que cree un equilibrio próspero gracias a su diseño distributivo y regenerativo. Tal aspiración puede parecer insensata, incluso ingenua, dadas las crisis interrelacionadas del cambio climático, el conflicto violento, la migración forzosa, el incremento de las desigualdades, la creciente xenofobia y la endémica inestabilidad financiera que afrontamos. Basta ver o leer las noticias diarias para advertir que la posibilidad de desmoronamiento —social, ecológico, económico y político— parece muy real. Es fácil ver el vaso de la humanidad medio vacío. Si uno se deja llevar por esos temores, posiblemente no tarde en decantarse por la economía del colapso y la supervivencia, que, como todos los marcos ideológicos potentes, podría ayudar por sí misma a hacer realidad esos mismos resultados.

Pero hay bastantes personas que todavía son capaces de ver la alternativa, el futuro del vaso medio lleno, y además tienen la intención de hacer que suceda. Personalmente me cuento entre ellas. La nuestra es la primera generación que aprecia correctamente el daño que hemos estado haciendo a nuestro hogar planetario, y probablemente la última generación con posibilidades de hacer algo transformador al respecto. Y sabemos muy bien que, como comunidad internacional, tenemos la tecnología, los conocimientos y los medios financieros necesarios para erradicar la pobreza extrema en todas sus formas si colectivamente decidimos ponernos a ello.

Piense, entonces, en los estudiantes que acuden cada año a las universidades de todo el mundo para aprender economía. Muchos habrán escogido esta carrera porque también ellos ven el vaso medio lleno y desean apasionadamente participar en una gestión mejorada de la casa común de la humanidad en interés de todos. Y creen —como hice yo— que dominar la lengua materna de las políticas públicas es el mejor modo de equiparse para la tarea. Esos estudiantes merecen la formación económica más progresista posible, ya sea en palabras, ecuaciones o imágenes, y creo que esta empieza con las siete maneras de pensar expuestas en el presente volumen.

La tarea del economista del siglo xxi está clara: crear economías que favorezcan la prosperidad humana en un floreciente entramado de vida, de modo que podamos prosperar en equilibrio dentro del espacio seguro y justo de la rosquilla. Esto empieza por reconocer que toda economía, desde el nivel local hasta el global, está incardinada en la sociedad y en el medio natural. También implica reconocer que la familia, los comunes, el mercado y el Estado pueden constituir todos ellos medios eficaces de satisfacer nuestras numerosas necesidades y carencias, y que tienden a funcionar mejor cuando trabajan juntos. Profundizando nuestro conocimiento de la naturaleza humana podemos crear instituciones e incentivos que refuercen nuestra reciprocidad social y los valores relativos al prójimo, en lugar de socavarlos. Una vez que aceptemos la complejidad intrínseca de la economía, podemos configurar su dinámica en permanente evolución mediante una gestión inteligente. Esto abre la posibilidad de convertir las actuales economías divisivas y degenerativas en otras que sean distributivas y regenerativas por diseño, lo cual, a su vez, nos invita a volvernos agnósticos con respecto al crecimiento, creando economías que nos permiten prosperar, tanto si crecen como si no.

Este libro ha propuesto solo siete maneras de pensar (y de dibujar) como un economista del siglo xxi. No cabe duda de que hay muchas más; pero estoy convencida de que estas siete constituyen el mejor modo de empezar a borrar los viejos grafitis económicos que durante tanto tiempo han ocupado nuestras mentes. Aun así, incluso estas siete seguirán evolucionando, puesto que apenas acabamos de empezar siquiera a dibujar sus imágenes, a percibir sus pautas y a comprender sus interacciones. Y la política tampoco desaparecerá. Dada la diversidad de rutas tecnológicas, culturales, económicas y políticas que podrían llevarnos a la rosquilla, habrá muchas formas posibles de distribuir los costes y beneficios, el poder y el riesgo, entre los diversos países y comunidades, y también en el seno de estos. Eso hace que el proceso político de decidir entre diferentes políticas públicas alternativas resulte más importante que nunca.[1]

Asaltar las ciudadelas

Muchas de las ideas más apasionantes que impulsan el nuevo pensamiento económico parecen surgir de cualquier sitio menos de las propias facultades de economía. Hay, obviamente, algunas importantes excepciones a esta regla, pero son bastante raras. Gran parte de las ideas transformadoras se originan en ámbitos ajenos de pensamiento como la psicología, la ecología, la física, la historia, la ciencia del sistema Tierra, la geografía, la arquitectura, la sociología y la ciencia de la complejidad. La teoría económica haría bien en hacer suyo lo que pueden ofrecerle otras perspectivas. En el baile de los intelectos, es hora de que la economía deje de actuar sola bajo los focos y, en su lugar, se una al resto de la compañía. Que actúe menos como una figura del baile y participe más de la danza colectiva, entretejiendo de forma más activa sus teorías con las ideas que surgen en otras disciplinas.

Los economistas más inteligentes siempre han comprendido la importancia de esa danza colectiva intelectual. John Stuart Mill creía que su libro de 1848 *Principios de economía política* fue aclamado en su día porque trataba la economía política, «no como algo en sí mismo, sino como un fragmento de un todo más extenso: como rama de la filosofía social, tan entremezclada con sus otras ramas que sus conclusiones, incluso las que caen bajo su jurisdicción particular, solo son verdaderas de un modo condicional, pues están sujetas a interferencias y reacciones provenientes de causas que no pertenecen a sus dominios».[2] No cabe duda de que también John Maynard Keynes habría participado en esta danza colectiva: «El gran economista debe poseer una rara *combinación* de dotes —escribió—. Debe ser matemático, historiador, estadista y filósofo [...]. Debe estudiar el presente a la luz del pasado y con miras al futuro. Ninguna parte de la naturaleza del hombre o de sus instituciones debe quedar íntegramente al margen de su consideración».[3] Algunos destacados economistas contemporáneos también se hacen eco de esa misma visión, como Joseph Stiglitz, que ha aconsejado a los potenciales estudiantes «estudiar economía, pero hacerlo con escepticismo y dentro de un contexto más general».[4]

Siendo así, ¿puede decirse que la danza colectiva intelectual también está adquiriendo la misma popularidad en las «ciudadelas», esto es, en las propias facultades de economía de las universidades? Esta pregunta me animó a tratar de localizar a Yuan Yang, la desilusionada estudiante de economía que ayudó a generar un movimiento de protesta y cuya historia abría el presente volumen. Hoy, casi una década después —y por incongruente que pueda parecer—, es corresponsal en Pekín del *Financial Times*, el periódico financiero más prestigioso del Reino Unido, además de copresidir el consejo de administración de «Repensar la Economía», la red internacional de estudiantes que ella misma contribuyó a poner en marcha y que demanda una revolución en la enseñanza de la economía. ¿Cómo llegó a compaginar dos mundos tan distintos? Tras finalizar su máster, Yuan rechazó una plaza en un programa de doctorado porque estaba convencida de que trabajando como periodista especializada en temas económicos aprendería más sobre la economía real de lo que podría llegar a aprender nunca estudiando en una facultad de economía. Así, actualmente informa sobre temas de actualidad en la —rápidamente cambiante— economía china, que van desde la pérdida masiva de puestos de trabajo en los sectores del carbón y del acero hasta el auge de Pekín como la capital mundial de los milmillonarios.

Al mismo tiempo, Yuan ha contribuido al creciente éxito de Repensar la Economía. Desde su fundación en 2013, este movimiento liderado por estudiantes ha generado una amplia coalición, aunando fuerzas con empresarios que se sienten igualmente frustrados por la inmensa brecha existente entre lo que saben sus graduados recién contratados y el funcionamiento de la economía real. El movimiento también se ha ganado el apoyo de la opinión pública en general. «Cuando viajamos por todo el Reino Unido dando charlas, conocemos a gente en el tren que nos pregunta qué hacemos —me explicaba Yuan—. Cuando les decimos que pensamos que los economistas se han equivocado, en seguida saben de qué estamos hablando. La crisis financiera ha convertido la economía —esa extraña e incómoda profesión— en materia de discusión y debate público.»

Para contrarrestar el limitado currículo que ofrece el ámbito académico, estudiantes y universidades de todo el mundo han organizado encuentros educativos, creado grupos de lectura, ayudado a diseñar «cursos *online* masivos y abiertos» (o MOOC, por sus siglas en inglés) y ejercido presión sobre sus propios profesores para renovar y diversificar los currículos que estos enseñan. Según explican los estudiantes, un puñado de universidades han respondido a su llamamiento en favor de una educación pluralista; entre ellas, Kingston y Greenwich en el Reino Unido, Siegen en Alemania, París VII y XIII en Francia, y Aalborg en Dinamarca. Todas ellas están reincorporando la historia económica y la historia de la economía al plan de estudios, actualizando sus modelos macroeconómicos para incluir al sector financiero, e introduciendo críticas de las más diversas escuelas de pensamiento como la feminista, la ecológica, la conductual, la institucional y la economía de la complejidad.

Las universidades menos sensibles hasta la fecha —afirman los estudiantes— han sido precisamente las más prestigiosas, como Harvard y la London School of Economics. «Las facultades consideradas de mayor categoría no quieren hacer nada que pueda poner en riesgo su posición en el ranking —me explicaba Yuan—. Su elevada posición proviene de publicar trabajos de investigación en las que se consideran las "principales" revistas, pero esas revistas no hacen sino mantener el *statu quo*.» Es más, las universidades que encabezan el ránking marcan una pauta que luego siguen otras, y, de ese modo, hay universidades en China, India, Brasil y otros lugares que forman a sus estudiantes específicamente para que puedan conseguir una plaza en sus elitistas cursos de posgrado. Esta inercia intelectual en las altas instancias no satisface en absoluto a Yuan. «Tenemos que asaltar las ciudadelas —me dijo—; no podemos limitarnos a levantar nuestros campamentos fuera. Puedes tener tantos grupos de lectura y MOOC extraescolares como quieras, pero a menos que la universidad acepte que lo que estás haciendo es economía, no se verá como tal. En última instancia, no queremos únicamente hablar de la estrechez de miras de la enseñanza actual; queremos cambiarla.»

Sus palabras me hicieron recordar cuánto le satisfacía a Paul Samuelson el hecho de ser él quien podía definir qué se consideraba o no buena economía. Recuerde el lector aquella jubilosa afirmación suya en que declara, como autor de manuales económicos, ser consciente de que «la influencia inicial es la privilegiada, puesto que incide en la tabla rasa del principiante en su estado más impresionable». Esa tabla rasa —o pizarra en blanco— es como él veía la mente del estudiante novato. De modo que a los actuales estudiantes de economía simplemente les diría esto: estad atentos a las ideas que otros intentan introducir en vuestra mente. Tened cuidado con las palabras, sed cautelosos con las ecuaciones, pero sobre todo prestad atención a las imágenes, especialmente a las más fundamentales, porque estas calan muy hondo sin que ni siquiera nos demos cuenta de ello. Es más, no dejéis que nadie formule la extraordinaria presunción de que, tengáis dieciocho años u ochenta y uno, vuestra «tabla» es «rasa», vuestra pizarra económica está en blanco. En realidad lleva grabada vuestra experiencia desde el nacimiento, empezando por los años de crianza en el seno de la denominada «economía básica», respaldada por la dependencia que todos tenemos del medio natural. Además, a lo largo de nuestra vida cada uno de nosotros desempeña múltiples papeles en la economía, ya sea como ciudadano, como trabajador, como consumidor, o como empresario, ahorrador o universitario. Así que no dejéis que nadie intente borrar vuestra pizarra: antes bien, aprovechad su rico acervo de experiencias como referencia personal para verificar el sentido de las teorías económicas que se os planteen; incluyendo las que figuran en este libro, por supuesto.

Evolución económica: experimento tras experimento

La frustración de Yuan con respecto a la posición privilegiada que todavía se concede a la vieja teoría económica es palpable. «Muchas facultades universitarias, como las de sociología o ciencias políticas, enseñan a sus estudiantes a concebir la economía de formas distintas —me explicaba—, pero solo las personas que estudian teoría económica neoclásica en facultades de economía salen al mundo etiquetadas como "economistas", con todo el poder que esa denominación les concede. Tenemos que derribar el poder del experto que representa ese título y hacer que signifique un montón de cosas distintas.»[5]

Una forma prometedora de redefinir el significado del término «economista» es fijarse en quienes han ido más allá del nuevo pensamiento económico para pasar a la nueva acción económica: los innovadores que están haciendo evolucionar la economía experimento tras experimento. Su impacto se refleja ya en el despegue de nuevos modelos de empresa, en el dinamismo comprobado de los comunes colaborativos, en el inmenso potencial de las monedas digitales y en las estimulantes posibilidades del diseño regenerativo. Como puso de manifiesto Donella Meadows, el poder de autoorganización —la capacidad de un sistema de ampliar, cambiar y desarrollar su propia estructura— constituye una importante palanca de influencia para cambiar la integridad de dicho sistema. Y eso da lugar a una idea revolucionaria: nos convierte a todos en economistas.

Si las economías cambian evolucionando, entonces cada experimento —ya sea un nuevo modelo de empresa, una moneda complementaria o un proyecto de colaboración de código abierto— ayuda a diversificar, seleccionar y amplificar un nuevo futuro económico. Todos tenemos en nuestra mano dar forma a esa evolución, puesto que nuestras opciones y acciones están reconfigurando constantemente la economía, y no solo a través de los productos que compramos o dejamos de comprar. También la reconfiguramos de otras formas como, por ejemplo, trasladando nuestros ahorros a bancos éticos; utilizando monedas complementarias *inter pares*; dotando de un propósito viviente a las empresas que creamos; ejerciendo nuestro derecho al permiso parental en el trabajo; contribuyendo a los comunes del conocimiento, y haciendo campaña en movimientos políticos que compartan nuestra visión económica.

Obviamente, estas innovaciones afrontan el reto de intentar crecer y prosperar en economías que todavía se hallan fuertemente dominadas por el pensamiento y la acción económica del siglo pasado. Las empresas comprometidas con el diseño industrial generoso a veces pueden tener dificultades cuando se posicionan codo con codo con las empresas del siglo pasado cuyo único objetivo es maximizar los rendimientos de sus accionistas. Puede que no resulte fácil poner en circulación una moneda complementaria si crees que la primera reacción del gobierno será hacer que te detengan. Las finanzas regenerativas deben dar la impresión de ser ambiciosas a unos clientes que están acostumbrados a centrarse en la rentabilidad a corto plazo. El diseño de un edificio que restituya cosas a la ciudad resulta difícil de vender si la primera reacción de tu cliente es «pero ¿por qué tendría yo que hacer tal cosa?». Y sin embargo, desde los comerciantes de las comunidades keniatas que utilizan el bangla-pesa y las impresoras 3D recicladas de Woelab en Togo hasta el proceso de conversión de metano en plástico de Newlight en California y el potencial mundial de las monedas digitales *inter pares*, resulta evidente que los innovadores económicos están logrando reconfigurar la evolución de la economía, haciéndola distributiva y regenerativa, diseño a diseño.

«Sé el cambio que quieres ver en el mundo» es quizá la frase más famosa de Gandhi, y, en lo que respecta a reconfigurar la economía, los innovadores económicos de hoy honran su memoria. Pero, con el debido respeto, me gustaría hacer aquí una pequeña variación sobre el tema de Gandhi. En lo referente al nuevo pensamiento económico, *dibuja* también el cambio que quieres ver en el mundo. Combinando el poder manifiesto del encuadre verbal con el poder oculto del encuadre visual, podemos darnos a nosotros mismos muchas más posibilidades de escribir una nueva historia económica; la que tan desesperadamente necesitamos para vivir un siglo XXI seguro y justo.

Es fácil empezar. Basta con coger un lápiz y ponerse a dibujar.

APÉNDICE: LA ROSQUILLA Y SUS DATOS

La rosquilla de los límites sociales y planetarios es una simple visualización de las dobles condiciones —sociales y ecológicas— que sustentan el bienestar colectivo humano. El fundamento social señala el límite interior de la rosquilla y determina los elementos esenciales de la vida que no deberíamos permitir que le faltaran a nadie. Por su parte, el techo ecológico marca el límite exterior de la rosquilla, más allá del cual la presión de la humanidad sobre los sistemas que sustentan la vida en la Tierra incurre en un peligroso exceso. Entre estos dos límites reside el espacio ecológicamente seguro y socialmente justo en el que la humanidad puede prosperar.

El fundamento social comprende doce dimensiones sociales que se derivan de las prioridades sociales especificadas en los Objetivos de Desarrollo Sostenible formulados en 2015 por las Naciones Unidas. En la tabla 1 se exponen las variables y los datos utilizados para calibrar e ilustrar el alcance del déficit de la humanidad en estos doce ámbitos.

Tabla 1. El fundamento social y sus indicadores de déficit

Dimensión	Indicadores ilustrativos (Porcentaje de la población global a menos que se indique otra cosa)	%	Año
Alimentación	Población desnutrida	11	2014-2016
Salud	Población que vive en países cuya tasa de mortalidad de niños menores de 5 años es superior a 25 por cada 1.000 nacidos vivos	46	2015
	Población que vive en países cuya esperanza de vida al nacer es de menos de 70 años	39	2013
Educación	Población adulta (15 años o más) que es analfabeta	15	2013
	Niños de entre 12 y 15 años no escolarizados	17	2013
Renta y trabajo	Población que vive por debajo del umbral internacional de pobreza de 3,10 dólares diarios	29	2012
	Proporción de jóvenes (de 15 a 24 años) que buscan trabajo pero no lo encuentran	13	2014
Agua y saneamiento	Población sin acceso a mejoras en el suministro de agua potable	9	2015
	Población sin acceso a mejoras en instalaciones de saneamiento	32	2015
Energía	Población que carece de acceso a la electricidad	17	2013
	Población que carece de acceso a instalaciones culinarias limpias	38	2013
Redes	Población que declara no tener a nadie que le ayude en los momentos difíciles	24	2015
	Población sin acceso a Internet	57	2015
Vivienda	Población urbana mundial que vive en suburbios en países desarrollados	24	2012
Igualdad de género	Diferencia de representación entre mujeres y hombres en los parlamentos nacionales	56	2014
	Brecha salarial mundial entre mujeres y hombres	23	2009
Equidad social	Población que vive en países con una ratio de Palma de 2 o más (la ratio de la proporción de renta del 10 % más rico de la población con respecto al 40 % más pobre)	39	1995-2012
Participación política	Población que vive en países con una puntuación de 0,5 o menos sobre 1,0 en el Índice de Participación y Responsabilidad	52	2013

Dimensión	Indicadores ilustrativos (Porcentaje de la población global a menos que se indique otra cosa)	%	Año
Paz y justicia	Población que vive en países con una puntuación de 50 o menos sobre 100 en el Índice de Percepciones de Corrupción	85	2014
	Población que vive en países con una tasa de homicidios de 10 o más por 10.000	13	2008-2013

Fuentes: FAO, Banco Mundial, OMS, PNUD, UNESCO, UNICEF, OCDE, AIE, Gallup, UIT, ONU, Cobham y Sumner, OIT, UNODC y Transparencia Internacional. Todos los porcentajes se han redondeado al entero más próximo.

El techo ecológico comprende los nueve límites planetarios planteados por un grupo internacional de científicos del sistema Tierra dirigidos por Johan Rockström y Will Steffen. Estos nueve procesos críticos son:

Cambio climático. Cuando los gases de efecto invernadero como el dióxido de carbono, el metano y el óxido nitroso son liberados en el aire, entran en la atmósfera y amplifican el efecto invernadero natural de la Tierra, atrapando más calor en la atmósfera terrestre. Esto se traduce en un calentamiento global cuyos efectos incluyen el aumento de las temperaturas, una mayor frecuencia de variaciones climáticas extremas y la subida del nivel del mar.

Acidificación de los océanos. Alrededor de una cuarta parte del dióxido de carbono emitido por la actividad humana acaba disolviéndose en los océanos, donde forma ácido carbónico y disminuye el pH de las aguas superficiales. Esta acidez reduce la disponibilidad de iones de carbonato, un componente básico utilizado por muchas especies marinas para la formación de caparazones y esqueletos. La falta de este ingrediente hace que organismos tales como los corales, los crustáceos y el plancton tengan dificultades para crecer y sobrevivir, poniendo así en peligro el ecosistema oceánico y su cadena trófica.

Contaminación química. Cuando determinados compuestos tóxicos como los contaminantes orgánicos sintéticos y los metales pesados se liberan en la biosfera, pueden persistir durante muchísimo tiempo, con efectos que pueden resultar irreversibles. Y cuando se acumulan en los tejidos de las criaturas, incluyendo los pájaros y los mamíferos, reducen la fertilidad y causan daños genéticos, poniendo en peligro los ecosistemas terrestres y oceánicos.

Carga de nitrógeno y de fósforo. El nitrógeno reactivo y el fósforo se utilizan ampliamente en la fabricación de fertilizantes agrícolas, pero solo una pequeña proporción de la cantidad que se aplica es realmente absorbida por los cultivos. La mayor parte del elemento sobrante es arrastrado a los ríos, lagos y océanos, donde provoca floraciones de algas que tiñen el agua de color verde. Estas floraciones pueden ser tóxicas y matar a otras especies acuáticas privándolas de oxígeno.

Extracción de agua dulce. El agua es esencial para la vida, y se utiliza ampliamente en agricultura e industria, así como en los hogares. Sin embargo, la extracción excesiva de agua puede mermar o incluso secar los lagos, ríos y acuíferos, dañando los ecosistemas y alterando el ciclo hidrológico y el clima.

Conversión de tierras. La conversión de tierras para su uso humano —por ejemplo, la transformación de bosques y humedales en ciudades, tierras de cultivo y carreteras— agota los sumideros de carbono de la Tierra, destruye ricos hábitats de vida silvestre y socava el papel de la tierra en el constante ciclo del agua, el nitrógeno y el fósforo.

Pérdida de biodiversidad. La disminución del número y la variedad de especies vivas daña la integridad de los ecosistemas y acelera la extinción de especies. Con ello se incrementa el riesgo de que se produzcan cambios bruscos e irreversibles en los ecosistemas, reduciendo su resiliencia y socavando su capacidad de proporcionar alimento, combustible y fibra, así como de sustentar la vida.

Contaminación atmosférica. Las denominadas micropartículas o aerosoles emitidos en la atmósfera —como el humo, el polvo y los gases contaminantes— pueden causar daños a los organismos vivos. Además, interactúan con el vapor de agua de la atmósfera, y de este modo influyen en la formación de las nubes. Cuando se emiten en grandes cantidades, esos aerosoles pueden alterar de manera significativa los regímenes de lluvias regionales, trastocando por ejemplo la época y la distribución de las lluvias monzónicas en las regiones tropicales.

Reducción de la capa de ozono. La capa de ozono estratosférica filtra la radiación ultravioleta del sol. Cuando se liberan, algunos productos químicos de origen humano, como los clorofluorocarbonos (CFC), penetran en la estratosfera y reducen la capa de ozono, exponiendo la Tierra y a sus habitantes a los dañinos rayos ultravioleta de origen solar.

En la tabla 2 se exponen los indicadores y los datos utilizados para calibrar el grado actual de exceso con respecto a estos límites planetarios.

TABLA 2. EL TECHO ECOLÓGICO Y SUS INDICADORES DE EXCESO

Presión sobre el sistema Tierra	Variable de control	Límite planetario	Valor actual y tendencia
Cambio climático	Concentración de dióxido de carbono atmosférico (partes por millón [ppm])	Como máximo 350 ppp	400 ppm y subiendo (empeorando)
Acidificación de los océanos	Saturación media de aragonita (carbonato de calcio) en la superficie oceánica (porcentaje de los niveles preindustriales)	Como mínimo el 80 % de los niveles de saturación preindustriales	En torno al 84 % y bajando (intensificándose)
Contaminación química	Todavía no se ha definido ninguna variable de control global	—	—
Carga de nitrógeno y fósforo	Fósforo aplicado a la tierra como fertilizante (millones de toneladas anuales)	Como máximo 6,2 millones de toneladas anuales	En torno a 14 millones de toneladas anuales y subiendo (empeorando)
	Nitrógeno reactivo aplicado a la tierra como fertilizante (millones de toneladas anuales)	Como máximo 62 millones de toneladas anuales	En torno a 150 millones de toneladas anuales y subiendo (empeorando)
Extracción de agua dulce	Consumo de aguas azules (kilómetros cúbicos anuales)	Como máximo 4.000 km³ anuales	En torno a 2.600 km³ anuales y subiendo (intensificándose)
Conversión de tierras	Superficie de tierras forestales (proporción de las tierras cubiertas de bosques antes de la alteración humana)	75 % como mínimo	62 % y bajando (empeorando)

Presión sobre el sistema Tierra	Variable de control	Límite planetario	Valor actual y tendencia
Pérdida de biodiversidad	Tasa de extinción de especies (por millón de especies y por año)	Como máximo 10	En torno a 100-1.000 y subiendo (empeorando)
Contaminación atmosférica	Todavía no se ha definido ninguna variable de control global	—	—
Reducción de la capa de ozono	Concentración de ozono en la estratosfera (unidades Dobson [UD])	Como mínimo 275 UD	283 UD y subiendo (mejorando)

Fuente: Steffen *et al.* (2015b).

AGRADECIMIENTOS

Este libro es el resultado de veinticinco años de aprendizaje, desaprendizaje y reaprendizaje de la economía, y hay muchas personas a las que desearía dar las gracias por haberme inspirado en este largo viaje. Mi primer agradecimiento es para mis tutores en ciencias económicas, Andrew Graham, Frances Stewart, Wilfred Beckerman y David Vines, sin cuyas inspiradoras enseñanzas ni siquiera me habría sentido atraída a pensar como economista. Estoy extremadamente agradecida, también, a los estudiantes a los que he tenido el privilegio de enseñar, especialmente a los alumnos del Instituto de Cambio Medioambiental de la Universidad de Oxford y del Schumacher College. Ha sido en gran medida su creatividad y apertura a nuevas formas de pensar la que me ha llevado a adquirir tanta confianza en los futuros gestores del hogar planetario.

Muchas de las ideas de este libro proceden de las conversaciones en torno a la idea de la rosquilla que he mantenido en varios países durante los últimos cinco años, con colegas de Oxfam, estudiantes universitarios, manifestantes del movimiento Occupy Wall Street, directivos de empresa, negociadores de la ONU, grupos comunitarios, responsables políticos gubernamentales, ONG, académicos y científicos. Gracias a todos, y especialmente gracias a Oxfam por darme de entrada la oportunidad de crear la rosquilla.

Mis magníficos agentes literarios, Maggie Hanbury, Robin Straus y Harriet Poland, me han dado un extraordinario apoyo desde el principio. También estoy profundamente agradecida a mis editores Nigel Wilcockson, de Penguin Random House, y Joni Praded, de Chelsea Green, por sus excelentes y sagaces sugerencias y consejos; a mi correctora, Beth Humphries, y a Rowan Borchers, de Penguin Random House, que ayudó a guiar el recorrido del libro a través de sus distintas fases de producción. Gracias a Joss Saunders, de Oxfam; a Marla Guttman y Laura Crowley, de Reed Smith, y a John Fullerton y Nora Bouhaddada, del Capital Institute, por proporcionarme su experto respaldo y asesoramiento técnicos. Doy especialmente las gracias a Diane Ives y el Fondo Kendeda por apo-

yar tan generosamente este libro y sus ideas: vuestro apoyo ha sido inestimable.

Estoy extremadamente agradecida a Alan Doran, Carl Gombrich,
Andrew Graham, George Monbiot y Garry Peterson por haber leído el
borrador del texto íntegro y por sus excelentes comentarios sobre este.
Vaya también un especial agradecimiento a Richard King por su extraordinario análisis de datos, a Marcia Mihotich por sus hermosos gráficos, y
a Christian Guthier por las icónicas imágenes de la rosquilla.

He recibido sagaces comentarios, ideas y sugerencias para el libro de
muchas personas generosas; entre ellas: Adam Alagiah, Myles Allen, Gra-
ham Bannock, Alex Cobham, Sarah Cornell, Anna Cowen, Ian Fitzpa-
trick, Joss Floyd, Antonio Hill, Erik Gómez-Baggethun, Tony Greenham,
Hugh Griffith, Emily Jones, William Kamkwamba, Finn Lewis, Bernard
Lietaer, Nick Lloyd, Eric Lonergan, André Maia Chagas, George Marshall, Clive Menzies, Forrest Metz, Asher Miller, Tom Murphy, Cathy O'Neill,
Rob Patterson, Joshua Pearce, Johan Rockström, Emma Smith, Niki
Sporrong, Robin Stafford, Will Steffen, Joss Tantram, Ken Webster, Tommy
Wiedmann, Rachel Wilshaw y John Ziniades. Un especial agradecimiento a Janine Benyus, Sam Muirhead y Yuan Yang por las estimulantes con-
versaciones que hemos mantenido con motivo de las entrevistas realizadas
para este libro.

Aprecio enormemente el apoyo que he recibido de numerosos colegas y amigos; entre ellos: Sasha Abramsky, Al-Hassan Adam, Steve Bass,
Sarah Best, Sumi Dhanarajan, Konstantin Dierks, Joshua Farley, Flora
Gathorne-Hardy, Maja Göpel, Alissa Goodman, Duncan Green, Thalia
Kidder, Sarah Knott, Diana Liverman, Ruth Mayne, Eka Morgan, Anna-
lise Moser, Tim O'Riordan, Angelique Orr, Trista Patterson, Pete She-
pherd, Claire Shine, Kitty Stewart, Julia Tilford, Tom Thornton, Katherine Trebeck, Aris Vrettos, Kevin Watkins, Stewart Wallis, Tim Weiskel,
Anders Wijkman y Rebecca Wrigley. En los momentos más difíciles de la
redacción del libro, cinco personas me proporcionaron extraordinarios
consejos: vaya mi más profundo agradecimiento a Phil Bloomer, Alan
Buckley, Jo Confino, Julian Masters y Jo de Waal.

En los años dedicados a explorar el nuevo pensamiento económico
he contado con la inspiración de muchos pensadores, cuyos escritos me
proporcionaron esos momentos «eureka» en los que ya no hay vuelta
atrás: gracias a Michel Bauwens, Eric Beinhocker, John Berger, Janine
Benyus, David Bollier, Ha-Joon Chang, Robert Costanza, Herman Daly,
Diane Elson, Nancy Folbre, John Fullerton, Yann Giraud, Sally Goerner,

Tim Jackson, Steve Keen, Marjorie Kelly, George Lakoff, Bernard Lie-taer, Hunter Lovins, Manfred Max-Neef, Donella Meadows, Mary Me-llor, Elinor Ostrom, Jeremy Rifkin, Johan Rockström, Amartya Sen, Ju-liet Schor, Fritz Schumacher, Will Steffen, John Sterman, Arron Stibbe y Ken Webster.

Estoy profundamente agradecida a mis padres, Jenny y Ricky Raworth, y a mi hermana Sophie, por su inquebrantable apoyo a mis aventuras económicas.

Por último, y sobre todo, doy las gracias a mi compañero en la vida, Roman Krznaric, sin cuyo amor, conversación y colaboración parental nunca habría podido escribir este libro. Y a nuestros hijos, Siri y Cas, que, como todos los niños, merecen prosperar en un siglo XXI seguro y justo.

NOTAS

¿QUIÉN QUIERE SER ECONOMISTA?

1. Autisme-Economie (17 de junio de 2000), «Carta abierta de los estudiantes de economía a los profesores y responsables de la enseñanza de esa disciplina»,* <http://www.autisme-economie.org/article148.html>.

2. Delreal, J. (2011), «Students walk out of Ec 10 in solidarity with "Occupy"», *The Harvard Crimson*, 2 de noviembre de 2011, <http://www.thecrimson.com/article/2011/11/2/mankiw-walkout-economics-10>.

3. International Student Initiative for Pluralism in Economics (2014), «An international student call for pluralism in economics», disponible en <http://www.isipe.net/open-letter>.

4. Harrington, K. (2015), «Jamming the economic high priests at the AEA», 7 de enero de 2015, <http://kickitover.org/jamming-the-economic-high-priests-at-the-aea>.

5. Kick It Over (2015), «Kick It Over Manifesto», <http://kickitover.org/kick-it-over/manifesto>.

6. Roser, M. (2016), *Life Expectancy*, publicado *online* en OurWorldInData.org, consultado en <https://ourworldindata.org/life-expectancy>.

7. PNUD (2015), *Informe sobre Desarrollo Humano 2015*, Nueva York, Naciones Unidas.

8. Programa Mundial de Alimentos (2016), *Hambre*, <http://es.wfp.org/hambre/el-hambre>.

9. Organización Mundial de la Salud (2016), *Reducción de la mortalidad en la niñez*, publicado *online* en <http://www.who.int/mediacentre/factsheets/fs178/es>.

10. OIT (2015), *Tendencias mundiales del empleo juvenil 2015*, Ginebra, OIT, <shttp://www.ilo.org/wcmsp5/groups/public/---dgreports/---dcomm/documents/publication/wcms_412025.pdf>.

* Damos aquí directamente la versión castellana de los textos publicados en Internet que dispongan de ella. (*N. del t.*)

11. Hardoon, D., R. Fuentes y S. Ayele (2016), *Una economía al servicio del 1 %: acabar con los privilegios y la concentración de poder para frenar la desigualdad extrema*, Informe de Oxfam 210, <https://www.oxfam.org/sites/www.oxfam.org/files/file_attachments/bp210-economy-one-percent-tax-havens-180116-es_0.pdf>.

12. Climate Action Tracker (2016), *Climate Action Tracker*, publicado *online* en <http://climateactiontracker.org>.

13. Global Agriculture (2015), *Soil Fertility and Erosion*, publicado *online* en <http://www.globalagriculture.org/report-topics/soil-fertility-and-erosion.html>; y ONU-DAES (2014), *Decenio Internacional para la Acción «El agua fuente de vida», 2005-2015*, publicado *online* en <http://www.un.org/spanish/waterforlifedecade>.

14. FAO (2010), *El estado mundial de la pesca y la acuicultura (SOFIA)*, FAO, Departamento de Pesca y Acuicultura, <http://www.fao.org/fishery/sofia/es>; y Ellen McArthur Foundation (2016), *The New Plastics Economy: rethinking the future of plastics*, publicado *online* en <https://www.ellenmacarthurfoundation.org/publications/the-new-plastics-economy-rethinking-the-future-of-plastics>.

15. United Nations (2015), *World Population Prospects: The 2015 Revision*, Nueva York, Naciones Unidas, pág. 1.

16. PwC (2015), *The World in 2050: Will the shift in global economic power continue?*, publicado *online* en <https://www.pwc.com/gx/en/issues/the-economy/assets/world-in-2050-february-2015.pdf>.

17. OECD Observer (2015), *An Emerging Middle Class*, publicado *online* en <http://www.oecdobserver.org/news/fullstory.php/aid/3681/An_emerging_middle_class.html>.

18. Michaels, F. S. (2011), *Monoculture: How One Story Is Changing Everything*, Canadá, Red Clover Press, págs. 9 y 131.

19. Keynes, J. M. (1961), *The General Theory of Employment, Interest and Money*, Londres, Macmillan, pág. 383 (trad. cast.: *Teoría general de la ocupación, el interés y el dinero*, Madrid, Fondo de Cultura Económica, 2006).

20. Friedrich von Hayek (10 de diciembre de 1974), «Friedrich von Hayek», discurso del banquete de celebración del Premio Nobel, Fundación Nobel, <http://www.nobelprize.org/nobel_prizes/economic-sciences/laureates/1974/hayek-speech.html>.

21. Brander, L. y K. Schuyt (2010), «Benefits transfer: the economic value of the world's wetlands», disponible en TEEBweb.org; y Centre for Food Security (2015), «Sustainable pollination services for UK crops», Universidad de Reading, disponible en <https://www.reading.ac.uk/web/FILES/food-security/CFS_Case_Studies_-_Sustainable_Pollination_Services.pdf>.

22. Toffler, A. (1970), *Future Shock*, Londres, Pan Books, págs. 374-375 (trad. cast.: *El shock del futuro,* Barcelona, Gustavo Gili, 2016).

23. Berger, J. (1972), *Ways of Seeing*, Londres, Penguin, pág. 7 (trad. cast.: *Modos de ver*, Barcelona, Plaza & Janés, 1970).

24. Thorpe, S., D. Fize y C. Marlot (6 de junio de 1996), «Speed of processing in the human visual system», *Nature,* vol. 381, págs. 520-522.

25. Kringelbach, M. (2008), *The Pleasure Center: Trust Your Animal Instincts*, Oxford, Oxford University Press, págs. 86-87.

26. Burmark, L. (s. f.), *Why Visual Literacy?*, Burmark Handouts, disponible en <http://tcpd.org/Burmark/Handouts/WhyVisualLit.html>.

27. Rodríguez, L. y D. Dimitrova (2011), «The levels of visual framing», *Journal of Visual Literacy,* vol. 30, n.º 1, págs. 48-65.

28. Christianson, S. (2012), *100 Diagrams That Changed the World*, Londres, Salamander Books.

29. Marshall, A. (1890), *Principles of Economics*, Londres, Marshall, Prefacio, págs. 10 y 11, <http://www.econlib.org/library/Marshall/marP0.html#Preface>.

30. Parker, R. (2002), *Reflections on the Great Depression*, Cheltenham, Edward Elgar, pág. 25.

31. Samuelson, P. (1997), «Credo of a lucky textbook author», *Journal of Economic Perspectives*, vol. 11, n.º 2, págs. 153-160.

32. Samuelson, P. (1948), *Economics: An Introductory Analysis*, 1.ª ed., Nueva York, McGraw-Hill, pág. 264, citado en Giraud, Y. (2010), «The changing place of visual representation in economics: Paul Samuelson between principle and strategy, 1941-1955», *Journal of the History of Economic Thought*, vol. 32, n.º 2, págs. 1-23 (trad. cast. más reciente: Samuelson, P., *Economía*, 19.ª ed., Madrid, McGraw-Hill, 2010).

33. Frost, G. (2009), «Nobel-winning economist Paul A. Samuelson dies at age 94», MIT News, 13 de diciembre de 2009, <http://newsoffice.mit.edu/2009/obit-samuelson-1213>.

34. Samuelson, P., «Foreword», en Saunders, P. y W. Walstad, *The Principles of Economics Course: A Handbook for Instructors*, Nueva York, McGraw Hill, 1990, pág. ix.

35. Schumpeter, J. (1954), *History of Economic Analysis*, Londres, Allen & Unwin, pág. 41 (trad. cast.: *Historia del análisis económico*, Barcelona, Ariel, 2015).

36. Kuhn, T. (1962), *The Structure of Scientific Revolutions*, Londres, University of Chicago Press, pág. 46 (trad. cast.: *La estructura de las revoluciones científicas*, Madrid, Fondo de Cultura Económica, 2013).

37. Goffmann, E. (1974), *Frame Analysis: An Essay on the Organization of Experience*, Nueva York, Harper & Row (trad. cast.: *Frame analysis: los marcos de la experiencia*, Madrid, Centro de Investigaciones Sociológicas, 2006).

38. Keynes, J. M. (1961), *The General Theory of Employment, Interest and Money*, Londres, Macmillan & Co., pág. VIII.

39. Box, G. y N. Draper (1987), *Empirical Model Building and Response Surfaces*, Nueva York, John Wiley & Sons, pág. 424.

40. Lakoff, G. (2014), *The All New Don't Think of an Elephant*, White River Junction (VT), Chelsea Green (trad. cast. de una ed. anterior: *No pienses en un elefante*, Barcelona, Península, 2017).

41. Tax Justice Network, <www.taxjustice.net>; y Global Alliance for Tax Justice, <www.globaltaxjustice.org>.

1. Cambiar de objetivo

1. «G20 summit: leaders pledge to grow their economies by 2.1 %», BBC News, 16 de noviembre de 2014, disponible en <http://www.bbc.co.uk/news/world-australia-30072674>.

2. «EU "unhappy" climate change is off G20 agenda», *The Australian*, 3 de abril de 2014, disponible en <http://www.theaustralian.com.au/national-affairs/climate/eu-unhappy-climate-change-is-off-g20-agenda/story-e6frg6xf-1226873127864>.

3. Steuart, J. (1767), *An Inquiry into the Principles of Political Economy*, <https://www.marxists.org/reference/subject/economics/steuart>.

4. Smith, A. (1776), *An Inquiry into the Nature and Causes of the Wealth of Nations*, libro 4 (trad. cast.: *Una investigación sobre la naturaleza y causas de la riqueza de las naciones*, Madrid, Tecnos, 2009).

5. Mill, J. S. (1844), «On the definition of political economy», en *Essays on Some Unsettled Questions of Political Economy*, <http://www.econlib.org/library/Mill/mlUQP5.html> (trad. cast.: *Ensayos sobre algunas cuestiones disputadas en economía política*, Madrid, Alianza, 1997).

6. Spiegel, H. W. (1987), «Jacob Viner (1892-1970)», en J. Eatwell, M. Milgate y P. Newman (comps.) (1987), *The New Palgrave: A Dictionary of Economics*, vol. IV, Londres, Macmillan, págs. 812-814.

7. Robbins, L. (1932), *Essay on The Nature and Significance of Economic Science*, Londres, Macmillan.

8. Mankiw, G. (2012), *Principles of Economics*, 6.ª ed., Delhi, Cengage Learning (trad. cast.: *Principios de economía*, Madrid, Paraninfo, 2012).

9. Lipsey, R. (1989), *An Introduction to Positive Economics*, Londres, Weidenfeld & Nicolson, pág. 140 (trad. cast.: *Introducción a la economía positiva*, Barcelona, Vicens-Vives, 1996); y Begg, D. *et al.* (1987), *Economics*, Maidenhead, McGraw-Hill, pág. 90 (trad. cast.: *Economía*, Madrid, McGraw-Hill, 2006).

10. Fioramenti, L. (2013), *Gross Domestic Product: The Politics Behind the World's Most Powerful Number*, Londres, Zed Books, págs. 29-30.

11. Arndt, H. (1978), *The Rise and Fall of Economic Growth*, Chicago, University of Chicago Press, pág. 56.

12. Convención de 1961 de la OCDE, artículo 1(a).

13. Lakoff, G. y M. Johnson (1980), *Metaphors We Live By*, Chicago, University of Chicago Press, págs. 14-24 (trad. cast.: *Metáforas de la vida cotidiana*, Madrid, Cátedra, 2017).

14. Samuelson, P. (1964), *Economics*, 6.ª ed., Nueva York, McGraw-Hill, citado en Arndt, H. (1978), *The Rise and Fall of Economic Growth*, Chicago, University of Chicago Press, pág. 75.

15. Kuznets, S. (1934), *National Income 1929-1932*, 73º Congreso de Estados Unidos, 2.ª sesión, documento del Senado n.º 124 (7).

16. Meadows, D. (1999), «Sustainable Systems», conferencia pronunciada en la Universidad de Michigan, 18 de marzo de 1999, <https://www.youtube.com/watch?v=HMmChiLZZHg>.

17. Kuznets, S. (1962), «How to judge quality», en Croly, H. (comp.), *The New Republic*, vol. 147, n.º 16, pág. 29.

18. Ruskin, J. (1860), *Unto This Last*, ensayo IV, «Ad valorem», sección 77.

19. Schumacher, E. F. (1973), *Small Is Beautiful*, Londres, Blond & Briggs (trad. cast.: *Lo pequeño es hermoso*, Madrid, Akal, 2011); y Max-Neef, M. (1991), *Human Scale Development*, Nueva York, Apex Press (trad. cast.: *Desarrollo a escala humana*, Barcelona, Icaria, 1994).

20. Shaikh, N. (2004), *Amartya Sen: A More Human Theory of Development*, Asia Society, disponible en <http://asiasociety.org/amartya-sen-more-human-theory-development>.

21. Sen, A. (1999), *Development as Freedom*, Nueva York, Alfred A. Knopf, pág. 285 (trad. cast.: *Desarrollo y libertad*, Barcelona, Planeta, 2000).

22. Stiglitz, J. E., A. Sen y J.-P. Fitoussi (2009), *Informe de la Comisión sobre la Medición del Desarrollo Económico y del Progreso Social*, París, <http://www.palermo.edu/Archivos_content/2015/derecho/pobreza_multidimensional/bibliografia/Biblio_adic5.pdf>.

23. Naciones Unidas (2015), Objetivos de Desarrollo Sostenible, disponible en <http://www.undp.org/content/undp/es/home/sustainable-development-goals.html>.

24. Steffen, W. *et al.* (2015), «The trajectory of the Anthropocene: the Great Acceleration», *Anthropocene Review*, vol. 2, n.º 1, págs. 81-98.

25. International Geosphere-Biosphere Programme (2015), «Planetary dashboard shows "Great Acceleration" in human activity since 1950», nota de prensa, 15 de enero de 2015, disponible en <http://www.igbp.net/news/pressre leases/pressreleases/planetarydashboardshowsgreataccelerationinhumanactivi tysince1950.5.950c2fa1495db7081eb42.html>.

26. Este gráfico está adaptado de Young, O. R. y W. Steffen (2009), «The Earth System: sustaining planetary life-support systems», en F. S. Chapin, G. P. Kofinas y C. Folke, C. (comps.), *Principles of Ecosystem Stewardship: Resilience-Based Natural Resource Management in a Changing World*, Nueva York, Springer, págs. 295-315.

27. Diamond, J. (2002), «Evolution, consequences and future of plant and animal domestication», *Nature,* 418, págs. 700-707.

28. Berger, A. y M. F. Loutre (2002), «An exceptionally long interglacial ahead?», *Science,* vol. 297, pág. 1.287.

29. Steffen, W. *et al.* (2011), «The Anthropocene: from global change to planetary stewardship», *AMBIO*, vol. 40, págs. 739-761.

30. Rockström, J., *et al.* (2009), «A safe operating space for humanity», *Nature*, vol. 461, pàgs. 472-475; y Steffen W., *et al.* (2015b), «Planetary boundaries: guiding human development on a changing planet», *Science*, vol. 347, n.° 6.223.

31. Folke, C. *et al.* (2011), «Reconnecting to the biosphere», *AMBIO*, vol. 40, pág. 719.

32. WWF (2014), *Informe Planeta Vivo 2014*, <http://awsassets.wwf.es/ downloads/ipv_resumen_2014__1.pdf>.

33. Comunicación personal con Katherine Richardson, 10 de mayo de 2016.

34. Heilbroner, R. (1970), «Ecological Armageddon», *New York Review of Books*, 23 de abril, <http://www.nybooks.com/articles/archives/1970/apr/23/ ecological-armageddon>.

35. Ward, B. y R. Dubos (1973), *Only One Earth*, Londres, Penguin Books.

36. Friends of the Earth (1990), «Action plan for a sustainable Netherlands», disponible en <http://www.iisd.ca/consume/fjeld.html>.

37. Gudynas, E. (2011), «Buen Vivir: today's tomorrow», *Development,* vol. 54, n.º 4, págs. 441-447, <http://www.palgrave-journals.com/development/jour nal/v54/n4/full/dev201186a.html>.

38. Gobierno de Ecuador (2008), Constitución de Ecuador, artículo 71, <http://www.asambleanacional.gob.ec/documentos/constitucion_de_bolsillo. pdf>.

39. Rockström, J., *The Great Acceleration,* clase 3 en el curso *online* Plane-

tary Boundaries and Human Opportunities, <https://www.sdsnedu.org/learn/planetary-boundaries-and-human-opportunities-fall-2014>.

40. Sayers, M. y K. Trebeck (2014), *The Scottish Doughnut: a safe and just operating space for Scotland*, Oxford, Oxfam GB; Sayers, M. (2015), *The Welsh Doughnut: a framework for environmental sustainability and social justice*, Oxford, Oxfam GB; Sayers, M. (2015), *The UK Doughnut: a framework for environmental sustainability and social justice*, Oxford, Oxfam GB; y Cole, M. (2015), *Is South Africa Operating in a Safe and Just Space? Using the doughnut model to explore environmental sustainability and social justice*, Oxford, Oxfam GB.

41. Dearing, J. *et al.* (2014), «Safe and just operating spaces for regional social-ecological systems», *Global Environmental Change*, vol. 28, págs. 227-238.

42. City Think Space (2012), *Kokstad & Franklin Integrated Sustainable Development Plan* (15), disponible en <https://issuu.com/city_think_space/docs/kisdp_final_report>.

43. Dorling, D. (2013), *Population 10 Billion*, Londres, Constable, págs. 303-308.

44. Chancel, L. y T. Piketty (2015), *Carbon and Inequality: From Kyoto to Paris*, París, Paris School of Economics.

45. Institute of Mechanical Engineers (2013), *Global Food: Waste Not, Want Not*, Londres, Institute of Mechanical Engineers, <https://www.imeche.org/policy-and-press/reports/detail/global-food-waste-not-want-not>.

46. Jackson, T. (2010), «La llamada al realismo económico de Tim Jackson, disponible en <https://www.ted.com/talks/tim_jackson_s_economic_reality_check/transcript?language=es>.

47. Secretaría del Convenio sobre la Diversidad Biológica (2012), *Perspectiva de las ciudades y la diversidad biológica*, disponible en <https://www.cbd.int/authorities/doc/cbo-1/cbd-cbo1-summary-sp-f-web.pdf>.

2. VER EL PANORAMA GENERAL

1. Palfrey, S. y T. Stern (2007), *Shakespeare in Parts*, Oxford, Oxford University Press.

2. Shakespeare, W. (1623), *Mr William Shakespeares comedies, histories and tragedies*, First Folio, disponible en <http://firstfolio.bodleian.ox.ac.uk>, pág. 19.

3. Harford, T. (2013), *The Undercover Economist Strikes Back*, Londres, Little, Brown, págs. 8-14 (trad. cast.: *El economista camuflado ataca de nuevo*, Barcelona, Conecta, 2014).

4. Sterman, J. D. (2002), «All models are wrong: reflections on becoming a systems scientist», *System Dynamics Review*, vol. 18, n.º 4, pág. 513.

5. Sitio web de la Sociedad Mont Pelerin, <https://www.montpelerin.org>.

6. Stedman Jones, D. (2012), *Masters of the Universe: Hayek, Friedman and the Birth of Neoliberal Politics*, Woodstock, Princeton University Press, págs. 8-9.

7. Klein, N. (2007), *The Shock Doctrine*, Londres, Penguin.

8. Smith, A. (1776), *An Inquiry into the Nature and Causes of the Wealth of Nations*, libro 1, capítulo 2, disponible en <http://geolib.com/smith.adam/won1-02.html> (trad. cast.: *Una investigación sobre la naturaleza y causas de la riqueza de las naciones*, Madrid, Tecnos, 2009).

9. Fama, E. (1970), «Efficient capital markets: a review of theory and empirical work», *Journal of Finance*, vol. 25, n.º 2, págs. 383-417.

10. Ricardo, D. (1817), *On the Principles of Political Economy and Taxation*, en Piero Sraffa (comp.), *Works and Correspondence of David Ricardo*, vol. I, Cambridge, Cambridge University Press, 1951, pág. 135 (trad. cast.: *Principios de economía política y tributación*, Madrid, Pirámide, 2003).

11. Friedman, M. (1962), *Capitalism and Freedom*, Chicago, University of Chicago Press (trad. cast.: *Capitalismo y libertad*, Madrid, Síntesis, 2012).

12. Hardin, G. (1968), «The tragedy of the commons», *Science*, vol. 162, n.º 3.859.

13. Entrevista de Douglas Keay a Margaret Thatcher, *Woman's Own*, 23 de septiembre de 1987, <http://www.margaretthatcher.org/document/106689>.

14. Simon, J. y H. Kahn (1984), *The Resourceful Earth: a response to Global 2000*, Oxford, Basil Blackwell.

15. Friedman, M. (1978), «The Role of Government in a Free Society», conferencia pronunciada en la Universidad de Stanford, disponible en <https://www.youtube.com/watch?v=jMzfP3Y4z3Y>.

16. Diagrama inspirado en Daly, H. (1996), *Beyond Growth*, Boston, Beacon Press, pág. 46; Bauwens, M. (2014), «Commons Transition Plan», disponible en <http://p2pfoundation.net/Commons_Transition_Plan>; y Goodwin, N. *et al.* (2009), *Microeconomics in Context*, Nueva York, Routledge, págs. 350-359.

17. Ricardo, D. (1817), *On the Principles of Political Economy and Taxation*, cap. 2, <http://www.econlib.org/library/Ricardo/ricP.html>.

18. Schabas, M. (1995), «John Stuart Mill and concepts of nature», *Dialogue*, vol. 34, n.º 3, pág. 452.

19. Gaffney, M. y F. Harrison (1994), *The Corruption of Economics*, Londres, Shepheard-Walwyn.

20. Wolf, M. (2010), «Why were resources expunged from neo-classical eco-

nomics?», *Financial Times*, 12 de julio de 2010, <http://blogs.ft.com/martin-wolf-exchange/tag/resources>.

21. Green, T. (2012), «Introductory economics textbooks: what do they teach about sustainability?», *International Journal of Pluralism and Economics Education*, vol. 3, n.° 2, págs. 189-223.

22. Daly, H. y J. Farley (2011), *Ecological Economics*, Washington, Island Press, pág. 16.

23. Daly, H. (1990), «Toward some operational principles of sustainable development», *Ecological Economics*, vol. 2, págs. 1-6.

24. IPCC (2013), *Climate Change 2013: The Physical Science Basis. Contributions of Working Group I to the Fifth Assessment Report of the Intergovernmental Panel on Climate Change*, Cambridge, Cambridge University Press.

25. Putnam, R. (2000), *Bowling Alone: The Collapse and Revival of American Community*, Nueva York, Simon & Schuster, pág. 19 (trad. cast.: *Solo en la bolera: colapso y resurgimiento de la comunidad norteamericana*, Barcelona, Galaxia Gutenberg, 2002).

26. Putnam, R. (2000), *Bowling Alone*, pág. 290.

27. «"Election day will not be enough", an interview with Howard Zinn by J. Lee and J. Tarleton», *The Independent*, 14 de noviembre de 2008, disponible en <http://howardzinn.org/election-day-will-not-be-enough-an-interview-with-howard-zinn>.

28. Marçal, K. (2015), *Who Cooked Adam Smith's Dinner?*, Londres, Portobello (trad. cast.: *¿Quién le hacía la cena a Adam Smith?,* Barcelona, Debate, 2016).

29. Folbre, N. (1994), *Who Pays for the Kids?*, Londres, Routledge.

30. Coote, A. y N.Goodwin (2010), *The Great Transition: Social Justice and the Core Economy*, NEF working paper 1, Londres, New Economics Foundation.

31. Coote, A. y J. Franklin (2013), *Time On Our Side: Why We All Need a Shorter Working Week*, Londres, New Economics Foundation.

32. Toffler, A. (1998), «Life Matters», entrevista de Norman Swann, Australian Broadcasting Corporation, 5 de marzo de 1998, <http://www.ghandchi.com/ iranscope/Anthology/Alvin_Toffler98.htm>.

33. Razavi, S. (2007), *The Political and Social Economy of Care in a Development Context*, Gender and Development Programme Paper n.° 3, Ginebra, Instituto de Investigaciones de las Naciones Unidas para el Desarrollo Social, <http://www.unrisd.org/80256B3C005BCCF9/%28httpAuxPages%29/2DBE6A93350A7783C12573240036D5A0/$file/Razavi-paper.pdf>.

34. Salary.com (2014), «2014 Mother's Day Infographics», <http://www.salary.com/2014-mothers-day-infographics>.

35. Falth, A. y M. Blackden (2009), *El trabajo de cuidados no remunerado*, Nota de Políticas, Igualdad de Género y Reducción de la Pobreza n.º 01, Nueva York, PNUD, disponible en <http://www.undp.org/content/dam/undp/library/gender/Gender%20and%20Poverty%20Reduction/Unpaid%20care%20work%20Spanish.pdf>.

36. Chang, H. J. (2010), *23 Things They Don't Tell You About Capitalism*, Londres, Allen Lane, pág. 1 (trad. cast.: *23 cosas que no te cuentan sobre el capitalismo*, Barcelona, Debate, 2012).

37. Block, F. y M. Somers (2014), *The Power of Market Fundamentalism: Karl Polanyi's critique*, Londres, Harvard University Press, págs. 20-21.

38. Ostrom, E. (1999), «Coping with tragedies of the commons», *Annual Review of Political Science,* vol. 2, págs. 493-535.

39. Rifkin, J. (2014), *The Zero Marginal Cost Society*, Nueva York, Palgrave Macmillan, pág. 4 (trad. cast.: *La sociedad de coste marginal cero*, Barcelona, Paidós, 2014).

40. «The Role of Government in a Free Society», Milton Friedman Speaks, conferencia 4, Universidad de Stanford, 1978, disponible en <https://www.you tube.com/watch?v=LucOUSpTB3Y>.

41. Samuelson, P. (1980), *Economics*, 11.ª ed., Nueva York, McGraw-Hill, pág. 592.

42. Mazzucato, M. (2013), *The Entrepreneurial State*, Londres, Anthem Press (trad. cast.: *El Estado emprendedor*, Barcelona, RBA, 2014).

43. Chang, H. J. (2010), *23 Things They Don't Tell You About Capitalism*, Londres, Allen Lane, pág. 136.

44. Acemoglu, D., y Robinson, J. (2013), *Why Nations Fail: The Origins of Power, Prosperity and Poverty*, Londres, Profile Books (trad. cast.: *Por qué fracasan los países: los orígenes del poder, la prosperidad y la pobreza*, Barcelona, Deusto, 2016).

45. Goodman, P. (2008), «Taking a hard new look at Greenspan legacy», *New York Times*, 8 de octubre de 2008, <http://www.nytimes.com/2008/10/09/business/economy/09greenspan.html?pagewanted=all>.

46. Raworth, K. (2002), *Más por menos: El trabajo precario de las mujeres en las cadenas de producción globalizadas*, <http://www.oxfamintermon.org/sites/default/files/documentos/files/0_2996_090204_mas_por_menos.pdf>.

47. Chang, H. J. (2010), *23 Things They Don't Tell You About Capitalism*, Londres, Allen Lane.

48. Ferguson, T. (1995), *Golden Rule: The Investment Theory of Party Competition and the Logic of Money-Driven Political Systems*, Londres, University of Chicago Press, pág. 8.

49. BBC News, 2 de abril de 2014, «US Supreme Court strikes down overall donor limits», <http://www.bbc.co.uk/news/world-us-canada-26855657>.

50. Hernández, J. (2015), «El nuevo derecho corporativo global», en *Estado del poder 2015*, Amsterdam, Transnational Institute, <https://www.tni.org/files/down load/01_tni_estado_del_poder_2015_el_nuevo_derecho_corporativo_global.pdf>.

3. Cultivar la naturaleza humana

1. Morgan, M. (2012), *The World in the Model*, Cambridge, Cambridge University Press, págs. 157-167.

2. Smith, A. (1776), *An Inquiry into the Nature and Causes of the Wealth of Nations*, libro 1, capítulos 2.1 y 2.2., reed. 1994, Nueva York, Modern Library (trad. cast.: *Una investigación sobre la naturaleza y causas de la riqueza de las naciones*, Madrid, Tecnos, 2009).

3. Smith, A. (1759), *The Theory of Moral Sentiments*, parte I, sección 1, capítulo 1, disponible en <http://www.econlib.org/library/Smith/smMS.html> (trad. cast.: *La teoría de los sentimientos morales*, Madrid, Alianza, 2013).

4. Mill, J. S. (1844), *Essays on Some Unsettled Questions of Political Economy*, V. 38 y V. 46, <www.econlib.org/library/Mill/mlUQP5.html#Essay>, V. «On the Definition of Political Economy» (trad. cast.: *Ensayos sobre algunas cuestiones disputadas en economía política*, Madrid, Alianza, 1997).

5. Devas, C. S. (1883), *Groundwork of Economics*, Longmans, Green and Company, págs. 27 y 43.

6. Jevons, W.S. (1871), *The Theory of Political Economy* (III.47), <http://www.econlib.org/library/YPDBooks/Jevons/jvnPE.html> (trad. cast.: *La teoría de la economía política*, Madrid, Pirámide, 1998).

7. Morgan, M. (2012), *The World in the Model*, Cambridge, Cambridge University Press, págs. 145-147.

8. Marshall, A. (1890), *Principles of Economics*, libro 3, capítulo 2.1., <http://fileslibertyfund.org/files/1676/Marshall_0197_EBk_v6.0.pdf> (trad. cast.: *Principios de economía*, Madrid, Síntesis, 2006).

9. Knight, F. (1999), *Selected Essays by Frank H. Knight,* vol. 2, Chicago, University of Chicago Press, pág. 18.

10. Friedman, M. (1966), *Essays in Positive Economics*, Chicago, University of Chicago Press, pág. 40 (trad. cast.: *Ensayos sobre economía positiva*, Madrid, Gredos, 1967).

11. Morgan, M. (2012), *The World in the Model*, Cambridge, Cambridge University Press, pág. 157.

12. Frank, B. y G. G. Schulze (2000), «Does economics make citizens corrupt?», *Journal of Economic Behavior and Organization,* vol. 43, págs. 101-113.

13. Frank, R., T. Gilovich y D. Regan (1993), «Does studying economics inhibit cooperation?», *Journal of Economic Perspectives,* vol. 7, n.º 2, págs. 159-171; y Wang, L., D. Malhotra y K. Murnighan (2011), «Economics Education and Greed», *Academy of Management Learning and Education*, vol. 10, n.º 4, págs. 643-660.

14. Frank, R., T. Gilovich y T. Regan (1993), «Does studying economics inhibit cooperation?», *Journal of Economic Perspectives,* vol. 7, n.º 2, págs. 159-171.

15. Frank, R. (1988), *Passions within Reason*, Nueva York, W. W. Norton, pág. xi.

16. MacKenzie, D. y Y. Millo (2003), «Constructing a market, performing theory: the historical sociology of a financial derivatives exchange», *American Journal of Sociology,* vol. 109, n.º 1, citado en F. Ferraro, J. Pfeffer y R. Sutton (2005), «Economics language and assumptions: how theories can become self-fulfilling», *Academy of Management Review,* vol. 30, n.º 1, págs. 8-24.

17. Molinsky, A., R. Grant y J. Margolis (2012), «The bedside manner of homo economicus: how and why priming an economic schema reduces compassion», *Organizational Behavior and Human Decision Processes,* vol. 119, n.º 1, págs. 27-37.

18. Bauer, M. *et al.* (2012), «Cuing consumerism: situational materialism undermines personal and social well-being», *Psychological Science,* vol. 23, págs. 517-523.

19. Shrubsole, G. (2012), «Consumers outstrip citizens in the British media», *Open Democracy UK*, 5 de marzo de 2012.

20. Lewis, J. *et al.* (2005), *Citizens or Consumers? What the Media Tell Us About Political Participation*, citado en Shrubsole, G. (2012), «Consumers outstrip citizens in the British media», *Open Democracy UK*, 5 de marzo de 2012.

21. Henrich, J., S. Heine y A. Norenzayan (2010), «The weirdest people in the world?», *Behavioural and Brain Sciences,* vol. 33, n.º 2-3, págs. 61-83.

22. Jensen, K., A. Vaish y M. Schmidt (2014), «The emergence of human prosociality: aligning with others through feelings, concerns, and norms», *Frontiers in Psychology,* vol. 5, pág. 822, <http://journal.frontiersin.org/article/10.3389/fpsyg.2014.00822/full>.

23. Bowles, S. y H. Gintis (2011), *A Cooperative Species: Human Reciprocity and Its Evolution*, Princeton (NJ), Princeton University Press, pág. 20.

24. Helbing, D. (2013), «Economics 2.0: the natural step towards a self-regulating, participatory market society», *Evolutionary and Institutional Economics Review*, vol. 10, n.º 1, págs. 3-41.

25. Kagel, J. y A. Roth (1995), *The Handbook of Experimental Economics,*

Princeton (NJ), Princeton University Press, págs. 253-348, citado en Beinhocker, E. (2007), *The Origin of Wealth*, Londres, Random House, pág. 120.

26. Henrich, J. *et al.* (2001), «In search of Homo Economicus: behavioral experiments in 15 small-scale societies», *Economics and Social Behavior*, vol. 91, n.º 2, págs. 73-78.

27. Bernays, E. (2005), *Propaganda*, Nueva York, Ig Publishing, págs. 37-38 (trad. cast.: *Propaganda*, Barcelona, Melusina, 2008).

28. Vídeo-entrevista a Edward L. Bernays en la sede de Beech-Nut Packing Co., disponible en <https://www.youtube.com/watch?v=6vFz_FgGvJI>, y en «Torches of Freedom», disponible en <https://www.youtube.com/watch?v=6pyyP2chM8k>.

29. Ryan, R. y A. Deci (1999), «Intrinsic and extrinsic motivations: classic definitions and new directions», *Contemporary Educational Psychology,* vol. 25, págs. 54-67.

30. Schwartz, S. (1994), «Are there universal aspects in the structure and content of human values?», *Journal of Social Issues,* vol. 50, n.º 4, págs. 19-45.

31. Veblen, T. (1898), «Why is economics not an evolutionary science?», *Quarterly Journal of Economics,* vol. 12, n.º 4, págs. 373-397.

32. Salganik, M., P. Sheridan Dodds y D. Watts (2006), «Experimental study of inequality and unpredictability in an Artificial Cultural Market», *Science*, vol. 311, pág. 854.

33. Ormerod, P. (2012), «Networks and the need for a new approach to policymaking», en T. Dolphin y D. Nash (comps.), *Complex New World*, Londres, IPPR, págs. 28-29.

34. Stiglitz, J. (2011), «Of the 1 %, for the 1 %, by the 1 %», *Vanity Fair*, mayo, <http://www.vanityfair.com/news/2011/05/top-one-percent-201105>.

35. Ormerod, P. (2012), «Networks and the need for a new approach to policymaking», en T. Dolphin y D. Nash (comps.), *Complex New World*, Londres, IPPR, pág. 30.

36. Wikipedia (2016), *Anexo: Sesgos cognitivos*, <https://es.wikipedia.org/wiki/Anexo:Sesgos_cognitivos>.

37. Thaler, R. y C. Sunstein (2009), *Nudge: Improving Decisions About Health, Wealth and Happiness*, Londres, Penguin, pág. 6 (trad. cast.: *Un pequeño empujón («nudge»), el impulso que necesitas para tomar las mejores decisiones en salud, dinero y felicidad*, Madrid, Taurus, 2009).

38. Marewzki, J. y G. Gigerenzer (2012), «Heuristic decision making in medicine», *Dialogues in Clinical Neuroscience*, vol. 14, n.º 1, págs. 77-89.

39. *The Economist* (2014), «Q&A: Gerd Gigerenezer», 28 de mayo de 2014, <http://www.economist.com/blogs/prospero/2014/05/qa-gerd-gigerenzer>.

40. Bacon, F. (1620), *Novum Organon*, CXXIX, disponible en <http://www.constitution.org/bacon/nov_org.htm> (trad. cast.: *Novum Organon*, Barcelona, Orbis, 1985).

41. Leopold, A. (1989), *A Sand County Almanac*, Nueva York, Oxford University Press, pág. 204.

42. Scharmer, O. (2013), «From ego-system to eco-system economies», *Open Democracy*, 23 de septiembre de 2013, <https://www.opendemocracy.net/transformation/otto-scharmer/from-ego-system-to-eco-system-economies>.

43. Henrich, J., S. Heine y A. Norenzayan (2010), «The weirdest people in the world?», *Behavioural and Brain Sciences,* vol. 33, n.º 2-3, págs. 61-83.

44. Arendt, H. (1973), *The Origins of Totalitarianism*, Nueva York, Harcourt Brace Jovanovich, pág. 287 (trad. cast.: *Los orígenes del totalitarismo*, Madrid, Alianza, 2006).

45. Discurso de la ceremonia de graduación pronunciado por el jefe Oren Lyons, Berkeley College of Natural Resources, 22 de mayo de 2005, disponible en <https://nature.berkeley.edu/news/2005/05/fall-2005-commencement-address-chief-oren-lyons>.

46. Eisenstein, C. (2011), *Sacred Economics: Money, Gift and Society in the Age of Transition*, Berkeley, Evolver Books, pág. 159.

47. Primer discurso de Jo Cox en el Parlamento británico, 3 de junio de 2015, Parliament TV, disponible en <www.theguardian.com/politics/video/2016/jun/16/labour-mp-jo-cox-maiden-speech-parliament-video>.

48. Winter, C. (2014), «Germany reaches new levels of greendom, gets 31 percent of its electricity from renewables», *Newsweek,* 14 de agosto de 2014, <http://www.bloomberg.com/news/articles/2014-08-14/germany-reaches-new-levels-of-greendom-gets-31-percent-of-its-electricity-from-renewables>.

49. Titmuss, R. (1971), *The Gift Relationship: From Human Blood to Social Policy*, Nueva York, Pantheon Books.

50. Barrera-Osorio, F. *et al.* (2011), «Improving the design of conditional transfer programs: evidence from a randomized education experiment in Colombia», *American Economic Journal: Applied Economics*, vol. 3, n.º 2, págs. 167-195.

51. Sandel, M. (2012), *What Money Can't Buy: The Moral Limits of Markets*, Londres, Allen Lane (trad. cast.: *Lo que el dinero no puede comprar*, Barcelona, Debate, 2013).

52. Gneezy, U., y Rustichini, A. (2000), «A fine is a price», *Journal of Legal Studies*, vol. 29, págs. 1-17.

53. Sandel, M. (2012), *What Money Can't Buy: The Moral Limits of Markets*, Londres, Allen Lane.

54. Bauer, M. *et al.* (2012), «Cueing consumerism: situational materialism undermines personal and social well-being», *Psychological Science,* vol. 23, n.º 517.

55. Kerr, J. *et al.* (2012), «Prosocial behavior and incentives: evidence from field experiments in rural Mexico and Tanzania», *Ecological Economics,* vol. 73, págs. 220-227.

56. García-Amado, L. R., M. Ruiz Pérez y S. Barrasa García (2013), «Motivation for conservation: assessing integrated conservation and development projects and payments for environmental services in La Sepultura Biosphere Reserve, Chiapas, Mexico», *Ecological Economics,* vol. 89, págs. 92-100.

57. Rode, J., E. Gómez-Baggethun y T. Krause (2015), «Motivation crowding by economic incentives in conservation policy: a review of the empirical evidence», *Ecological Economics,* vol. 117, págs. 270-282.

58. Wald, D. *et al.* (2014), «Randomized trial of text messaging on adherence to cardiovascular preventive treatment», *Plos ONE,* vol. 9, pág. 12.

59. Pop-Eleches, C. *et al.* (2011), «Mobile phone technologies improve adherence to antiretroviral treatment in resource-limited settings: a randomized controlled trial of text message reminders», *AIDS,* vol. 25, n.º 6, págs. 825-834.

60. iNudgeyou (2012), «Green nudge: nudging litter into the bin», 16 de febrero de 2012, <http://inudgeyou.com/archives/819>; y Webster, G. (2012), «Is a "nudge" in the right direction all we need to be greener?», CNN, 15 de febrero de 2012, <http://edition.cnn.com/2012/02/08/tech/innovation/green-nudge-environment-persuasion/index.html>.

61. Ayers, J. *et al.* (2013), «Do celebrity cancer diagnoses promote primary cancer prevention?», *Preventive Medicine,* vol. 58, págs. 81-84.

62. Beaman, L. *et al.* (2012), «Female leadership raises aspirations and educations attainment for girls: a policy experiment in India», *Science,* vol. 335, n.º 6.068, págs. 582-586.

63. Bolderdijk, J. *et al.* (2012), «Comparing the effectiveness of monetary versus moral motives in environmental campaigning», *Nature Climate Change,* vol. 3, págs. 413-416.

64. Bjorkman, M. y J. Svensson (2009), «Power to the people: evidence from a randomized field experiment on community-based monitoring in Uganda», *Quarterly Journal of Economics,* vol. 124, n.º 2, págs. 735-769.

65. Crompton, T. y T. Kasser (2009), *Meeting Environmental Challenges: The Role of Human Identity*, Godalming (Surrey), WWF, <http://assets.wwf. org.uk/downloads/meeting_environmental_challengesthe_role_of_human_identity.pdf>.

66. Montgomery, S. (2015), *The Soul of an Octopus*, Londres, Simon & Schuster.

4. Aprender a dominar los sistemas

1. Jevons, S. (1871), *The Theory of Political Economy* (VII), <http://www.econlib.org/library/YPDBooks/Jevons/jvnPE.html> (trad. cast.: *La teoría de la economía política*, Madrid, Pirámide, 1998).

2. Walras, L. (1874, 2013), *Elements of Pure Economics*, Londres, Routledge, pág. 86 (trad. cast.: *Elementos de economía política pura*, Madrid, Alianza, 1987).

3. Jevons, W. S. (1871), *The Theory of Political Economy* (1.17), disponible en <http://www.econlib.org/library/YPDBooks/Jevons/jvnPE>.

4. Arrow, K. y G. Debreu (1954), «Existence of an equilibrium for a competitive economy», *Econometrica,* vol. 22, págs. 265-290.

5. Keen, S. (2011), *Debunking Economics*, Londres, Zed Books, págs. 56-63 (trad. cast.: *La economía desenmascarada*, Madrid, Capitán Swing, 2015).

6. Solow, R. (2003), «Dumb and Dumber in Macroeconomics», conferencia pronunciada con motivo del 60.º cumpleaños de Joseph Stiglitz, disponible en <http://textlab.io/doc/927882/dumb-and-dumber-in-macroeconomics-robert-m.-solow-so>.

7. Solow, R. (2008), «The state of macroeconomics», *Journal of Economic Perspectives,* vol. 22, n.º 1, págs. 243-249.

8. Weaver, W. (1948), «Science and complexity», *American Scientist,* vol. 36, pág. 536.

9. Colander, D. (2000), «New millennium economics: how did it get this way, and what way is it?», *Journal of Economic Perspectives,* vol. 14, n.º 1, págs. 121-132.

10. Sterman, J. D. (2000), *Business Dynamics: Systems Thinking and Modeling for a Complex World*, Nueva York, McGraw-Hill, págs. 13-14.

11. Gal, O. (2012), «Understanding global ruptures: a complexity perspective on the emerging middle crisis», en T. Dolphin y D. Nash (comps.), *Complex New World*, Londres, IPPR, pág. 156.

12. Meadows, D. (2008), *Thinking In Systems: A Primer*, White River Junction (VT), Chelsea Green, pág. 181.

13. Keen, S. (2011), *Debunking Economics*, Londres, Zed Books, pág. 184.

14. Marx, K. (1867), *El capital*, vol. I, capítulo 25, sección 1, disponible *online* (en inglés) en <http://www.econlib.org/library/YPDBooks/Marx/mrxCpA.html> (trad. cast.: *El capital. Obra completa*, Madrid, Siglo XXI, 2017).

15. Veblen, T. (1898), «Why is economics not an evolutionary science?», *Quarterly Journal of Economics*, vol. 12, n.º 4, págs. 373-397, en pág. 373.

16. Marshall, A. (1890), *Principles of Economics*, Londres, Macmillan, dis-

ponible en <http://www.econlib.org/library/Marshall/marP.html> (trad. cast.: *Principios de economía*, Madrid, Síntesis, 2006).

17. Keynes, J. M. (1923), *A Tract on Monetary Reform*, pág. 80, en *The Collected Writings of John Maynard Keynes*, vol. IV, ed. 1977, Londres, Palgrave Macmillan (trad. cast.: *Breve tratado sobre la reforma monetaria*, Madrid, Síntesis, 2009).

18. Schumpeter, J. (1942), *Capitalism, Socialism and Democracy*, Nueva York, Harper & Row (trad. cast.: *Capitalismo, socialismo y democracia*, Barcelona, Página Indómita, 2015).

19. Robinson, J. (1962), *Essays in the Theory of Economic Growth*, Londres, Macmillan, pág. 25 (trad. cast.: *Ensayos sobre la teoría del crecimiento económico*, México, Fondo de Cultura Económica, 1965).

20. Hayek, F. (1974), «The Pretence of Knowledge», conferencia en memoria de Alfred Nobel, 11 de diciembre de 1974, disponible en <http://www.nobelprize.org/nobel_prizes/economic-sciences/laureates/1974/hayek-lecture.html>.

21. Daly, H. (1992), *Steady State Economics*, Londres, Earthscan, pág. 88.

22. Sterman, J. D. (2012), «Sustaining sustainability: creating a systems science in a fragmented academy and polarized world», en M. P. Weinstein y R. E. Turner (comps.), *Sustainability Science: The Emerging Paradigm and the Urban Environment*, Nueva York, Springer Science, pág. 24.

23. Soros, G. (2009), «Soros: a general theory of reflexivity», *Financial Times*, 26 de octubre de 2009, <http://www.ft.com/cms/s/2/0ca06172-bfe9-11de-aed2-00144feab49a.html#axzz3dtwpK5o2>.

24. Holodny, E. (2016), «Isaac Newton was a genius but even he lost millions in the stock market», 20 de enero de 2016, Businessinsider.com, disponible en <http://uk.businessinsider.com/isaac-newton-lost-a-fortune-on-englands-hottest-stock-2016-1?r=US&IR=T>.

25. Keen, S., *Rethinking Economics Kingston 2014*, 19 de noviembre de 2014, <https://www.youtube.com/watch?v=dR_75cdCujI>.

26. Brown, G. (1999), discurso pronunciado en el Congreso del Partido Laborista, 27 de septiembre de 1999, <http://news.bbc.co.uk/1/hi/uk_politics/458871.stm>.

27. Bernanke, B. (2004), «The Great Moderation», observaciones realizadas en un encuentro de la Eastern Economic Association, Washington, 20 de febrero de 2004, <http://www.federalreserve.gov/boarddocs/speeches/2004/20040220>.

28. Minsky, H. (1977), «The Financial Instability Hypothesis: an interpretation of Keynes and an alternative to Standard Theory», *Challenge*, marzo-abril de 1977, págs. 20-27.

29. Haldane, A. (2009), «Rethinking the Financial Network», discurso pronunciado en la Financial Study Association, Ámsterdam, 28 de abril de 2009, <http://www.bankofengland.co.uk/archive/Documents/historicpubs/speeches/2009/speech386.pdf>.

30. Brown, G. (2011), discurso pronunciado en el Institute for New Economic Thinking, Bretton Woods, New Hampshire, 11 de abril de 2011, <http://www.bbc.co.uk/news/business-13032013>.

31. Comunicación personal con Steve Keen, 3 de octubre de 2015.

32. Sraffa, P. (1926), «The laws of returns under competitive conditions», *Economic Journal*, vol. 36, pág. 144.

33. Murphy, S., D. Burch y J. Clapp (2012), *El lado oscuro del comercio mundial de cereales. El impacto de las cuatro grandes comercializadoras sobre la agricultura mundial*, Informes de Investigación de Oxfam, <https://www.oxfam.org/sites/www.oxfam.org/files/file_attachments/rr-cereal-secrets-grain-traders-agriculture-30082012-es_3.pdf>.

34. Protess, B. (2011), «4 Wall Street banks still dominate derivatives trade», *New York Times*, 22 de marzo de 2011, <http://dealbook.nytimes.com/2011/03/22/4-wall-st-banks-still-dominate-derivatives-trade>.

35. Pilon, M. (2015), «Monopoly's Inventor: the progressive who didn't pass Go», *New York Times*, 13 de febrero de 2015, disponible en <http://www.nytimes.com/2015/02/15/business/behind-monopoly-an-inventor-who-didnt-pass-go.html>.

36. Epstein, J. y R. Axtell (1996), *Growing Artificial Societies*, Washington, Brookings Institution Press, Cambridge (MA), MIT Press.

37. Beinhocker, E. (2007), *The Origin of Wealth*, Londres, Random House, pág. 86.

38. Milanovic, B. (2014), <http://www.lisdatacenter.org/wp-content/uploads/Milanovic-slides.pdf>.

39. Kunzig, R. (2009), *The Big Idea: The Carbon Bathtub*, National Geographic, diciembre de 2009, <http://ngm.nationalgeographic.com/big-idea/05/carbon-bath>.

40. Sterman, J. D. (2010), «A Banquet of Consequences», ponencia presentada en el Congreso del MIT sobre Diseño y Gestión de Sistemas, 21 de octubre de 2010, <www.youtube.com/watch?v=yMNElsUDHXA>.

41. Ibíd.

42. Diamond, J. (2003), «Why Do Societies Collapse?», TED Talks, febrero de 2003, disponible en <https://www.ted.com/talks/jared_diamond_on_why_societies_collase?language=en>.

43. Diamond, J. (2005), *Collapse: How Societies Choose to Fail or Survive*,

Londres, Penguin (trad. cast.: *Colapso: por qué unas sociedades perduran y otras desaparecen*, Barcelona, Debate, 2017).

44. Meadows, D. *et al.* (1972), *The Limits to Growth*, Nueva York, Universe Books; y Meadows, D. *et al.* (2005), *Limits to Growth: The 30-Year Update*, Londres, Earthscan (trads. cast.: *Los límites del crecimiento*, México, Fondo de Cultura Económica, 1972 y *Los límites del crecimiento: treinta años después,* Barcelona, Galaxia Gutenberg/Círculo de Lectores, 2006).

45. Jackson, T. y R. Webster (2016), *Limits Revisited: a review of the limits to growth debate*, The All Party Parliamentary Group on Limits to Growth, Surrey, Universidad de Surrey, disponible en <http://limits2growth.org.uk/wp-content/uploads/2016/04/Jackson-and-Webster-2016-Limits-Revisited.pdf>.

46. Liu, E. y N. Hanauer (2011), *The Gardens of Democracy*, Seattle, Sasquatch Books, págs. 11 y 87.

47. Beinhocker, E. (2012), «New economics, policy and politics», en T. Dolphin y D. Nash (comps.), *Complex New World*, Londres, Institute for Public Policy Research, págs. 142-144.

48. Ostrom, E. (2012), «Green from the grassroots», *Project Syndicate*, 12 de junio de 2012, <http://www.project-syndicate.org/commentary/green-from-the-grassroots>.

49. Meadows, D. (1999), *Leverage Points: Places to Intervene in a System*, Hartland (VT), Sustainability Institute, pág. 1, <http://www.donellameadows.org/wp-con-tent/userfiles/Leverage_Points.pdf>.

50. Lovins, H. (2015), *An Economy in Service to Life*, disponible en <http://natcapsolutions.org/projects/an-economy-in-service-to-life/#.V3RD5ZMrLIE>.

51. DeMartino, G. (2012), «Professional Economic Ethics: why heterodox economists should care», ponencia presentada en el Congreso de la World Economic Association, febrero-marzo de 2012.

52. DeMartino, G. (2011), *The Economist's Oath*, Oxford, Oxford University Press, págs. 142-150.

53. Meadows, D. (2009), *Thinking in Systems*, Londres, Earthscan, págs. 169-170.

5. Diseñar para distribuir

1. Cingano, F. (2014), *Trends in Income Inequality and its Impact on Economic Growth,* OECD Social, Employment and Migration Working Papers, n.º 163,

publicación de la OCDE, disponible en <http://dx.doi.org/10.1787/5jxrjncwx v6j-en>.

2. Jiang, Y. *et al.* (2016), *Basic Facts About Low-income Children*, National Center for Children in Poverty, disponible en <http://www.nccp.org/publica tions/pub_1145.html>; y The Trussell Trust (2016), «Foodbank use remains at record high», 15 de abril de 2016, disponible en <https://www.trusselltrust. org/2016/04/15/foodbank-use-remains-record-high>.

3. Sumner, A. (2012), *From Deprivation to Distribution: Is Global Poverty Becoming a Matter of National Inequality?*», IDS Working Paper, n.º 394, Sussex, IDS, disponible en <http://www.ids.ac.uk/files/dmfile/Wp394.pdf>.

4. Persky, J. (1992), «Retrospectives: Pareto's law», *Journal of Economic Perspectives*, vol. 6, n.º 2, págs. 181-192.

5. Kuznets, S. (1955), «Economic growth and income inequality», *American Economic Review*, vol. 45, n.º 1, págs. 1-28.

6. Kuznets, S. (1954), carta a Selma Goldsmith, US Office of Business Economics, 15 de agosto de 1954, Papers of Simon Kuznets, Harvard University Archives, HUGFP88.10 Misc. Correspondence, caja 4, <http://asociologist. com/2013/03/21/on-the-origins-of-the-kuznets-curve>.

7. Kuznets, S. (1955), «Economic growth and income inequality», *American Economic Review*, vol. 45, n.º 1, págs. 1-28.

8. Lewis, W. A. (1976), «Development and distribution», en A. Cairncross y M. Puri (comps.), *Employment, Income Distribution, and Development Strategy: Problems of the Developing Countries*, Nueva York, Holmes & Meier, págs. 26-42.

9. World Bank (1978), *World Development Report*, Washington, Banco Mundial, pág. 33.

10. Krueger, A. (2002), «Economic scene: when it comes to income inequality, more than just market forces are at work», *New York Times*, 4 de abril de 2002, disponible en <http://www.nytimes.com/2002/04/04/business/econo mic-scene-when-it-comes-income-inequality-more-than-just-market-forces-are. html?_r=0>.

11. Piketty, T. (2015), *El capital en el siglo xxi*, Barcelona, RBA.

12. Ostry, J. D. *et al.* (2014), «Redistribution, inequality and growth», IMF Staff discussion note, febrero de 2014, pág. 5, <https://www.imf.org/external/ pubs/ft/sdn/2014/sdn1402.pdf>.

13. Quinn, J. y J. Hall (2009), «Goldman Sachs vice-chairman says "learn to tolerate inequality"», *Daily Telegraph*, 21 de octubre de 2009, <http://www.tele graph.co.uk/finance/recession/6392127/Goldman-Sachs-vice-chairman-says- Learn-to-tolerate-inequality.html>.

14. Lucas, R. (2004), *The Industrial Revolution: Past and Future*, 2003 Annual Report Essay, The Federal Reserve Bank of Minneapolis, disponible en <https://www.minneapolisfed.org/publications/the-region/the-industrial-revolution-past-and-future>.

15. Ossa, F. (2016), «The economist who brought you Thomas Piketty sees "perfect storm" of inequality ahead», *New York Magazine*, 24 de marzo de 2016, disponible en <http://nymag.com/daily/intelligencer/2016/03/milanovic-mill ennial-on-millennial-war-is-next.html>.

16. Entrevista a Tony Blair y Jeremy Paxman, Newsnight, 4 de junio de 2001, <http://news.bbc.co.uk/1/hi/events/newsnight/1372220.stm>.

17. Wilkinson, R. y K. Pickett (2009), *The Spirit Level*, Londres, Penguin (trad. cast.: *Desigualdad,* Madrid, Turner, 2009).

18. Wilkinson, R. y K. Pickett (2014), «"The Spirit Level" authors: why society is more unequal than ever», *Guardian*, 9 de marzo de 2014, disponible en <https://www.theguardian.com/commentisfree/2014/mar/09/society-unequal-the-spirit-level>.

19. West, D. (2014), «Billionaires: Darrell West's reflections on the Upper Crust», <http://www.brookings.edu/blogs/brookings-now/posts/2014/10/watch-rural-dairy-farm-writing-billionaires-political-power-great-wealth>.

20. Gore, A. (31 de octubre de 2013), «The Future: six drivers of global change», conferencia pronunciada en la Oxford Martin School, <http://www.oxfordmartin.ox.ac.uk/videos/view/317>.

21. Islam, N. (2015), *Inequality and Environmental Sustainability*, UN DESA Working Paper n.º 145, ST/ESA/2015/DWP/145, disponible en <http://www.un.org/esa/desa/papers/2015/wp145_2015.pdf>.

22. Datta, S. *et al*. (2015), «A behavioural approach to water conservation: evidence from a randomized evaluation in Costa Rica», *Ideas*, vol. 42, <http://www.ideas42.org/wp-content/uploads/2015/04/Belen-Paper-Final.pdf>; y Ayres, I., S. Raseman y A. Shih (2009), *Evidence from Two Large Field Experiments that Peer Comparison Can Reduce Residential Energy Usage*, National Bureau of Economic Research, Working Paper n.º 15.386, <http://www.nber.org/papers/w15386>.

23. Boyce, J. K. *et al*. (1999), «Power distribution, the environment, and public health: a state-level analysis», *Ecological Economics,* vol. 29, págs. 127-140.

24. Holland, T. *et al*. (2009), «Inequality predicts biodiversity loss», *Conservation Biology,* vol. 23, n.º 5, págs. 1304-1313.

25. Kumhof, M. y R. Rancière (2010), *Inequality, Leverage and Crises*, IMF Working Paper WP/10/268, Washington, IMF.

26. Ostry, J. D. *et al.* (2014), «Redistribution, inequality and growth», IMF Staff Discussion Note, febrero de 2014, pág. 5, <https://www.imf.org/external/pubs/ft/sdn/2014/sdn1402.pdf>.

27. Ostry, J. (2014), «We do not have to live with the scourge of inequality», *Financial Times*, 3 de marzo de 2014, disponible en <http://www.ft.com/cms/s/0/f551b3b0-a0b0-11e3-a72c-00144feab7de.html#axzz4AsgUK8pa>.

28. Goerner, S. (2015), *Regenerative Development: The Art and Science of Creating Durably Vibrant Human Networks*, Connecticut, Capital Institute, disponible en <http://capitalinstitute.org/wp-content/uploads/2015/05/000-Regenerative-Devel-Final-Goerner-Sept-1-2015.pdf>.

29. Goerner, S. *et al.* (2009), «Quantifying economic sustainability: implications for free-enterprise theory, policy and practice», *Ecological Economics,* vol. 69, pág. 79.

30. The Asia Floor Wage, <http://asia.floorwage.org>.

31. Pizzigati, S. (2004), *Greed and Good*, Nueva York, Apex Press, págs. 479-502.

32. «The Mahatma Gandhi National Rural Employment Guarantee Act 2005», <http://www.nrega.nic.in/netnrega/home.aspx>.

33. Basic Income Earth Network (BIEN), <http://www.basicincome.org>.

34. Alperovitz, G. (2015), *What Then Must We Do?*, White River Junction (VT), Chelsea Green, pág. 26.

35. Landesa, <http://www.landesa.org/resources/suchitra-deys-story>.

36. «Educating the People», *Ottawa Free Trader,* 7 de agosto de 1914, pág. 3.

37. Mill, J. S. (1848), *Principles of Political Economy*, libro V, capítulo II, 28, disponible en <http://www.econlib.org/library/Mill/mlP.html> (trad. cast.: *Principios de economía política*, Madrid, Síntesis, 2008).

38. George, H. (1879), *Progress and Poverty*, Nueva York, Modern Library, libro VII, capítulo 1 (trad. cast.: *Progreso y miseria*, Granada, Comares, 2008).

39. Thompson, E. P. (1964), *The Making of the English Working Class*, Nueva York, Random House, pág. 218 (trad. cast.: *Formación de la clase obrera en Inglaterra*, Madrid, Capitán Swing, 2012).

40. Land Matrix, <www.landmatrix.org>.

41. Pearce, F. (2016), *Territorio común. Garantizar los derechos a la tierra y proteger el planeta*, Oxford, Oxfam International, <http://209.177.156.169/libreria_cm/archivos/pdf_1584.pdf>.

42. Ostrom, E. (2009), «A general framework for analyzing sustainability of social-ecological systems», *Science,* vol. 325, pág. 419.

43. Ostrom, E. (2009), «Beyond markets and states: polycentric governance of complex economic systems», discurso de recepción del Premio Nobel, 8 de

diciembre de 2009, <http://www.nobelprize.org/nobel_prizes/economic-scien ces/laureates/2009/ostrom_lecture.pdf>.

44. Ostrom, E., M. Janssen y J. Anderies (2007), «Going beyond panaceas», *Proceedings of the National Academy of Sciences,* vol. 104, n.º 39, págs. 15176- 15178.

45. Greenham, T. (2012), «Money is a social relationship», TED × Leiden, 29 de noviembre de 2012, disponible en <https://www.youtube.com/watch? v=f1pS1emZP6A>.

46. Ryan-Collins, J. *et al.* (2012), *Where Does Money Come From?*, Londres, New Economics Foundation.

47. Bank of England Statistical Interactive Database, tabla C, «Further analyses of deposits and lending», serie «Industrial analysis of sterling monetary financial institutions lending to UK residents: long runs», disponible en <http:// www.bankofengland.co.uk/boeapps/iadb/index.asp?first=yes&SectionRequire d=C&HideNums=—1&ExtraInfo=false&Travel=NIxSTx>.

48. Hudson, M. y D. Bezemer (2012), «Incorporating the rentier sectors into a financial model», *World Economic Review,* vol. 1, pág. 6.

49. Benes, J. y M. Kumhof (2012), *The Chicago Plan Revisited*, IMF Wor- king Paper, 12/202, <https://www.imf.org/external/pubs/ft/wp/2012/wp12202. pdf>.

50. Keynes, J. M. (1936), *General Theory of Employment, Interest and Mo- ney*, capítulo 24 (trad. cast.: *Teoría general de la ocupación, el interés y el dinero*, Madrid, Fondo de Cultura Económica, 2006).

51. Ryan-Collins, J. *et al.* (2013), *Strategic Quantitative Easing: Stimulating Investment to Rebalance the Economy*, Londres, New Economics Foundation.

52. Blyth, M., E. Lonergan y S. Wren-Lewis, «Now the Bank of England needs to deliver QE for the people», *Guardian*, 21 de mayo de 2015.

53. Murphy, R. y C. Hines (2010), «Green quantitative easing: paying for the economy we need», Norfolk, Finance for the Future, disponible en <http:// www.financeforthefuture.com/GreenQuEasing.pdf>.

54. Greenham, T. (2012), «Money is a social relationship», TED × Leiden, 29 de noviembre de 2012, disponible en <https://www.youtube.com/watch? v=f1pS1emZP6A>.

55. Grassroots Economics (2016), «Community currency», disponible en <http://grassrootseconomics.org/community-currencies>.

56. Ruddick, W. (2015), «Kangemi-Pesa Launch Prep & More Currency News», Grassroots Economics, disponible en <http://www.grassrootseco nomics.org/kangemi-pesa-launch-prep>.

57. <www.zeitvorsorge.ch>.

58. Strassheim, I. (2014), «Zeit statt Geld furs Alter sparen», *Migros-Magazin*, 1 de septiembre de 2014, <www.zeitvorsorge.ch/#!/DE/24/Medien.htm>.

59. DEVCON1 (2016), «Transactive Grid: a decentralized energy management system», ponencia presentada en el Congreso de Desarrolladores de Ethereum, 9-13 de noviembre de 2015, Londres, disponible en <https://www.you tube.com/watch?v=kq8RPbFz5UU>.

60. Seaman, D. (2015), «Bitcoin vs. Ethereum explained for NOOBZ», publicado el 30 de noviembre de 2015, disponible en <https://www.youtube.com/watch?v=rEJKLFH8q5c>.

61. Trades Union Congress (2012), *The Great Wages Grab*, Londres, TUC, <https:// www.tuc.org.uk/sites/default/files/tucfiles/TheGreatWagesGrab.pdf>.

62. Mishel, L. y H. Shierholz (2013), *A Decade of Flat Wages*, EPI Briefing Paper n.º 365, Washington, Economic Policy Institute, <http://www.epi.org/files/2013/BP365.pdf>.

63. Miller, J. (2015), *German wage repression*, Dollars & Sense blog, septiembre de 2015, <http://dollarsandsense.org/archives/2015/0915miller.html>.

64. OIT (2014), *Informe mundial sobre salarios*, Ginebra, OIT, <http:// www.ilo.org/wcmsp5/groups/public/---dgreports/---dcomm/---publ/docu ments/publication/wcms_343034.pdf>.

65. Kelly, M. (2012), *Owning our Future: The Emerging Ownership Revolution*, San Francisco, Berrett-Koehler, pág. 18.

66. International Cooperative Alliance (2014), *World Cooperative Monitor*, Ginebra, ICA, disponible en <http://ica.coop/sites/default/files/attachments/WCM2014_ print.pdf>.

67. John Lewis (2011), «The John Lewis Partnership Bond», disponible en <http://www.partnershipbond.com/content/jlbond/about.html>.

68. Citado en Kelly, M. (2012), *Owning our Future: The Emerging Ownership Revolution*, San Francisco, Berrett-Koehler, pág. 12.

69. Kelly, M. (2012), *Owning our Future*, pág. 212.

70. Rikfin, J. (2014), *The Zero Marginal Cost Society*, Nueva York, Palgrave Macmillan, pág. 204 (trad. cast.: *La sociedad de coste marginal cero*, Barcelona, Paidós, 2014).

71. Brynjolfsson, E. y A. McAfee (2012), «Jobs, productivity and the Great Decoupling», *New York Times*, 11 de diciembre, <http://www.nytimes.com/2012/12/12/opinion/global/jobs-productivity-and-the-great-decoupling.html?_r=0>.

72. Brynjolfsson, E. y A. McAfee (2015), «Will humans go the way of horses?» *Foreign Affairs*, julio-agosto. <https://www.foreignaffairs.com/articles/2015-06-16/will-humans-go-way-horses>.

73. World Economic Forum (2016), *The Future of Jobs*, disponible en <http://reports.weforum.org/future-of-jobs-2016>.

74. Zuo, M. (2016), «Rise of the robots: 60,000 workers culled from just one factory as China's struggling electronics hub turns to artificial intelligence», *South China Morning Post*, 21 de mayo de 2016, disponible en <http://www.scmp.com/news/china/economy/article/1949918/rise-robots-60000-workers-culled-just-one-factory-chinas>.

75. Brynjolfsson, E. y A. McAfee (2015), «Will humans go the way of horses?», *Foreign Affairs*, julio-agosto, <https://www.foreignaffairs.com/articles/2015-06-16/will-humans-go-way-horses>.

76. Ibíd.

77. Mazzucato, M. (2013), *The Entrepreneurial State*, Londres, Anthem Press, págs. 188-191 (trad. cast.: *El Estado emprendedor*, Barcelona, RBA, 2014).

78. M. Frumkin, (1945), «The origin of patents», *Journal of the Patent Office Society*, vol. 27, n.º 3, pág. 143.

79. Schwartz, J. (2009), «Cancer patients challenge the patenting of a gene», *New York Times*, 12 de mayo, disponible en <http://www.nytimes.com/2009/05/13/health/13patent.html>.

80. Stiglitz, J. (2012), *The Price of Inequality*, Londres, Allen Lane, pág. 202 (trad. cast.: *El precio de la desigualdad*, Barcelona, DeBolsillo, 2015).

81. The Open Building Institute, <http://openbuildinginstitute.org>.

82. Jakubowski, M. (2012), «The Open Source Economy», conferencia pronunciada en el congreso «Connecting For Change: Bioneers by the Bay», Marion Institute, 28 de octubre de 2012, disponible en <https://www.youtube.com/watch?v=MIIzogiUHFY>.

83. Pearce, J. (2015), «Quantifying the value of open source hardware development», *Modern Economy*, vol. 6, págs. 1-11.

84. Bauwens, M. (2012), *Blueprint for P2P Society: The Partner State and Ethical Society*, <http://www.shareable.net/blog/blueprint-for-p2p-society-the-partner-state-ethical-economy>.

85. Lakner, C. y B. Milanovic (2015), «Global income distribution: from the fall of the Berlin Wall to the Great Recession», *The World Bank Economic Review*, págs. 1-30.

86. OECD (2014), *Detailed Final 2013 Aid Figures Released by OECD/DAC*, <http://www.oecd.org/dac/stats/final2013oda.htm>.

87. OECD (2015), «Non-ODA flows to developing countries: remittances», disponible en <http://www.oecd.org/dac/stats/beyond-oda-remittances.htm>.

88. Financial Inclusion Insights (2015), *Kenya: Country Context*, <http://finclusion.org/country-pages/kenya-country-page>.

89. Statista (2015), *Mobile Phone User Penetration as a Percentage of the Population Worldwide, 2012 to 2018*, <http://www.statista.com/statistics/470018/mobile-phone-userpenetration-worldwide>.

90. Banerjee, A. *et al.* (2015), *Debunking the Stereotype of the Lazy Welfare Recipient: Evidence from Cash Transfer Programs Worldwide*, HKS Working Paper n.º 76, disponible en <http://papers.ssrn.com/sol3/papers.cfm?abstract_id=2703447>; y Gertler, P., S. Martínez y M. Rubio-Codina (2006), *Investing Cash Transfers to Raise Long-term Living Standard's*, World Bank Policy Research, Working Paper n.º 3.994, Washington, Banco Mundial, disponible en <http://www1.worldbank.org/prem/poverty/ie/dime_papers/1082.pdf>.

91. Global Basic Income Foundation (s. f.), *What Is a Global Basic Income?*, <http://www.globalincome.org/English/Global-Basic-Income.html>.

92. Faye, M. y P. Niehaus (2016), «What if we just gave poor people a basic income for life? That's what we are about to test», *Slate*, 14 de abril de 2016, disponible en <http://www.slate.com/blogs/moneybox/2016/04/14/universal_basic_income_ this_nonprofit_is_about_to_test_it_in_a_big_way.html>.

93. Hurun Global Rich List 2015, <http://www.hurun.net/en/articleshow.aspx?nid=9607>.

94. Seery, E. y A. Caistor Arendar (2014), *Even It Up: Time to End Extreme Inequality*, Oxford, Oxfam International, pág. 17.

95. ICRICT (2015), «Declaration of the Independent Commissions for the Reform of International Corporate Taxation», <www.icrict.org>.

96. Barnes, P. (2003), «Capitalism, the Commons and Divine Right», 23.º Annual E. F. Schumacher Lectures, Schumacher Center for a New Economics, disponible en <http://www.centerforneweconomics.org/publications/lectures/barnes/peter/capitalism-the-commons-and-divine-right>.

97. Barnes, P. (2006), *Capitalism 3.0: A Guide to Reclaiming the Commons*, Berkeley, Berrett-Koehler.

98. Sheerin, J. (2009), «Malawi windmill boy with big fans», BBC News, <http://news.bbc.co.uk/1/hi/world/africa/8257153.stm>.

99. Pearce, J. *et al.* (2012), «A new model for enabling innovation in appropriate technology for sustainable development», *Sustainability: Science, Practice and Policy*, vol. 8, n.º 2, págs. 42-53.

100. Pearce, J. (2012), «The case for open source appropriate technology», *Environment, Development and Sustainability*, vol. 14, n.º 3, pág. 430.

101. Kamkwamba, W. (2014), «Updates from the past two years», 6 de octubre de 2014, blog de William Kamkwamba, disponible en <http://williamkamkwamba.typepad.com/williamkamkwamba/2014/10/updates-from-the-last-two-years.html>.

102. Correspondencia personal por correo electrónico con William Kamkwamba, 19 de octubre de 2015.

6. Crear para regenerar

1. Mallet, V. (2013), «Environmental damage costs India $80bn a year», *Financial Times*, 17 de julio de 2013, <http://www.ft.com/cms/s/0/0a89 f3a8-eeca-11e2-98dd-00144feabdc0.html#axzz3qz7R0UIf>.

2. Grossman, G. y A. Krueger (1995), «Economic growth and the environment», *Quarterly Journal of Economics*, vol. 110, n.º 2, págs. 353-377.

3. Ibíd., pág. 369.

4. Yandle, B. *et al.* (2002), *The Environmental Kuznets Curve: A Primer*. The Property and Environment Research Centre Research Study 02, <http://www.macalester.edu/~wests/econ231/yandleetal.pdf>.

5. Torras, M. y J. K. Boyce (1998), «Income, inequality, and pollution: a reassessment of the environmental Kuznets curve», *Ecological Economics*, vol. 25, págs. 147-160.

6. Wiedmann, T. O. *et al.* (2015), «The material footprint of nations», *Proceedings of the National Academy of Sciences,* vol. 112, n.º 20, págs. 6271-6276.

7. UNEP (2016), *Global Material Flows and Resource Productivity: Assessment Report for the UNEP International Resource Panel*, disponible en <http://www.resourcepanel.org/reports/global-material-flows-and-resource-productivity>.

8. Goodall, C. (2012), *Sustainability*, Londres, Hodder & Stoughton.

9. Global Footprint Network (2016), «National Footprint Accounts», disponible en <http://www.footprintnetwork.org/en/index.php/GFN/page/foot print_data_and_results>.

10. Heinrich Böll Foundation (2012), «Energy transition: environmental taxation», disponible en <http://energytransition.de/2012/10/environmental-taxation>.

11. California Environmental Protection Agency (2016), «Cap-and-Trade Program», disponible en <http://www.arb.ca.gov/cc/capandtrade/capandtra de.htm>.

12. Schwartz, D. (2015), «Water pricing in two thirsty cities: in one, guzzlers pay more, and use less», *New York Times,* 6 de mayo de 2015, <http://www.nytimes.com/2015/05/07/business/energy-environment/water-pricing-in-two-thirsty-cities.html?_r=0>.

13. «"Most progressive water utility in Africa" wins 2014 Stockholm Indus-

try Water Award», nota de prensa, SIWI, disponible en <http://www.siwi.org/prizes/win-ners/2014-2.html>.

14. Meadows, D. (1997), *Leverage Points: Places to Intervene in a System*, The Donella Meadows Institute, disponible en <http://donellameadows.org/archives/leverage-points-places-to-intervene-in-a-system>.

15. Lyle, J. T. (1994), *Regenerative Design for Sustainable Development*, Nueva York, John Wiley & Sons, pág. 5.

16. Hotten, R. (2015), «Volkswagen: the scandal explained», BBC News, disponible en <http://www.bbc.co.uk/news/business-34324772>.

17. «Nedbank Fair Share 2030 starts with Targeted Lending of R6 billion», 3 de marzo de 2014, Nedbank, disponible en <https://www.nedbank.co.za/content/nedbank/destop/gt/en/news/nedbankstories/fair-share-2030/2014/nedbank-fair-share-2030-starts-with-targeted-lending-of-r6-billion.html>.

18. Nestlé (2014), «Nestle opens its first zero water factory expansion in Mexico», 22 de octubre de 2014, <http://www.wateronline.com/doc/nestle-zero-water-factory-expansion-mexico-0001>.

19. McDonough, W. (2015), «Upcycle and the atomic bomb», entrevista en *Renewable Matter*, 06-07, Milán, Edizioni Ambiente, pág. 12.

20. Andersson, E., *et al.* (2014), «Reconnecting cities to the Biosphere: stewardship of green infrastructure and urban ecosystem services», *AMBIO*, vol. 43, n.º 4, págs. 445-453.

21. Biomimicry 3.8 (2014), «Conversation with Janine», <http://biomimicry.net/about/biomimicry/conversation-with-janine>.

22. Webster, K. (2015), *The Circular Economy: A Wealth of Flows*, Isla de Wight, Ellen McArthur Foundation.

23. Ellen McArthur Foundation (2012), *Towards the Circular Economy*, Isla de Wight, Ellen McArthur Foundation, disponible en <http://www.ellenmacarthurfoundation.org/assets/downloads/publications/Ellen-MacArthur-Foundation-Towards-the-Circular-Economy-vol1.pdf>.

24. Braungart, M. y W. McDonough (2009), *Cradle to Cradle: Remaking the Way We Make Things*, Londres, Vintage Books (trad. cast.: *Cradle to cradle (de la cuna a la cuna): rediseñando la forma en que hacemos las cosas*, Madrid, McGraw-Hill, 2005).

25. Ellen MacArthur Foundation (2012), *In-depth: mobile phones*, <http://www.ellenmacarthurfoundation.org/circular-economy/interactive-diagram/in-depth-mobile-phones>.

26. Benyus, J. (2015), «The generous city», *Architectural Design*, vol. 85, n.º 4, págs. 120-121.

27. Comunicación personal con Janine Benyus, 23 de noviembre de 2015.

28. Park 20|20, <http://www.park2020.com>.

29. Newlight Technologies, <www.newlight.com/company>.

30. Sundrop Farms, <www.sundropfarms.com>; y Sundrop Farms ABC Landline Coverage, 20 de abril de 2012, <https://www.youtube.com/watch?v=KCup_B_RHM4>.

31. Arthur, C. (2010), «Women solar entrepreneurs transforming Bangladesh», <http://www.renewableenergyworld.com/articles/2010/04/women-solar-entrepreneurs-transforming-bangladesh.html>.

32. Vidal, J. (2014), «Regreening program to restore one-sixth of Ethiopia's land», *Guardian*, 30 de octubre de 2014, disponible en <http://www.theguardian.com/environment/2014/oct/30/regreening-program-to-restore-land-across-one-sixth-of-ethiopia>.

33. Sanergy, <http://saner.gy>.

34. ProComposto, <http://www.procomposto.com.br>.

35. Margolis, J. (2012), «Growing food in the desert: is this the solution to the world's food crisis?», *Guardian*, 24 de noviembre de 2012, disponible en <https://www.theguardian.com/environment/2012/nov/24/growing-food-in-the-desert-crisis>.

36. Lacy, P. y J. Rutqvist, (2015), *Waste to Wealth: The Circular Economy Advantage*, Nueva York, Palgrave Macmillan, págs. 79-80.

37. Muirhead, S. y L. Zimmermann (2015), «Open Source Circular Economy», The Disruptive Innovation Festival 2015.

38. Open Source Circular Economy: «Mission Statement spanish: Declaración de misión», <http://community.oscedays.org/t/mission-statement-spanish-declaracion-de-mision/5874>.

39. Comunicación personal con Sam Muirhead, 27 de enero de 2016.

40. Apertus°, <https://www.apertus.org>.

41. OSVehicle, <https://www.osvehicle.com>.

42. «Sénamé Kof Agbodjinou and the W. Afate 3D printer at NetExplo 2015», <https://www.youtube.com/watch?v=ThTRqfhMLcA>; y «My Africa Is talks Woelab and the e-waste 3D printer», <http://www.myafricais.com/woelab_3dprinting>.

43. Greene, T. (2001), «Ballmer: «Linux is a cancer», <http://www.theregister.co.uk/2001/06/02/ballmer_linux_is_a_cancer>; y Finley, K. (2015), «Whoa. Microsoft is using Linux to run its cloud», <http://www.wired.com/2015/09/microsoft-using-linux-run-cloud>.

44. Comunicación personal con Sam Muirhead, 27 de enero de 2016.

45. Asknature.org y comunicación personal con Janine Benyus, 31 de mayo de 2016.

46. Friedman, M. (1970), «The social responsibility of business is to increase its profits», *New York Times Magazine*, 13 de septiembre, <http://umich.edu/~thecore/doc/Friedman.pdf>.

47. Satya.com (2005), «A Dame of big ideas: the Satya interview with Anita Roddick», <http://www.satyamag.com/jan05/roddick.html>.

48. Ibíd.

49. Benefit Corporation, <http://benefitcorp.net>; y CIC Association, <http://www.cicassociation.org.uk/about/what-is-a-cic>.

50. Satya.com (2005), «A Dame of big ideas: the Satya interview with Anita Roddick», <http://www.satyamag.com/jan05/roddick.html>.

51. «John Fullerton's speech at the launch of *Regenerative Capitalism*», <https://www.youtube.com/watch?v=6KDv06YOjxw>.

52. Fullerton, J. (2015), *Regenerative Capitalism*, Greenwich (CT), The Capital Institute.

53. Capital Institute (2015), *A Year in the Life of a Regenerative Bank*, <http://regenerativebankproject.capitalinstitute.org>.

54. Herman, G. (2011), «Alternative currency has great success: Rabot loves Torekes», *Nieuwsblad*, 30 de abril de 2011, <http://www.nieuwsblad.be/cnt/f839i9vt>.

55. The Ex'Tax Project (*et al.*) (2014), *New Era. New Plan. Fiscal reforms for an inclusive, circular economy*, <http://ex-tax.com/files/4314/1693/7138/The_Extax_Project_New_Era_New_Plan_report.pdf>.

56. Crawford, K. *et al.* (2014), *Demolition or Refurbishment of Social Housing? A review of the evidence*, Londres, UCL Urban Lab and Engineering Exchange, disponible en <http://www.engineering.ucl.ac.uk/engineering-exchange/files/2014/10/Report-Refurbishment-Demolition-Social-Housing.pdf>.

57. Wijkman, A. y K. Skanberg (2015), *The Circular Economy and Benefits for Society*, Club de Roma, disponible en <http://www.clubofrome.org/wp-content/uploads/2016/03/The-Circular-Economy-and-Benefits-for-Society.pdf>.

58. Mazzucato, M. (2015), «What we need to get a real green revolution», 10 de diciembre de 2015, <https://marianamazzucato.com/uncategorized/what-we-need-to-get-a-real-green-revolution>.

59. Mazzucato, M., G. Semieniuk y J. Watson (2015), *What Will It Take To Get Us a Green Revolution?*, SPRU Policy Paper, Universidad de Sussex, <https://www.sussex.ac.uk/webteam/gateway/file.php?name=what-will-it-take-to-get-us-a-green-revolution.pdf&site=264>.

60. The Oberlin Project, <http://www.oberlinproject.org>.

61. «David Orr: The Oberlin Project», The Garrison Institute, febrero de 2012, <https://www.youtube.com/watch?v=K5MNI9k0wWU>.

62. Oberlin College (2016), «Environmental Dashboard», environmental-dashboard.org.

63. Meadows, D. (1998), *Indicators and Information Systems for Sustainable Development*, Vermont, The Sustainability Group, disponible en <http://www.comitatoscientifico.org/temi%20SD/documents/@@Meadows%20SD%20indicators.pdf>.

64. Economy for the Common Good, <https://old.ecogood.org/en>; B Corps, <https://www.bcorporation.net>; y the MultiCapital Scorecard, <http://www.multicapitalscorecard.com>.

7. Ser agnóstico con respecto al crecimiento

1. Mali, T. (2002), «Like Lily like Wilson», en *What Learning Leaves*, Newtown (CT), Hanover Press.

2. Al Bartlett, <http://www.albartlett.org>.

3. Rostow, W. W. (1960), *The Stages of Economic Growth: A Non-Communist Manifesto*, Cambridge, Cambridge University Press, pág. 6 (trad. cast.: *Etapas del crecimiento económico: un manifiesto no comunista*, Madrid, Ministerio de Trabajo y Seguridad Social, 1993).

4. Ibíd., pág. 16.

5. Smith, A. (1776), *An Inquiry into the Nature and Causes of the Wealth of Nations*, libro I, capítulo 9, pág. 14, <http://geolib.com/smith.adam/won1-09.html> (trad. cast.: *Una investigación sobre la naturaleza y causas de la riqueza de las naciones*, Madrid, Tecnos, 2009).

6. Ricardo, D. (1817), *On the Principles of Political Economy and Taxation*, capítulo 4 (6.29), <http://www.econlib.org/library/Ricardo/ricP.html> (trad. cast.: *Principios de economía política y tributación*, Madrid, Pirámide, 2003).

7. Mill, J. S. (1848), *Principles of Political Economy*, libro IV, capítulo VI, 6, <http://www.econlib.org/library/Mill/mlP.html#Bk.IV,Ch.VI> (trad. cast.: *Principios de economía política*, Madrid, Síntesis, 2008).

8. Keynes, J. M. (1945), *First Annual Report of the Arts Council* (1945-46), Londres, Arts Council.

9. Rogers, E. (1962), *Diffusion of Innovations*, Nueva York, The Free Press.

10. Georgescu-Roegen, N. (2013), *The Entropy Law and the Economic Process*, Cambridge (MA), Harvard University Press.

11. Marshall, A. (1890), *Principles of Economics*, Londres, Macmillan, libro IV, capítulo VII.7, <http://www.econlib.org/library/Marshall/marP.html#> (trad. cast.: *Principios de economía*, Madrid, Síntesis, 2006).

12. FMI (2016), «Actualización de enero de 2016 de Perspectivas de la economía mundial», disponible en <http://www.imf.org/~/media/websites/imf/imported-flagship-issues/external/spanish/pubs/ft/weo/2016/update/01/pdf/0116s.ashx>.

13. Banco Mundial (2016), «Crecimiento del PIB (% anual)», 2011-2015, <https://datos.bancomundial.org/indicador/NY.GDP.MKTP.KD.ZG>.

14. Jackson, T. (2009), *Prosperity without Growth*, Londres, Earthscan, págs. 56-58 (trad. cast.: *Prosperidad sin crecimiento: economía para un planeta finito*, Barcelona, Icaria, 2011).

15. United Nations (2015), *World Population Prospects: The 2015 Revision*, Nueva York, ONU, pág. 26, disponible en <https://esa.un.org/unpd/wpp/publications/files/key_fidings_wpp_2015.pdf>.

16. Global Footprint Network (2015), *Footprint for Nations* (datos de 2011), <http://www.footprintnetwork.org/en/index.php/GFN/page/footprint_for_nations>.

17. Sinclair, U. (1935), *I, Candidate for Governor — and How I Got Licked*, Oakland, University of California Press, reed. 1994, pág. 109.

18. Bonaiuti, M. (2014), *The Great Transition*, Londres, Routledge (figura 3.1).

19. Gordon, R. (2014), *The Demise of US Economic Growth: Restatement, Rebuttals and Reflections*, NBER Working Paper n.º 19895, febrero de 2014, disponible en <http://www.nber.org/papers/w19895>; y Jackson, T. y R. Webster (2016), *Limits Revisited, A Report for the All Party Parliamentary Group on Limits to Growth*, disponible en <http://limits2growth.org.uk/revisited>.

20. OECD (2014), *Policy Challenges for the Next 50 Years*, OECD Economic policy paper n.º 9, París, OCDE, pág. 11.

21. Carney, M. (2016), «Redeeming an Unforgiving World», discurso de Mark Carney en el VIII Congreso Annual del G-20 en el Instituto de Finanzas Internacionales, Shanghai, 26 de febrero de 2016, disponible en <http://www.bankofengland.co.uk/publications/Pages/speeches/2016/885.aspx>.

22. Borio, C. (2016), «The movie plays on: a lens for viewing the global economy», presentación del Banco de Pagos Internacionales en el encuentro «FT Debt Capital Markets Outlook», Londres, 10 de febrero de 2016, disponible en <http://www.bis.org/speeches/sp160210_slides.pdf>.

23. Obsfeld, M. (2016), «Global growth: too slow for too long», *IMFdirect*, 12 de abril de 2016, disponible en <https://blog-imfdirect.imf.org/2016/04/12/global-growth-too-slow-for-too-long>.

24. OECD (2016), «Global economy stuck in low-growth trap: policymakers need to act to keep promises, OECD says in latest Economic Outlook»,

1 de junio de 2016, disponible en <http://www.oecd.org/newsroom/global-eco nomy-stuck-in-low-growth-trap-policymakers-need-to-act-to-keep-promises. htm>.

25. Summers, L. (2016), «The age of secular stagnation», *Foreign Affairs*, 15 de febrero.

26. Beckerman, W. (1972), *In Defense of Economic Growth*, Londres, Jo-nathan Cape, págs. 100-101.

27. Friedman, B. (2006), *The Moral Consequence of Economic Growth*, Nue-va York, Vintage Books, pág. 4.

28. Moyo, D. (2015), «El crecimiento económico se ha estancado. Arreglé-moslo», TED Global, Ginebra, <https://www.ted.com/talks/dambisa_moyo_ economic_growth_has_stalled_let_s_fix_it?language=es>.

29. Brynjolfsson, E. y A. MacAfee (2014), *The Second Machine Age*, Nueva York, W. W. Norton & Co.

30. Carbon Brief (2016), «The 35 countries cutting the link between econo-mic growth and emissions», 5 de abril de 2016, disponible en <https://www. carbonbrief.org/the-35-countries-cutting-the-link-between-economic-growth-and-emissions>. Los datos del Banco Mundial sobre el PIB se dan en moneda local constante, y los datos sobre emisiones basadas en el consumo proceden de la base de datos CDIAC del Global Carbon Project.

31. Anderson, K. y A. Bows (2011), «Beyond "dangerous" climate change: emissions scenarios for a new world», *Philosophical Transactions of the Royal Society A*, vol. 369, págs. 20-44.

32. Bowen, A. y C. Hepburn (2012), *Prosperity With Growth: Economic Growth, Climate Change and Environmental Limits*, Centre for Climate Change Economic and Policy Working Paper n.º 109; y Brynjolfsson, E. (2013), «The key to growth? Race with the machines», TED Talks, febrero de 2013, <https:// www.ted.com/talks/erik_brynjolfsson_the_key_to_growth_race_em_with_em_ the_ machines?language=en>.

33. Bowen, A. y C. Hepburn (2012), *Prosperity with Growth: Economic Growth, Climate Change and Environmental Limits*, Centre for Climate Change Economic and Policy Working Paper n.º 109, pág. 20.

34. Solow, R. (1957), «Technical change and the aggregate production function», *Review of Economics and Statistics,* vol. 39, n.º 3, pág. 320.

35. Abramovitz, M. (1956), «Resource and output trends in the United Sta-tes since 1870», *American Economic Review*, vol. 46, n.º 2, pág. 11.

36. Ayres. R. y E. Ayres (2010), *Crossing the Energy Divide: Moving from Fossil Fuel Dependence to a Clean Energy Future*, Upper Saddle River (NJ), Wharton School Publishing, pág. 14.

37. Let the Sun Work (2015), «The energy in a barrel of oil», disponible en <http://letthesunwork.com/energy/barrelofenergy.htm>.

38. Ayres, R. y B. Warr (2009), *The Economic Growth Engine*, Cheltenham, Edward Elgar, págs. 297, 309.

39. Murphy, D. J. (2014), «The implications of the declining energy return on investment of oil production», *Philosophical Transactions of the Royal Society*, vol. 372, pág. 16.

40. Semieniuk, G. (2014), «The digital revolution's energy costs», Schwartz Center for Economic Policy Analysis, The New School, 21 de abril de 2014, disponible en <http://www.economicpolicyresearch.org/index.php/the-worl dly-philosopher/1446-the-digital-revolution-s-energy-costs>.

41. Sobre el *swishing*, véase <http://swishing.com>.

42. Rifkin, J. (2014), *The Zero Marginal Cost Society*, Nueva York, Palgrave Macmillan, pág. 20.

43. Easterlin, R. (1974), «Does economic growth improve the human lot? Some empirical evidence», en P. David y M. Reder (comps.), *Nations and Households in Economic Growth: Essays in Honour of Moses Abramovitz*, Nueva York, Academic Press.

44. Stevenson, B. y J. Wolfers (2008), *Economic Growth and Subjective Well-being: Reassessing the Easterlin Paradox*, National Bureau of Economic Research Paper n.º 14282, <http://www.nber.org/papers/w14282>.

45. Wolf, M. (2007), «The dangers of living in a zero-sum world economy», *Financial Times*, 19 de diciembre de 2007, disponible en <https://next.ft.com/content/0447f562-ad85-11dc-9386-0000779fd2ac>.

46. Rostow, W. W. (1960), *The Stages of Economic Growth: A Non-Communist Manifesto*, Cambridge, Cambridge University Press, pág. 6.

47. Rogoff, K. (2012), «Rethinking the growth imperative», *Project Syndicate*, 2 de enero de 2012, <http://www.project-syndicate.org/commentary/rethin king-the-growth-imperative>.

48. Polanyi, K. (2001), *The Great Transformation*, Boston, Beacon Press (trad. cast.: *La gran transformación*, La Llevir-Virus, 2016).

49. Marx, K. (1867), *El capital*, vol. I, parte II, capítulo IV, disponible *online* (en inglés) en <http://www.econlib.org/library/YPDBooks/Marx/mrxCpA. htm)l> (trad. cast.: *El capital. Obra completa*, Madrid, Siglo XXI, 2017).

50. Aristóteles (350 a.C.), *Política*, libro I, parte X, disponible en <https://es.scribd.com/document/53954901/Aristoteles-La-politica>.

51. Fullerton, J. (2012), «Can financial reform fight climate change?», entrevista en el programa Laura Flanders Show, 8 de julio de 2012, disponible en <https://www.youtube.com/watch?v=NyVEK6A61Z8>.

52. Capital Institute (2015), *Evergreen Direct Investing: Co-creating the Regenerative Economy*, <http://fieldguide.capitalinstitute.org/evergreen-direct-investing.html>.

53. Comunicación personal con John Fullerton, 23 de junio de 2014.

54. Gessel, S. (1906), *The Natural Economic Order*, pág. 121, disponible en <https://www.community-exchange.org/docs/Gesell/en/neo>.

55. Keynes, J. M. (1936), *The General Theory of Employment, Interest and Money*, Londres, Macmillan, capítulo 23 (trad. cast.: *Teoría general de la ocupación, el interés y el dinero*, Madrid, Fondo de Cultura Económica, 2006).

56. Lietaer, B. (2001), *The Future of Money*, Londres, Century, págs. 247-248.

57. Lakoff, G. (2014), *The All New Don't Think of an Elephant*, White River Junction (VT), Chelsea Green (trad. cast. de una ed. anterior: *No pienses en un elefante*, Barcelona, Península, 2017).

58. Oxfam (2013), «Tax on the "private" billions now stashed away in havens enough to end extreme world poverty twice over», 22 de mayo de 2013, <https://www.oxfam.org/en/pressroom/pressreleases/2013-05-22/tax-private-billions-now-stashed-away-havens-enough-end-extreme>.

59. Tax Justice Network (2015), «The scale of Base Erosion and Profit Shifting» (BEPS), <http://www.taxjustice.net/scaleBEPS>.

60. Global Alliance for Tax Justice, <http://www.globaltaxjustice.org>.

61. Keynes, J. M. (1931), «Economic possibilities for our grandchildren», en *Essays in Persuasion*, Londres, Rupert Hart-Davis, pág. 5, disponible en <http://www.econ.yale.edu/smith/econ116a/keynes1.pdf>.

62. Coote, A., J. Franklin y A. Simms (2010), «21 hours: why a shorter working week can help us all flourish in the 21st century», Londres, New Economics Foundation.

63. Coote, A. (2012), «The 21 Hour Work Week», TED × Ghent, <https://www.youtube.com/watch?v=1IMYV31tZZ8>.

64. Smith, S. y J. Rothbaum (2013), *Cooperatives in a Global Economy: Key Economic Issues, Recent Trends, and Potential for Development*, Institute for International Economic Policy Working Paper Series, Universidad George Washington, IIEP-WP-2013-6, <https://www.gwu.edu/~iiep/assets/docs/papers/Smith_Rothbaum_IIEPWP2013-6.pdf>.

65. Kennedy, P. (1989), *The Rise and Fall of World Powers*, Nueva York, Vintage Books (trad. cast.: *Auge y caída de las grandes potencias*, Barcelona, DeBolsillo, 2017).

66. C40 Cities Climate Leadership Group, <http://www.c40.org>.

67. Rogoff, K. (2012), «Rethinking the growth imperative», *Project Syndica-*

te, 2 de enero de 2012, <http://wokiuww.project-syndicate.org/commentary/rethinking-the-growth-imperative>.

68. Berger, J. (1972), *Ways of Seeing*, Londres, Penguin, pág. 131 (trad. cast.: *Modos de ver*, Barcelona, Gustavo Gili, 2016).

69. Wolf, M., «The dangers of living in a zero sum world», *Financial Times*, 19 de diciembre de 2007.

70. Wallich, H. (1972), «Zero growth», *Newsweek*, 24 de enero de 1972, pág. 62.

71. Brightman, R. (1993), *Grateful Prey: Rock Cree Human-Animal Relationships*, Berkeley, University of California Press, págs. 249-251.

72. Phillips, A. (2009), «Insatiable creatures», *Guardian*, 8 de agosto de 2009, disponible en <https://www.theguardian.com/books/2009/aug/08/excess-adam-phillips>.

73. Gerhardt, S. (2010), *The Selfish Society: How We All Forgot to Love One Another and Made Money Instead*, Londres, Simon & Schuster, págs. 32-33.

74. Aked, J. *et al.* (2008), *Five Ways to Wellbeing: The Evidence*, Londres, New Economics Foundation.

Ahora todos somos economistas

1. Leach, M., K. Raworth y J. Rockström (2013), *Between Social and Planetary Boundaries: Navigating Pathways in the Safe and Just Space for Humanity*, World Social Science Report, París, UNESCO.

2. Mill, J. S. (1873), *Autobiography*, Londres, Penguin, ed. 1989, págs. 178-179 (trad. cast.: *Autobiografía*, Madrid, Síntesis, 2014).

3. Keynes, J. M. (1924), «Alfred Marshall, 1842-1924», *The Economic Journal*, vol. 34, n.º 135, pág. 322.

4. Stiglitz, J. (2012), «Questioning the value of economics», vídeo-entrevista en World Business of Ideas, <www.wobi.com/wbftv/joseph-stiglitz-questioning-value-economics>.

5. Comunicación personal con Yuan Yang, 15 de junio de 2016.

BIBLIOGRAFÍA

Abramovitz, M. (1956): «Resource and output trends in the United States since 1870», *American Economic Review*, vol. 46, n.º 2, págs. 5-23.

Acemoglu, D., y J. Robinson (2013), *Why Nations Fail: The Origins of Power, Prosperity and Poverty*, Londres, Profile Books (trad. cast.: *Por qué fracasan los países*, Barcelona, Deusto, 2016).

Aked, J., *et al.* (2008), *Five Ways to Wellbeing: The Evidence*, Londres, New Economics Foundation.

Alperovitz, G. (2015), *What Then Must We Do?*, White River Junction (VT), Chelsea Green.

Anderson, K., y A. Bows (2011), «Beyond "dangerous" climate change: emissions scenarios for a new world», *Philosophical Transactions of the Royal Society A*, vol. 369, págs. 20-44.

Arendt, H. (1973), *The Origins of Totalitarianism*, Nueva York, Harcourt Brace Jovanovich (trad. cast.: *Los orígenes del totalitarismo*, Madrid, Alianza, 2006).

Aristóteles (350 a. C.), *Política*, <https://es.scribd.com/document/53954901/Aristoteles-La-politica>.

Arndt, H. (1978), *The Rise and Fall of Economic Growth*, Chicago, University of Chicago Press.

Arrow, K., y G. Debreu (1954), «Existence of an equilibrium for a competitive economy», *Econometrica*, vol. 22, págs. 265-290.

Ayers, J. *et al.* (2013), «Do celebrity cancer diagnoses promote primary cancer prevention?», *Preventive Medicine*, vol. 58, págs. 81-84.

Ayres, I., S. Raseman y A. Shih (2009), *Evidence from Two Large Field Experiments that Peer Comparison Can Reduce Residential Energy Usage*, National Bureau of Economic Research, Working Paper n.º 15.386.

Ayres, R., y E. Ayres (2010), *Crossing the Energy Divide: Moving From Fossil Fuel Dependence to a Clean Energy Future*, Nueva Jersey, Wharton School Publishing.

—, y Warr, B. (2009), *The Economic Growth Engine*, Cheltenham, Edward Elgar.

Bacon, F. (1620), *Novum Organon*, <http://www.constitution.org/bacon/nov_org.htm> (trad. cast.: *Novum Organon*, Barcelona, Orbis, 1985).

Banerjee, A., *et al.* (2015), *Debunking the Stereotype of the Lazy Welfare Recipient: Evidence From Cash Transfer Programs Worldwide*, HKS Working Paper n.º 76.

Barnes, P. (2006), *Capitalism 3.0: A Guide to Reclaiming the Commons*, Berkeley, Berrett-Koehler.

Barrera-Osorio, F., *et al.* (2011), «Improving the design of conditional transfer programs: evidence from a randomized education experiment in Colombia», *American Economic Journal: Applied Economics*, vol. 3, n.º 2, págs. 167-195.

Bauer, M., *et al.* (2012), «Cueing consumerism: situational materialism undermines personal and social well-being», *Psychological Science*, vol. 23, págs. 517-523.

Bauwens, M. (2012), *Blueprint for P2P Society: The Partner State and Ethical Society*, <http://www.shareable.net/blog/blueprint-for-p2p-society-the-partner-state-ethical-economy>.

Beaman, L., *et al.* (2012), «Female leadership raises aspirations and educational attainment for girls: a policy experiment in India», *Science,* vol. 335, n.º 6.068, págs. 582-586.

Beckerman, W. (1972), *In Defense of Economic Growth*, Londres, Jonathan Cape.

Begg, D., S. Fischer y R. Dornbusch (1987), *Economics*, Maidenhead, McGraw-Hill (trad. cast.: *Economía*, Madrid, McGraw-Hill, 2006).

Beinhocker, E. (2007), *The Origin of Wealth*, Londres, Random House.

—, (2012), «New economics, policy and politics», en T. Dolphin y D. Nash (comps.), *Complex New World*, Londres, Institute for Public Policy Research.

Benes, J., y M. Kumhof (2012), *The Chicago Plan Revisited*, IMF Working Paper 12/202.

Benyus, J. (2015), «The generous city», *Architectural Design*, vol. 85, n.º 4, págs. 120-121.

Berger, A., y M. F. Loutre (2002), «An exceptionally long interglacial ahead?», *Science*, vol. 297, pág. 1287.

Berger, J. (1972), *Ways of Seeing*, Londres, Penguin (trad. cast.: *Modos de ver*, Barcelona, Gustavo Gili, 2016).

Bernays, E. (2005), *Propaganda*, Nueva York, Ig Publishing (trad. cast.: *Propaganda*, Barcelona, Melusina, 2008).

Bjorkman, M., y J. Svensson (2009), «Power to the people: evidence from a randomized field experiment on community-based monitoring in Uganda», *Quarterly Journal of Economics,* vol. 124, n.º 2, págs. 735-769.

Block, F., y M. Somers (2014), *The Power of Market Fundamentalism: Karl Polanyi's Critique*, Londres, Harvard University Press.

Bolderdijk, J., *et al.* (2012), «Comparing the effectiveness of monetary versus moral motives in environmental campaigning», *Nature Climate Change*, vol. 3, págs. 413-416.

Bonaiuti, M. (2014), *The Great Transition*, Londres, Routledge.

Bowen, A., y C. Hepburn (2012), «Prosperity With Growth: Economic Growth, Climate Change and Environmental Limits», Centre for Climate Change Economic and Policy, Working Paper n.º 109.

Bowles, S., y H. Gintis (2011), *A Cooperative Species: Human Reciprocity and Its Evolution*, Princeton, Princeton University Press.

Box, G., y N. Draper (1987), *Empirical Model Building and Response Surfaces*, Nueva York, John Wiley & Sons.

Boyce, J. K., *et al.* (1999), «Power distribution, the environment, and public health: a state-level analysis», *Ecological Economics,* vol. 29, págs. 127-140.

Braungart, M., y W. McDonough (2009), *Cradle to Cradle: Re-making the Way We Make Things*, Londres, Vintage Books (trad. cast.: *Cradle to cradle (de la cuna a la cuna): rediseñando la forma en que hacemos las cosas*, Madrid, Mc-Graw-Hill, 2005).

Brightman, R. (1993), *Grateful Prey: Rock Cree Human-Animal Relationships*, Berkeley, University of California Press.

Brynjolfsson, E., y A. McAfee (2015), «Will humans go the way of horses?», *Foreign Affairs*, julio-agosto.

Chancel, L., y T. Piketty (2015), *Carbon and Inequality: From Kyoto to Paris*, París, Paris School of Economics.

Chang, H. J. (2010), *23 Things They Don't Tell You About Capitalism*, Londres, Allen Lane (trad. cast.: *23 cosas que no te cuentan sobre el capitalismo*, Barcelona, Debate, 2012).

Chapin, F. S. III, G. P. Kofinas y C. Folke (comps.), *Principles of Ecosystem Stewardship: Resilience-Based Natural Resource Management in a Changing World*, Nueva York, Springer.

Christianson, S. (2012), *100 Diagrams that Changed the World*, Londres, Salamander Books.

Cingano, F. (2014), *Trends in Income Inequality and its Impact on Economic Growth*, OECD Social, Employment and Migration, Working Paper n.º 163, OECD Publishing.

Colander, D. (2000), «New Millennium Economics: how did it get this way, and what way is it?», *Journal of Economic Perspectives*, vol. 14, n.º 1, págs. 121-132.

Cole, M. (2015), *Is South Africa Operating in a Safe and Just Space? Using the doughnut model to explore environmental sustainability and social justice*, Oxford, Oxfam GB.

Coote, A., y J. Franklin (2013), *Time On Our Side: Why We All Need a Shorter Working Week*, Londres, New Economics Foundation.

—, y Goodwin, N. (2010), *The Great Transition: Social Justice and the Core Economy*, NEF Working Paper n.º 1, Londres, New Economics Foundation.

—, J. Franklin y A. Simms (2010), *21 Hours: Why a shorter working week can help us all flourish in the 21st century*, Londres, New Economics Foundation.

Crawford, K., *et al.* (2014), *Demolition or Refurbishment of Social Housing? A Review of the Evidence*, Londres, UCL Urban Lab and Engineering Exchange.

Crompton, T., y T. Kasser (2009), *Meeting Environmental Challenges: The Role of Human Identity*, Surrey, WWF.

Daly, H. (1990), «Toward some operational principles of sustainable development», *Ecological Economics*, vol. 2, págs. 1-6.

—, (1992), *Steady State Economics*, Londres, Earthscan.

—, (1996), *Beyond Growth*, Boston, Beacon Press.

—, y J. Farley (2011), *Ecological Economics*, Washington, Island Press.

Dearing, J., *et al.* (2014), «Safe and just operating spaces for regional social-ecological systems», *Global Environmental Change*, vol. 28, págs. 227-238.

DeMartino, G. (2011), *The Economist's Oath*, Oxford, Oxford University Press.

Devas, C. S. (1883), *Groundwork of Economics*, Longmans, Green & Co.

Diamond, J. (2002), «Evolution, consequences and future of plant and animal domestication», *Nature,* vol. 418, págs. 700-717.

—, (2005), *Collapse: How Societies Choose to Fail or Survive*. Londres, Penguin (trad. cast.: *Colapso: por qué unas sociedades perduran y otras desaparecen*, Barcelona, Debate, 2017).

Dorling, D. (2013), *Population 10 Billion*, Londres, Constable.

Easterlin, R. (1974), «Does economic growth improve the human lot? Some empirical evidence», en P. David y M. Reder (comps.), *Nations and Households in Economic Growth: Essays in Honour of Moses Abramovitz*, Nueva York, Academic Press.

Eisenstein, C. (2011), *Sacred Economics: Money, Gift and Society in the Age of Transition*, Berkeley, Evolver Books.

Ellen McArthur Foundation (2012), *Towards the Circular Economy*, Isla de Wight, Ellen McArthur Foundation.

Epstein, J., y R. Axtell (1996), *Growing Artificial Societies*, Washington, Brookings Institution Press, Cambridge (MA), MIT Press.

Falth, A., y M. Blackden (2009), *Unpaid Care Work*, UNDP Policy Brief on Gender Equality and Poverty Reduction, n.º 01, Nueva York, UNDP (trad. cast.: *El trabajo de cuidados no remunerado*, Nota de Políticas, Igualdad de Género y Reducción de la Pobreza n.º 01, Nueva York, PNUD).

Fama, E. (1970), «Efficient capital markets: a review of theory and empirical work», *Journal of Finance,* vol. 25, n.º 2, págs. 383-417.

Ferguson, T. (1995), *Golden Rule: The Investment Theory of Party Competition and the Logic of Money-Driven Political Systems*, Londres, University of Chicago Press.

Ferraro, F., J. Pfeffer y R. Sutton (2005), «Economics language and assumptions:

how theories can become self-fulfilling», *Academy of Management Review,* vol. 30, n.º 1, págs. 8-24.

Fioramenti, L. (2013), *Gross Domestic Product: The Politics Behind the World's Most Powerful Number*, Londres, Zed Books.

Folbre, N. (1994), *Who Pays for the Kids?*, Londres, Routledge.

Folke, C., *et al.* (2011), «Reconnecting to the biosphere», *AMBIO,* vol. 40, pág. 719.

Frank, B., y G. G. Schulze (2000), «Does economics make citizens corrupt?», *Journal of Economic Behavior and Organization,* vol. 43, págs. 101-113.

Frank, R. (1988), *Passions within Reason*, Nueva York, W. W. Norton.

—, T. Gilovich y D. Regan (1993), «Does studying economics inhibit coopera-tion?», *Journal of Economic Perspectives*, vol. 7, n.º 2, págs. 159-171.

Friedman, B. (2006), *The Moral Consequence of Economic Growth*, Nueva York, Vintage Books.

Friedman, M. (1962), *Capitalism and Freedom*, Chicago, University of Chicago Press (trad. cast.: *Capitalismo y libertad*, Madrid, Síntesis, 2012).

—, (1966), *Essays in Positive Economics*, Chicago, University of Chicago Press (trad. cast.: *Ensayos sobre economía positiva*, Madrid, Gredos, 1967).

—, (1970), «The social responsibility of business is to increase its profits», *New York Times Magazine*, 13 de septiembre de 1970.

Fullerton, J. (2015), *Regenerative Capitalism*, Greenwich (CT), Capital Institute.

Gaffney, M., y Harrison, F. (1994), *The Corruption of Economics*, Londres, She-pheard-Walwyn.

Gal, O. (2012), «Understanding global ruptures: a complexity perspective on the emerging middle crisis», en T. Dolphin y D. Nash (comps.), *Complex New World*, Londres, Institute of Public Policy Research.

García-Amado, L. R., M. Ruiz Pérez y S. Barrasa García (2013), «Motivation for conservation: assessing integrated conservation and development projects and payments for environmental services in La Sepultura Biosphere Reser-ve, Chiapas, Mexico», *Ecological Economics,* vol. 89, págs. 92-100.

George, H. (1879), *Progress and Poverty*, Nueva York, The Modern Library (trad. cast.: *Progreso y miseria*, Granada, Comares, 2008).

Gerhardt, S. (2010), *The Selfish Society: How We All Forgot to Love One Another and Made Money Instead*, Londres, Simon & Schuster.

Gertler, P., S. Martínez y M. Rubio-Codina (2006), *Investing Cash Transfers to Raise Long-term Living Standards*, World Bank Policy Research, Working Paper n.º 3.994, Washington, Banco Mundial.

Gessel, S. (1906), *The Natural Economic Order*, <https://www.community-ex-change.org/docs/Gesell/en/neo> (trad. cast.: *El orden económico natural*, <http://www.argentinaoculta.com/ElOrdenEconomicoNatural_T1.pdf>).

Giraud, Y. (2010), «The changing place of visual representation in economics:

Paul Samuelson between principle and strategy, 1941-1955», *Journal of the History of Economic Thought*, vol. 32, págs. 175-197.

Gneezy, U., y A. Rustichini (2000), «A fine is a price», *Journal of Legal Studies*, vol. 29, págs. 1-17.

Goerner, S. *et al.* (2009), «Quantifying economic sustainability: implications for free-enterprise theory, policy and practice», *Ecological Economics,* vol. 69, págs. 76-81.

Goffmann, E. (1974), *Frame Analysis: An Essay on the Organization of Experience*, Nueva York, Harper & Row (trad. cast.: *Frame analysis: los marcos de la experiencia*, Madrid, Centro de Investigaciones Sociológicas, 2006).

Goodall, C. (2012), *Sustainability*, Londres, Hodder & Stoughton.

Goodwin, N., *et al.* (2009), *Microeconomics in Context*, Nueva York, Routledge.

Gordon, R. (2014), *The Demise of US Economic Growth: Restatement, Rebuttals and Reflections*, NBER Working Paper n.º 19.895, febrero de 2014.

Green, T. (2012), «Introductory economics textbooks: what do they teach about sustainability?», *International Journal of Pluralism and Economics Education*, vol. 3, n.º 2, págs. 189-223.

Grossman, G., y A. Krueger (1995), «Economic growth and the environment», *Quarterly Journal of Economics*, vol. 110, n.º 2, págs. 353-377.

Gudynas, E. (2011), «Buen Vivir: today's tomorrow», *Development,* vol. 54, n.º 4, págs. 441-447.

Hardin, G. (1968), «The tragedy of the commons», *Science,* vol. 162, n.º 3.859, págs. 1243-1248.

Hardoon, D., R. Fuentes y S. Ayele (2016), *An Economy for the 1 %: how privilege and power in the economy drive extreme inequality and how this can be stopped*, Oxfam Briefing Paper n.º 210, Oxford, Oxfam International (trad. cast.: *Una economía al servicio del 1 %. Acabar con los privilegios y la concentración de poder para frenar la desigualdad extrema*, Informe de Oxfam n.º 210, <https://www.oxfam.org/sites/www.oxfam.org/files/file_attachments/bp210-economy-one-percent-tax-havens-180116-es_0.pdf>).

Harford, T. (2013), *The Undercover Economist Strikes Back*, Londres, Little, Brown (trad. cast.: *El economista camuflado ataca de nuevo*, Barcelona, Conecta, 2014).

Heilbroner, R. (1970), «Ecological Armageddon», *New York Review of Books*, 23 de abril.

Helbing, D. (2013), «Economics 2.0: the natural step towards a self-regulating, participatory market society», *Evolutionary and Institutional Economics Review*, vol. 10, n.º 1, págs. 3-41.

Henrich, J., *et al.* (2001), «In search of Homo Economicus: behavioral experiments in 15 small-scale societies», *Economics and Social Behavior*, vol. 91, n.º 2, págs. 73-78.

—, S. Heine y A. Norenzayan (2010), «The weirdest people in the world?», *Behavioural and Brain Sciences,* vol. 33, n.º 2-3, págs. 61-83.

Hernández, J. (2015), «The new global corporate law», en *The State of Power 2015*, Amsterdam, The Transnational Institute (trad. cast.: «El nuevo derecho corporativo global», en *Estado del poder 2015*, <https://www.tni.org/files/download/01_tni_estado_del_poder_2015_el_nuevo_derecho_corporativo_global.pdf>).

Holland, T., *et al.* (2009), «Inequality predicts biodiversity loss», *Conservation Biology,* vol. 23, n.º 5, págs. 1304-1313.

Hudson, M., y D. Bezemer (2012), «Incorporating the rentier sectors into a financial model», *World Economic Review,* vol. 1, págs. 1-12.

ICRICT (2015), «Declaration of the Independent Commissions for the Reform of International Corporate Taxation», <http://www.icrict.org>.

Institute of Mechanical Engineers (2013), *Global Food: Waste Not, Want Not*, Londres, Institute of Mechanical Engineers.

International Cooperative Alliance (2014), *World Cooperative Monitor*, Ginebra, ICA.

International Labour Organisation (2014), *Global Wage Report*, Ginebra, OIT (trad. cast.: OIT, *Informe mundial sobre salarios*, <http://www.ilo.org/wcmsp5/groups/public/---dgreports/---dcomm/---publ/documents/publication/wcms_343034.pdf>).

—, (2015), *Global Employment Trends for Youth 2015*, Ginebra, OIT (trad. cast.: OIT, *Tendencias mundiales del empleo juvenil 2015*, <http://www.ilo.org/wcmsp5/groups/public/---dgreports/---dcomm/documents/publication/wcms_412025.pdf>).

IPCC (2013), *Climate Change 2013: The Physical Science Basis. Contributions of Working Group I to the Fifth Assessment Report of the Intergovernmental Panel on Climate Change*, Cambridge, Cambridge University Press.

Islam, N. (2015), *Inequality and Environmental Sustainability*, United Nations Department for Economic and Social Affairs, Working Paper n.º 145, ST/ESA/2015/DWP/145.

Jackson, T. (2009), *Prosperity without Growth*, Londres, Earthscan (trad. cast.: *Prosperidad sin crecimiento: economía para un planeta finito*, Barcelona, Icaria, 2011).

Jensen, K., A. Vaish y M. Schmidt (2014), «The emergence of human prosociality: aligning with others through feelings, concerns, and norms», *Frontiers in Psychology,* vol. 5, pág. 822.

Jevons, W. S. (1871), *The Theory of Political Economy*, Library of Economics and Liberty, <http://www.econlib.org/library/YPDBooks/Jevons/jvnPE.html> (trad. cast.: *La teoría de la economía política*, Madrid, Pirámide, 1998).

Kagel, J., y A. Roth (1995), *The Handbook of Experimental Economics*, Princeton (NJ), Princeton University Press.

Keen, S. (2011), *Debunking Economics*, Londres, Zed Books (trad. cast.: *La economía desenmascarada*, Madrid, Capitán Swing, 2015).

Kelly, M. (2012), *Owning our Future: The Emerging Ownership Revolution*, San Francisco, Berrett-Koehler.

Kennedy, P. (1989), *The Rise and Fall of World Powers*, Nueva York, Vintage Books (trad. cast.: *Auge y caída de las grandes potencias*, Barcelona, DeBolsillo, 2017).

Kerr, J., *et al.* (2012), «Prosocial behavior and incentives: evidence from field experiments in rural Mexico and Tanzania», *Ecological Economics,* vol. 73, págs. 220-227.

Keynes, J. M. (1923), «A Tract on Monetary Reform», en *The Collected Writings of John Maynard Keynes*, vol. 4, reed. 1977, Londres, Palgrave Macmillan (trad. cast.: *Breve tratado sobre la reforma monetaria*, Madrid, Síntesis, 2009).

—, (1924), «Alfred Marshall, 1842-1924», *The Economic Journal*, vol. 34, n.º 135, págs. 311-372.

—, (1931), «Economic possibilities for our grandchildren», en *Essays in Persuasion*, Londres, Rupert Hart-Davis (trad. cast.: *Las posibilidades económicas de nuestros nietos*, Barcelona, Taurus, 2015).

—, (1936), *The General Theory of Employment, Interest and Money*, Londres, Macmillan (trad. cast.: *Teoría general de la ocupación, el interés y el dinero*, Madrid, Fondo de Cultura Económica, 2006).

—, (1945), *First Annual Report of the Arts Council* (1945-46), Londres, Arts Council.

Klein, N. (2007), *The Shock Doctrine*, Londres, Penguin (trad. cast.: *La doctrina del shock*, Barcelona, Paidós, 2012).

Knight, F. (1999), *Selected Essays by Frank H. Knight,* vol. 2, Chicago, University of Chicago Press.

Kringelbach, M. (2008), *The Pleasure Center: Trust Your Animal Instincts*, Oxford, Oxford University Press.

Kuhn, T. (1962), *The Structure of Scientific Revolutions*, Londres, University of Chicago Press (trad. cast.: *La estructura de las revoluciones científicas*, Madrid, Fondo de Cultura Económica, 2013).

Kumhof, M., y R. Rancière (2010), *Inequality, Leverage and Crises*, IMF Working Paper, WP/10/268, Washington, IMF.

Kuznets, S. (1955), «Economic growth and income inequality», *American Economic Review*, vol. 45, n.º 1, págs. 1-28.

Lacy, P., y J. Rutqvist (2015), *Waste to Wealth: the circular economy advantage*, Nueva York, Palgrave Macmillan.

Lakner, C., y B. Milanovic (2015), «Global income distribution: from the fall of the Berlin Wall to the Great Recession», *World Bank Economic Review*, vol. 1-30.

Lakoff, G. (2014), *The All New Don't Think of an Elephant*, White River

Junction (VT), Chelsea Green Publishing (trad. cast. de una ed. anterior: *No pienses en un elefante*, Barcelona, Península, 2017).

—, y M. Johnson (1980), *Metaphors We Live By*, Chicago, University of Chicago Press (trad. cast.: *Metáforas de la vida cotidiana*, Madrid, Cátedra, 2017).

Leach, M., K. Raworth y J. Rockström (2013), *Between Social and Planetary Boundaries: Navigating Pathways in the Safe and Just Space for Humanity*, World Social Science Report, París, UNESCO.

Leopold, A. (1989), *A Sand County Almanac*, Nueva York, Oxford University Press.

Lewis, J., *et al.* (2005), *Citizens or Consumers? What the Media Tell Us About Political Participation*, Maidenhead, Open University Press.

Lewis, W. A. (1976), «Development and distribution», en A. Cairncross y M. Puri (comps.), *Employment, Income Distribution, and Development Strategy: Problems of the Developing Countries*, Nueva York, Holmes & Meier, págs. 26-42.

Lietaer, B. (2001), *The Future of Money*, Londres, Century.

Lipsey, R. (1989), *An Introduction to Positive Economics*, Londres, Weidenfeld & Nicolson (trad. cast.: *Introducción a la economía positiva*, Barcelona, Vicens-Vives, 1996).

Liu, E., y N. Hanauer (2011), *The Gardens of Democracy*, Seattle, Sasquatch Books.

Lucas, R. (2004), *The Industrial Revolution: Past and Future*, 2003 Annual Report Essay, The Federal Reserve Bank of Minneapolis.

Lyle, J. T. (1994), *Regenerative Design for Sustainable Development*, Nueva York, John Wiley & Sons.

MacKenzie, D., y Y. Millo, (2003), «Constructing a market, performing a theory: the historical sociology of a financial derivatives exchange», *American Journal of Sociology,* vol. 109, n.º 1, págs. 107-145.

Mali, T. (2002), *What Learning Leaves*, Newtown (CT), Hanover Press.

Mankiw, G. (2012), *Principles of Economics*, 6.ª ed., Delhi, Cengage Learning (trad. cast.: *Principios de economía*, Madrid, Paraninfo, 2012).

Marçal, K. (2015), *Who Cooked Adam Smith's Dinner?*, Londres, Portobello (trad. cast.: *¿Quién le hacía la cena a Adam Smith?,* Barcelona, Debate, 2016).

Marewzki, J., y G. Gigerenzer (2012), «Heuristic decision making in medicine», *Dialogues in Clinical Neuroscience*, vol. 14, n.º 1, págs. 77-89.

Marshall, A. (1890), *Principles of Economics*, Londres, Macmillan (trad. cast.: *Principios de economía*, Madrid, Síntesis, 2006).

Marx, K. (1867), *El capital. Obra completa*, Madrid, Siglo XXI, 2017.

Max-Neef, M. (1991), *Human Scale Development*, Nueva York, Apex Press (trad. cast.: *Desarrollo a escala humana*, Barcelona, Icaria, 1994).

Mazzucato, M. (2013), *The Entrepreneurial State*, Londres, Anthem Press (trad. cast.: *El Estado emprendedor*, Barcelona, RBA, 2014).

—, G. Semieniuk y J. Watson (2015), *What Will It Take to Get Us a Green Revolution?*, SPRU Policy Paper, Universidad de Sussex.

Meadows, D. (1998), *Indicators and Information Systems for Sustainable Development*, Vermont, The Sustainability Institute.

—, (2008), *Thinking In Systems: A Primer*, White River Junction (VT), Chelsea Green.

Meadows, D., *et al.* (1972), *The Limits to Growth*, Nueva York, Universe Books (trad. cast.: *Los límites del crecimiento,* México, Fondo de Cultura Económica, 1972).

—, (2005), *Limits to Growth: The 30-Year Update*, Londres, Earthscan (trad. cast.: *Los límites del crecimiento: treinta años después,* Barcelona, Galaxia Gutenberg/Círculo de Lectores, 2006).

Michaels, F. S. (2011), *Monoculture: How One Story Is Changing Everything*, Canadá, Red Clover Press.

Mill, J. S. (1844), *Essays on Some Unsettled Questions of Political Economy*, <http://www.econlib.org/library/Mill/mlUQP5.html> (trad. cast.: *Ensayos sobre algunas cuestiones disputadas en economía política*, Madrid, Alianza, 1997).

—, (1848), *Principles of Political Economy*, <http://www.econlib.org/library/Mill/mlP.html> (trad. cast.: *Principios de economía política*, Madrid, Síntesis, 2008).

—, (1873), *Autobiography*, reed. 1989, Londres, Penguin (trad. cast.: *Autobiografía*, Madrid, Síntesis, 2014).

Minsky, H. (1977), «The Financial Instability Hypothesis: an interpretation of Keynes and an alternative to Standard Theory», *Challenge*, marzo-abril, págs. 20-27.

Mishel, L., y H. Shierholz (2013), *A Decade of Flat Wages*, EPI Briefing Paper n.º 365, Washington, Economic Policy Institute.

Molinsky, A., A. Grant y J. Margolis (2012), «The bedside manner of homo economicus: how and why priming an economic schema reduces compassion», *Organizational Behavior and Human Decision Processes,* vol. 119, n.º 1, págs. 27-37.

Montgomery, S. (2015), *The Soul of an Octopus*, Londres, Simon & Schuster.

Morgan, M. (2012), *The World in the Model*, Cambridge, Cambridge University Press.

Murphy, D. J. (2014), «The implications of the declining energy return on investment of oil production», *Philosophical Transactions of the Royal Society A,* 372.

Murphy, R., y C. Hines (2010), «Green quantitative easing: paying for the economy we need», Norfolk, Finance for the Future.

Murphy, S., D. Burch y J. Clapp (2012), *Cereal Secrets: the world's largest grain traders and global agriculture*, Oxfam Research Reports, Oxford, Oxfam

International (trad. cast.: *El lado oscuro del comercio mundial de cereales: el impacto de las cuatro grandes comercializadoras sobre la agricultura mundial*, Informes de Investigación de Oxfam, <https://www.oxfam.org/sites/www.oxfam.org/files/file_attachments/rr-cereal-secrets-grain-traders-agriculture-30082012-es_3.pdf>).

OECD (2014), *Policy Challenges for the Next 50 Years*, OECD Economic, Policy Paper n.º 9, París, OCDE.

Ormerod, P. (2012), «Networks and the need for a new approach to policymaking», en T. Dolphin y D. Nash (comps.), *Complex New World*, Londres, IPPR.

Ostrom, E. (1999), «Coping with tragedies of the commons», *Annual Review of Political Science,* vol. 2, págs. 493-535.

—, (2009), «A general framework for analyzing sustainability of social-ecological systems», *Science,* vol. 325, n.º 5.939, págs. 419-422.

—, M. Janssen y J. Anderies (2007), «Going beyond panaceas», *Proceedings of the National Academy of Sciences,* vol. 104, n.º 39, págs. 15176-15178.

Ostry, J. D., *et al.* (2014), «Redistribution, inequality and growth», IMF Staff Discussion Note, febrero de 2014.

Palfrey, S., y T. Stern (2007), *Shakespeare in Parts*, Oxford, Oxford University Press.

Parker, R. (2002), *Reflections on the Great Depression*, Cheltenham, Edward Elgar.

Pearce, F. (2016), *Common Ground: securing land rights and safeguarding the earth*, Oxford, Oxfam International (trad. cast.: *Territorio común: garantizar los derechos a la tierra y proteger el planeta*, <http://209.177.156.169/libreria_cm/archivos/pdf_1584.pdf>).

Pearce, J. (2015), «Quantifying the value of open source hardware development», *Modern Economy*, vol. 6, págs. 1-11.

—, (2012), «The case for open source appropriate technology», *Environment, Development and Sustainability*, vol. 14, n.º 3.

—, *et al.* (2012), «A new model for enabling innovation in appropriate technology for sustainable development», *Sustainability: Science, Practice and Policy*, vol. 8, n.º 2, págs. 42-53.

Persky, J. (1992), «Retrospectives: Pareto's law», *Journal of Economic Perspectives,* vol. 6, n.º 2, págs. 181-192.

Piketty, T. (2014), *Capital in the Twenty-First Century,* MA, Harvard University Press (trad. cast.: *El capital en el siglo XXI*, Barcelona, RBA, 2015).

Pizzigati, S. (2004), *Greed and Good*, Nueva York, Apex Press.

Polanyi, K. (2001), *The Great Transformation*, Boston, Beacon Press (trad. cast.: *La gran transformación*, La Llevir-Virus, 2016).

Pop-Eleches, C., *et al.* (2011), «Mobile phone technologies improve adherence to antiretroviral treatment in resource-limited settings: a randomized controlled trial of text message reminders», *AIDS*, vol. 25, n.º 6, págs. 825-834.

Putnam, R. (2000), *Bowling Alone: The Collapse and Revival of American Community*, Nueva York, Simon & Schuster (trad. cast.: *Solo en la bolera: colapso y resurgimiento de la comunidad norteamericana*, Barcelona, Galaxia Gutenberg, 2002).

Raworth, K. (2002), *Trading Away Our Rights: women workers in global supply chains*, Oxford, Oxfam International (trad. cast.: *Más por menos: el trabajo precario de las mujeres en las cadenas de producción globalizadas*, <http://www.oxfamintermon.org/sites/default/files/documentos/files/0_29 96_090204_mas_por_menos.pdf>).

—, (2012), *A Safe and Just Space for Humanity: can we live within the doughnut?*, Oxfam Discussion Paper, Oxford, Oxfam International (trad. cast.: *Un espacio seguro y justo para la humanidad: ¿podemos vivir dentro de la rosquilla?*, documentos de debate de Oxfam, <https://www.oxfam.org/sites/www.oxfam.org/files/dp-espacio-seguro-justo-humanidad-130212-es.pdf>).

Razavi, S. (2007), *The Political and Social Economy of Care in a Development Context*, Gender and Development Programme, Paper n.º 3, Ginebra, Instituto de Investigaciones de las Naciones Unidas para el Desarrollo Social.

Ricardo, D. (1817), *On the Principles of Political Economy and Taxation*, <http://www.econlib.org/library/Ricardo/ricP.html> (trad. cast.: *Principios de economía política y tributación*, Madrid, Pirámide, 2003).

Rifkin, J. (2014), *The Zero Marginal Cost Society*, Nueva York, Palgrave Macmillan (trad. cast.: *La sociedad de coste marginal cero*, Barcelona, Paidós, 2014).

Robbins, L. (1932), *Essay on the Nature and Significance of Economic Science*, Londres, Macmillan.

Robinson, J. (1962), *Essays in the Theory of Economic Growth*, Londres, Macmillan (trad. cast.: *Ensayos sobre la teoría del crecimiento económico*, México, Fondo de Cultura Económica, 1965).

Rockström, J., *et al.* (2009), «A safe operating space for humanity», *Nature*, vol. 461, pàgs. 472-475.

Rode, J., E. Gómez-Baggethun y T. Krause (2015), «Motivation crowding by economic incentives in conservation policy: a review of the empirical evidence», *Ecological Economics,* vol. 117, págs. 270-282.

Rodríguez, L., y D. Dimitrova (2011), «The levels of visual framing», *Journal of Visual Literacy,* vol. 30, n.º 1, págs. 48-65.

Rogers, E. (1962), *Diffusion of Innovations*, Nueva York, The Free Press.

Rostow, W. W. (1960), *The Stages of Economic Growth: A Non-Communist Manifesto*, Cambridge, Cambridge University Press (trad. cast.: *Etapas del crecimiento económico: un manifiesto no comunista*, Madrid, Ministerio de Trabajo y Seguridad Social, 1993).

Ruskin, J. (1860), *Unto This Last*, <https://archive.org/details/untothislast00rusk>.

Ryan-Collins, J., et al. (2012), *Where Does Money Come From?*, Londres, New Economics Foundation.

—, (2013), *Strategic Quantitative Easing: Stimulating Investment to Rebalance the Economy*, Londres, New Economics Foundation.

Ryan, R., y E. Deci (1999), «Intrinsic and extrinsic motivations: classic definitions and new directions», *Contemporary Educational Psychology,* vol. 25, págs. 54-67.

Salganik, M., P. Sheridan Dodds y D. Watts (2006), «Experimental study of inequality and unpredictability in an Artificial Cultural Market», *Science,* vol. 311, págs. 854-856.

Samuelson, P. (1948), *Economics: An Introductory Analysis*, 1.ª ed., Nueva York, McGraw-Hill (la trad. cast. más reciente es: *Economía*, 19.ª ed., Madrid, McGraw-Hill, 2010).

—, (1964), *Economics,* 6.ª ed., Nueva York, McGraw-Hill.

—, (1980), *Economics*, 11.ª ed., Nueva York, McGraw-Hill.

—, (1997), «Credo of a lucky textbook author», *Journal of Economic Perspectives,* vol. 11, n.º 2, págs. 153-160.

Sandel, M. (2012), *What Money Can't Buy: The Moral Limits of Markets*, Londres, Allen Lane (trad. cast.: *Lo que el dinero no puede comprar*, Barcelona, Debate, 2013).

Sayers, M. (2015), *The UK Doughnut: a framework for environmental sustainability and social justice*, Oxford, Oxfam GB.

—, (2015), *The Welsh Doughnut: a framework for environmental sustainability and social justice*, Oxford, Oxfam GB.

—, y K. Trebeck (2014), *The Scottish Doughnut: a safe and just operating space for Scotland*, Oxford, Oxfam GB.

Schabas, M. (1995), «John Stuart Mill and concepts of nature», *Dialogue*, vol. 34, n.º 3, págs. 447-466.

Schumacher, E. F. (1973), *Small Is Beautiful*, Londres, Blond & Briggs (trad. cast.: *Lo pequeño es hermoso*, Madrid, Akal, 2011).

Schumpeter, J. (1942), *Capitalism, Socialism and Democracy*, Nueva York, Harper & Row (trad. cast.: *Capitalismo, socialismo y democracia*, Barcelona, Página Indómita, 2015).

—, (1954), *History of Economic Analysis*, Londres, Allen & Unwin (trad. cast.: *Historia del análisis económico*, Barcelona, Ariel, 2015).

Schwartz, S. (1994), «Are there universal aspects in the structure and content of human values?», *Journal of Social Issues,* vol. 50, n.º 4, págs. 19-45.

Secretariat of the Convention on Biological Diversity (2012), *Cities and Biodiversity Outlook*, Montreal (trad. cast.: Secretaría del Convenio sobre la Diversidad Biológica, *Perspectiva de las ciudades y la diversidad biológica*, <https://www.cbd.int/authorities/doc/cbo-1/cbd-cbo1-summary-sp-f-web.pdf>).

Seery, E., y A. Caistor Arendar (2014), *Even It Up: time to end extreme inequali-ty*, Oxford, Oxfam International (trad. cast.: *Iguales: acabemos con la de-sigualdad extrema. Es hora de cambiar las reglas*, <https://www.oxfam.org/sites/www.oxfam.org/files/file_attachments/cr-even-it-up-extreme-inequality-291014-es.pdf>).

Sen, A. (1999), *Development as Freedom*, Nueva York, Alfred A. Knopf (trad. cast.: *Desarrollo y libertad*, Barcelona, Planeta, 2000).

Simon, J., y H. Kahn (1984), *The Resourceful Earth: A Response to Global 2000*, Oxford, Basil Blackwell.

Smith, A. (1759), *The Theory of Moral Sentiments*, <http://www.econlib.org/library/ Smith/smMS.html> (trad. cast.: *La teoría de los sentimientos mora-les*, Madrid, Alianza, 2013).

—, (1776), *An Inquiry into the Nature and Causes of the Wealth of Nations,* ed. 1994, Nueva York, Modern Library (trad. cast.: *Una investigación sobre la naturaleza y causas de la riqueza de las naciones*, Madrid, Tecnos, 2009).

Smith, S., y J. Rothbaum (2013), *Cooperatives in a Global Economy: Key Econo-mic Issues, Recent Trends, and Potential for Development*, Institute for Inter-national Economic Policy Working Paper Series, Universidad George Washington, IIEP-WP-2013-6.

Solow, R. (1957), «Technical change and the aggregate production function», *Review of Economics and Statistics,* vol. 39, n.º 3, págs. 312-320.

—, (2008), «The state of macroeconomics», *Journal of Economic Perspectives,* vol. 22, n.º 1, págs. 243-249.

Spiegel, H. W. (1987), «Jacob Viner (1892-1970)», en J., Eatwell, M. Milgate y P. Newman (comps.) (1987), *The New Palgrave: a dictionary of economics*, vol. IV, Londres, Macmillan.

Sraffa, P. (1926), «The laws of returns under competitive conditions», *Economic Journal,* vol. 36, n.º 144, págs. 535-550.

—, (1951), *Works and Correspondence of David Ricardo,* vol. I, Cambridge, Cam-bridge University Press.

Stedman Jones, D. (2012), *Masters of the Universe: Hayek, Friedman and the Birth of Neoliberal Politics*, Oxford, Princeton University Press.

Steffen, W., *et al.* (2011), «The Anthropocene: from global change to planetary stewardship», *AMBIO,* vol. 40, págs. 739-761.

—, (2015), «The trajectory of the Anthropocene: The Great Acceleration», *Anthropocene Review,* vol. 2, n.º 1, págs. 81-98.

—, (2015b), «Planetary boundaries: guiding human development on a changing planet», Science, vol. 347, n.º 6.223.

Sterman, J. D., (2002), «All models are wrong: reflections on becoming a sys-tems scientist», *System Dynamics Review,* vol. 18, n.º 4, págs. 501-531.

—, (2000), *Business Dynamics: Systems Thinking and Modeling for a Complex World*, Nueva York, McGraw-Hill.

—, (2012), «Sustaining sustainability: creating a systems science in a fragmented academy and polarized world», en M. P. Weinstein y R. E. Turner (comps.), *Sustainability Science: The Emerging Paradigm and the Urban Environment*, Nueva York, Springer Science.

Steuart, J. (1767), *An Inquiry into the Principles of Political Economy*, <https://www.marxists.org/reference/subject/economics/steuart>.

Stevenson, B., y J. Wolfers (2008), *Economic Growth and Subjective Well-being: Reassessing the Easterlin Paradox*, National Bureau of Economic Research, Working Paper n.° 14.282.

Stiglitz, J. E. (2011), «Of the 1 %, for the 1 %, by the 1 %», *Vanity Fair*, mayo de 2011.

—, (2012), *The Price of Inequality*, Londres, Allen Lane (trad. cast.: *El precio de la desigualdad*, Barcelona, DeBolsillo, 2015).

Stiglitz, J. E., A. Sen y J.-P. Fitoussi (2009), *Report of the Commission on the Measurement of Economic Performance and Social Progress*, París (trad. cast.: *Informe de la Comisión sobre la Medición del Desarrollo Económico y del Progreso Social*, <http://www.palermo.edu/Archivos_con tent/2015/derecho/pobreza_multidimensional/bibliografia/Biblio_ adic5.pdf>).

Summers, L. (2016), «The age of secular stagnation», *Foreign Affairs*, vol. 15, febrero de 2016.

Sumner, A. (2012), *From Deprivation to Distribution: Is Global Poverty Becoming a Matter of National Inequality?*, IDS Working Paper n.° 394, Sussex, Institute of Development Studies.

Thaler, R., y C. Sunstein (2009), *Nudge: Improving Decisions About Health, Wealth and Happiness*, Londres, Penguin (trad. cast.: *Un pequeño empujón («nudge»), el impulso que necesitas para tomar las mejores decisiones en salud, dinero y felicidad*, Madrid, Taurus, 2009).

Thompson, E. P. (1964), *The Making of the English Working Class*, Nueva York, Random House (trad. cast.: *Formación de la clase obrera en Inglaterra*, Madrid, Capitán Swing, 2012).

Thorpe, S., D. Fize y C. Marlot (1996), «Speed of processing in the human visual system», *Nature,* vol. 381, n.° 6.582, págs. 520-522.

Titmuss, R. (1971), *The Gift Relationship: From Human Blood to Social Policy*, Nueva York, Pantheon Books.

Torras, M., y J. K. Boyce (1998), «Income, inequality, and pollution: a reassessment of the environmental Kuznets curve», *Ecological Economics*, vol. 25, págs. 147-160.

Trades Union Congress (2012), *The Great Wages Grab*, Londres, TUC.

UNDP (2015), *Human Development Report 2015*, Nueva York, Naciones Unidas (trad. cast.: PNUD, *Informe sobre Desarrollo Humano 2015*).

UNEP (2016), *Global Material Flows and Resource Productivity: A Report of the*

International Resource Panel, París, Programa de las Naciones Unidas para el Medio Ambiente.

United Nations (2015), *World Population Prospects: The 2015 Revision*, Nueva York, Naciones Unidas.

Veblen, T. (1898), «Why is economics not an evolutionary science?», *Quarterly Journal of Economics*, vol. 12, n.º 4, págs. 373-397.

Wald, D., *et al.* (2014), «Randomized trial of text messaging on adherence to cardiovascular preventive treatment», *Plos ONE,* vol. 9, pág. 12.

Walras, L. (1874), *Elements of Pure Economics*, reed. 1954, Londres, George Allen & Unwin (trad. cast.: *Elementos de economía política pura*, Madrid, Alianza, 1987).

Wang, L., D. Malhotra y K. Murnighan (2011), «Economics education and greed», *Academy of Management Learning and Education*, vol. 10, n.º 4, págs. 643-660.

Ward, B., y R. Dubos (1973), *Only One Earth*, Londres, Penguin Books.

Weaver, W. (1948), «Science and complexity», *American Scientist*, vol. 36, págs. 536-544.

Webster, K. (2015), *The Circular Economy: A Wealth of Flows*, Isle of Wight, Ellen McArthur Foundation.

Wiedmann, T. O., *et al.* (2015), «The material footprint of nations», *Proceedings of the National Academy of Sciences*, vol. 112, n.º 20, págs. 6271-6276.

Wijkman, A., y K. Skanberg (2015), *The Circular Economy and Benefits for Society*, Zúrich, Club de Roma.

Wilkinson, R., y K. Pickett (2009), *The Spirit Level*, Londres, Penguin (trad. cast.: *Desigualdad,* Madrid, Turner, 2009).

World Bank (1978), *World Development Report*, Washington, Banco Mundial (trad. cast.: Banco Mundial, *Informe sobre el desarrollo mundial, 1978*, <http://documentos.bancomundial.org/curated/es/104241468333558020/pdf/PUB20800WDR0Bo0eport01978000Spanish.pdf>).

World Economic Forum (2016), *The Future of Jobs*, Ginebra, Foro Económico Mundial.

ÍNDICE ANALÍTICO Y DE NOMBRES

Los números de página en *cursiva* hacen referencia a ilustraciones.

CRÉDITOS DE LAS ILUSTRACIONES

Las ilustraciones se reproducen con el amable permiso de:

Impreso en España